【第一卷】

山东教育出版社

杨鑫辉
心理学文集

杨鑫辉 著

图书在版编目（CIP）数据

杨鑫辉心理学文集. 第一卷/杨鑫辉著. —济南：
山东教育出版社，2014
ISBN 978-7-5328-8423-0

Ⅰ.①杨… Ⅱ.①杨… Ⅲ.①心理学－文集
Ⅳ.① B84-53

中国版本图书馆 CIP 数据核字（2014）第 082116 号

杨鑫辉心理学文集

第一卷

杨鑫辉　著

主　管：山东出版传媒股份有限公司
出版者：山东教育出版社
　　　　（济南市纬一路321号　邮编：250001）
电　话：(0531) 82092664　传真：(0531) 82092625
网　址：http://www.sjs.com.cn
发行者：山东教育出版社
印　刷：山东新华印务有限责任公司
版　次：2014年5月第1版第1次印刷
规　格：787mm×1092mm　1/16
印　张：33.5印张
字　数：450千字
书　号：ISBN 978-7-5328-8423-0
定　价：77.00元

（如印装质量有问题，请与印刷厂联系调换）
印厂电话：0531-82079112

杨鑫辉简介

杨鑫辉，1935年7月生，江西省萍乡市人，中共党员。南京师范大学心理学教授，博士、博士后导师，江苏省心理学重点学科带头人。1958年毕业于华中师范大学教育系，师从完形心理学派创始人考夫卡门生朱希亮教授。曾任江西师范大学心理学教授、教育系主任兼教科所所长和心理技术应用研究所所长。曾任主要社会兼职有：加拿大西安大略大学、南开大学、武汉大学、中山大学、河海大学、西南师大、贵州师大、绵阳师院、萍乡高专等校兼职教授或客座教授。1984年起历任中国心理学会第4—9届理事或常务理事，兼心理学理论与历史专业委员会委员、副主任、主任。江西省人大代表，江西省心理学会理事长，江西省科协常委，江西省社联常务理事。江苏省心理学会高级顾问，中美精神心理学研究所顾问，全国维果茨基研究会顾问，第28届国际心理学大会顾委。还曾任《心理学报》、《心理科学》等学术刊物编委，《心理学探新》主编、名誉主编、顾问。2000年创办全国心理技术应用研究论坛（开始称研究会）被推选为主席。2013年北京创刊的《心理技术与应用》杂志邀任顾问。

杨鑫辉教授是"有影响有学术造诣的心理学家"，"心理学史理论家"。他跟我国心理学泰斗潘菽、高觉敷先生和燕国材教授等共同创建中国心理学史学科，填补了世界心理学史的重要空白。是我国第一部《中国古代心理学思想研究》（1983）论集的倡导人和组织者，是我国第一部教育部部编教材《中国心理学史》（1985）的副主编和教材大纲撰稿人，其学术专著《中国心理学思想史》（1994）被誉为该学科发展"新的里程碑"，又是第一部通古今贯中外的五卷本《心理学通史》（2000）主编。他主张心理学要跨学科交叉和面向社会生活。是中国现代心理技术学体系的创建人，创办国内首家心理技术应用研究所（1991），创建全国心理技术应用研究论坛（2000），出版学术专著《现代心理技术学》（2005），还是现代大教育观理论建构的提出者，主编出版由全国多学科中青年专家为主体撰写的《现代大教育观》（1990）。

杨鑫辉教授著述丰硕，个人专著及主编、副主编、合著67部，发表文章200多篇。主持一系列部省级科研项目，其科研成果获教育部人文社科、省政府哲学社科一、二、三等奖及国家图书奖提名奖、中国图书奖等国家、省部级奖20多项。在全国率先招收中国心理学史、心理技术学和思维科学博士生、硕士生，指导培养硕士、博士、博士后近50人，深受学生爱戴。1987年应邀赴加拿大西安大略大学、多伦多大学作中国心理学史讲学、交流并访问美国，后来还访问过俄罗斯，十余次在国际学术会议和港台学术会议上报告交流。

杨鑫辉教授于1984年评为江西省南昌市劳动模范，1987年被评为江西省先进科技工作者，1988年被国家人事部授予国家级有突出贡献中青年专家称号，1989年获全国优秀教师奖章，1991年起享受国务院颁发的政府特殊津贴，2003年被评为江苏省高校优秀共产党员，2004年被评为江苏省优秀哲学社会科学工作者。2009年被中国心理学会首批认定为心理学家，2011年获中国心理学会学科建设成就奖。国内外许多报刊辞书将其作为现代心理学家、社会科学家和教育家评介，被列入国际心联《国际心理学家名录》、英国剑桥国际中心《20世纪杰出人物传》、《当代世界名人传·中国卷》等国内外传记。

中国科学院心理研究所

霞辉 同志：

　　你想以一个人的力量写一本中国心理学史。这是一种雄心壮志，可敬可佩。所拟来的词要也大体可以，但在写作过程中会发现要有所修改以至较大的修改。这是一项很艰巨而费时的工作，估计要做大量研究工作。因此，可以不必和出版社订出版之约，以免造成超时消极景。写好了就不愁没有地方出版。是否我还可以建议两点。一是要严格区分心理学思想和心理思想的差别。二是要注意避免牵强之搭。例如孔子的"因才施教"是一种光辉的教育思想，还不是教育心理学思想，但他这种教学方法必然有心理学的依据，那就是人的个性差别。所以根据孔子的"因才施教"可以断言孔子已了解到人的个性差别这个心理学问题。

　　估计完成你这项写作研究计划要花四五年的时间。但写出来了，也就是一项大的学术成就。预祝成功！

　　顺候

双安。

潘菽
87, 10, 15.

著名心理学家、学部委员潘菽支持作者写作本书的信。

南京师范大学

鑫辉同志，

来函收悉。中心史会议记要已由赵恩久同志分寄及有关院校想不日可以到达。您欲于下学期来此，共商中心史编写工作如何进行，我于回校后即已向院系行政当局汇报，都一致表示欢迎。南师致江师的公函谅已寄出。如未寄出，当即催速照办。关于旅差费，西心史尚有余额可以动用，谅勿以为念。我因杂务较忙，穷于应讨，而中心史修养底子又浅薄，故热聊兄来相助。五月间五人碰头会仍照原议在南京举行。西安拟函请第二次会议时选作初稿讨论会的地点，不知兄与马、蓝二兄能同意否。马处另由恩久同志去函协商。匆此驰复，即祝

新年多福！

高觉敷

1983年一月二十日

著名心理学家高觉敷教授邀作者去南京起草《中国心理学史》教材编写大纲的信。

北京師範大學

Beijing. Normal University

BEIJING, CHINA

鑫辉同志，您好：

　　前些及大著均早收到，因长期患病未能及时致谢，至歉！

　　您在中国心理学建设方面，作开创性的工作是非常了关的。您和其他同志一起为建立中国心理学史，筚路蓝缕，锐意开拓，对你们已获得的成就，谨表示衷心的钦佩。

　　不尽，敬此

敬礼！

朱智贤 91.3.4

著名心理学家朱智贤教授逝世前数小时给作者的遗笔。

1983年夏，原教育部在庐山举行《中国心理学史》编写大纲讨论会，原江西省柳斌副省长、国家教委副主任看望专家（柳斌前排左一，作者二排左二）。

1991年12月6日，作者与著名心理学家高觉敷教授在其书斋亲切交谈。

1992年8月26日，作者在第二届亚非心理学大会上报告学术论文（后中者）。

1987年4月，作者在加拿大西安大略大学给教授们作中国心理学史讲学情景。

1987年4月，作者应邀赴加拿大西安大略大学留影（作者左三）。

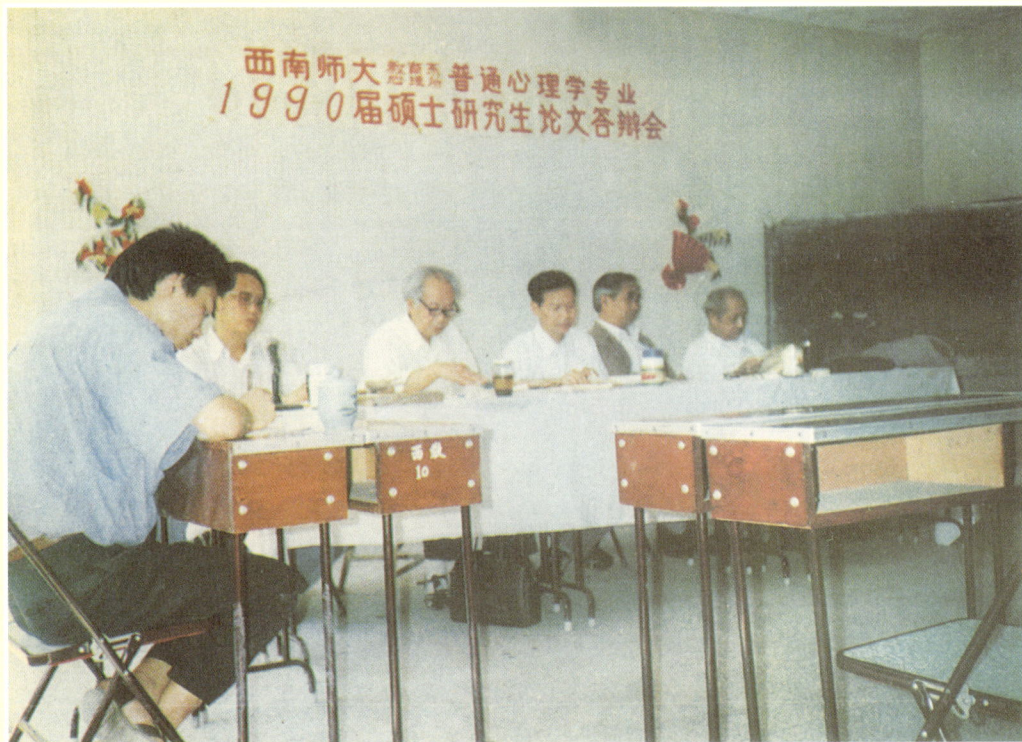

1990年6月，作者赴西南师大主持研究生答辩会（作者右三）。

1997年
12月在香港
出席第二届
国际华人心
理学家学术
研讨会

在南京师范大学2000届博、硕士毕业
典礼主席台上

2001年6月1日南京师范大学心理学博士学位
论文答辩会跟学生们留影

2001年3月26日在江西师范大学举办的
"著名心理学家一席谈"会上

2001年6月15日在中山大学教育学院心理学
系复系典礼上作为嘉宾和兼职教授应邀讲话

1996年《心理学通史》编写会与会同
志留影

自序

　　我出生在江西省萍乡市的一个中医药世家，后来怎么成了一个心理学教师与研究者呢？在社会政治经济、文化科学的大背景下，中小学老师和家庭长辈的教育培养，给我打下了做人品格和文化教养的基础，读中学时便立志终身从事教育事业。1954年秋第一志愿考取华中师范大学（当时称学院）教育系，报考选志愿时是得到班主任和学校支持的。入大学后，在全面学好各门基础课程的情况下，着重钻研了心理学。我们的心理学老师朱希亮教授是完形学派考夫卡的门生，他渊博的学识和富于情感的讲课深深地吸引着我攻读心理学书籍，参加心理学课外兴趣组，引发我给报刊写点短文章。1956年党发出"向科学进军"的号召，更激发了我的热情与动力，并大胆地撰写关于思维问题的论文请老师审阅且得到鼓励，寄给成立不久的中国科学院心理研究所寻求指导，也得到肯定和希望进一步研究提高的书面答复。总之，朱希亮先生是把我带入心理科学领域的领路人和第一个指导者。中小学和大学阶段老师们的教育使我获得优秀的学习成绩，则为我深入钻研某门专业打下了较好的基础；同学和朋友的相互支持使我能较好地融入集体；尤其是党的教育和培养指引了我整个人生的方向。

　　大学毕业时，党发出了"到基层去"的号召，我积极服从组织分配，1958年秋去了湖南省新办的耒阳师范学校工作。当时国内出现过心理学"批判运动"的极"左"思潮，我还是坚持了心理学教学，认定心理学是一门科学。后来还自编铅印了《教育心理学讲义》在校内使用，并撰写了有关心理学文章。当时虽然也被安排教过别的课程，如教育学和人体解剖生理学，但总起来说，还是在师范从事了心理学专业七年。由于已在家乡结婚，1965年秋调回江西省萍乡市工作，在母校萍乡中学等校改教语文课程。教学中注意运用教育心理学理论指导，教学效果好。1975年下学期被市里调去编写江西省三二制中学语文试用课本和教学参考资料。十年"文化大革命"时期，中国心理学事业遭受严重的破坏，心理学教学和科研等活动都被迫停止。但是我还是坚信心理科学有用，结合语文教学工作，课余撰写了《错别字的心理学分析》等文章（改革开放后送到刊物便获得发表和转载）。还应提到，"文革"中学生"造反"时，我还比较机智地保存了自己所有的心理学专业书籍和杂志。总之，在我心中要从事心理学专业这一红线并未被完全切断。13年从事语文教学与教材编写工作中，有关古汉语的知识，还为我后来研究中国心理学史提供了语言文字工具方面的帮助。我的同辈人从事心理学专业工作所走的道路大体上也都是曲折的。

沐浴着中国共产党十一届三中全会的春风，社会主义现代化建设事业迅速发展，心理科学获得了重生。正是在这种形势下，经过江西师范大学中文系主任刘方元教授（我中学时的教导主任）的推荐，我于1978年冬调入该校，开始"归队"从事我喜爱的心理学教学与研究工作，并于1983年加入中国共产党，1984年起任教育系系主任。我用"志坚当高远不断进取，情真贵久深始终如一"来勉励和鞭策自己。我如饥似渴钻研中外心理学资料，认认真真对待每一堂心理学课的教学。在此基础上探索心理学领域的有关学术问题，积极参加了中国心理学史学科的开拓和创建工作，在国内首倡重建现代心理技术学，并提出现代大教育观理论建构。率先在大学开设中国心理学史课程，建立了首个以中国心理学史为重点的心理学硕士点，创办了国内第一个心理技术应用研究所。在江西期间，高觉敷先生曾三次想调我到南京，1992年他在病中给校领导写信希望"商请……心理学史理论家杨鑫辉教授转于我的博士点名下"。这令我既感激又惶恐。从全局出发经两校领导协商，我于1995年春调入南京师范大学，在原先以西方心理学史为重点的博士点平台上，拓展了自己的研究广度和深度，1996年在全国率先招收中国心理学史博士生，指导培养多个研究方向的博士生，后来和教育学家鲁洁教授合作指导两届各一名心理学博士后。在国内外心理学学术活动方面，被邀请讲学、参加会议、合作论著的联系交往更广泛，出版撰写的专著、论文和主编的著作、论集更多，在学术组织里担负的任务更重，担任兄弟高校客座教授、主持博士答辩也更多，2004年起至今的十年退休期间，做到了退而不休，仍然继续在心理学研究方面竭尽绵薄之力。总之，进入大学工作以后至今的35年里，我集中全部精力潜心为心理学事业而努力。在此我要特别感谢潘菽学部委员（现称院士）、高觉敷教授、刘兆吉教授等老一辈心理学家的器重、鼓励与指导；要感谢同在心理学理论与历史研究领域的好友和兄长车文博教授、燕国材教授等当代心理学家的关心、协作与帮助，感谢老一辈心理学家陈立、朱智贤、张厚粲、赵璧如、赵莉如、王启康教授等的勉励与支持；也要感谢所有关心和支持我的研究工作的领导和心理学界同仁与其他同志们；还要感谢我的妻子黎志萍和家人在生活方面的全力支持，而无后顾之忧。

"讲学开人心之扉，著述寄墨砚之情。"我工作了半个多世纪，主要就做了教书育人和学术研究两个方面的一些事情，要求自己坚持"虚怀若谷博采众长，独立钻研锐意开拓"的治学原则。回顾一下撰写的著作论文和主编、参编的论著，概括起来主要涉及四个研究领域，其成果线索是：

（1）中国心理学史方面：① 1980年的《"学记"心理学思想初探》

论文和《研究中国心理学史刍议》发言稿,在重庆全国心理学基本理论学术会议上,得到理事长潘菽教授看重,吸收我作为在会上成立的中国心理学史研究组织成员,并主动将《初探》发表在《心理学探新》上,后来又在《心理学报》上发表了《刍议》。1983年上学期借调南京师范大学,在高觉敷教授指导下负责草拟我国第一部《中国心理学史》教材的编写大纲。② 担任副主编的《中国心理学史》(顾问潘菽,主编高觉敷,另一副主编燕国材),1986年人民教育出版社出版。该书是中国心理学史学科建立的主要标志。本人于1987年开始招收中国心理学史硕士研究生。③《中国心理学史研究》一书(1990年10月由江西高校出版社出版),集结了本人1980年至1990年春一系列论文,归纳为总论、学史研究,范畴、专题研究,古代人物研究,古代专著研究和现代心理学家研究五个部分。④《中国心理学思想史》一书(1994年8月江西教育出版社出版),包括对象、意义与方法论,心理学思想发展脉络,心理实质探索,心理实验与测验追源,普通心理学思想,应用心理学思想,学史、现状与前瞻七章。获得省和教育部多项优秀奖;2012年被张厚粲主编《20世纪中国学术大典》(心理学卷)列为20世纪中国31部心理学名著之一。⑤《中国心理学史论》(2002年11月安徽教育出版社出版),包括总论、价值论、方法论、范畴论、专题论、体系论、文献论、学史论和余论九章。1995年调入南京师范大学给博士研究生开讲了这门课。该书是在讲稿的基础上写的。⑥ 将研究成果收入其他心理学史著作丛书。例如,我主编的五卷本《心理学通史》(2000年10月山东教育出版社出版),第一卷为中国古代心理学思想史,第二卷为中国近现代心理学史;又例如,2012年山东教育出版社出版了我主编的《文化·诠释·转换——中国传统心理学思想探新系列》(共11册),本人单独撰著了《医心之道——中国传统心理治疗学》。

(二)现代心理技术学方面:① 1979年12月中国心理学会在天

津举行全国心理学学术会议。我因故未出席会议，但提交了论文《略论心理学的应用与普及》（载《江西师院学报》1980年第1期、中国人民大学《心理学》1980年第4期选刊），强调"心理学的应用与普及是心理学发展的生命力"。这可以说是本人后来提出重建现代心理技术学的基础和起点。②1988年在成都举行的中国心理学会基本理论心理学术会议上，报告《心理科学应当面向社会生活》论文，明确提出要重建心理技术学，并简述其研究内容与方法。1989年开始招收培养心理技术研究方向的硕士生。1991年在江西师范大学建立国内第一个心理技术应用研究所。③1999年10月在九江市举行的中国心理学会理论心理学与心理学史专业委员会学术会上致开幕词：《大力促进心理学理论与实践研究的结合》，提出首先要做的是"完善和发展心理技术学"。该年秋，本人已在南京师范大学招收心理技术学博士生，《心理科学》1999年第5期的《现代心理技术学的体系建构》一文，曾应邀在全国人、机、理系统工程学术会上报告，这是较系统的一次概述。④《加入WTO的心理应对：强化五种意识》一文是2001年在上海第二届全国心理技术应用研究论坛开幕词的主要内容，2003年选入中国世界贸易组织研究院编选的《WTO与中国经济研究文库》。⑤出版专著《现代心理技术学》（上海教育出版社，2005年1月），作了较系统全面的阐述；《心理学大辞典》（林崇德、杨治良、黄希庭主编，2004年）在辞条"心理技术学"中称："中国学者杨鑫辉于20世纪80年代中期提出要重建心理技术学，并称原先的为经典心理技术学，要重建的为现代心理技术学。"

（三）理论心理学方面：①《必须用辩证法指导我国心理学的发展》一文，在1981年中国心理学会成立60周年学术会议上报告交流，概要地反映了我对心理学方法论的基本观点。载《心理科学通讯》1982年第3期，选入中国人民大学《心理学》复印资料1982年第6期。②《建立有中国特色的心理学思想》（与我的在读博士生汪凤炎、赵凯、郭永玉合作而成）发表在《心理学动态》1997年第3期（后载入《潘菽全集》第十卷附录）。2000年中国心理学会理论心理学与心理学史学术年会上，作了《大力推进心理学的中国化研究》学术主题报告。③《把握当代心理学的发展趋势》（1999年）和《当代心理学的发展趋势》（2001年），从总体层面概括为四点：心理学的高新科技化；心理学的综合化；心理学的本土化（或称中国化）；心理学的实用化。④主持教育部人文社会科学"九五"规划项目，领衔出版其成果《危机与转折——心理学的中国化问题研究》（黑龙江人民出版社，2002年9月），包括绪论、理论篇和应用篇，集结了课题组成员即我一批博士生的20篇论文。

（四）现代大教育观理论等其他方面：①主编《现代大教育观——中外名家教育思想研究》（江西教育出版社，1990年）。经过多年酝酿，1988年我提出："所谓现代大教育观……它采取全方位的观点，系统论的观点，从哲学、政治学、经济学、社会学、文化学、心理学、传统教育学、管理学、传播学、未来学等各个角度，综合地考察研究教育的本质和规律。"该书《绪论》作了较全面的论述。组织全国21个单位的31位中青年同志共同研究和撰写而成。1991年获得全国优秀图书等多种奖励。②1997年在《江西教育科研》上发表《心理素质教育是素质教育的重要方面》。主编出版《青少年心理素质教育丛书》（江西教育出版社，1997年）。③发表《现代教育的三大基本观念》（《南京师范大学学报》1999年第3期），提出"视野：现代大教育观"、"目标：全面素质教育观念"、"手段：现代教育技术观念"。在江苏、内蒙等省应邀举办讲座，2001年《江南时报》等多家刊物选登。武汉有教育博士生撰写学位论文也前来访谈。

还有其他方面，如西方和苏俄的心理学，中国教育史、语文教学等的论述，这里就略而不说了。值得一提的是我2001年出版的《心理学的历史·理论·技术》，将原先的主要论文归纳为史学心理撷粹、理论心理探微、心理技术应用等部分，已具本《文集》后半部分的雏形。

本《心理学文集》共四卷。第一卷包括中国心理学史的两本专著：《中国心理学思想史》和《中国心理学史论》。第二卷是关于心理技术与应用的两本专著：《现代心理技术学》和《医心之道——中国传统心理治疗学》。第三卷和第四卷编入论文和附录。论文部分的编排顺序是心理学历史、心理学理论、心理技术应用和其他文章。附录部分包括报道评论感言、学习工作纪要、主要著述简目。

悠悠岁月，从教56载，我已进入耄耋之年。谨以此《文集》微薄的成果呈献给祖国人民和学界，回报社会，以慰吾心。热诚祝愿21世纪心理科学事业更加繁荣，祖国社会主义现代化建设更加昌盛。

杨鑫辉

2014年1月8日于南京仙林大学城香樟园寓所

目录

中国心理学史论

中国心理学思想史

序

刘兆吉

　　除去那些泥古不化、在学术上鼠目寸光并有严重偏见的人，都会承认中国是世界文化重要策源地之一。在中国丰富的文化宝库中，也蕴藏着光辉灿烂的心理学思想。只因为过去无人发掘整理，致瑰宝蒙尘，鲜为人知。竟然在洋人著的世界范围的心理学史著作中，成为空白，好像中国人是没有心理学思想的民族，这是中国人的奇耻大辱。

　　近50年来，我国有少数心理学家，开始注意中国心理学史的探索，也有零星的文章问世。但是系统的全面深入的研究还是八十年代开始的，目前出版的有燕国材的四卷关于中国古代心理思想研究的专著，有在国家教委领导下以潘菽、高觉敷为首组织起来编写的《中国古代心理学思想研究》、《中国心理学史》、《中国心理学史资料选编》，还有几本大型工具书，如《中国大百科全书·心理学》《心理学大词典》等。在集体建设中国心理学史工作中，杨鑫辉教授始终是主要骨干之一，以后又独自作出新贡献。

　　杨鑫辉教授承担了教学、培养研究生、国内外讲学和教育系主任等繁重的任务，但他没有一天放松他所热爱的中国心理学史的研究。除不断在报刊上发表论文外，于1990年出版一本颇受读者称道的专著《中国心理学史研究》（江西高校出版社1990年出版）。时过仅五年，他又独自完成了新著《中国心理学思想史》，其治学的勤奋、攻坚的毅力、创新的精神，令人敬佩。

　　《中国心理学思想史》是一本独出心裁的心理学史专著。它有以下几方面的特色：

首先是体例的创新。第一、二章，开宗明义，总论了全书要旨。第二部分，即第三、四、五、六章，论述心理的实质、心理实验与测验的起源、普通心理学思想和应用心理学思想。第三部分即第七章为心理学史研究的现状和瞻望。

从全书的内容分析，有些是其他中国心理学史著作中虽已涉及而欠翔实的，有些是新的发现、新的观点，可以看出作者在学术上的求真务实精神，重视独立思考，反对随波逐流。例如第二章心理学发展脉络五个特点的概括；第三章关于心理实质五个范畴的提出；第四章心理实验与测验起源均颇具匠心。此外如社会化与个性问题，不乏追根穷源和新发现的中国古代心理学思想史料。又以现代科学心理学思想方法加以整理、分析、归类，取其精华，去其糟粕，达到了学古不泥古，古为今用，这是研究各门学术史的真谛。如果今人由学古而泥古，不能自拔，则成了古人的俘虏。"尽信《书》不如无《书》"是有相当道理的，这话原出《孟子》，《诗》《书》《礼》《易》《乐》《春秋》，是儒家崇尚的经典，两千多年前最忠诚的大儒孟轲就大胆地怀疑《书经》，不可尽信，原因是有不实之处，后来的学者，思想更解放，不可尽信的不只是《书经》，所有古人今人的著作，都要深入分析，是精华即应继承，发扬光大，这就是传统优秀文化的根源。发掘古代心理学思想宝藏的目的，就是为了提炼其中对弘扬中华民族文化、增强民族自豪感、有利于社会主义精神文明建设的内容。这是作者坚信不疑的治史观点。古代留下来的各种化石是可贵的，而今人的"化石脑袋"与活死人的脑袋一样无用。

此外，杨鑫辉教授深知人类文化历史，从时间上是割不断的，所以今人也知古代的历史；从地域分析，中外文化的交流就像五大洋的滚滚波涛，也是难以隔绝的，中国古代的四大发明，不是也传到了外国么！近现代外国心理科学传入中国，这也是很自然的事，互相学习，取长补短是好事。心理科学，在研究方法，特别在实验、测量、心理的生理基础方面，西洋心理学家先走了一步，我们可以借鉴。对此，有利于深入探索鉴别我国古代的心理学思想。保守封闭的国粹主义也是不可取的。问题在于学洋的态度，学洋则可，崇洋则不可。学洋是为了为我所用，即"洋为中用"，学人之长，补己之短。崇洋则陷于盲目性，成了假洋鬼子就"数典忘祖"了。崇洋常常与媚外相联系，丧失民族自信心、自豪感。研究中国心理学思想史，和其他历史一样，最主要的就是弘扬祖国文化，增强民族自尊心、自豪感，有利于进行爱国主义教育，这是精神文明建设的主要支柱。

关于古为今用、洋为中用，作者深有体会，全书也充分贯彻了这一原则。

这本著作另一特点，无论在心理学的基本理论方面，还是应用心理学方面，涉及面广，但重点突出，不乏新内容、新观点。作者著作多，又博览群书，知道关于历史著作，在文字上往往平铺直叙，枯燥难懂，索然无味，所以他在文字的生动性和结构的新颖性方面狠下工夫，注意加强著作的趣味性、可读性。

第七章概括地论述了中国心理学史研究的历史，包括过去、现状和前瞻，期望有更多的同行继续深入研究。因为中国古代心理学思想埋藏在两千多年的文化积淀中，而且混杂在哲学、文学、史学和许多杂学家的学说中，不但需要层层深挖，而且还需要精心分辨。这样浩大的学术工程，不是少数人短时间能完成的。杨鑫辉教授除自身奋力挖掘外，还大声疾呼，号召群策群力，使中国心理学思想史的内容更丰富，结构更完善，为既古老又年轻的心理科学作出新贡献。

总之，《中国心理学思想史》是当前中国心理学史著作中又一颗璀璨的明珠，是本好书。我爱读，我也愿意推荐给同行们和广大读者。是为序。

1994年3月12日于西南师大教育系

第一章 对象、意义与方法论

中国是心理学的策源地吗？

中国心理学思想的精华有哪些？

研究中国心理学思想的意义何在？

　　人的丰富多彩复杂万状的心理，被誉称为"地球上最美的花朵"；探讨人的心理的学问，不仅受到古代先哲的重视，更得到现代人的青睐。现在不论西方还是东方，研究人的心理和行为规律的心理学早已成为一门真正的科学。心理学不再是神秘奥妙的怪学，[1] 也不是一种什么装点言谈的时髦；它以其旺盛的生命力渗透到社会生活的方方面面，正在日益成为科学中的热门、学校中的主课、生活中的常识。科学史告诉我们：20世纪的前50年是物理学、化学的黄金时代，它的后50年则是生物学的全盛时期，科学的发展遵循着物理的、化学的、生物的、心理的层面深化着。据未来学预测，揭示人的心理的物质本体和心理活动规律之谜的心理科学，很有可能成为21世纪带头的前沿学科之一。

　　打开一部心理学史，人们就会知道，德国心理学家艾宾浩斯说过这样一句名言：心理学有一个长远的过去，却只有一段短暂的历史。的确，心理学是一门既古老而又年轻的新兴科学。古代希腊、古代中国和古代

---

　　[1]　我国清末时，将心理学译称"心灵学"，甚至有译称"妖怪学"的。

印度，有关心理学的思想都是包含在哲学里面的，具有跟哲学同样悠久的历史，就其渊源而言，当然有理由说它是一门古老的科学。但是它通过实验的方法作为现代科学却是晚近的事，一般认为德国心理学家冯特（W. Wundt, 1832—1920）于1879年建立世界上第一个心理实验室是它的标志，作为现代心理学的开端。由于心理学吸取物理学、生理学的科学方法和科学成果，从哲学中独立分化出来，只有一百余年历史，所以心理学又确实是一门年轻的新兴科学。这样看来，心理学的全部发展历史，既包括古代的哲学心理学思想，也包括近现代的实验心理科学。前者属于前科学思想史，后者才是现代科学史。

鉴于现代心理科学产生于西方，曾经被一般人误认为只有古代希腊才是心理学的策源地，甚至有些心理学史家也持此种看法。例如，陈德荣译的美国匹尔斯伯立（Pillsbowry）的《心理学史》，1931年由商务印书馆出版，当时在国内外都是颇具影响的著作。该书从古代希腊的心理学思想写到冯特以后的实验心理学，但对东方古代的心理学思想却只字未提。这就是说，现代心理学仅仅溯源到古代希腊。历史悠久的中国是世界文明古国，它是否也是心理学的策源地呢？当时的西方学者是不甚了然的。后来著名心理学家墨菲（G. Murphy）于1973年在《历史回顾》一文中，才作了正确的肯定回答。他说："纪元前500年中国的老子和孔子,印度的《奥义书》[1],从南意大利到小亚细亚许多城邦的希腊思想家等,在哲学和心理学方面都有惊人的兴起。"[2]。遗憾的是墨菲没有也不可能对从老子和孔子以来的中国心理学思想作出详细研究的介绍。这一任务义不容辞地只有中国学者来完成。

许多中国古代思想家有关哲学、伦理、教育、医学、军事、文艺等问题的论述，都包含着丰富的心理学思想，涉及普通心理、生理心理、

---

[1]《奥义书》是古代印度的宗教、哲学著作,一般认为成书在公元前6世纪。该书提出了"梵"（宇宙本原、宇宙精神）和"我"（个人的精神、灵魂）的问题。

[2]G·墨菲、J·柯瓦奇著,林方、王景和译:《近代心理学历史导引》下册,商务印书馆1982年版,第799页。

心理实验与测验、医学心理、社会心理、教育心理、文艺心理、军事心理等方面。这些思想极大地丰富了世界心理学的思想宝库。现代心理学的溯源，不能只谈古代希腊这个源头，也应追溯到古代中国。尽管中国古代心理学思想没有直接导致现代心理学的发展，但其思想渊源的影响是决不可忽视的，更何况还存在许多直接影响西方心理学家的事实。兹举数例证之：西方机能主义心理学是受到达尔文生物进化论影响的。达尔文在《物种起源》一书中谈到选择原理时却说："如果以为选择原理是近代的发现，那么就未免和事实相差太远……在一部古代的中国百科全书中已经有了关于选择原理的明确记述。"这里说的"一部古代的中国百科全书"是指公元6世纪北魏贾思勰的著名农业科学巨著《齐民要术》。中国古书上多次记载的"左手画圆，右手画方"的注意分配实验，被西方心理学家弗朗兹（Franz）、高尔顿（Gordon）等所采纳（见《Psychology Work Book》一书）。20世纪20年代，美国哥伦比亚大学心理学教授鲁格尔（Ruger）吸取我国战国时期的连环试验，将其实验结果写成《中国连环的解脱》一书。差不多同时期，刘湛恩用英文出版《中国人用的非文字智力测验》一书，向国外介绍九连环、七巧板。20世纪50年代兴起的人本主义心理学的创始人马斯洛（A. H. Maslow），在如何对待人的本性问题上也直接吸取了中国古代道家的观点——"无为而治"和"任其自然"。他明白地写道："'道家的'意味着提问而不是告诉，它意味着不打扰、不控制，它强调非干预的观察而不是控制的操纵，它是承受和被动的，而不是主动和强制的，它好像在说，假如你想了解鸭子，你最好是向鸭子提问，而不是告诉鸭子什么。对于人类儿童也同理。"[1]以上例子，已可见中国心理学思想影响现代心理学发展之一斑。至于从整体上研究中国心理学思想，来探讨现代心理学发展的一个重要源头，则正是本书的任务。

---

[1] 马斯洛著，林方译：《人性能达的境界》，云南人民出版社1987年版，第20页。

第一节　中国心理学思想史的对象

任何一门学科的建立都得首先回答下面三个问题：它是研究什么的？为什么研究它？怎样研究它？中国心理学思想史的研究也不例外。

"科学研究的区分，就是根据科学对象所具有的特殊的矛盾性。因此，对于某一现象的领域所特有的某一种矛盾的研究，就构成某一门科学的对象。"[1]那么，中国心理学思想史研究的对象是什么呢？中国心理学史研究的对象是什么呢？这只有从它们所研究领域的事物的特殊矛盾性，即所研究事物的特质去找答案。它应该区别于哲学史、思想史和其他的科学思想史或科学史，也应区别于任何一种外国的心理学思想史或心理学史，而只能是反映它所研究对象的特殊性的中国心理学思想史或中国心理学史。当然在强调它们的区别性时，并不否定它们之间的联系和同质性方面。例如，心理学思想史与哲学史、思想史的联系，中国心理学史与西方心理学史的联系等等。

基于上述认识，我们可以从下列四个方面来论述中国心理学思想史的研究对象和研究范围。

一、中国心理学思想史的定义

心理学史是研究心理学产生、形成和发展历史的学科。这个一般性定义是国内外心理学界所公认的，它适应于任何国别的心理学史，如德国心理学史、美国心理学史、中国心理学史、苏联心理学史等；也适应于更大范围的称谓，如西方心理学史，东方心理学史、世界心理学史等。

---

[1]《毛泽东选集》第一卷，人民出版社1967年版，第284页。

中国心理学史则是研究中国心理学产生、形成和发展历史的一门心理学史分支学科。它研究中国这块土地上，从古至今的古代心理学思想和现代心理科学产生、形成和发展的特点与规律。很显然，中国心理学思想史是包括在中国心理学史里面的古代部分。同理可以把中国心理学思想史定义为研究中国古代心理学思想产生、形成与发展历史的学科。

既然，中国心理学思想史的研究对象是"中国心理学思想"，因此关键在搞清中国心理学思想的含义。它是指中国古代思想家的著作中，从历史发展来考察与心理学科学有关的思想、观点、理论。心理学成为一门独立的、实验的科学是近代的事，古代只有心理学思想，而没有心理学科学。从科学史的角度考察，古代心理学思想属于前科学的范畴。古代心理学思想与现代心理科学，有历史发展的渊源联系，又有方法、手段等方面的主要区别。因此，否认古代有心理学思想是虚无主义的态度，而把古代心理学思想家称为古代心理学家也是不科学、不恰切的。古代心理学思想主要是哲学心理学思想，也包括古代生理心理、心理实验与测验的萌芽的思想。

潘菽教授强调要严格区分心理学思想和心理思想的差别。他指出："这里所说的中国古代心理学思想是指中国古代思想中具有科学性的心理学思想。因此，所谓心理学思想不是指仅仅和心理学沾上边或有所联系的思想，而是指具有科学特点或符合于科学要求的心理学思想。"[1]他特别指明了两点：其一是仅仅跟心理学沾上边的有联系的思想不算心理学思想，而是一般的泛泛的心理思想，例如说文艺作品或其他著作中有关心理的描述，并非直接论述心理问题的理论思想，不是中国心理学思想史要研究的对象，至少不是它要研究的重要内容。其二是现代心理学是一门科学，真正符合科学要求的心理学思想也应是合乎唯物论的。"所以现在我们要知道的我国古代思想中合乎心理学作为一门科学的思想，应该主要向我国古代的唯物论思想那里去找，而不能不加分辨地向古代的所

---

[1]《潘菽心理学文选》，江苏教育出版社1987年版，第438页。

有思想家那里去找。"[1]

中国心理学思想史是一部唯物论的心理学思想与唯心论的心理学思想斗争的发展史。历史上出现的心理学思想虽然多种多样，但归纳起来不外是唯物的与唯心的，辩证的与形而上学的。尽管我们主张主要应挖掘整理唯物论的心理学思想，但是并不排斥对唯心论思想家的心理学思想的研究。理由之一是，在哲学上属于唯物论的学者，他们的心理学思想并不是一定处处都表现为唯物论；反之在哲学上属于唯心论的学者，其心理学思想有些方面又表现为唯物的，例如朱熹的教育心理思想就是如此。理由之二是，如同哲学上的唯物论是在同唯心论斗争中发展的一样，唯物论的心理学思想也是在同唯心论的心理学思想的斗争中得到发展的。中国古代形神观（身心关系）有"形俱而神生"与"有是心，斯其是形以生"的对立，心理形成发展理论有"善端说"与"性伪说"的对立等。历史发展的事实就是如此，中国心理学思想史应当真实地反映它们。理由之三是，即使是佛教心理学思想也是可以研究的。它虽然属于唯心主义思想体系，但是所提出属于心理学范畴的问题促使人们作深层的探讨。"它从唯心主义立场，把人的心理活动、精神修养（主要是宗教道德修养）、人性问题，以及人的心、性、情与宇宙观的问题密切联系在一起……后来的唯物主义哲学家，从和佛教唯心主义的战斗中，也利用他们所提出的这些思想资料，加以改造，从而丰富了唯物主义的完整的哲学内容。"[2]我们认为正是在这个意义上，潘菽也主张"佛教心理学思想也可研究，不先否定"[3]，而不是一概排除对唯心主义心理学思想的研究。问题的关键在于心理学史工作者应当站在唯物辩证法的立场观点上去研究它们，去评论它们，不能客观主义地去罗列它们。这样看，唯物的与唯心的心理学思想都在中国心理学思想史研究范围之内，但最终目的主要是研究出合乎科学的心理学思想。

[1]《潘菽心理学文选》，江苏教育出版社1987年版，第438页。
[2]任继愈主编：《中国哲学史》第三册，人民出版社1979年版，第36页。
[3]参阅杨鑫辉《论潘菽教授对中国心理学史的贡献》，载《心理学探新》1989年第1期。

二、中国古代的"性理"之学

众所周知,欧洲16世纪以前是没有"心理学"这个学名的,培根(1561—1626)在科学分类中将心理学列为灵魂的哲学,梅兰克森(1679—1754)首先在一次讲演中采用心理学这个学名,到沃尔夫(1679—1754)才使这个学名流行于世。

至于"心理"二字在中国古代文献上出现的情况,1940年张耀翔在《中国心理学的发展史略》一文有如下一段论述:"'心理学'三字在中国古籍上似从未在一处排列过。就是'心理'二字相连的时候也很少。陶潜诗:'养色含精气,粲然有心理',或是这二字最早的联缀。但陶之所谓'心理',未必和现在的解释相同。王守仁也接连用过'心理'二字。他说:'心即理,心理是一个。'这种用法显与吾人用法两样。"[1]上述说法一直为后来的论者所援引和承认。

我认为,王守仁的"心理是一个"中的"心理"的确与我们现在说的"心理"完全两样,他说的"心理"是指人心(本心)和天理,是其宇宙观的出发点和基本论点,是陆九渊"宇宙便是吾心,吾心即是宇宙"的发展。然而,陶渊明所说的"心理"则与我们现在说的心理在意义上是基本相同或相近的。上文所引"养色含精气(应为"津气"),粲然有心理",系陶渊明杂诗十二首中末首的最后两句。其大意是说:好好保养自己身体的神色与津液,保持鲜明的性情与神理。这里的"心理"是作"性情"与"神理"讲的。[2]前一句说身体方面属于生理的范畴,后一句说精神方面属于心理的范畴,其前后联系正透露出生理的方面是心理方面的基础。这样看来,陶渊明当时所使用的"心理"一词,跟我们现在说的心理的含义不是基本相同或相近吗?顺便指出,尽管陶渊明是一位古代诗人,却在他的《形影神并序》三首诗中,以拟人的手法,反映出

---

[1] 张耀翔著:《心理学文集》,上海人民出版社1983年版,第201页。

[2] 参阅逯钦立校注《陶渊明集》,中华书局1983年版,第122页。唐满先注《陶渊明集浅注》,江西人民出版社1985年版,第26—27页。

他的唯物论神形观的心理学思想，也是值得研究的。

但是，中国古代心理学思想不能从古籍里有"心理"名词的论述中去寻找。中国古代称有关人的心理问题的研究为"心性"之学、"性理"之学或"心学"等。例如，先秦时期关于人性善恶之论争，性与习染的关系和修身养性的论述，汉晋时期关于才性问题的探讨和神形关系的论战，隋唐时期关于佛性、本心、本性的论述，宋元明时期关于性理、心学的论著，清代的反理学的有关论述与"脑髓说"等等，都包含着丰富的心理学思想。必须注意的是古代思想家们使用的概念缺乏一致性，同一个字词在不同著作中甚至同一著作中也被赋予不同的含义。"性"一般指人的自然质性，即人性。《孟子·告子》："生之谓性"便是这一含义；而该书里"是岂水之性哉"的"性"却指事物所具有的特质。"性"有时又作德性讲，孟子的性善论，荀子的性恶论，都赋予"性"以道德属性。韩愈在《原性》一文中更说："其所以为性者五；曰仁，曰礼，曰信，曰义，曰智。"又如，"知"除作知识理解外，有时作感知觉讲，《荀子·王制》"草木有生而无知"里的"知"便是；在《礼记·中庸》"好学近乎知"里，"知"则通"智"。再如，"情"有情感、情绪、性情、情欲等多种含义。"欲"有时作情感或情感的一种讲，有时指情欲、欲望、欲求，相当于现在的需要。总之，有关性理、心学的研究，都涉及心理学思想，因而也是中国心理学思想史要涉足的范围。

三、划清两个界限

中国心理学思想史的研究对象是心理学思想已确定无疑。然而在实际研究过程中，往往会碰到一些纠缠不清的问题。这些问题跟心理学思想既有联系又有区别，只有划清界限才能真正把握住中国心理学思想史的研究对象，才能真正建立成为一门相对独立的分支学科。归纳起来，必须划清两个界限。

第一，心理学思想与哲学思想、教育思想、伦理思想等的界限。中外心理学的发展历史告诉我们，心理学思想是包含在哲学、教育、伦理

13

等论著里的。中国心理学思想,在古代多是与哲学、教育、伦理、医学、军事等思想相混杂、相糅合的。它要求心理学史研究者,挖掘其思想,理清其发展脉络,整理出区别于相邻学科的心理学思想,使之条理化、系统化。否则,"如果把二者混而不分,那我们的发掘工作就不会得到很好的结果。过去曾有人试图发掘中国古代的心理学思想而未能取得好的成果,或者终于放弃,其原因之一恐怕就在于此"[1]。只要以现代心理学体系和概念为参照系是能够区别出来的。例如,物质与精神,存在与意识是哲学的基本范畴,神与形、心与物则属心理学思想的范畴。感性认识和理性认识是哲学中的认识论问题,知、虑、感、思、壹、藏等则属古代心理学思想的范畴。性善性恶等人性论是哲学思想,善端说和性伪说则属心理学思想。"因材施教"是教育思想,作为因材施教理论基础的差异心理的论述则属心理学思想。

第二,心理学思想与心理学科学的界限。古代没有心理学,只有心理学思想。心理学作为一门独立的实验科学是近代的事,追溯到冯特以前赫尔姆霍茨(1821—1894)的心理生理学,韦伯(1795—1878)和费希纳(1801—1887)的心理物理学,也不到二百年的历史。而心理学思想不论在西方还是在东方都是源远流长的,中国作为一个文明古国更是如此。心理科学是以心理学思想为渊源不断发展形成的。因此,一部完整的中国心理学史,应当包括古代的哲学心理学思想史和近现代的实验心理学科学史两大部分。古代心理学思想与现代心理科学,有历史发展的渊源联系,又有方法、手段方面的重要区别。心理学思想主要是思辨性的经验性的,基本方法是知人的观察法("视其所以,观其所由,察其所安")和知己的自我省察法("内自省")。至于一些带实验性的实验法与测量法并未形成为成熟的科学方法,只是科学实验方法的萌芽。我们必须弄清古代心理学思想发展史和近现代心理学科学发展史的界限和联系。

---

[1] 潘菽著:《心理学简札》下册,人民教育出版社1984年版,第372页。

上面两个界限搞清后，中国心理学思想史的研究对象就真正明确了，也就抓住了所要研究的特质。一部中国心理学思想史，推而广之，一部中国心理学史，就不会混同于中国思想史或中国哲学史；它们也就具有独立存在的价值与作用。

四、研究的范围

中国心理学思想史研究的内容是非常广泛的，可以从不同角度划定其研究范围，归纳起来是：心理学思想的人物、专著研究；心理学思想的范畴、理论研究；心理学思想的专题、分支研究。上述研究范围的三个方面是相互交错和相互包含的。

（一）人物、专著研究

这是指按照某个历史人物或某部专著进行的心理学思想研究。例如孔子的心理学思想研究、朱熹的心理学思想研究、王廷相的心理学思想研究等为人物研究；《学记》心理学思想研究、《管子》心理学思想研究、《淮南子》心理学思想研究等为专著研究。一般说来，对中国心理学思想史的研究是从人物、专著这个方面入手的。将中国历史上具有较丰富的心理学思想的有代表性的思想家或著作都作一番研究分析，把它们按历史发展顺序排列铺陈，并找出其思想发展脉络，便对中国心理学思想有了一个初步系统的整体了解。

（二）范畴、理论研究

范畴是反映客观事物普遍本质的基本概念，是人的思维对事物特性和关系的概括和反映。每门具体科学都是由一系列范畴构建而成的。中国心理学思想史也有其特有的一系列范畴，以及由这些范畴构成的心理学思想理论。例如对于人的心理实质的理解，历代思想家的思想可以就其历史发展寻找出他们的主要范畴与理论，这就是先秦的人性说，汉晋的形神说，隋唐的佛性说，宋明的性理说，清代的脑髓说。先秦至宋明主要是从人性、形神、佛性、性理方面探讨人的心理的哲学本质，清代明确提出脑髓说则进到从生理上探索心理的物质本体。范畴理论研究，使我们对中国心理学思想的研究更深刻和有条理性。至于中国心理学思想的基本范畴，以及这些范畴与现代心理学概念相近或相似的对应问题，后面还要作专门论述。

（三）专题、分支研究

所谓专题、分支研究，前者是指有关智能问题、情欲问题、赏罚心理问题、胎教心理问题等的心理学思想专题研究；后者指按照现代心理学分支学科进行有关心理学思想的研究。专题是基础，分支是比专题范围更广更系统的研究。专题、分支研究能使中国心理学思想史的挖掘整理工作更系统化，更与现代心理学分支学科相联系，更有应用意义。

中国心理学思想史的主要分支有：（1）普通心理学思想。它几乎涉及现代普通心理学的各方面内容，有形神、心物、性习等基本观点问题；有知、识、思、虑、情、意等心理过程的论述；有才智、气质、性情等个性心理的思想。荀子、王充、朱熹、王廷相、王夫之等著名思想家都有较系统的普通心理学思想。（2）医学心理学与心理生理学思想。这两方面的思想集中反映在古代医学文献中，如《黄帝内经》、《千金要方》、《儒门事亲》、《医林改错》等。（3）心理实验与心理测量思想。它们虽然只是实验心理学、心理测量学的胚胎或萌芽，但是有其历史价值。这方面的思想散见于哲学、教育、军事等文献中。（4）教育与儿童心理学思想。这两方面的思想紧密相连，尤其是教育心理学思想特别丰富，包括胎幼心理、差异心理、学习心理、品德心理和教师心理。它们集中反映在从孔子到戴震等著名教育家的思想里和从《学记》到《教童子法》等教育专著中。（5）军事心理学思想。涉及治军心理、战术心理、士气心理、将领心理等诸多方面。历代军事著作，如《孙子兵法》、《孙膑兵法》、《将苑》等的军事心理学思想尤为丰富。（6）文艺心理学思想。古代文学艺术理论著作，如《乐记》、《文心雕龙》、《文赋》等都有涉及面很广的文艺心理学思想亟待挖掘整理。（7）社会心理学思想，从广义说，古代的社会心理思想与管理心理思想，乃至司法心理思想是密切联系的。它们散见于哲学家、思想家和政治家的各种著述里，其中司法心理思想在历代司法著作里有较集中的反映。

第二节 中国心理学思想史的意义

现代文明的大厦是以古代文明作为建筑基地的，当今的文化科学都批判地吸取了历代文化遗产中的精华。不能割断历史而应批判地继承历史并进而发展与创新，这是一切中外卓越学者的共识。我们研究和学习中国心理学思想史，不仅对于现代心理学具有历史渊源的意义，而且还有超越学科范围的更广泛的意义。

一、建立有中国特色的心理学体系的必要工作

挖掘、整理和研究祖国优秀的心理学思想遗产，是建立和发展具有中国特色的现代心理学的迫切需要。大家知道，西方近代心理学是清末被介绍到中国来的。新中国成立前的几十年，我国心理学完全照搬或者基本照搬西方，言必称希腊，言必称欧美。建国后学习苏联心理学，学习巴甫洛夫学说，起过积极作用，但又出现了完全拒绝西方心理学成果的偏向，仍然缺少我国自己的创新。现在，我国心理学界言必称希腊、欧美的状况已有所转变，自己的实验研究不断增多，自己的观点更加鲜明。但是，要建立起具有中国特色的心理学，还得做许多工作。除了坚持以辩证唯物论作指导来建立我国现代心理学体系外，还有两大工作。一是要有我国自己的广泛的心理学实验、调查材料，这方面正在大量地进行工作；二是要挖掘、整理和研究我国古代的心理学思想，这方面的工作刚起步，是一个较薄弱的环节。"我国古代思想家关于心理学的光辉见解的整理阐述，这是建立我国心理学体系的一项必要的研究工作。"[1] 中国

---

[1] 潘菽：《论心理学基本理论问题的研究》，载《心理学报》1980年第1期。

是一个历史悠久的文明古国，许多思想家都有丰富的心理学思想。我国现代心理学应当吸取古代心理学思想的精华，使其具有自己国家的特色。我们是站在建立有中国特色的心理学体系的高度来重视中国心理学思想史研究的。

少数心理学者对建立有中国特色的心理学的提法持异议，个别心理学者甚至认为，关于建立具有中国特色的心理学理论思想体系的这种理论对我国心理学的发展是有危害性的。我们总的看法是：鉴于心理学既不是社会科学，也不是纯粹的自然科学，人的心理是与社会文化背景的影响分不开的，而不是孤立的人脑的机能，各国的心理学，特别是偏重社会性方面的社会心理学、管理心理学、教育心理学等应当具有各自的某些特色。这样才能反映客观实际。当然这决不意味着排斥外国心理学概念和理论，更不是否认个人的心理活动规律的共性方面，特别是属于自然科学性质方面的生理心理学、医学心理学等是无国界的。

近几年，主张心理学研究应当本土化的学派正在兴起，提出应该用本土人的眼光来研究本土人（Geertz, 1984）。我们所说的"具有中国特色"是包括了用辩证唯物论作为方法论基础的，其他方面则是与台湾、香港地区心理学界流行的"中国化"、"本土化"的意义非常接近的。所谓本土化是从比较抽象的层面来界定的，即代表一种走向"以自身所处的社会、文化及情境为基础，来探讨自身行为规律的研究定向（orientation）或角度（point of view）"。如何进行本土化呢？香港大学杨中芳博士认为当前中国社会心理学的本土化工作应集中于基础研究，其中包括本土的素材，发掘及发展本土的概念。对整理和研究中国古代心理学思想给予充分的肯定，以为这是基础资料工作的重要方面。台湾大学杨国枢教授关于心理学中国化的四个层次也是很有见地的，即重新验证国外的研究发现，研究国人的重要与特有现象，修改或创立概念与理论，改变旧方法与设计新方法。

总之，从建立有中国特色的心理学体系看，或从心理学本土化的兴起来看，研究中国心理学思想的意义都是毋庸置疑的。那种以为研究心理学思想史是钻故纸堆的看法是一种误解，是错误的。

二、丰富世界心理学思想宝库

在最近八九年里，对祖国心理学思想遗产的系统挖掘、整理和研究，从而新开拓了一个心理学分支——中国心理学史。中国心理学思想史的研究工作填补了世界心理学史的一项重要空白，丰富了世界心理学思想的宝库，日益为国内外心理学界所瞩目。国际心理学界对中国古代心理学思想很感兴趣，或邀请讲学、参加学术会议交流，或进行通信联系交流资料。我国心理学家出国访问，常常遇到外国心理学界朋友提出一个问题："你们有悠久的文化传统，历史上有优秀的哲学家，那么你们的心理学吸收了哪些中国古代的和近代的哲学思想，诸如孔夫子和毛泽东的思想？"[1]

前面我们已经说到，过去的心理学史被完全写成了西方心理学史，东方的心理学思想没有得到反映。直到20世纪70年代初，美国心理学家墨菲正确地指出了，中国和印度同希腊一样是世界心理学思想最早的策源地。这里要补充的是，苏联心理学史家姆·格·雅罗舍夫斯基等差不多在同一个时期，在《国外心理学的发展与现状》一书中，将"古代东方的心理学思想"列为第一章。指出古代巴比伦、埃及、中国、印度、希腊都对人的心理生活进行了研究，它们探索的基本方向都相同，有的学说东方可能出现得更早。中国不仅有丰富的哲学心理学思想，而且"也包含有关心理活动的自然科学知识的萌芽"。自然科学知识方面，列举了《内经》为代表的关于心理器官的"心脏说"，气在人体内与其他的组成部分相混合，既有生理功能也有心理功能的思想，以及将人的气质分为三类型的学说。哲学心理学思想方面:道家要求认识世界发展过程的规律，其目的在于遵循这些规律。儒家探讨了人的心理发展方面先天与后天的关系，包括强调知识和心理特征是先天的"性善说"和认为人的品德是

---

[1] 荆其诚:《英国、法国的心理学概况》，载《心理学报》1981年第4期。

教育的产物的"性恶说"。墨家则摈弃了道家的神秘主义倾向和儒家的内心自省。特别介绍了王充和范缜这两位唯物主义思想家的心理学思想，即王充以与自然科学、医学的成就相联系的先进观点批判宗教目的论和关于知识的先天论，范缜在《神灭论》中阐述的心理是物质形体的功能、心理与形体不可分割的思想。所有这些都对世界心理学思想宝库作出了贡献。[1]

美国心理学会心理学史分会前主席 Brozek 教授在他的专著 Study of the History of psychology Around the world 中专门评介了中国心理学史的研究状况，并且高度评介高觉敷主编的《中国心理学史》是"以研究从孔子到现在的原始材料为基础，全面论述中国心理学史的著作……像这样的科研项目在世界文献中还没有先例。我们深盼这一巨著的英文版亦能问世"。

我们在这里援引外国心理学家对中国心理学思想的评价与关注，不是能更有力地说明中国心理学思想对丰富世界心理学思想宝库的意义吗？

三、弘扬民族优秀文化的一项爱国主义事业

要建立具有中国特色的心理学，就必须植根于中华民族文化的土壤上，就应该弘扬中华民族优秀的文化传统。正如毛泽东所说："中国的长期封建社会中，创造了灿烂的古代文化。清理古代文化的发展过程，剔除其封建性的糟粕，吸取其民主性的精华，是发展民族新文化，提高民族自信心的必要条件；……我们必须尊重自己的历史，决不能割断历史。但是这种尊重是给历史以一定的科学地位，是尊重历史的辩证法的发展，而不是颂古非今，不是赞扬任何封建的毒素。"[2]研究中国心理学思想史就要弘扬民族优秀文化中仍富科学意义的心理学思想；研究中国心理学

---

[1]参阅（苏）姆·格·雅罗舍夫斯基、勒·伊·安齐费罗娃著，王玉琴等译：《国外心理学的发展与现状》第一章，人民教育出版社1982年版。

[2]《毛泽东选集》第二卷，人民出版社1967年版，第667—668页。

史，就是尊重心理学历史的辩证的发展。"我们不但要懂得心理学的今天，还要懂得心理学的昨天，懂得了心理学的昨天才可以更深刻地懂得心理学的今天。"[1] 懂得心理学的昨天和今天，还可预见心理学的明天。

在中国心理学思想史研究中弘扬民族优秀文化，必须消除历史虚无主义的思想。要看到中国古代光辉灿烂的文化宝库里，确实珍藏着丰富的心理学思想瑰宝。决不能"数典忘祖"，自己不承认自己。在现代心理科学崛起于西方国家的情势下，某些人更容易对中国古代心理学思想持历史虚无主义的态度，滋生某种自卑心理。我们必须把历史与现实、中国与世界联系起来剖视各种问题。弘扬民族优秀文化，不是排斥外来文化。将祖国心理学思想遗产中的精华发扬光大，也重视学习和吸取世界各国心理科学的优秀的东西，引进其科学的理论与先进的技术，但不是一切照搬。20世纪初至40年代照搬西方的心理学，50—60年代照搬苏联的心理学，都没有形成自己的系统心理学，这个历史教训是值得记取的。光大祖国心理学思想遗产，更不是要轻视对现实心理学问题的研究。相反，要在过去遗产的基地上，从当前社会的实际出发加强心理科学的实验与研究，搞好心理科学的现代化。光大祖国心理学思想遗产，也不是凡古的就是好的，全盘继承，而是取其精华，去其糟粕。我们建立有中国特色的心理学体系，一要博采众长，吸取世界各国心理科学的优秀成果；二要立足本国现实心理学问题的科学实验、调查与研究；三是弘扬祖国心理学思想遗产的精华，将三者有机地结合起来汇聚为一体。

从某种意义上说，研究中国心理学思想史是一项爱国主义事业。众所周知，第一部系统的《中国科学技术史》是英国学者李约瑟（Joseph Needham）编著的，这使我们科技工作者既感谢他的科学工作又不无感慨。我国一批老一辈的心理学家和中青年心理学者，正是在爱国主义精神的鼓舞下潜心研究，通力合作，撰著了我国第一部系统的《中国心理学史》的。这与建筑家梁思成等偿还了"《中国建筑史》要由中国人来写"的夙愿的

[1] 高觉敷：《有关心理学史的几个问题》，载《外国心理学》1981第1期。

心情是一样的。

四、学习古代学者探求真理、严谨治学的精神

在研究中国心理学思想的过程中，除了能攫取古代心理学思想的精华，掌握心理学思想发展的规律，还可以学习到古代学者探求真理、严谨治学的精神，从而也有助于用这种精神学习和研究现代心理学。这后一方面的意义往往被一些人所忽视，这是不对的。如果说心理学思想的精华是一种真理，那么古代心理学者提炼出这些思想就是探求真理的过程，而"对真理的追求要比对真理的占有更为可贵"（爱因斯坦语）。

南北朝时范缜在《神灭论》中提出的"形神相即"和"形质神用"的观点，至今仍闪耀着唯物主义的光辉，为学界所公认。据《南史》记载，齐竟陵王肖子良大兴佛教，曾设斋延集众僧，宣扬佛教的神不灭论。范缜不畏王威，当面反驳宗教迷信之论，坚持其神灭论观点。肖子良又派人以高官利诱范缜，范缜仍坚定不移，大胆声明决不"卖论取官"。肖子良的门下宾客肖衍后来当了皇帝（梁武帝），宣布佛教为国教，又一次发动了对范缜更大规模的围攻，"王公朝贵"64人，先后撰文75篇反驳《神灭论》。范缜仍不屈服于政治压力和舆论压力，以致善于诡辩的曹思文也只得承认"思文情思愚浅，无以折其锋锐"。这种坚持真理的顽强精神多么难能可贵，为后来的治学者树立了一个楷模。我们不仅要继承范缜唯物主义形神论思想，而且应从其坚持真理、严谨治学中吸取力量。

清代医学家王清任以其著名的"脑髓说"，为我国近代心理生理学奠定了初步的基础，写下了世界脑科学和心理学发展史上光辉的一页。他冲破封建礼教的束缚，不但做动物解剖，而且解剖了一百余名病死的小儿尸体和刑场尸体，结合其丰富的临床实践，写成了在医学上具有革命意义的《医林改错》一书。他以解剖为根据绘制人体构造图，纠正了过去流行的某些错误，尤其明确地提出"灵机之性在脑不在心"的"脑髓说"。当时乾隆钦定的《医宗金鉴》仍然沿袭《内经》的"心脏说"，王清任在科学实践中敢于坚持真理，不畏皇帝"钦定"的威名。这里的雄辩事实

又一次告诉我们，研究中国心理学思想史的意义，不仅可以吸取古代心理学思想的精华，而且其治学精神更能惠泽后世，同样为今人所需要。

第三节　中国心理学思想史的方法论

某门学科的方法论是指研究这门学科的指导思想、基本原则和所采用的研究方式、方法的综合。方法论对于任何一门科学的发展都具有根本性意义，对心理学也是如此。现代心理学的奠基者冯特指出："科学的进展是同研究的方法上的进展密切相关联的。近年来，整个自然科学的起源都来自方法学上的革命。"[1]又说，"不论我们从哪一方面来从事一种心理的观察，我们总是被引回到我们所出发的地点上去，即改进研究方法的问题。"[2]我国现代心理学的奠基者之一的潘菽教授更把心理学方法论作为心理科学发展的首要问题来看待。他曾经指出："方法论是很重要的，忽视了它就将受到自然惩罚。即花了气力做工作而结果却不好，甚至很不好。""最根本的问题也是方法论问题，即指导思想问题。不重视方法论问题，理论研究不好，应用也研究不好。"[3]以上意见是值得一切心理学工作者记取的，在实际科学研究活动中，必须克服那种忽视方法论或不能运用正确的方法论的倾向。

我们认为心理学的方法论应包括三个层次：最高层次是哲学方法论，即以辩证唯物主义作为心理学的理论基础。其基本观点是：世界是物质的，物质第一性，精神第二性；物质是运动的，运动是绝对的，静止是相对的；事物之间是相互联系的，在联系中发展。中间层次是科学的方法论，即系统论、信息论和控制论构成的系统科学方法论，提供解决复杂问题的

---

[1]　张述祖等审校：《西方心理学家文选》，人民教育出版社1984年版，第1页。

[2]　张述祖等审校：《西方心理学家文选》，人民教育出版社1984年版，第6页。

[3]　潘菽：1984年3月3日致杨鑫辉的信。

一般步骤、程序和方法。最低层次是具体研究方法系统，即观察、实验、测量、产品分析、电脑模拟等组成的研究心理学的方法系统，但不是指其中的某一个具体方法。作为心理学的分支学科的中国心理学思想史的方法论，则包括指导思想、基本原则和具体方法三个方面的内容，兹分别论述如下。

一、指导思想

辩证唯物主义与历史唯物主义，是研究中国心理学思想史的总的指导思想，是它的方法论基础。这个问题明确了，研究的基本原则与具体方法也就能较好地解决。

心理学虽然早已从哲学中分化出来走上了独立，但它与哲学仍有密切联系，而心理学思想史与哲学的关系尤为密切。心理学的发展史告诉我们：不管哪一个国家，哪一个时期，任何一个学派，任何一位心理学家，都自觉地或不自觉地受某种哲学思想的影响。所以，恩格斯说："不管自然科学家采取什么样的态度，他们还是得受哲学的支配。"[1]一切哲学思想最终可以归之为两大营垒，唯物主义哲学思想和唯心主义哲学思想。一部心理学思想史，在某种意义上说是唯物主义心理学思想与唯心主义心理学思想斗争的历史。如果要说还有第三种哲学思想则只能是两者兼有的二元论思想，但最终还是会堕入唯心的营垒。因此，研究中国心理学思想史要自觉地以辩证唯物论与历史唯物论为指导，以保证研究方向的正确性和学科内容的科学性。

以辩证唯物论与历史唯物论为指导思想，是要运用其立场、观点、方法来研究中国历史上发生的各种心理学思想，还它们以历史的本来面目，给它们以科学的评价，而不是简单地给各种心理学思想贴上唯物或唯心的标签，给古代学者戴上唯物主义心理学思想家或唯心主义心理学思想家的帽子。研究中国心理学思想史的任务，固然在于挖掘、整理合

---

[1]恩格斯：《自然辩证法》，人民出版社1971年版，第187页。

乎科学的心理学思想，但不是只能研究唯物论学者的心理学思想，而不允许研究唯心论学者的心理学思想。唯物论与唯心论人物的心理学思想都可以也应当去研究，问题的关键在于坚持用辩证唯物论与历史唯物论的观点、方法去研究与批判，实事求是地分辨和分析哪些心理学思想是唯物的，哪些心理学思想是唯心的，它们的科学性怎样，并历史地评价这些思想作用，而不简单地以今人的观点去苛求古人。在评价古代学者的心理学思想时，应当看到他们的学术成就与世界观既有联系的一面，又有区别的一面。必须具体问题具体分析，采取面面观的慎重态度，既泼掉脏水又不倒掉孩子，批判某些人的唯心世界观时，不否定他们有益的心理学思想遗产。在分析某种心理学思想和发展时，西方心理学史家R·I·华生的下述意见是值得重视的："心理学常有一部分反映它的社会环境，但是它也受它自己的内部逻辑的引导。我们不能强调这些倾向的一面而牺牲其另一面。心理学不是千依百顺地、被动地反映文化的影响，同时它也不是存在于真空之内。内外环境都是存在的，二者之间发生经常的交互的影响。"[1]我们分析论述中国心理学思想发展过程时，应同时重视社会历史条件和内部逻辑两方面的影响。总之，只有用唯物的、辩证的、历史的观点作指导来研究中国心理学思想史，才能客观地、全面地、系统地把握它的发展脉络和规律。

二、基本原则

在具体的研究工作中还必须确定一些基本原则，以保证总的指导思想的贯彻。我们在开拓中国心理学思想史之初，面对这个新的研究领域，构建了几条原则[2]，通过十多年的研究实践，证明是可行的。这些研究原则最基本的有下面三条。

1. 以心理实质为主线原则

---

[1] 转引自《高觉敷心理学文集》，江苏教育出版社1986年版，第514—515页。
[2] 参阅杨鑫辉《研究中国心理学史刍议》，载《心理学报》1983年第3期。

　　纵观世界各国的心理学史著作，其体例是纷纭的，编写线索各不相同。有的以事件为线索，有的以国别为纲，有的则是编年、纪事、纪传和国别等相混杂。中国心理学思想史当然也可以按照不同的体例和线索去编写。例如，按人头的年代先后写历代著名心理学思想家，按历史时期搞先秦或宋明心理学思想的断代研究著述，按分支写社会心理学思想、医学心理学思想专著等。但是，不管按哪条线索或哪种体例去研究，去编写，都应当把握心理的实质这条主线。

　　为什么要把握心理的实质这条主线呢？

　　首先，能使我们掌握每一个心理学思想家对心理学问题的基本观点。大家知道，人的心理现象、心理活动是极为丰富多彩、复杂万状的，而被恩格斯誉为"地球上最美的花朵"。只有掌握心理的实质这把钥匙，才能打开心理之宫的大门，从而真正看清楚弄明白这些"最美的花朵"。由于历代思想家们对人的心理实质有不同的理解，所以在心理学史上存在着唯物主义心理学思想体系同唯心主义心理学思想体系的斗争。心理学各种问题的基本观点，又从各个方面最终反映出对心理实质的理解。因此应当抓住心理的实质这条主线，来研究中国心理学思想史。

　　其次，能帮助我们把握中国心理学思想发展的主要脉络。"中国古代的心理学思想史，基本上是一块未被开垦的处女地，单就关于心理的实质的基本理论来讲，就是非常丰富的，例如，先秦的人性说，汉晋的形神说，唐代的佛性说，宋明的性理说，清代的脑髓说等等，都是需要整理、研究与评论的。"[1]提出上面"五说"就是从心理实质的角度，来认识和分析各个历史时期主要心理学思想理论的，有助于在研究工作中理清和把握我国心理学思想发展的主要脉络。与此相联系，也有助于从一个重要方面进行中国心理学史的分期，即以心理学思想本身在各个发展阶段所显示的不同本质特点为主要依据，而不是完全照搬哲学史、思想史等的时期划分。

---

　　[1] 杨鑫辉：《中国心理学史研究》，江西高校出版社1990年版，第4页。

再次，抓住心理的实质就能把握古代心理学思想的基本范畴。在学习和研究西方心理学中，人们会发现他们有一套范畴体系，形成了许多不同的心理学学派。中国古代心理学思想也有一套不同于西方心理学的范畴，并且独立发展成为具有特色的体系，进而形成了中国心理学思想史上许多不同的心理学思想的理论。例如，关于人性的本质的好坏，有性善说、性恶说、善恶混说、无善无不善说；人的心理特性的形成与发展，有善端说、气禀说、性伪说、渐染说；人的认知与行为的关系，有知先行后说、行先知后说、知行合一说、知行兼举说；怎样对待人的欲望，有无欲说、去欲说、寡欲说、节欲说、导欲说等等。

必须指出的是，抓住心理实质这条主线，决不是等同于哲学的研究，更不是不去具体研究各个领域的心理学思想。恰恰相反，只是从心理的实质入手，去深化对心理学思想家各方面的心理学观点的探讨，去深化各个时期各种心理学专题、分支的研究。

2. 古今参照、古为今用的原则

中国古籍浩若烟海，其心理学思想散见其中，要将它们发掘整理出来犹如沙里淘金，是一项极为艰巨浩繁的工作。以现代心理学概念、体系为框架，便是这种沙里淘金的工具，这也就是发掘、整理、研究中国心理学史的古今参照、古为今用原则。

只有古今参照，以现代心理学概念为框架去对照整理心理学遗产，才能在极为丰富的古代学者的思想里，挖掘出属于心理学方面的思想，并且用统一的概念去表述这些思想；也才谈得上用现代心理学体系去整理古代心理学思想史，因为任何一门科学体系都是建立在概念的基础之上的。以现代心理学概念为框架来古今参照，不仅便于大家理解，更在于保证心理学思想史的科学性和更好地贯彻"古为今用"的原则。正如燕国材教授所指出的："按照心理学体系去分析、整理中国古代的零碎不全的心理思想是完全必要的。因为在这种系统化的过程中，就容易看出古代心理思想的庐山真面目，如果不用现代心理学的体系去对照古代的心理思想，就很难了解后者的真实价值。"[1]古为今用的原则不是狭隘的只有对今天还直接有用的才去研究和才能研究。

有的人认为以现代心理学概念为框架去整理研究古代心理学思想，是外在逻辑原则或叫做科学逻辑原则，应该让内在逻辑原则取代其核心地位。我们认为，提内外逻辑原则是对的，强调内在逻辑原则有其见地。但是必须指出，第一，科学逻辑原则并非就是外在逻辑的东西，古代心理学思想与现代心理科学的历史联系，本身就是有内在逻辑联系的。第二，中国心理学史是一种科学史，古代心理学思想史则属前科学史，与一般的文化思想史是有一些区别的。作为一门科学史是必须以现代科学为参照系的，这样做并不排斥某种科学思想的内在逻辑的历史发展。第三，关于内外逻辑的关系应是："心理学思想发展史既要看到社会历史条件的影响，又要看到它的发展的内在逻辑，二者不可偏废；或者可以说，心理学史对心理思想发展的内在逻辑和外部的社会历史条件要内外兼顾。"[2]

古今参照，以现代心理学概念为框架，既不是牵强附会的硬套，也不排斥同时使用我国古代的某些仍富科学性的概念。在这里，保证概念的科学性和体现我国的特色是可以统一的。例如，我们可以从神形关系和心物关系，去研究历代心理学思想家关于心理的实质的观点。因为形神关系即心身关系，可与现代心理学"心理是脑的机能"相对照来研究；心物关系，可与现代心理学的"心理是客观现实的反映"相对照来研究。其他如知虑、感悟、才智、性情、禀赋、习染等概念至今仍富有科学性，它们跟现代心理学相对照，都有相应的或相近的概念。它们之间的联系也正说明心理科学的内在逻辑的历史发展。

3. 科学的历史主义原则

从历史唯物主义的观点看，任何一种心理学思想的形成和发展，都

---

[1] 燕国材：《关于"中国古代心理学思想史"研究的几个问题》，载《上海师范学院学报》1979年第1期。

[2] 高觉敷主编：《中国心理学史》，人民教育出版社1986年版，第26页。

是一定社会历史条件的产物。它们不仅有其历史发展的思想渊源，而且还有产生它们的一定社会政治、经济基础。正如马克思、恩格斯所指出的："思想、观念、意识的产生最初是直接与人们的物质活动，与人们的物质交往，与现实生活的语言交织在一起的。观念、思维、人们的精神交往还是人们物质关系的直接产物。"[1]我们研究古代心理学思想也应坚持这条科学的历史主义原则，即将古代的心理学思想放在一定的时间、地点和条件下去考察，不以今日之要求为准则进行历史的分析与评价。

离开一定的社会历史条件，孤立地就心理学思想研究心理学思想，是说不清、挖不深、评不准的。在这些历史条件中，应着重考察产生某种心理学思想的政治经济基础、科学技术状况的影响、哲学思想和心理学思想的渊源等几个方面。例如至今仍闪耀着唯物主义光辉的"形神相即"和"形质神用"的观点，是南北朝范缜心理学思想的核心。它渊源于先秦两汉魏晋以来的无神论思想，尤其直接地继承和发展了戴逵、何承天、刘峻的无神论思想。除了前人思想的承继，还应认识其深刻的社会历史根源。这就是南朝齐梁之际，佛教极盛，佛寺和僧众大增，减少了劳动力，增加了人民负担，造成了严重的社会经济危机。范缜的神灭论就是针对佛教破坏封建经济及其所带来的社会危机的。由于当时科学技术发展水平的限制，范缜认为"是非之虑，心器为主"，把心脏视为思维、心理的器官。这样，我们就能比较全面而恰当地评价范缜的心理学思想。

科学的历史主义原则，还要求我们不能以今天的科学标准苛求古人，而应考察某种心理学思想在科学发展长河中的历史作用与地位。例如，古代的人贵论思想中谈到草木、禽兽、人或植类、动类、人，认为"人，动物之尤者也"，含有朴素的生物进化论思想，将人的心理与动物心理区别开来，但还不懂得从猿变人的进化论和劳动创造世界的科学事实。我们应当而且只能从历史发展的角度肯定上述思想的历史价值。又如古代不可能有现代科学实验水平所要求的心理实验与测验，但却有心理实验

---

[1]《德意志意识形态》，见《马克思恩格斯选集》第一卷，人民出版社1972年版，第30页。

与测验的萌芽。《韩非子·功名篇》里提出的"左手画圆，右手画方"的"实验"在不少古文献中被转引与发挥，它比西方的分心实验要早两千年，但只是近现代注意分心实验的雏形。既不要夸大它的科学作用，也不能抹杀它的历史意义。

目前，在联系历史条件来研究心理学史方面，我们还做得不够。或者说虽然做了一些工作，但还不够深刻和自觉。我们应当而且可以从心理学思想发展的内在逻辑方面研究心理学思想，但应防止只停留在文化形态的层面上。我们要求分析产生某种心理学思想的历史条件，但不是去大谈其当时社会政治经济情况，使之与心理学思想搞成一种油水关系。

三、主要方法

中国心理学史作为一门科学思想史和科学史，其研究方法是多种多样的，归纳起来主要有下面四种。它们是研究原则的具体体现，是挖掘整理有关史料文献的直接手段，对于学习和研究者，尤其对于一门新开拓学科不可不认真探讨。

1. 归类排比法

古代心理学思想散见于浩瀚的相关文献里，需要归纳才能整理出它的思想理论体系。因此我们在挖掘整理古代心理学思想时，必须采用归类排比法，即将零散的思想观点或事实材料分类归纳，然后按问题及其时间顺序进行排比叙述。其关键问题是怎样归类。

我们知道，每门科学都有自己特有的一系列范畴（成对的或不成对的），并且形成了一套范畴体系。这些范畴按列宁的说法，它们是"认识世界的过程中的一些小阶段，是帮助我们认识和掌握自然现象之网的网上纽结"[1]。正如中国古代哲学有一套不同于西方哲学的范畴体系一样，中国古代心理学思想也有一套不同于西方心理学的范畴，并形成了许多心理学思想理论。目前对中国古代心理学思想的范畴的认识尚未统一。早

---

[1]《列宁全集》第38卷，人民出版社，第90页。

在1981年笔者曾提出先秦的人性说、汉晋的形神说、唐代的佛性说、宋明的性理说、清代的脑髓说等，都需要整理、研究与评论。1982年，潘菽教授指出八个范畴，即人贵论、天人论、形神论、性习论、知行论、情二端论、节欲论和唯物论的认识论传统。1984年燕国材教授进而提出八对范畴，即形与神、心与物、知与虑、藏与壹，情与欲、志与意、智与能、质与性。以上观点在讨论中渐趋完善，在中国心理学史的研究工作方面被交互采用，起了重要促进作用，改变了这门学科开创时期不少人不知如何着手的局面。

除了范畴归类外，还有分支专题归类，这往往是以现代心理学框架参照进行的。即将有关的心理学思想按普通心理学思想、教育心理学思想、社会心理学思想、军事心理学思想、医学心理学思想等来归纳编排，使零散的心理学思想有所归属而井然有序。按范畴归类的材料往往又纳入心理学分支、专题归类编排。

2. 史料考证法

考证又称考据，是研究历史的重要方法之一，它是根据事实的考核和例证的归纳，提供可信的材料，作出一定结论的方法。清朝乾嘉时期考证之风最盛，考证内容从经义的解释到历史、地理、天文历法、典章制度，对古籍和史料的整理起过较大的作用。在中国心理学史的研究中，也需要采用史料考证法来研究某些问题，以增强其信度。只要避免那种对细枝末节的烦琐考据，这个方法还是有意义的。

中国心理学史研究中的考证法主要包括三个方面：一是含义考证，前面讲到的陶渊明诗中的"心理"、王守仁的"心理是一个"跟现在我们讲的"心理"含义的辨析便是。二是溯源考证，即对某一心理学思想观点追溯它的源头。前面讲到的关于中国古代的分心实验，王充的《论衡》、刘昼的《新论》都有所记载，原先一般认为出于汉代董仲舒的《春秋繁露·天道无二》，现在我们掌握的资料则可追溯到先秦韩非的《功名》篇。关于西方心理学的传播，原先一些学者认为最早翻译外国心理学的书是王国维译丹麦海甫定的《心理学概论》，前十年的考证则提出颜永京于1889

年翻译出版的《心灵学》（美国海文著）是我国最早的汉译心理学教科书。三是比较考证，即通过比较研究进行考证，而得出更为恰当的结论。例如，诸葛亮知人善任提出了著名的知人七法——"知人之道有七焉"，完全是三国社会历史的思想产物，还是历史思想的继承？通过比较考证发现：一方面它是三国鼎立，选拔察举人才这种社会迫切需要情势下产生的。这可以与诸葛亮同时代的刘劭的《人物志》为佐证，刘劭提出的知人"八观"、"五视"，也是因魏国需要察举人才应运而生的。另一方面，诸葛亮的知人七法，又是继承和脱胎于先秦或汉初的《六韬》一书中的"知有八征"，而且在实际运用上是他人所不及的。这样对诸葛亮知人七法的意义的认识就较全面了。至于"七法"、"八观"、"五视"、"八征"等具体内容，留待后面评述。

3. 纵横比较法

这是指的采用古今中外纵横交错比较的方法，对古代的心理学思想历史地进行评价。比较是确定事物异同关系的思维过程和方法。它是一种重要的科学研究法，得到广泛的应用，进一步甚至出现了比较胚胎学、比较心理学、比较教育学等各领域的分支学科。有比较才有鉴别。英国人李约瑟编著《中国科学技术史》就是得助于比较法，这是值得我们借鉴的。只有采用比较法才能对某种心理学思想给予恰当的评价，也才能既不颂古非今，也不苛求古人；既不妄自菲薄，也不夜郎自大。高觉敷教授关于王充的太阳错觉的研究，正是引用了许尔（E. Schur）的月亮错觉的研究以资比较，从而肯定王充在一千八百年前就对这种错觉进行了研究，这确实是难能可贵、值得我们自豪的。同时指出其"解释则是错误的"。[1]

我国清代王清任创立的"脑髓说"，为中国近代唯物主义生理心理学奠定了科学基础，对世界生理心理学也是一个重大贡献。这个结论也是

<hr>

[1] 高觉敷：《王充对太阳错觉的研究》，见《中国古代心理学思想研究》，江西人民出版社1983年版。

采用比较法得出的。从国内比较，王清任在《医林改错》中提出"灵机、记性在脑不在心"的"脑髓说"，比起《内经》的"头者精明之府"和《本草纲目》的"脑为元神之府"大大前进了一步，从而可以断定他在我国脑髓学说中的重要地位。从国外比较，王清任的《医林改错》是1830年刊行问世的，比俄国生理学家谢切诺夫1863年出版的《脑的反射》早几十年。他发现中风者，"凡病左半身不遂者，歪斜多半在右，病右半身不遂者，歪斜多半在左"。这实际上就是现代神经生理学所谓的"锥体交叉"。由是我们也可以清楚地看到，王清任的"脑髓说"在世界生理心理学研究中的历史地位。

总之，"心理学思想史的比较研究法，既包括国内外前后心理学思想家的纵的比较，也包括与国内外同时期人物（或问题）的横的比较。这是一种纵横交错的比较法。在运用中要注意防止简单化和牵强附会，也不应把它看成唯一的研究方法。"[1]

4. 系统分析法

人类思维的基本过程是分析和综合，分析和综合是相互对立又相互联系、相互依存又相互转化的。分析中有综合，综合中有分析，在思维过程中总是密切交织的。这里说的系统分析法，就是对中国心理学史这个系统内的基本问题，运用逻辑思维推理分析问题的各方面，当然也包括综合归纳，从而得出正确结论的方法。

试简析一例。大量资料证明，中国古代不仅有极其丰富的哲学心理学思想，而且已有生理心理和心理实验与测验的萌芽。从现有资料看，它们都可追溯到先秦时期。那么，为什么中国古代的心理学思想没有直接发展成为心理科学呢？这必须进行系统分析。首先，单纯的哲学心理学思想不能直接导致心理科学的发生，它必须采用实验科学手段，才能使心理学成为一门实验科学。科学心理学或实验心理学首先在德国诞生，正是由于19世纪的德国，不仅哲学心理学思想很发达，而且生理学和物

---

[1] 杨鑫辉：《研究中国心理学史刍议》，载《心理学报》1983年第3期。

理学也很发达，有些生理学家和物理学家利用生理实验和物理实验的方法研究人的心理现象。而我国近代的实验生理学等科学并不发达。其次，我们可以进而分析实验生理学等科学不发达的原因。尽管在《黄帝内经》里已有许多解剖、生理与生理心理的知识，但由于封建礼教的束缚，视人体解剖与生理实验为大逆不道，人之发肤生之父母，死后也是动不得的。而像清代的王清任不仅做过动物解剖，并且对病骸尸体和刑场尸体进行解剖研究的人是很少有的。再次，在中国的传统思维方式中，相对而言，比较重视意象思维而轻视严密的逻辑思维，比较重视理论的演绎而轻视实践的归纳。尽管各种思维方式都是必要的，都帮助人类创造了灿烂的文明，但缺乏严密形式逻辑体系会影响形成科学假说体系，不重实践归纳会影响实验科学的发展。此外，我们还可以从其他方面进行此问题的分析。

必须同时看到，中国古代丰富多彩的心理学思想，虽未能形成为一门独立的科学心理学，但为我们今天建立自己的科学心理学提供了大量的宝贵资料。它也对世界心理学发生着影响，集中反映孔子思想的《论语》、老子的《道德经》、孙武的《孙子兵法》、刘劭的《人物志》等很早就被翻译到国外并为心理学家所引用便是明证。

第二章　心理学思想发展脉络

中国现代心理学是怎样从过去发展来的？

怎样在丰富繁杂的心理学思想中抓住它的发展脉络？

传统心理学思想能与外来科学文化结合吗？

理清和把握中国心理学思想发展的脉络，对于认识和掌握中国心理学思想发展的规律和特点，对于学习和研究整个中国心理学的历史，对于进行中外心理学的比较研究，都有着重要的作用。尽管中国心理学思想起源很早，内容极为丰富，头绪也繁多，但是，在认真地全面地考察这些思想理论以后，中国心理学思想发展的脉络仍然是很清楚的。对于这些思想发展脉络的把握，应遵循整理和研究心理学思想的基本原则。第一，内在逻辑与外部历史条件兼顾的原则，即既要研究心理学思想本身的发展规律，又要看到社会历史条件对它的影响。第二，古今参照的原则，即以现代心理学概念、理论体系为框架，去对照整理心理学思想这份珍贵遗产。第三，中外比较的原则，即对中国与外国心理学思想进行比较研究，找出不同历史文化背景下产生的心理学思想的特点。这里应坚持心理学本土化与世界性的辩证统一性。

运用以上原则去考察中国心理学思想发展历史的主要方面，我们发现有五条主要线索能帮助理清其发展脉络。它们是：第一，唯物论与唯心论心理学思想的斗争与发展；第二，儒墨道法释心理学思想的对立与融合发展；第三，心理学思想的哲理说与生物本体说的结合发展；第四，普通心理学思想与应用心理学思想的并行发展；第五，传统心理学思想与外来心理科学影响的结合与发展。

以上心理学思想发展脉络表明，中国心理学思想的发展与世界心理学思想的发展，有其共同的一面和具特色的另一面。其共同点主要是，都经历了从哲学心理学思想向实验心理科学发展的漫长过程；从某种意义上说，都贯穿着唯物论与唯心论的心理学思想的对立和斗争。这可以说是打开中国心理学史的大门和世界心理学史的大门的共同钥匙。但是，中国心理学思想的发展毕竟有其独特之处。首先，中国古代心理学思想，是与儒墨道法医兵各家的哲学思想、教育思想、医学思想、军事思想等相糅合的，在历史发展的进程中，它们由相互对立走向以儒家为主体的融合发展道路。其次，中国古代的哲学心理学思想，形成了一套特有的范畴体系，如人贵论、形神论、性习论、知行论、情欲论等。还有许多专门的心理学思想术语，如知、智、思、虑、藏、壹、情、志、才、能等。再次，在中国古代心理学思想里，普通心理学思想与应用心理学思想是紧密结合并互相促进其发展的，许多教育家、医学家、军事家同时也是心理学思想家。最后要指出的是，中国近现代心理学是本国传统心理学思想与外来心理科学影响的结合与发展的结果。它是在我国古代丰富的心理学思想养料的基础上，接受西方心理学以后才逐步形成和发展起来的。

第一节　唯物论与唯心论心理学思想的对立

对于古代思想家的心理学思想的研究，我们无意对他们的哲学思想倾向作标签式的划分，但是，又必须承认哲学思想对他们有影响这个客观事实。从某种意义上说，一部中国心理学思想史，也就是一部唯物论与唯心论心理学思想斗争发展的历史。这一条红线对于理清心理学思想的发展是非常重要的。

在论及思想史诸问题时，大家自然会看重先秦诸子百家争鸣的历史。就心理学思想来说，儒墨道法兵医等家最为重要。它们各自的哲学思想倾向不同导致了他们的心理学思想的差异。这些差异不仅来自各家哲学观点的对立，而且还来自一家内各派别哲学观点的差别与对立。

孔子创立的"以道教民"的儒家，在他死后分成了许多流派。《韩非子·显学》说："儒分为八。"其中最重要的有"孟氏之儒"和"孙（荀）氏之儒"。孔子的哲学思想兼具主观唯心主义和唯物论倾向，所以他在性习论方面提出了"性相近也，习相远也"[1]。这是一个唯物论心理学思想的命题。在学习论方面则出现了矛盾性，一方面主张"生而知之"，另一方面又说："我非生而知之者，好古，敏以求之者也。"[2]而在心理发展方面又涉及差异心理、年龄特征和心理发展阶段论的思想，闪烁着辩证法的星光。后来代表和发展他唯心主义倾向的是"孟氏之儒"。这集中反映在孟子的"善端说"中，认为人生来就具有四种善的心理，即"恻隐"、"羞恶"、"辞让"、"是非"。告子不同意性善说，认为"性无善无不善也"[3]。这一正确的思想后来被长期淹没了。"孙氏之儒"的荀子代表和发展了孔子的唯物论倾向。在形神观和心物观方面，提出了"形具而神生"和"精合感应"的观点，在人性论方面提出了"性伪说"，主张"性伪之合"与"化性起伪"（当然性恶说也是不对的），建立了一套唯物论的心理学思想体系。很显然它是在荀学与孟学的对立中发展起来的。此后，儒家内部唯物论与唯心论心理学思想的斗争一直没有停止过。例如，王充主张"形朽而神亡"，范缜提出"形神相即"、"形质神用"，就是在同神学目的论、神不灭论的斗争中发展的。唐代有柳宗元、刘禹锡的"天人各不相预"、"天人交相胜"反对天命论的斗争。宋明清有张载、王安石、陈亮、叶适、

---

[1]《论语·阳货》。
[2]《论语·述而》。
[3]《孟子·告子上》。

王廷相、王夫之、戴震等的"元气"论、"太虚"论、"道在物中"、"理在器中"、"理在事中"的唯物论反对程朱理学和陆王心学的斗争。这些思想里面都包含了他们的心理学思想的斗争与发展。

先秦时与儒学并存的另一个学派是墨家,它的创始人是工匠出身的墨翟。墨家的思想代表"农与工肆之人"的利益,与儒家学派相抗衡。其哲学思想具有朴素唯物主义性质,反对儒家的生知论。提出"惟以五路智"[1],认为人们的感知是通过眼耳鼻舌身五种感官实现的。在形神论方面,提出"生,刑与知处也"[2]。"生"指生命,"刑"同形。意思是人的生命是人的形体与感知、精神的结合。形与知似乎是两个实体,可以作形生知的解释,也可作知生形的解释。虽然总的说是一种唯物论心理学思想,它却是二元论的观点。这是比不上荀子的"形具神生"一元论的。

道家是一个庞杂的学派,以老子和庄子为代表。它们都宣扬"道"是派生天地万物的精神本原,所以称为道家。一般认为老子属于客观唯心主义思想体系,而庄子属于主观唯心主义思想体系。也有人认为老子的哲学思想基本上是唯物主义的,包含着辩证法的因素。从心理学思想看,老子主张"载营魄抱一",即形神合一的形神观,可合可离,是一种二元论的观点;其认识心理,离开实践活动而谈"观"、"明"、"玄""览",使"玄览"带有一层神秘色彩;其社会心理与儒家的有所为相对立,提出"小国寡民"和"无为而治"。

法家是主张实行法治的一个学派,韩非是其思想的集大成者。韩非继承他的老师荀子的唯物主义思想和某些辩证法思想,当然还是朴素的和不彻底的,有着形而上学和唯心主义的杂质。因而在心物观方面主张"理"与"物"稽合,人性论方面认为"好利恶害"、"喜利畏罪",并提出以法为中心的法、术、势相结合的社会心理学思想。

兵家是研究军事的学术派别,包括兵权谋家、兵形势家、兵阴阳家、

---

[1]《经说下》。
[2]《经上》。

兵技巧家。由于他们以军事实践活动为基础研究问题，所以其哲学思想以朴素唯物论和辩证法为特点，而排斥唯心论和形而上学。先秦的孙武、吴起、孙膑、尉缭是其代表人物，他们的军事心理学思想也反映出朴素的唯物论和辩证法。例如说，"知彼知己者，百战不殆"，否则"不知彼，不知己，每战必殆"。[1]

医家是研究中医的学术派别，有以《黄帝内经》为代表的古典医籍。该书是战国至秦汉许多医家撰写的先秦医疗理论著作。医家以医疗实践活动为基础研究问题，其医学心理学思想也具有朴素唯物论与自发辩证法性质。例如主张形体是"精神之所舍"的唯物形神观，提出"不治已病治未病"的防治原则等。

至于西汉以后从印度传入的佛学，依据其一种神秘的神不灭论，是一种唯心主义宗教哲学。佛教在魏晋时与玄学一起盛行，至唐代得到空前发展。佛教把一切事物看成是"虚幻"或"空"，认为人的本性是佛性，他们的心理学思想是一种典型的唯心论心理学思想。很显然，它与中国历史上的唯物主义心理学思想传统是对立的，而与中国历史上的唯心主义心理学思想又是相通和融合的，这在下一节里我们还要进一步论述。

我们应当怎样正确认识和评价中国心理学思想史上的唯物论与唯心论的斗争呢？关于这个问题，高觉敷教授曾于1984年在《中国心理学史》第二次编写会议上作过专门讲话，他正确地指出，贯彻辩证唯物主义，不应当仅仅讲唯物主义心理学思想，而对唯心主义心理学思想避而不谈；对我国古代唯物主义心理学思想家的评价要有分寸，不要肆意拔高；对于我国古代的唯心主义心理学思想家也不要全盘否定，对于具体的人要作具体的分析；贯彻历史唯物主义，对于我国古代心理学思想和思想家的论述，应注意分析其有关的社会历史条件。[2]

下面我们进一步就三个问题作点分析：

---

[1]《孙子兵法·谋攻篇》。

[2] 参见《高觉敷心理学文选》，江苏教育出版社1986年版，第511—515页。

第一，一部中国心理学史既要研究唯物主义心理学思想的发展历史，也应研究唯心主义心理学思想的发展历史。否则，怎么理解一部心理学思想史是唯物主义心理学思想与唯心主义心理学思想的斗争史呢？历史的事实也正是在这种斗争中发展心理学思想的。但是真正科学的心理学思想应当是符合辩证唯物论的，因此着重挖掘和整理唯物论思想家的心理学思想也是有一定道理的。按照潘菽教授的形象说法是，唯物论思想家的心理学思想是富矿，唯心论思想家的心理学思想是贫矿，都应开采挖掘。我们认为更关键的问题在于采用什么观点去研究他们的心理学思想，如果你持唯心论观点去研究唯物论思想家的心理学思想，也是不能得出正确结论的。

第二，对思想家的哲学思想要作具体的剖析，不能简单归之于唯物论思想体系和唯心论思想体系。唯物论有辩证唯物论与机械唯物论之分，古代多朴素唯物主义与自发辩证法思想，唯心论有客观唯心主义与主观唯心主义之别。例如，朱熹和陆九渊都是唯心主义心理学思想家，为什么他们之间还会有朱陆学说之争呢？这就在于朱熹是客观唯心主义者，将物质叫做"气"，把精神本体叫做"理"，并认为"理"是世界的本原和主宰。所以在挑开他的"形先神后"的神形观的面纱后，便露出了"理先于气"的唯心论本来面目。陆九渊则持主观唯心主义观点，认为"心"是世界的本原，"宇宙便是吾心，吾心即是宇宙"，[1]"格物"就是"格心"，而与朱熹的"格物"是格"天理"有争论，从而使他们的认识心理思想也有了差异。另一方面还必须看到，古代思想家的哲学思想，也不是或为纯粹的唯物论者或为纯粹的唯心论者，对他们的心理学思想也必须作这样的具体分析。

第三，古代心理学思想家的学术成就与他们的哲学思想，既有一定的联系又有一定的区别。固然像荀况、王充这些唯物论者的心理学思想是非常丰富而宝贵的。而像朱熹、王守仁这些古代学者，虽然是唯心论者，

---

[1]《象山先生全集·杂说》。

但他们在长期教育实践活动中产生的教育心理学思想，却是非常深刻而为一般学者所不及的。甚至以佛教心理学思想而论，从本体论和认识论看都完全是唯心主义，但他们对人的内心活动的体验和分析却是细致的。以禅宗心理学思想为例，有的研究指出，禅宗的思维方式是多种多样和独特的，主要有无念思维、即事而真思维、讽喻思维和顿悟思维。禅宗追求的心灵清净状态，还引起了荣格、弗洛姆、霍尼等西方心理学家的极大注意。

总之，唯物论与唯心论心理学思想的斗争这根红线，是理清心理学思想发展脉络的一个关键，但对具体人物、具体问题要进行具体的分析。

第二节　儒墨道法释的对立与融合

无论是哲学思想抑或是心理学思想，从历史发展的动态视角去考察，它们都不是某一学派思想理论的孤立的单一发展，而是众多学派在相互对立斗争中发展，甚至是在相互吸取与融合中发展的。对于这个问题，除高觉敷教授在其所主编的《中国心理学史》绪论中曾有所论述外，其他中国心理学思想史的论文与著作，尚未予以必要重视而缺少系统论述。我们在整理和研究中国心理学思想史中发现，自先秦以来的儒墨道法等诸家心理学思想，以及汉晋时从外域传入并开始盛行的佛教的心理学思想，它们是采用三种主要形式斗争发展的。这就是：百家争鸣，对立斗争；独尊儒术，外儒内他；兼蓄并容，互相融合。把握这三种心理学思想斗争发展的形式，有助于我们理清中国古代丰富而繁杂的心理学思想发展的脉络，并避免孤立地、静态地了解某一学派、某一学者的心理学思想。

一、百家争鸣，对立斗争

学术思想的对立斗争从而促进学术的发展，中国思想史上的典型事例比比皆是，心理学思想的发展也遵循着这条规律。上一节讲唯物论与唯心论心理学思想的对立发展，已经从最根本的意义上说明了这个问题，现在从历史上三次大的学术争鸣方面作进一步论述。

首先看先秦时期关于人性问题的大论争。在儒家内部，孟子主张性善论："乃若其情，则可以为善矣，乃所谓善也。若夫为不善，非才之罪也。"[1]他与当时别的思想家互相诘难。告子则认为"无善无不善"。与告子相近似的观点，有公孙尼子等的性可以为善可以为不善说。后来，荀子更提出了与性善论完全对立的性恶论，确认"人之性恶，其善者伪也"[2]。即恶是人之天性，善是在社会生活中人为造成的。这场争论延续到了以后的历代学者，便逐步取其正确的方面。我们认为，由于这场争论明确了如下一些问题：人性有生性与习性之分，生性是自然性，习性是社会性。告子说人的自然性"无善无不善"是对的，孟子认为人的社会性都是善的则错了。荀子讲人性恶也混淆了人的社会性与自然性，但"善者伪也"则解决了人的社会性善恶的由来。墨道法三家虽然没有正面参与这场论争，但也各自表明了自己的观点，例如，道家的庄子说："形体保神，各有仪则谓之性。"[3]即把形体中保有精神，而且各有其表现形式叫做本性，实际上与"生之谓性"有某些相似之处。法家韩非把人的本性归结为趋利避害，好赏恶罚，"民者，好利禄而恶刑罚"[4]。

其次是南北朝时关于"神灭论"与"神不灭论"的大论争。范缜继承东晋戴逵和何承天、梁朝刘峻等反佛教的无神论思想，提出了闪耀着唯物主义光辉的神灭论，跟佛教徒宗炳主张的"神不灭论"针锋相对。范缜对当时的最高封建统治者进行了面对面的斗争，拒绝利诱，坚持真理，不"卖论取官"。从心理学思想看，这场论争涉及的是形神观问题，即现代心理学上的形体、生理与精神、心理的关系问题。他在《神灭论》中提出"形存则神存，形谢则神灭"，认为人的形体、生理与精神、心理不

---

[1]《孟子·告子上》。
[2]《荀子·性恶篇》。
[3]《庄子·天地》。
[4]《韩非子·分制》。

可分割地联系在一起，形体、生理是第一性的，精神、心理是第二性的。又说："形者，神之质；神者，形之用。"指明了形体是物质基础，精神、心理是形体的特殊作用与功能。

最后，我们可以举出宋明性理、心性之论争。这里包含着儒家与其他学派、儒家内部、唯物论与唯心论之间的交错复杂的对立与斗争、融合与发展。例如说陆九渊和朱熹"鹅湖之会"的论争，朱坚持客观唯心主义，认为万物和人心都是"天理"的体现；陆则主张主观唯心主义，认为人的"本心"与"理"完全是一个东西，"心即理"。明代唯物主义思想家王廷相在《横渠理气辩》一文中，赞同张载以气之聚散言性是"明人性之源"的思想，反对朱熹"性者理而已矣"的观点，并且指出宋儒理学与佛老的观点相同而进行了有力的批判。确认"精神魂魄，气也，人之生也。仁义礼智，性也，生之理也。知觉运动，灵也，性之才也。三物者一贯之道也。故论性也，不可以离气，论气也，不得以遗性。此仲尼性近习远之大旨也。"[1]在《内台集》中，王廷相也批评了宋儒的观点是"此出自释氏仙佛之论"。这个问题的论争，使我们对人性产生的物质基础以及人性的形成发展与习染的关系有了进一步的认识。

二、独尊儒术，外儒内他

春秋战国是社会处于大变动的时期，导致了先秦时期百家争鸣的活跃局面。秦朝统一天下，特别是自汉起，诸子百家以儒道占优势。董仲舒在《对策》中建议汉武帝独尊儒术，东汉章帝通过《白虎通义》，发展了独尊儒术的思想。这不仅对以后的哲学思想、伦理思想等发生了重大影响，同样对心理学思想也起了重要作用。一方面是儒家心理学思想的进一步发展；另一方面是其他学派不得不以"外儒内他"的形式来求得自身的存在与发展，例如外儒内道、外儒内释等等。

魏晋时期，儒家的神学目的论，在政治上受到农民起义的沉重打击，

---

[1]《王氏家藏集·横渠理气辩》。

在哲学思想上受到王充唯物主义的有力批判，于是出现了用道家思想来修补儒家思想，将道家与儒家结合起来的唯心主义"玄学"理论，企图论证儒家的封建"名教"是一种"自然"法则。尽管嵇康曾提出过"越名教而任自然"[1]，但并非真正教人违背"名教"。东晋时的宗教哲学家和化学实验家葛洪更明白地承认自己是"外儒内道"。在他的主要著作《抱朴子》的外篇自叙中说：这部内篇20卷和外篇50卷的书是"其内篇言神仙方药、鬼神变化、养生延年、禳邪却病之事，属道家。其外篇言人间得失、世事臧否，属儒家"[2]。这种编撰上内篇属道家和外篇属儒家的做法，实际上也反映出其内容实质上的"外儒内道"。例如葛洪关于心理卫生的思想，完全是道家的摄生养气和节制情欲的养生之法。

到宋元明时期，由于隋唐曾盛行佛学，便出现了儒释道三位一体的情况。程、朱、陆、王等理学家也并非纯粹的儒家，包括被称为宋代孔夫子的朱熹也有外儒内释的倾向。兹略举数例。与周敦颐同一个时期的邵雍说："道不远乎人，乾坤只在身，谁能天地外，别去觅乾坤。"[3] 与禅宗惠能说的"佛言随所处恒安乐"是一脉相通的。朱熹也承继了禅宗和华严宗的思想。他在论述"理一分殊"的关系时说："如月在天，只一而已，及散在江湖，则随处而见，不可谓已分也。""释氏云：'一月普现一切月，一切水月一月摄'，这是那释氏也窥见得这些道理。"[4] 禅宗的"一法遍含一切法"，则是朱熹所谓的"万个是一个，一个是万个"，"一理之实而万物分之以为体"。[5] 尽管朱熹也反对过佛教视君臣父子的社会关系为虚幻的观点，但他们哲学思想上的相通，带来了他们的心理学思想的某些一致处。陆象山和王阳明跟佛教禅宗也有密切联系。陆象山赞赏他的学生徐仲城将孟子的"万物皆备于我矣"体会为"如镜中观花"。侯外

---

[1]《嵇康集·释私论》。
[2]《抱朴子·外篇》
[3]《伊川击壤集·乾坤吟》。
[4] 朱熹《语类》卷十八。
[5] 朱熹《语类》卷九四。

庐先生认为这"镜中观花",与禅宗的"身是菩提树,心如明镜台"完全相通。王阳明说观花"此花不在你的心外",也有禅宗"心为明镜台"的影子,这里就不一一细说了。总之,我们研究中国心理学思想史,既要看到儒家心理学思想的主导地位,又要看到随着历史的发展,各家的心理学思想是互相渗透的,即使在独尊儒术以后,实际上出现了"外儒内他"的现象。

三、兼蓄并容,互相融合

心理学思想的发展还有一种形式,这就是兼蓄并容,包纳诸家,各取所长,互相融合。这里有所谓杂家,也有将别的学派的思想融入自己学说之中的,情况比较复杂。或各说并存呈现思想观点上的矛盾,或有目的地取舍以利己说。总之,不是各家学术思想的尖锐对立,而是具有互相结合、融合的趋势。中国古代心理学思想发展的这种情势,跟现代西方心理学各个流派从相互对立走向相互吸取的趋势很相似,这也从某个角度说明了中外古今心理学思想的发展有其共同的规律性。上面讲到魏晋的儒道合流和佛老交融,宋元明儒道释的三位一体,已经涉及了这个问题。下面我们着重以《吕氏春秋》和《淮南子》的心理学思想为例加以论述。

《吕氏春秋》又称《吕览》,是在秦相吕不韦主持下,由他的门下宾客儒士集体编撰的。全书二十六卷,分为《八览》、《六论》、《十二纪》,共一百六十篇。它是一部"备天地万物古今之事"[1]的专著,郭沫若在《十批判书》中称赞这本书"含有极高的文化史上的价值"。该书由集体编写,服从建立秦王朝统一大业的需要,而无学派门户之局限,其内容以儒家思想为主,又兼及道、法、墨、阴阳诸家。过去一般认为是杂家,实则博采众长之作,融合了各家思想。该书心理学思想丰富,在唯物论倾向的形神观、心物观基础上,涉及了知虑心理思想、情欲心理思想、教育

---

[1]《史记·吕不韦列传》。

心理思想、军事心理思想、社会心理思想和管理心理思想等方面，并且体现了各家心理学思想的汇聚与融合。

例如，《吕氏春秋》讲到感知是"知接"说："瞑者目无由接也，无由接而言见，谎。"[1]这种感官必须与外物相接才能产生感知的观点，既来源于墨家的"知、接也"，又承袭了荀子在《天论篇》中说的"耳、目、鼻、口，能各有接而不相能也"。《吕氏春秋》在情欲心理思想方面，持情与利相联系的观点，说"倕至巧也，人不爱倕之指，而爱己之指，有之利故也。"[2]很显然是来源于墨家用喜恶解释利害的思想，即"利，所得而喜也"，"害，所得而恶也"。[3]其他如教育心理思想多来源于儒家，社会心理思想与管理心理思想多来源于法家，军事心理思想则源于孙武等兵家。

《淮南子》又称《淮南鸿烈》，是在汉高祖的孙子淮南王刘安主持下，招致门客集体编著的论集。《汉书·淮南王》载："淮南王安……招致宾客方术之士数千人，作《内书》二十一篇，《外书》甚众，又有《中篇》八卷，言神仙黄白之术，亦二十余万言。"现仅存《内书》二十一篇，即现今《淮南子》一书。《汉书·艺文志》将《淮南子》列入"杂家"，实则以道家老子的思想为中心，融汇了道、儒、墨、法、阴阳诸家思想。这样既表现了朴素唯物主义与辩证法的主流思想，又存在不少唯心主义和神秘主义。《淮南子》一书含有丰富的心理学思想，在它的基本观点、知虑、人性与情欲、教育心理思想等方面，也体现了融合诸家的特点。例如，《淮南子·原道训》提出的"万物固以自然"的自然观，源于道家自然无为的天道观；而它的"人可制天"的天人论，则是对荀子"人定胜天"的进一步发挥。在知虑心理思想方面，指出盲者隔于沟壑，"何则？目无以接物也"[4]。这跟前述《吕氏春秋》中说的"瞑者目无由接也"如出一辙，也是墨子"知接"与荀子"接物"思想的继承与演化。《淮南子》还明确

---

[1]《先识览·知接》。

[2]《孟春纪·重己》。

[3]《墨子·经上》。

[4]《淮南子·氾论训》。

地概括为"物至而神应，知之动也；知与物接而好憎生焉"[1]。又如《淮南子·精神训》中关于人体胚胎发展及感知心理的发展，与属于法家的《管子·水地篇》中的一段话何其相似，很可能有继承关系，同时也吸收了古代医学科学知识。

至于诸家对某一概念或观点互作解释，使其思想熔于一炉的事例更是不胜枚举。例如魏晋玄学的"玄"这个概念出自《老子》第一章"玄之又玄，众妙之门"，意思是玄远、虚无。佛家为了扩大影响，又用玄学语言解释佛教的教义，佛教说"色即是空，空即是色"，佛学家认为"空"相当于玄学所谓的"无"，"色"相当于玄学所谓的"有"，从而使佛学与玄学交融了。玄学家何晏、王弼等认为"名教出于自然"，将儒家的名教伦常与道家的"自然"、"无为"思想又融合起来了。

第三节　哲理说与生物本体说的结合

西方现代心理科学发展的历史告诉我们，从哲学心理学进到实验心理学，才使心理学从哲学中分化独立出来。在文化历史发展的长河中，开始偏重从哲学认识论去探讨心理问题，逐步过渡到重视心理活动的生物本体，这与科学的不断发展有关。但是，不论在西方还是东方，很早就出现了关于心理活动的生物本体的探索，即使这些认识现在看来并不完全科学。例如，古代希腊的德谟克利的原子唯物主义心理观，认为人的生命现象和心理活动是原子运动的体现，将人的灵魂分为思想、意气和欲望三部分，分别位于脑、心脏和肝脏。与他同时代的名医希波克拉特，则在医疗实践中认识到心理的器官是脑。他们都试图从生物本体去认识心理的实质。直到17—19世纪中叶，心理生理学和心理物理学的发展，

---

[1]《淮南子·原道训》。

才真正奠定了实验心理学的自然科学基础。而把一切心理归结为理性的德国唯理论心理学，加上当时神经生理学的大力发展，才使冯特有可能创立实验心理学。

中国心理学史向人们证实，中国心理学思想也是哲理说与生物本体说的结合发展。所谓哲理说是指从哲学的角度，即从心理与外物、精神与形体、人性与习染、认识与行为等关系探讨心理的实质与规律。例如天人论、人贵论、神形论、性习论、知行论、善端说、性伪说、习染说等理论观点，都是中国古代心理学思想的哲理说。所谓生物本体说是指从人的五官、脏器与脑的机能探讨心理的实质与规律。例如感官说、脏器说、脑髓说等，都是中国古代心理学思想的生物本体说。关于哲理说与生物本体说的详细内容将在下章对心理实质的探讨中作进一步论述。这里着重说明两者结合的情况及其对心理学思想发展的影响，帮助我们从心理实质的角度把握心理学思想发展的脉络。

一、胚胎说与哲理说

所谓胚胎说是指古代学者认为人的感知心理能力，是在人体胚胎发育过程中逐步形成发展而具有的。这种心理学思想又与他们的哲学观点密切相关，前面提到《管子》和《淮南子》有关人体胚胎发育的论述很可以说明问题。质而言之，他们都是从人体发生学角度论述人的感知心理能力的。

《管子》认为"水"和"地"是万物最初的根源，各种生命现象的根本，也是人的"美恶贤不肖愚俊之所生"。其哲学思想属于朴素唯物论的五行说。进而根据当时的科学水平，对胎儿在母体中的发育过程作了具体叙述。"人，水也。男女精气合，而水流形。三月如咀，咀者何？曰五味。五味者何？曰五藏。酸主脾，咸主肺，辛主肾，苦主肝，甘主心，五藏已具，而后生肉。脾生膈，肺生骨，肾生脑，肝生革，心生肉。五肉已具，而后发生九窍。脾发为鼻，肝发为目，肾发为耳，肺发为窍。五月而成，

为等。在本书序中说道："盖人为万物之灵，有情欲、有志意，故西土云，人皆有心灵也，人有心灵，而能知、能思、能因端而启悟、能喜忧、能爱恶、能立志以行事，夫心灵学者，专论心灵为何，及其诸作用。"[1]这段话总括了什么是心理和心理学，给人们介绍了一门新兴的研究人的心理的学科。这是我国最早翻译的一本哲学心理学书。颜永京还提要翻译了斯宾塞的《心理学原理》等书，并在圣约翰书院讲授过心理学。1903年清政府颁布的《奏定学堂章程》，将心理学列为大学和师范学校的课程。这个时期出现了不少传播西方心理学的译著，其中影响最大的是王国维。他重译出版了丹麦海甫定《心理学概论》（1907年）和美国禄尔克的《教育心理学》（1910年），并且在师范学校讲授心理学课程。这里还要特别提出的是中国新文化科学运动的先驱者蔡元培，留学德国时，曾在莱比锡大学亲聆过冯特讲授心理学。他回国后，成了我国心理科学的积极倡导者和扶植者。在任北京大学校长期间，支持陈大齐在北大哲学系建立了全国第一个心理实验室（1917年），出版了我国第一本大学心理学课本《心理学大纲》（1918年）。这一切都为中国现代心理学的诞生作出了贡献。

---

[1] 海文著，颜永京译：《心灵学》，1889年版。

第三章　心理实质探索

你想知道精神、灵魂、心灵、心理是什么吗？

中国古代对心理实质的探索有哪些基本理论观点？

人性说，形神说，佛性说，性理说，脑髓说……

什么是精神、灵魂、心灵、心理、意识、思想……一直困扰着古今中外的思想家和科学家。人们很难自己研究自身的主体认识，而抓住它的实质，致使对精神、心理实质的探讨成为一大世界性难题。但是人们并不畏难，而是在不断探索着，"路漫漫其修远兮，吾将上下而求索"。[1] 心理学从哲学心理学进到实验心理学已有一个多世纪，现代心理科学对于心理实质的认识，则是经历了一个非常漫长的过去才取得的。

现代心理科学认为，对心理实质的正确认识，是心理学中最基本的理论问题。对于心理现象的实质的理解，在哲学史和心理学史上存在着两大对立的观点：持唯心主义观点的人认为，心理、意识是世界的本原，世间万事万物都是心理、意识的产物；唯物主义者认为，世界的本原是物质，心理是物质发展到最高阶段派生出来的。机械唯物主义把心理活动和物质过程等同起来，认为脑产生思想，正如肝脏分泌胆汁一样；或者把人和机器等同看待，认为人的心理功能如同机器的功能一样。辩

---

[1]　屈原:《离骚》。

证唯物论的基本心理观点则是：人的心理是客观现实在人脑中的主观的、能动的反映，是在社会生活实践中发生发展的。也就是说，从精神与物质的关系考察，心理是物质发展到高级阶段的属性；从心理与生理的心身关系考察，人的心理是人脑的高级机能；从主体与客体的关系考察，人的心理是客观现实的主观的、能动的反映，客观现实是人的心理活动的内容和源泉；从人脑与客观现实发生联系的中介考察，社会生活实践是人的心理的基础，人的心理只有在人的实践活动中才能发生发展。1920年印度发现的狼孩"卡玛娜"等事例，说明一个人一旦失去了社会生活实践，尽管有人脑也不能形成人的心理。抗日战争期间，我国同胞刘连仁不堪日本的奴役逃往深山，野居13年，1958年回国时语言也十分困难。这说明即使成年人长期脱离人的社会生活也将使其原已形成的人的正常心理失常。

上述认识的获得并非易事，中外的思想家和科学家都作了长期的探索，现代的科学结论，都可以作出某种思想溯源。我在中国心理学史这门学科开创之初就说过："中国古代的心理学思想史，基本上是一块未被开垦的处女地。单拿关于心理的实质的基本理论讲，就是非常丰富的。例如，先秦的人性说，汉晋的形神说，唐代的佛性说，宋代的性理说，明清的脑髓说等等，都是需要整理、研究与评论的。"[1]其中人性说、形神说、佛性说、性理说是从哲学角度，脑髓说是从生理学角度探讨心理的实质的。下面逐一加以论述。

第一节　先秦的人性说

中国古代学者最先是从人性方面去理解和认识人的心理实质的。在

---

[1]　杨鑫辉：《必须用辩证法指导我国心理学的发展》，《心理科学通讯》1982年第3期。

孔子"性相近，习相远"的命题里，人性既有自然本性相近的一面，又有后天习染造成的相差很大的社会本性一面，由此出发而强调教育、环境对人性发展的影响。老子则主张人性是自然本性——"朴"。"常德不离，复归于婴儿。……常德不忒，复归于无极。……常德乃足，复归于朴。"[1] "德"指人的自然性，应该像婴儿赤子一样天纯，是一种自然的原始状态，人性就是复归于自然的"朴"。庄子也主张保持人性的自然纯朴，继承和发展老子的思想，认为"钩绳规矩而正者，是削其性者也"[2]。人为的性会失去自然的本性，提倡"恬淡寂寞虚无无为，此天地之平而道德之质也"[3]。然而，在春秋战国时争论最激烈、对后世影响最大而又最富心理学意义的，是孟子的善端说和荀子的性伪说。

一、孟子的善端说

从孔子的人性论分化出来孟子的性善论和荀子的性恶论，这是着重从伦理学角度来说的。从心理学的角度讲，不用性善论而提"善端说"更确切，不用性恶论而提"性伪说"更确切。

孟子认为，人性、心理是生来就有"恻隐"、"羞恶"、"辞让"、"是非"四个"善端"的，亦即人性、心理是先天即具有其道德因素的。他以人们见孺子落井时的心理情况为例，发议论道："恻隐之心，仁之端也；羞恶之心，义之端也；辞让之心，礼之端也；是非之心，智之端也。人之有是四端也，犹其有四体也。有是四端而自谓不能者，自贼者也；谓其君不能者，贼其君者也。凡有四端于我者，知皆扩而充之矣，若火之始然，泉之始达。苟能充之，足以保四海；苟不充之，不足以事父母。"[4] 孟子虽然也曾认为有口味、目色、耳声、鼻臭、四肢安逸这种本能、欲望的性，但是只承认仁、义、礼、智这些道德因素的社会本性。其次，孟子认为，

---

[1]《道德经》二十八章。
[2][3]《庄子·骈拇》。
[4]《孟子·公孙丑上》。

人先验地具有"恻隐"、"羞恶"、"辞让"、"是非"四端，它们为人性发展为善提供了可能性。这就是说人的心理并非客观事物的反映，而是先验的。再次，孟子认为，只有将上面说的四种善端"扩而充之"，才可发展成为仁、义、礼、智这些善性。处于萌芽状态的四个"善端"，既可以发展为"善"，也可能发展为"不善"。"富岁，子弟多赖；凶岁，子弟多暴。"[1]因此，他强调教育和环境在人性发展中的作用，也就是环境和教育因素在心理发展中的作用，这是值得肯定的。

与孟子同时代的告子不赞成善端说，他提出"生之谓性"的观点，认为："性犹湍水也，决诸东方则东流，决诸西方则西流。人性之无分于善不善也，犹水之无分于东西也。"[2] 孟子与之论争，说："生之谓性也，犹白之谓白与？"以至进而讥为："犬之性犹牛之性，牛之性犹人之性与？"[3]在孟子与告子的争论中，孟子讲的是人的社会性，告子讲的是人的自然性。将人的社会性都看成是善的当然错了，就人的自然性来说，无所谓善或恶，"无善无不善"则切合实际。告子还说过："食、色性也。仁内也，非外也。义外也，非内也。"[4]认为食欲、性欲是人的自然本性，从生性来讲也是对的。

孟子论性是与"人心"和"天命"联系在一起的，他说："尽其心者，知其性也。知其性则知天矣。存其心，养其性，所以事天也。"[5]认为善性存于人善心之中，心是人的道德性所由出。人心与天心一致，人心合于天命，天心就是人心善性的根源。很显然，这是一种唯心的心理观。

二、荀子的性伪说

荀子与孟子的善端说针锋相对，提出了"人之性恶，其善者伪也"[6]的性伪说。"人之性恶"是指人的生性、自然本性是恶的，而作为人的社

---

[1][2][3][4]《孟子·告子上》。

[5]《孟子·尽心上》。

[6]《荀子·性恶》。

会性的善性则是人为造成的，是由环境、教育的影响所形成的。很显然，荀子确认作为社会性的人的心理不是先验性的，而是后天形成的。进而提出"化性起伪"的理论，强调安排环境、加强教育和主观努力的作用，这是合乎心理发展实际的唯物心理观。

性伪说把人分为先天的"性"和后天的"伪"。荀子认为性是恶的，孟子主张性善，是"不察乎人之性伪之分者也"。他说："不可学、不可事而在人者，谓之性；可学而能、可事而成之在人者，谓之伪；是性伪之分也。"[1]性伪不仅可分，而且能合，合则可使恶的性变为善的性。指出："无性则伪之无所加，无伪则性不能自美。性伪合，然后成圣人之名，一天下之功于是就也。故曰：天地合而万物生，阴阳接而变化起，性伪合而天下治。"[2]这里明确地认为人的心理发展是性伪之合的过程，人性的由恶迁善是来自后天的"伪"，即人的心理的善性，是由于后天的环境与教育的影响所造成的，它与人的心理是客观现象的反映的观点，与社会生活实践是人的心理的基础的观点相一致，是合乎科学的。

性伪说以性为恶作为前提或出发点，我们前面已经指出人的生性无所谓善或恶，性本恶的观点是不符合事实的。但是"化性起伪"则是非常可贵的思想，从心理学的角度看，"化性起伪"才是"性伪说"的核心。荀子说："圣人积思虑、习伪故，以生礼义而起法度，然则礼义法度者，是生于圣人之伪，非故生于人之性也。……故圣人化性而起伪，伪起而生礼义，礼义而制法度。"[3]心理发展变化是性伪合的过程，也就是化性起伪的过程，是先天生性基础上的习性的结果。这与现代生理学家和心理学家巴甫洛夫说的是先天和后天的"合金"，何其相似与相合。

怎样化性起伪？怎样发展人的心理？在荀子看来主要有两条：首先，要创设变恶为善的环境。"可以为尧、禹，可以为桀、跖，可以为工匠，可以为农贾，在埶注错习俗之所积耳。……尧、禹者，非生而具者

---

[1][3]《荀子·性恶》。
[2]《荀子·礼论》。

也,夫起于变故,成乎修修之为,待尽而后备者也。"[1]尧、禹的圣贤心理,桀、跖的暴残心理,工匠的心理特征与农商的心理特点,都是在一定的客观环境情势下自然积习而成的。它们不是先天具有,而是后天修为所致。为了说明心理来源于客观现实,他还举例说,只是吃豆类糟糠而从未见过牛犬豕和稻米高粱的人,会对这些美味感到惊奇而不知为何物,待吃过以后才会不舍弃去。其次,要进行正确得法的教育。"故枸木必将待檃栝烝矫然后直,钝金必将待砻厉然后利。今人之性恶,必将待师法然后正,得礼义然后治。今人无师法,则偏险而不正;无礼义,则悖乱而不治。……今之人,化师法、积文学、道礼义者为君子;纵性情、安恣睢、而违礼义者为小人。"[2]弯曲的木材需用工具去矫直,不锋利的工具需要研磨。君子的心理特征是教育得当所致,小人的心理特点则是教育不当形成的。

应当指出,荀子的性伪说与先秦早已流行的"习与性成"是属于同一思想观点的,习与性成强调"习染",性伪说强调"积伪",都强调环境与教育在心理发展中的重要作用,这是它们的共同处。先秦墨家的人性论与荀子的性伪说也是相通的。墨子认为人性如素丝,"染于苍则苍,染于黄则黄,所入者变,其色亦变"[3]。当然人的社会性即习性的形成并非为此被动式,这中间主体的能动作用也是重要的。在人性论方面,韩非继承和发展了荀子的性恶论,认为人皆有"好利恶害"、"喜利畏罪"的本性,运用赏罚可以因势利导,使之具有符合社会要求的心理行为。

三、秦以后的人性论

关于人的本性是什么、人性是怎样发展变化的问题,秦以后的历代思想家们,一方面继承了孟子的善端说或荀子的性伪说,另一方面又各有发展,提出了一些独特的见解。从根本上说,都涉及对人的心理实质

---

[1]《荀子·荣辱》。
[2]《荀子·性恶》。
[3]《墨子·所染篇》。

的理解与认识。

两汉时期的人性论思想，首先要提到董仲舒基本上不赞成性善端说，认为"人有善质，未能为善"。提出"性者质也"的观点，性即质，质即性，二者都是人的自然本性，是与生俱来的"生而所自有"。只承认人的自然本性是性，而否定人的社会本性是性。很显然这与孟子以仁义礼智信这些社会本性为性是有区别的。他首次提出"性三品说"，对后世有影响。《春秋繁露·实性》中认为："观孔子言此之意，以为善甚难当。而孟子以为万民性皆能当之，过矣。圣人之性，不可以名性；斗筲之性，又不可以名性；名性者，中民之性。"[1] 他还认为圣人是无须教的天生善者，斗筲之人是无法教的恶者，只有中民的善质"待渐于教训而后能为善"。扬雄进而提出独特的"善恶混"，他说："人之性也善恶混。修其善则为善人，修其恶则为恶人。气也者，所适善恶之马也欤！"[2] 东汉的王充则总结了先秦两汉以来各派人性论的思想，评论了孔子、孟子、告子、荀子、陆贾、董仲舒、刘向以及世硕、密子贱、漆雕开、公孙尼子等人的人性论，既有所吸收，又有所批判。尽管这些评论并不都是恰当的，但毕竟此前无人像王充这样广泛地总结前人的人性论思想，并提出了自己的创见。归纳起来主要有如下几点：其一是提出有善有恶论。既不完全赞成性善说，也不完全赞成性恶说，而赞成世硕、密子贱、漆雕开、公孙尼子等的"人性有善有恶"。说"自孟子以下至刘子政，鸿儒博生，闻见多矣。然而论情性，竟无定是。唯世硕、公孙尼子之徒颇得其政。"[3] 对于孟、荀的观点也不完全否定，认为他们提出的观点也有所依据，在《本性》篇中指出："性善之论，亦有所缘。""性恶之言，有缘也。"其二是提出了人性、个体心理社会化的"渐染"说，善恶可以互相转化。这是非常宝贵的一种理论思想。它集中地反映在下面一段话里："人之性，善可变为恶，恶可变为善，犹此类也。蓬生麻间，不扶自直；白纱入缁，不染自黑。彼

---

[1] 董仲舒：《春秋繁露》卷十，《实性》。

[2] 扬雄：《法言·修身》。

[3] 王充：《论衡·本性》。

蓬之性不直，纱之质不黑；麻扶缁染，使之直黑。夫人之性，犹蓬纱也，在所渐染而善恶变矣。"[1]其三是肯定教化与法禁是人性变化的重要途径。"使人之性有善有恶，彼地有高有下，勉致其教令之善，则将善者同之矣。善以化渥，酿其教令，变更为善。"[2]

魏晋至隋唐，对人性问题讨论得较少一些，值得一提的是韩愈把性与情分为上、中、下三品说，认为孟子、荀子、扬雄都只谈到中品人性，"举其中而遗其上下者也，得其一而失其二者也"[3]。

如果说从先秦至唐的人性论，基本上是只讲自然本性或只讲社会本性的一分法的话，那么到宋代便出现了明确将人性划分为"气质之性"和"天地之性"的二分法。北宋张载对此作了有独到见解的分析。他认为性可分为气性、物性、人性三层意思，将人性又分为"气质之性"和"天地之性"。指出："形而后有气质之性，善反之则天地之性存焉。故气质之性，君子有弗性者焉。"[4]气与形质结合而成的气质之性是人的自然本性，而人出生前已存在于天地之间的人性即天地之性，实质是指人的社会本性。程颐、程颢在人性论思想方面承袭了张载的人性二分法。"'生之谓性'，与'天命之谓性'，同乎？性字不可一概论。'生之谓性'，止训所禀受也。'天命之谓性'，此言性之理也。今人言天性柔缓，天性刚急，俗言天成，皆生来如此，此训所禀受也。若性之理也则无不善，曰天者，自然之理也。"[5]天命之性即理，"仁义礼智信五者，性也"，故人天生都是善的。"生之谓性"的"气质之性"，因禀气有清浊，故有善与不善、圣人与凡人的区别。朱熹继承和发挥二程的人性论思想，是中国古代心理学思想史上人性论的集大成者。他认为人与物同得天地之理以成"性"，同得天地之气以成"形"，而人能"全其性"。将人性分为先验的理产生的天命之性，先验的理与后天的气混合而成的气质之性。天命之性指仁义礼智等，是

---

[1][2]王充：《论衡·率性》。

[3]《昌黎先生集·原性》。

[4]张载：《正蒙·诚明篇》。

[5]《二程集·遗书》。

天理的体现，纯善无恶；气质之性指人的知觉运动等心理现象，与"人欲"相联系，有善有恶。至于两种性的关系是"所谓天命之与气质，亦相衮同。才有天命，便是气质，不能相离"[1]。朱熹还提出教以变化气质，说："人性皆善，而其类有善恶之殊者，气习之染也。故君子有教，则人皆可以复于善，而不当复论其类之恶矣。"[2]陆九渊承袭"天命之谓性"的性善论，但径直把它与人心等同起来："在天者为性，在人者为心。"[3]

明清的人性论思想又有其特点，罗钦顺、陈确、戴震、颜元等都不赞成将人性分为天命之性和气质之性。罗钦顺从理气不可分的观点出发，认为天命之性就是气质之性，提出"理一分殊"的观点。他说："窃以性命之妙，无出'理一分殊'四字。盖一物之生，受气之初，其理惟一；成形之后，其分则殊。其分之殊，莫非自然之理，其理之一，常在分殊之中，此所以为性命之妙也。语其一，故人皆可以为尧舜；语其殊，故上智与下愚不移。圣人复起，其必有取于吾言矣。"[4]从形成人性的根源"理一"来看，人性具有皆能为善的共性；从形成各个具体人性的"分殊"来看，人有上智下愚差别。陈确从"性一"出发论述了性与气、情、才的统一关系。戴震也主张"性一而已矣"[5]。"分别性与习，然后有不善，而不可以不善归性。"[6]颜元也反对程朱理学将人性分为善的义理之性与恶的气质之性的二元论观点，他诘问道："气质拘此性，即从此气质明此性，还用此气质发用此性。何为拆去？且何以拆去？"[7]其次是王夫之的人性论思想，其最有创见的是，他从发展的角度提出性"日生而日成"和"继善成性"的命题，继承和发展了古代"习与性成"的思想。此外，清初的刘智将人性的发展划分为六个阶段，即认为从胚胎期至成人，要经过坚定、长性、

---

[1]《朱子语类》卷四。

[2]《四书集注》，《论语·卫灵公》。

[3]《陆象山全集》，《语录下》。

[4]《明儒学案》卷四十七。

[5]戴震：《孟子私淑录》。

[6]戴震：《孟子字义疏证》卷中。

[7]颜元：《存性编·性理评》。

活性、气性、人性和继性六个阶段。

第二节　汉晋的形神说

古代思想家除了从人性方面去理解和认识人的心理的实质外，更有进一步从精神与形体、心理与生理的关系去探索心理实质的。这方面的思想从哲学方面说可以追溯到先秦的墨子、老子、庄子和荀子等人，到汉晋时期进行过形神关系的大论战，形神说的思想达到一个高峰。到宋明时期，有关形神说的思想发展为气、理、形、神的关系的探讨。从医学方面说，最早涉及形神说的是《黄帝内经》，认为形与神俱，乃成为人；形与神离，则形骸独居而终。对于形体的什么器官具有精神的功能医家有两派，一是主心说，一是主脑说。明清以脑髓说而著称。医家的形神观一般说来大都属唯物一元论观点，而哲学家思想家们的形神观，则往往有唯物的、唯心的一元论或二元论之分。现代心理学里的身心问题，生理与心理的关系问题，追溯古代的思想就是形神说。中国古代唯物论的形神说现在看来仍闪耀着科学的光辉，较之近现代的西方不少论著对身心问题弄不清楚，则具有特色和优越之处。

一、上承先秦的形神说

儒家的创立者孔子没有直接论述形神关系的问题。涉及形神说的早期论述可见于《墨子》一书，墨家的观点是："生，刑与知处也。"[1]孙诒让解释说："此言形体与知识,合并同居则生。"[2]"生"指生命，"刑"同形，指形体，"知"指感知、精神。上面这句话的意思是：生命力是人的形体

---

[1]《墨子·经上》。
[2] 孙诒让:《墨子闲诂》。

与感知、精神"合并同居"的结果。《经说上》进一步指出："生□楹之。生商不可必也。"这里的"楹"同"盈","生商"指生命力旺盛。"不可必"即不可分。全句的意思是：生命力旺盛，则形与知不可分。《墨子》指出了形与知的不可分，也就是形与神的结合不可分，但是并未解决形与知是谁决定谁的问题。以此为出发点，既可以作出形决定知的唯物论结论，也可作出知决定形的唯心论结论。"形与知处"属于二元论的命题。

老子的《道德经》也论述到形神问题。老子提问道："载营魄抱一，能无离乎？"[1]意思是精神与形体相结合为一体，能够不相分离吗？这也是一个形体与精神合一的二元论命题，没有指明哪一个是第一性的。但是从另一处论述看，他又是明确主张精神离不开形体的。"吾所以有大患，为吾有身；及吾无身，吾有何患？"[2]这里的"患"指虚荣、欲望，属于精神、心理的"患"，是以"身"形为前提的。

《庄子》对形神的关系论述得更为具体。"留动而生物，物成生理谓之形；形体保神，各有仪则谓之性。"[3]运动变化的阴阳二气滞留就形成物，物形成的生理结构就是形体，形体中保存有精神，各有各的表现形式就是性。他还提出"形全者神全"[4]，形体完全精神也就完全，并且认为"其形化，其心与之然"[5]，随着形体的变化，人的心理活动跟着变化。从以上看来，庄子的形神观似乎是唯物一元论的。但实则不然，他所追求的终极目标是精神要超越形体，进入无限自由的逍遥状态。"芒（茫）然彷徨乎尘垢之外，逍遥乎无为之业。"[6]

先秦时期，比较科学地解决了形神关系问题的是荀子。他写道："天职既立，天功既成，形具而神生。好恶、喜怒、哀乐臧焉，夫是之谓天情。耳、目、鼻、口、形，能各有接而不相能也，夫是之谓天官。心居中虚，

---

[1]《道德经》十章。
[2]《道德经》十三章。
[3][4]《庄子·天地》。
[5]《庄子·齐物论》。
[6]《庄子·大宗师》。

以治五官，夫是之谓天君。"[1]这是一段非常精辟的论述。第一，他正确地指明形体具备了，精神才派生出来，才有喜怒哀乐等心理意识状态。这种表述是属于物质第一性、意识第二性的唯物论观点的，为后来的无神论思想奠定了坚实的基础。第二，他不只是一般地谈形体与精神的关系，而是具体地谈到形体中的耳、目、鼻、口等人类自然具有的感觉器官，它们具有不能互相代替的感知职能，而且由心来主宰感觉器官。这里唯一不正确的是没有认识脑是心理的最高器官，而认为是心脏。应该说这是当时科学技术水平发展不高的局限性。

此外，战国时期的纵横家鬼谷子，以道作为宇宙的本原。其形神观是："心者，神之主也。"[2]"耳目者心之佐助也，所以窥间见奸邪。"[3]将心脏看作精神、心理的器官，而耳目则是辅助器官。《管子》提出"凡人之生也，天生其精，地出其形"[4]的"精形合人"的主张。

还必须指出的是，古代思想家的形神说与心物观往往是相联系的。即只有人的形体不是产生精神、心理的充分条件，还必须有外物作用于人的形体的专门器官。例如，荀子在主张"形具而神生"的形神说的同时，又提出了"精合感应"的心物观。他说："生之所以然者谓之性。性之和所生，精合感应，不事而自然谓之性。"[5]即精神、心理是外物作用于人引起的反应。唐代杨倞解释"精合感应"是："精合，谓若耳目之精灵与见闻之物合也。感应，谓外物感心而来应也。"[6]今人梁启雄则注释为："精合，指精神和事物相接。感应，指事物感人而人应接它。"[7]荀子的心物观对后世也很有影响。墨家也有"知，接也"（《经上》）的思想。庄子则

---

［1］《荀子·天论》。

［2］陶弘景注《鬼谷子》卷上《捭阖第一》。

［3］同上卷中，《权篇第九》。

［4］《管子·内业》。

［5］《荀子·正名》。

［6］王先谦：《荀子集解》，《正名篇》引注。

［7］梁启雄：《荀子简释》，《正名篇》注。

一方面认为"使日夜无却而与物为春，是接而生时于心者也"[1]，有与物"接而生于心"的决定论思想；另一方面又有"无视无听，抱神以静"的排斥外物的倾向。

二、汉晋的形神观

汉晋时期的形神观，除了儒家内部的不同观点外，主要表现为儒、道、佛各家相互之间的论争，并使有关形神关系的心理学思想达到了合乎科学的高峰。

基本倾向于道家、阴阳家的《淮南子》，在形神观方面，继承和发展了荀子"形具神生"的思想。它说："夫形者，生之舍也；气者，生之充也；神者，生之制也；一失位则三者伤矣。"[2]认为形、气、神三者是紧密联系、相互制约的，其中一种失去作用，则三者都将受到伤害。它不仅论述了"形"对"神"的制约性，而且涉及了"神"对"形"的积极能动作用。

桓谭和王充的形神观思想，为后来范缜达到合乎科学的高峰奠定了基础。桓谭以烛火喻形神，"精神居形体，犹火之燃烛矣；……气索而死，如火烛之具尽矣。"[3]形象地阐明了精神对形体的依存性，不存在脱离形体的独立精神。但是这个比喻也给佛教徒的神不灭论钻了空子，他们以薪传火来证明精神不灭。王充则继承荀子的思想，说："人之精神藏于形体之内，犹粟米在囊橐之中也。死而形体朽，精气散，犹囊橐穿败，粟米弃出也。粟米弃出囊橐无形，精气散亡，何能复有体而人得见之乎？……夫死人不能假生人之形以见，犹生人不能假死人之魂以亡矣。"[4]以人的生死论形神关系，提出"形朽而神亡"的观点，使神依赖于形的思想得到阐发与深化。他还从形、气、神三者的关系进行了论述，认识到神对形也有反作用的影响。

---

[1]《庄子·德充符》。
[2]《淮南子·原道训》。
[3]《新论·祛蔽》。
[4]《论衡·论死》。

魏晋南北朝时的玄学家和外儒内道的《抱朴子》等，在形神关系问题上出现了过分夸大神的作用的倾向。王弼对于"神"的理解是很有见地的，他说："神，无形无方也。器，合成也。无形以合，故谓之神器也。"[1]即谓"神"（心理）的活动无形状无方位，是无形踪可见和不受空间限制的。阮籍认为："精神之于形骸，犹国之有君也；神躁于中，而形丧于外，犹君昏于上，国乱于下也。……是以君子知形恃神以立，神须形以存。"[2]一方面反对形神相离，赞成形神相即；另一方面则把神的作用过分地夸大为"国之有君"的地位，将神的能动作用夸大为神对形的支配作用。葛洪更一方面说："苟能令正气不衰，形神相卫，莫能伤也。"[3]另一方面又强调："夫有因无而生焉，形须神而立焉。"[4]这"形须神而立"是对"形具而神生"的颠倒，很显然陷入了唯心论。

南北朝时的范缜跟佛教的神不灭论展开了尖锐的论战，在《神灭论》中阐述了他的唯物主义的形神观，概括起来包括下述要点：第一，形神相即。"神即形也，形即神也。是以形存则神存，形谢则神灭也。"相即不是相等，而是不可分离之意。强调神对形的依存性，即心理是以生理为基础的。第二，形质神用。"形者神之质，神者形之用。是则形称其质，神言其用；形之与神，不得相异也。"形是本体、结构，神是机能、功用。他还以刀刃与锋利比喻形质神用的形神关系，较之前人的烛火之喻，更无懈可击了。第三，人质有知。"今人之质，质有知也；木之质，质无知也。人之质，非木质也；木之质，非人质也。"指明不是任何形体都有精神、心理的作用，只有活生生的人才具有这种特性。第四，神各有本。"手等能有痛痒之知，而无是非之虑。""心病则思乖，是以知心为虑本。"即认为不同的精神、心理活动，各有一定的生理器官作基础。知（痛痒、听、视、味、嗅）以感知器（手脚、耳、眼、口、鼻）为本，而虑（思维）则以

---

[1]《王弼集校释·老子道德经注·上篇》。

[2]《嵇康集校注·养生论》。

[3]《抱朴子内篇·极言》。

[4]《抱朴子内篇·至理》。

心器（心脏）为本。总之，范缜全面地论述了有关形神关系问题的各主要方面，克服了他以前不少思想家的二元论倾向，坚持和发扬了荀子"形具而神生"的唯物一元论，其形神说达到了超越前人的新高峰，给后世以深远的影响。

三、对宋明清的形神说的影响

宋明清时期，一方面出现了背离唯物的一元论形神观传统的思潮，另一方面也有对唯物论形神观传统的继承与发扬的一批学者。这两方面的思想论争是围绕着理、气、形、神的关系进行的。张载作为宋明理学的创始人之一，总的思想体系是倾向唯物主义的，但也有其唯心论成分。就形神观思想而言，其唯心论思想为程颢、程颐、朱熹等肯定和发扬，其唯物论思想与王安石的唯物观为王廷相、王夫之、戴震等继承和发展。张载说："然身与心常相随，无奈何有此身，假以接物则举措须要是。"[1]这种"身心相随"的观点肯定了身与心、形与神的不分离的思想，但未明确其先后等方面的关系。他的"以性成身"及关于魂、魄、鬼、神等的看法，也陷入了唯心论的泥淖。王安石则明确指出："神生于性，性生于诚，诚生于心，心生于气，气生于形。形者，有生之本。"[2]这种"神生于性……气生于形"的神形观，把心理现象的产生归于了物质的形体，加上他的"接于物而启动"的心物观，就是他的整个心理观的核心思想。

二程以"理"作为宇宙的本原，认为："心是理，理是心。""心生道也，有是心，斯具是形以生。"[3]它与"形具而神生"是完全对立的观点。加上他们的"实有是理，故实有是物……实有是心，故实有是事"[4]，这便构成了二程唯心论的心理观的基本思想。朱熹在形神观方面持二元论观点，他说："人生初间，是先有气，既成形，是魄在先。形既生矣，神

---

[1]《经学理窟·学大原下》。

[2]《临川集·礼乐论》。

[3]《二程集·遗书》。

[4]《二程集·经说卷第八·中庸解》。

发知矣。既有形，后方有精神知觉。"[1]又说："夫心者，人之所以主乎身者也，一而不二者也，为主而不为客者也，命物而不命于物。故以心观物，则物之理得。"[2]一方面承认"形生神发"，先有形体后有精神、心理；另一方面又认为"心主宰身"，心对身与物起主宰作用，片面地夸大了人心的作用而超越形体。陆九渊与王守仁的心物观成为一种绝对的主观，也都与此一脉相承并推向了绝端。例如王守仁说："无心则无身。"

明代坚持和发展了"神灭论"思想的应首推王廷相。他说："气者形之神，而形者气之化。一虚一实，皆气也。神者形气之妙用，性之不得已者也。三者一贯之道也。今执事以神为阳，以形为阴，此出自释氏仙佛之论，误矣。夫神必藉形气而有者，无形气则神灭矣。纵有之，亦乘乎未散之气而显者。如火光之必附于物而后见，无物则火尚在乎？"[3]王廷相的"神藉形气"思想，正确地阐述了神、形、气三者的关系，"神者形气之妙用"；确认人的心理活动的"神"必须建立在"形气"的生理基础之上。"神必藉形气而有，无形气则神灭矣"来源于范缜的"形存则神存，形谢则神灭"。以物火喻形神，则是承袭桓谭的烛火之喻。他还具体论及了心理器官问题："如耳之能听，目之能视，心之能思，皆耳、目、心之固有者。无耳目无心，则视听与思尚能存乎？"[4]这样将"神藉形气"的思想进一步具体化了。王夫之认为物莫不含神具性，而人最为秀灵。至于形与神的关系，他说："故形非神不运，神非形不凭。形失所运，死者之所以有耳目而无视听；神失所凭，妖异所以有影响而无性情。车者形也，所载者神也。"[5]从形神的功能的视角指出了形主神辅的关系，以形载神不可分离。进一步指出："形闭而神退听于形……形为神用则灵，神为形

[1]《朱子语类》卷三。
[2]《晦庵先生朱文公文集》卷七十六，《观心说》。
[3]《内台集》卷四，《答何柏斋造化论》。
[4]《雅述上篇》。
[5]《周易外传》。

用则妄。"[1]从中透视出形先神后的关系，其体用关系也不可倒转。清代的戴震也持先有血气形体后有心知精神的形神观。他说："有血气，则有心知；有心知，则学以进于神明，一本然也。"[2]血气指形体，心知指精神、心理，是先形体而后产生精神。他还说："人生而后有欲，有情，有知，三者，血气心知之自然也。"[3]这里不仅确认先有血气形体后有心知精神，而且将心知精神具体划分为知、情、欲。知、情、欲跟现代心理学将心理过程划分为知、情、意是完全吻合的。王廷相、王夫之、戴震等在论述精神依存于形体的形神观时，都同时提出了必须有外物作用于形体的心理器官才能产生心理的心物观，从而构成了他们完整的唯物论的心理观，这里就不一一论述了。

四、医家的形神观

医家的形神观大抵都是唯物一元论的，它与思想家们的形神观应当是互为影响的。这里择要列述经典医籍与名家的一些形神观思想。我国现存最早的医典《黄帝内经》认为："五脏已成，神气舍心，魂魄毕具，乃成为人。"[4]先有五脏形体后有精神藏于心，是形与神具乃成为人。又说："人有五脏，化五气，以生喜怒悲忧恐。"[5]它跟差不多同时期荀子提出的"形具而神生，好恶喜怒哀乐藏焉"的思想，是多么一致。隋唐医学家孙思邈从形具神生的观点出发，认为："五脏安定，血脉和利，精神乃居。"[6]正常的精神、心理活动是依存于五脏形体的。又说精神魂魄意是藏于五脏的，心主神，肾主精，肝主魂，肺主魄，脾主意。隋代医学家巢元方也继承了古代朴素的唯物形神观，认为："人之血气自养，而精神为主，

---

[1]《张子正蒙注》。

[2]《孟子字义疏证》卷上。

[3]《孟子字义疏证》卷下。

[4]《灵枢·天年》。

[5]《素问·阴阳应象大论》。

[6]《千金要方》卷十六，《胃腑》。

若血气不和，则精神衰弱。"[1] 五脏藏神的说法较他人稍异，心为神，肝为魂，肺为魄，脾为意，肾为志。金元四大医家刘完素、张从正、李杲、朱震亨也继承了以上传统。例如，刘完素从精、气、神、形四者的关系阐发了形神相即的思想。"是以精中生气，气中生神，神能御其形也，由是精为神气之本。形体之充固，则众邪难伤。"[2] 既指出了形体充固之重要，又注意了"神能御形"的功能。明清的医家则在形神观问题上有了突破，即以脑髓说取代了五脏藏神说和主心说。例如明代医药家李时珍提出"脑为元神之府"，清代的王清任更明确提出了"脑髓说"，认为"灵机记性不在心在脑"，并且指出了耳、目等感觉器官与脑之间的联系。

第三节　隋唐的佛性说

佛教是西汉末年从印度传入中国的，以后逐步与中国传统文化相融合，成为独具特色的中国佛教。汉时传入的佛教多属小乘教，宣扬精神不灭，生死轮回，因果报应，依附中国原有的神仙方术而发展起来。魏晋时期，广为流行大乘佛教，将一切事物现象看成"虚幻"或"空"，以求得精神上的解脱，它与玄学家侈谈"虚无"是相近和一致的。南北朝时期，涅槃学的主要传播者竺道生宣扬人人都有成佛的本性，主张顿悟成佛的唯心主义宗教。到隋唐，佛教进入了鼎盛时期，并且出现了四个主要宗派，即天台宗、法相宗、华严宗和禅宗。它们继续开展了佛性问题的讨论，而佛性问题，实质上是佛教的人性论，也就涉及人的心理实质的心理学思想了。

---

[1]《妇人妊娠病诸候上》。
[2]《素问玄机原病式·六气为病》。

一、天台宗的"无情有性"

佛教从释迦牟尼以来，都讲普度众生成佛，所谓众生也称"有情"动物。这就是说，只有"有情"的众生才能有佛性，而"无情"（非生物的东西）没有感知觉和思维意识等活动，也就不存在佛性的问题。印度佛教还认为并非所有的人都能成佛，像"一阐提人"（善性灭尽的人）就不能成佛。

南北朝时的竺道生传播涅槃学，企图让所有的人都相信佛教，宣扬人人都有成佛的本性，甚至提出"一阐提人"也可以成佛，使大家都获得走进极乐世界的入场券。唐代天台宗的湛然发展了前人的思想，提出了"无情有性"说。认为不仅人人具有佛性，甚至连无生命的草木砖石都具有佛性（佛的本性）。他说："故知经以正因结难，一切世间何所不摄，岂隔烦恼及二乘乎？虚空之言何所不该？安弃墙壁瓦石等邪？"[1]将一切东西和现象都看做佛性的体现。所以他又说："故知一尘（客观对象）一心（精神活动）——即一切生佛的心性。"[2]将作为客观事物的"尘"与作为精神活动的"心"，也就是所有的一切都是佛性的体现。不仅没有说清"尘"与"心"的关系，而且混淆了它们之间的界限。从佛性是佛教的人性论实质看，"无情有性"说混淆了人与其它东西特别是非生物的界限，非生物的东西不可能有人性，也就不存在什么佛性。湛然的"无情有性"说之所以更能为人们所接受，是因为它反映了隋唐时期等级森严的门阀士族势力的衰弱，让信徒们在未来的极乐世界得到平等的补偿。

二、法相宗的"万法唯识"

玄奘创立的法相唯识宗，简称法相宗或唯识宗。玄奘是我国著名的佛经翻译家，一生翻译佛经共1335卷。他以不畏艰难险阻的精神赴印度取经更是家喻户晓。他创立的法相宗不是中国土生土长的佛教，而是最忠实于印度大乘有宗的哲学体系。他的唯识学说，片面强调纯精神的"识"

---

[1][2]《金刚錍》。

的作用，认为一切现象都是意识所派生出来的。从法相宗的"万法唯识"观点中，可以透露出他们有关心理实质的思想。

所谓"法相"是对形形色色的物质现象和精神现象的总称，故又有"万法"之说。法相宗提出了认识万法的"唯识"学说。玄奘的大弟子窥基说："唯谓简别，遮无外境；识谓能了，诠有内心。……识性识相，皆不离心。心所心主，以识为主。归心泯相，总言唯识。唯遮境有，执有者表其真；识简心空，滞空者乘其实。"[1] 即是说，世界上没有真实的客观外物存在，一切外物现象都是由意识所派生的；就是主观意识方面，能起认识、了别作用的，也不是眼、耳、心等生理器官，而是纯粹的精神作用，即所谓"识"。这是他们进行烦琐抽象分析的出发点和结论："万法唯识。"

法相宗在以前眼、耳、鼻、舌、身、意"六识"的基础上，增加了末那识和阿赖耶识，合称"八识"。前五识各以外界的色、声、香、味、触为对象，相当于感觉；第六识以整个事物为对象，相当于知觉。但是他们并不是像现代心理学那样，把客观事物看成感知的源泉，而认为前五识是第六识所产生的。第六识是自我意识，其产生根源是第七末那识（意根识）。末那识又必须根据第八阿赖耶识才能成为永恒的自我，阿赖耶识是"藏识"的意思。一切意识活动都是由这个永恒的精神本体产生的。他们不承认有离开识（心）的实在的境（物），不是识去认识外物（境），外物只是"唯识所变"。实质上，第八阿赖耶识就是变相的不死的灵魂。如果说"八识"有一些心理学思想的话，就在于启发对人的意识、心理过程应作深刻细致的分析。

还必须指出，法相宗把人的意识分为两部分，一部分是能认识（能"了别"）的主体，叫做"见分"；一部分是所认识（所"了别"）的有形象的外境，叫做"相分"。主张由精神本体、人的意识派生现实世界，而现实世界是"虚幻"的，只有精神性的本体才是真实的永恒的绝对存在，即所谓"真如"、

[1]《成唯识论述记》卷一。

"佛性"。从这方面看佛性说的本质是唯心论也是不言而喻的。

三、华严宗的"一乘显性"

法藏创立的华严宗是以阐扬《华严经》而得名的,不但在中唐至武宗很流行,而且传播到了朝鲜和日本。华严宗认为:"尘是心缘,心为尘因。因缘和合,幻相方生。"[1]意思是:外界事物(尘)只是作为主观认识的对象而存在,主观认识(心)才是客观事物的基础(因)。主观认识的对象和主观认识的作用发生关系(因缘和合),才会产生世界(幻相)。华严宗还以"一真法界"作为世界的起源。"法界"是一种物的存在或心的存在或规律原理的存在的含义,暗中抽掉了"存在"的物质内容,所以"一真法界"实质上是精神性的。物质世界只是佛性、真如(绝对精神)的投影。

华严宗的宗密对当时佛教各宗派的判教,将各佛教宗派分为人天教、小乘教、大乘法相教、大乘破相教、一乘显性教以及最低级的儒教和道教。宗密反对儒道二家的唯物主义观点,而佛教内部只有高下精粗之分。批判人天教把因果报应的理论讲得过于简单;小乘佛教承认物质和精神都是实际存在的东西,是对唯物主义的让步;大乘法相教把"识"绝对化,识有被理解为客观实在的嫌疑;肯定"心(主观认识、心理作用)境(认识对象)皆空,方是大乘实理"[2]。但是论证现实世界之幻后,还应显示佛教天国之"真"。认为只有华严宗的"一乘显性教"才是最完善的佛教理论,具有佛性才有智慧。宗密说:"一切有情,皆有本觉真心,无始以来,常住清净,昭昭不昧,了了常知,亦名佛性,亦名如来藏。……但从妄想执着,而不证得。若离妄想,一切智、自然智、无碍智即得现前。"[3]

华严宗的理论对后来的程朱学派发生了思想渊源的影响。例如,华严宗提出"理事无碍法界、事事无碍法界",理与事、事与事都是互相融通、互不妨碍的。程朱即宣扬"体用一源,显微无间"[4],其思想是相通的。

---

[1]《华严义海百门》。

[2][3]《原人论》。

[4]《程氏易传序》。

华严宗有"一真法界"、"一切即一"、"一即一切"等思想观点，而程朱学派认为的"人人有一太极，物物有一太极"[1]则跟它如出一辙。

四、禅宗的"本性是佛"

禅宗是在中国本土形成的一个影响深远的佛教宗派。禅是梵语Dhyana，音译是"禅那"，意译作"定"，合称禅定，即安静不乱、明照清净地沉思的意思，是一种专讲内心修养方法的佛教理论。它的思想不仅影响了宋代理学，而且波及朝鲜和日本。据说禅宗创始人是印度的菩提达摩，是他到北魏创立的，相传到第五代弘忍才成为一个强有力的佛教宗派，以后又分为以神秀为六世祖的北派，以惠能为六世祖的南派。以惠能为代表的禅宗是佛教的"改革派"，多数出身社会的低下阶层，反抗传统的僧侣贵族特权。他说："下下人有上上智，上上人有没意智。"[2]跟儒家的"唯上智与下愚不移"思想也是针锋相对的。

惠能认为每个人的本性就是佛性，把"佛性"从西方极乐世界转到人的内心，使佛性人性化。他的四句名言是："菩提本无树，明镜亦非台，本来无一物，何处惹尘埃。"[3]意即根本不存在树和台这些客观事物，一切都是空虚；只有"本心"、"自性"，即精神意识，才是世界一切事物现象所由产生的本原，完全是一种主观唯心论的心理观。为了证实禅宗的这一观点，不妨多引几段原文：

"菩提只向心觅，何劳向外求玄？所说依此修行，西方只在眼前。"[4]

"一切般若智，皆从自性而生，不从外入。""本性是佛，离性无别佛。"[5]

"心生则种种法生；心灭则种种法灭。"[6]

由此可以看出禅宗的佛性说包括三个要点：第一，佛性的获得不需外求，

---

[1]《朱子语类》卷一。

[2][3]《坛经·行由品》。

[4]《坛经·疑问品》。

[5]《坛经·般若品》。

[6]《古尊宿语录》卷三。

只要自己明心即可见性。第二，人的本性就是佛性，佛与性是不可分离的，因而求得佛性就是求自性。第三，"心"与"法"的关系是内部的"心"决定外部的"法"（存在）。从心物观分析此义，即是心产生物，而不是物产生心（精神）。从心理学看也都是不正确的结论，有一点积极意义就在于重视人的内心世界，看重人的心理活动。

禅宗修性的方法不是坐禅，不立文字，而是直指人心，顿悟成佛。实际上惠能把禅定从表面的坐禅扩大为禅定的修行。"我心自有佛，自佛是真佛。""自性若悟，众生是佛。"[1] 只要用自己的内心去领悟自性，便可以成佛，而且是"放下屠刀，立地成佛"，指顿悟即可成佛。必须指出，禅宗南宗的顿悟成佛，是针对北宗神秀"时时勤拂拭，勿使惹尘埃"[2]渐悟成佛的。

禅在6世纪从印度传入，与中国的儒、道交融，产生了中国的佛教禅宗，后来又传入日本、朝鲜，对其历史和文化都有深远影响。20世纪初，对西方世界也产生了魅力。现代西方世界甚至视禅为东方文化和精神的代表，与西方现代思潮相沟通，有关禅的研究著作，包括禅的心理学著作也不断问世。禅者认为，禅道超越物我，是宇宙人生的总源泉，是人的精神，是自然的生活。日本禅学大师铃木大拙说："禅是大海，是空气，是高山，是雷鸣与闪电。是春花，是夏日，是冬雪。不，它在这一切之上。它就是人。"[3] 这样又回到了我们前面所指出的，佛性的实质是佛教的人性论问题，它的心理学意义也正在此。

第四节　宋明的性理说

中国的传统文化思想，从先秦诸子、两汉经学、魏晋玄学、隋唐佛学，

---

[1]《坛经·付嘱品》。

[2]《坛经·行由品》。

[3] 英凯编译：《禅语精选百篇》"编者如是说"，花城出版社1990年版。

到宋明则出现了理学。理学的核心思想是"性与天道"，它以儒学思想为主，同时也吸取了佛学和道教的思想理论。由于它继承了唐代韩愈的"道统"之说，所以理学又叫"道学"。理学家认为"性即理也"，这种性理之说与性命之说是密切联系的。《礼记·中庸》说："天命之谓性。"认为人性是天赋的，就天赋言为命，就人受言为性。宋代程朱理学所说的性命，多指天道或天理。"天命之谓性，此言性之理也。"[1]谈人性即天理、天道。不同的理学家对理、气、性、命、心、情、道、器等根本性的问题，提出了自己的观点并进行了激烈的争论。特别是他们从理、气形成物的本体论角度探讨人性善恶与气质变化等问题，实为对人的心理实质的基本观点，所以它们不仅是哲学史和思想史上的重要内容，也是心理学思想的重要组成部分。

理学产生于书院林立学术思想比较活跃的背景。北宋时期经学笺注已在没落，新的学术思想在替换五经、十三经的学术思想。许多学者怀疑传统经说，出现了陆游称之为排《系辞》、毁《周礼》、疑《孟子》、讥《书经》、黜《诗序》的状况。由于唐代佛教盛行，至宋时佛学与道教思想渗透到儒学之中。"朱熹的理学思想，反映了华严宗的印迹。陆九渊的心学思想，接受了禅宗的影响。周敦颐的《爱莲说》显然与佛教莲华自性清净的说教有关。朱熹的《中庸章句》的《序说》，脱胎于华严宗的理事说，而又自云出于程颐。……先天图、河图洛书、太极图的传授，均出自道教。"[2]正是这种儒道释融洽而又以儒为主的理学思想，成了中国封建社会后期的正统哲学，并必然影响对心理实质的理解。

理学兴盛于宋明，起于北宋，元是过渡阶段，清代前期渐趋衰落。从哲学体系分，宋朝的李觏、王安石、张载、陈亮、叶适，明朝的罗钦顺、王廷相等属于理学唯物主义阵营；宋朝的周敦颐、邵雍、程颢、程颐、朱熹、陆九渊，明朝的王守仁等属于理学唯心主义阵营。从理学的重要派别分，

---

[1]《二程语录》。

[2]侯外庐等主编：《宋明理学史》上卷，人民出版社1984年版，第7—8页。

主要是程朱理学和陆王心学。由于它们相互诘难和相互吸取渗透，在元朝出现了"和会朱陆"趋势。为了论述的方便，采取按派别的方式讨论宋元明时期的性理之说，了解理学家们对人的心理实质的理解。

一、程朱理学的性理说

程颢、程颐兄弟把理看成他们的哲学思想的最高范畴。程颢说："吾学虽有所授受，天理二字却是自家体贴出来。"[1]他们还认为："万物皆备于我，不独人尔，万物皆然，都自这里出来。"[2]总之，理是万物都得遵循的、不以人的意志为转移的最高原则，既包括物的理，也包括人的社会的理，如孝、悌、忠、信、仁、义、礼、智等。万物之理是先于万物而早存在的，理作为万物的本原，经过气化生万物。"万物之始皆气化。"[3]但程颐所谓的气是可以消灭的，所以这种理先气后而生万物更是唯心论的思想。

关于理、性、心的关系，程颐认为："自理言之谓之天，自禀受言之谓之性，自存诸人言之谓之心。"[4]意即理指天理，万物只有一个天理，物性、人性、人心都是天理的体现。物禀受天理谓之物性，人禀受天理谓之人性，理存诸人的主体谓之心。"心是理，理是心。"[5]人的心理也应是天理的体现。关于性、命、心、情的关系则是："性之本谓之命，性之自然者谓之天，自性之有形者谓之心，自性之有动者谓之情，凡此数者皆一也。"[6]二程认为性、命、天、心、情与道（理）都是一个东西，或说都出自理（道）。如果随文析义以求奇异之说，则与圣人之原意相去远矣。所以在二程的思想里，"性即理也，所谓理，性是也。天下之理，原其所自，未有不善。喜怒哀乐未发，何尝不善？发而中节，则无往而不善。"[7]

---

[1]《上蔡语录》卷上。
[2]《二程遗书》卷十八。
[3]《二程遗书》卷五。
[4]《二程遗书》卷二十二上，《伊川杂录》。
[5]《二程遗书》卷十三。
[6]《二程遗书》卷二十五。
[7]《二程遗书》卷二十二上。

质言之，性即是理，理原是善的，人性本也是善的。在别处也有相似的论述："称性之善谓之道，道与性一也。以性之善如此，故谓之性善。"[1]"道与性一"就是理与性一，也是人性善。

至于原性是善的，为什么人有善与不善之别呢？二程承继张载将性划分为"天地之性"与"气质之性"的思想，认为受命于"天地之性"就是"理"，"理"中含有仁、义、礼、智、信，所以人人天生都是善的。而禀受气所形成的"气质之性"，因气有清浊，禀气至清者为善，为浊气所蔽者则为不善，故有圣人与凡人之差异。程颢、程颐还把"性"与"才"联系起来，"才"是指"资质"。"性无不善，其所以不善者才也。受于天之谓性，禀于气之谓才，才之善不善由气之有偏正也。乃若其情，则无不善矣。今夫木之曲直，其性也；或可以为车，或可以为轮，其才也。然而才之不善，亦可以变之，在养其气以复其善尔。故能持其志，养其气，亦可以为善。"[2]这样，既赞成了孟子说的"人皆可以为尧舜"的观点，又强调保持志向不自暴自弃以达到善的思想。

二程性理之说的人性论中还有一个重要观点，就是将气质之性与人欲联系起来，主张"去人欲，存天理"，并且认为这是人与禽兽的区别。程颐说："人心私欲故危殆，道心天理故精微，灭私欲，则天理明矣。"[3]这种说教是受了佛教华严宗关于"净染"的影响。宗密认为佛性常住清净是"净"，而蒙蔽佛性的"妄想执着"就是"染"。法藏更以明镜为喻说："虽复随缘成于染净，而恒不失自性清净。只由不失自性清净，故能随缘成染净也。犹如明镜现于染净，虽现染净，而恒不失镜之明净。"[4]华严宗认为"众生暗于多欲"，主张禁断情、欲、爱，二程则对劳动人民进行"去人欲，存天理"的说教，有力地帮助了封建统治者"以理杀人"。

朱熹继承和发展了张载和二程的性理说，并使之更精致、更深刻。

---

[1]《二程遗书》卷二十五。
[2]《二程外书》卷七。
[3]《二程遗书》卷十八。
[4]《华严一乘教义分齐章》卷四。

他把天、理、性、命都一一作了界定，并阐述其关系。指出："性者，人物之所以禀受乎天也。然性命各有二，自其理而言之，则天以是理命乎人物谓之命，而人物受是理于天谓之性。"[1]归根结底还是性即理也，人性根于天理。

天理论是朱熹理学思想体系的核心，认为理或天理是世界的本原和主宰，天地万物、物性人性都由最根本的理所产生，一切的一切都"只是一个理"，这个"理"是先于天地而早存在的。同二程一样主张"存天理，灭人欲"。他的天理论又是以理气说为中心内容的，说："天地之间，有理有气。理也者，形而上之道也，生物之本也。气也者，形而下之器也，生物之具也。是以人物之生，必禀此理，然后有性。必禀此气，然后有形。其性其形，虽不外乎一身，然其道器之间，分际甚明，不可乱也。"[2]很显然，朱熹认为理是形而上的，气是形而下的，理在物先，理在气先，理是根本。他还提出"理一分殊"，从一理之根本解释万物的殊异，理解大德与小德的关系。按此道理，人性都是善的是理一，各人的性格心理有差异也是分殊。

朱熹在性即理的基础上，进一步分析了人性与物性的异同。他说："性者，人之所得于天之理也；生者，人之所得于天之气也。性，形而上者也；气，形而下者也。人、物之生，莫不有是性，亦莫不有是气。然以气言之，则知觉运动，人与物若不异也；以理言之，则仁、义、礼、智之禀，岂物之所得而全哉？此人之性所以无不善，而为万物之灵也。告子不知性之为理，而以所谓气者当之。徒知知觉运动之蠢然者，人与物同，而不知仁、义、礼、智之粹然者，人与物异也。"[3]朱熹从理气对立的角度论证了人性与物性的异同，性包括天赋的理与气两种因素。禀赋于天之气，表现为知觉运动这些低级的心理活动，人类与动物是相同的；禀于天之理，表现为仁、义、礼、智这些高级的心理活动，只有人类才有，这是与动

---

[1]《朱子文集》卷五六，《答郑子上》。

[2]《朱子文集》卷五八，《答黄道夫（一）》。

[3]《四书章句集注》，《孟子集注》卷十一。

物不同的。将心理活动分为低级与高级，以区别动物的性与人类的性是对的，以此说成人与动物只是禀得、禀得不全的不同则是错误的。

朱熹提出"天地之理"、"天地之气"，是从张载的"天地之性"、"气质之性"发展来的。张载认为君子不以气质之性为性，"气质之性"要"善反之"回到"天地之性"。朱熹则确认气质之性为性，而气质之性与人的物欲有关，为物欲所蔽，则心不清明而为黑暗。所以他主张教以变化气质。他说："人性皆善，而其类有善恶之殊者，气习之染也。故君子有教，则人皆可以复于善，而不当复论其类之恶矣。"[1]这里肯定了"染"与"教"在人性发展中的作用，其思想是可贵的。

二、陆王心学的性理说

如果说程朱理学是客观唯心主义哲学流派，以南宋陆九渊和明朝王守仁为代表的陆王心学则是主观唯心主义哲学流派。尽管陆、王都对朱熹的学术思想有分歧，朱陆发生过当面争论的"鹅湖之会"，但是它们并不是根本上的对立。陆王心学是对程朱理学的补充和发展，继承和发挥了思孟学派"尽心知性"和佛教禅宗"明心见性"的思想。程朱的最高范畴是"天理"，万物和人心都是天理的体现，而且是"性即理也"；从心理学思想看，是心理实质的性理说。陆王的最高范畴是"本心"（"吾心"），主张"心即理"，认为"心"和"理"完全是一个东西，只要能"明本心"，就能见"三纲五常"的"天理"，而且是"在天者为性，在人者为心"[2]。所以从心理学思想看，陆王心学也属于关于心理实质的性理说。

陆九渊的思想体系一般被称为"心学"，他的基本思想是"心即理"，在其著述中被反复论证。兹引两段以为例证，他说："四方上下曰宇，往古来今曰宙。宇宙便是吾心，吾心即是宇宙。千万世之前，有圣人出焉，同此心同此理也。千万世之后，有圣人出焉，同此心同此理也。东南西

---

[1]《四书集注》，《论语·卫灵公》。
[2]《陆九渊集》卷三十五，《语录下》。

北海有圣人出焉，同此心同此理也。"[1] 还进一步直截了当地说："人皆有是心，心皆有是理，心即理也，故曰'理义之悦我心，犹刍豢之悦我口'。所贵乎学者，为其欲穷此理，尽此心也。"[2] 上面两段话集中反映了这样的观点：第一，认为主观意识的"心"（心理、精神）是世界的本原，所以才会说"宇宙便是吾心，吾心即是宇宙"。把心理、精神看成是第一性的东西，进而把宇宙、物质世界也混同于精神的"心"。第二，认为所谓"心"就是"理"，"心"和"理"是一个东西，尽心才可穷理，穷理才可尽心。"心"以外没有"理"，没有我的心，世界和理也就不存在，强调"吾心"、"本心"的终极意义，所以被称为"心学"。

心与性的关系怎样呢？陆九渊继承"性善论"和"天命之谓性"的思想，提出人受天之理，生来是善的，"人皆可以为尧舜"。所不同的是他把人性与人心等同起来，即所谓"在天者为性，在人者为心"。另一方面，对于贤愚不肖的差异，也认为是气禀不同所致，即所谓"人生天地间，气有清浊，心有智愚，行有贤不肖"[3]。至于如何使人保持良心正性，陆九渊提出了"古人教人，存心、养心、求放心"的办法。总之，还是离不了一个"心"字。

明代的王守仁继承和发展了陆九渊的"心学"。何谓心？他说："心不是一块血肉，凡知觉处便是心。如耳目之知视听，手足之知痛痒，此知觉便是心也。"[4] 很显然，他说的心不是指心脏器官，而是人的知觉心理，也就是意识精神。在身心关系方面，他主张"无心则无身，无身则无心"的二元论，但最终还是把心称为主宰的"灵明"。王守仁把自然界和人类社会的一切事物及其规律都看成是心所派生的，提出"心外无物，心外无事，心外无理，心外无义，心外无善"[5] 的命题。他以观花为例作了说明，

---

[1]《陆九渊集》卷二十二，《杂说》。
[2]《陆九渊集》卷十一，《与李宰》。
[3]《陆九渊集》卷六，《与包详道》。
[4]《传习录》下。
[5]《王文成公全书·与王纯甫书二》。

当你未看一朵花时，这朵花与你的心都是寂灭无声无色无动静的；当你来看这朵花时，它的颜色便一时明白起来，由此可见花不在你的心外。

这一观点的学习心理思想则是"求得其心"，"以明其心"和"致良知"。王守仁说："心之良知是谓圣，圣人之学，惟是致此良知而已。自然而致者，圣人也；勉然而致者，贤人也；自蔽自昧，而不肯致之者，愚不肖者也。"[1]圣贤与不肖的差别在"致良知"的不同，而所谓良知是"心"的良知，所以还是围绕着"吾心"讲的。这方面的论述也是很多的，如说："君子之学唯求得其心，虽至于位天地育万物，未有出于吾心之外也。"[2]这是从正面讲的。又如说："君子之学，以明其心。其心本无昧也，而欲为之蔽，习为之害，故去蔽与害而明复。"这是复其本心讲的。

三、"和会朱陆"的性理说

过去对元代的理学思想重视不够，其实它在宋明之间起了不可忽视的过渡作用。宋代朱、陆之间有许多分歧与明显的争论，宋元的理学家则是"和会朱陆"的。他们以陆学的本心论，兼取朱学的理气论与理欲之辨，导致了朱、陆的合流。元代理学家的代表人物，北方是许衡、刘因，南方则是吴澄，元代名儒有"南吴北许"之称。吴澄直承宋代理学端绪，比许衡是"正学真传，深造自得"。

许衡在理气观上跟朱熹是相同的，他说："凡物之生，必得此理而后有是形，无理则无形"，"有是理而后有是物"。[3]这里说物是包括人在内的万物，所以人是天赋有此理的；这里说的形是可见的形体，与物同义。他认为任何事物都有"理"，没有无"理"的事物，两者不可分离，理以物为寓所，物是理的体现。总之是"理先物后"的观点。许衡还认为"理"体现在人身上，可称之为心、性。所以当别人问他："心也、性也、天也，

---

[1]《文录五杂著·书魏思孟卷》。
[2]《紫阳书院集序》。
[3]《许文正公遗书》卷二《语录》下。

一理也何如？先生（指许衡）曰：便是一以贯之。"[1]很显然是说心、性、理三者是一回事。以上都说明他承袭了朱熹的理学观点。但是，在怎样识见天理的心性修养方法方面，他则介于朱熹"穷理以明心"和陆象山"明心以穷理"二者之间。人性具有天理，明德是人皆有之的本然之性，由于气禀不同所以天赋的天理、明德又受到某些障蔽，大部分人处于中间状态。这些均承袭于朱熹。至于变化气质的修养方法，则是持敬、谨慎、审察之类。他认为天理在心中，直求本心即得天理，以自省自悟的自觉，使自己的行为符合封建道德规范，这又与朱学不完全相同。

比许衡稍后的吴澄，有时把理、天理称为"太极"，多用于宇宙的本体方面，而"理"则多用于二气五行、人和万物的演化方面。他把万事万物的所以然叫做"理"，至于理气的关系则是："气之所以能如此者何也，以理为之主宰也。理者，非别有一物，在气中只是为气之主宰者即是。"[2]质言之，理与气是主宰与被主宰的关系，而且还强调："无理外之气，亦无气外之理。人得天地之气而成形，有此气即有此理。"[3]在另外的论述中，援引张载、朱熹的思想批评老子的"理先气后"的观点，气生于理的说法是错误的，将气理分开的说法也是错误的。吴澄认为人性是得之于天的，称为天地之性，其有善恶之分则由于气质不同。怎样识见天理以恢复天地之性呢？他没有沿袭朱学格物穷理的方法，而是主张从自身去发现和扩充善端，即"所谓性理之学，既知得吾之性，皆是天地之理，即将用功知其性，以养其性，能认得四端之发见谓之知……随其所发见，保护持守"[4]。实际上他是认为"万理""根于心"、"本于心"的，是"本心之发见"，很显然承袭了陆九渊明心以穷理的心学。吴澄在"和会朱陆"之中，起到了从宋代程、朱理学向明代王学过渡的作用，其对心理实质的理解是主观唯心论的本心论。

---

[1]《许文正公遗书》卷二《语录》下。

[2]《宋元学案·草庐学案》。

[3][4]《草庐吴文正公全集》卷二，《答人问性理》。

四、唯物论的性理说

前面我们已经谈到，在理学的唯物主义阵营中，宋代有李觏、王安石、张载、陈亮、叶适，明代有罗钦顺、王廷相，以及明末清初的王夫之等。下面我们以张载、王廷相、王夫之为代表，简述唯物论的性理说。

张载基本上是唯物论气一元论者，但他的唯物论并不彻底，也有陷入唯心论的地方。他从《周易》经义中体会出气的问题，以此作为世界的本体，认为："气聚则离明得施而有形，气不聚则离明不得施而无形。方其聚也，安得不谓之客？方其散也，安得遽谓之无？故圣人仰观俯察，但云'知幽明之故'，不云'知有无之故'。"[1] 以气之聚散说明有形有色的万物和无光无色的虚空。同时指出："若阴阳之气，则循环迭至，聚散相荡……此其所以屈伸无方，运行不息，莫或使之，不曰性命之理，谓之何哉。"[2] 这里提出了"理"的范畴，并与气相联系。他还论到象、神、性、气等的关系："凡可状，皆有也；凡有，皆象也；凡象，皆气也。气之性本虚而神，则神与性乃气所固有。"[3] 一切归之于物质的气是唯物观，但他说："性者，万物之一源。"[4] 把性看作是万物的根源则又陷入了唯心主义。至于张载将人性分为天地之性和气质之性，这是一种创见，前面已经多处论及，这里不再重复。关于天理与人欲的问题，认为："今之人灭天理而穷人欲，今复反归其天理。古之学者便立天理，孔孟而后，其心不传，如荀扬皆不能知。"[5] 他提倡"立天理"、"灭人欲"，反对"灭天理"、"穷人欲"。

明代王廷相是一个唯物论思想家，主张"理在气中"的元气本体论，他发展了张载的思想，反对"理在事先"的命题。他说："余尝以为元气之上无物，有元气即有元神，有元神即能运行而为阴阳，有阴阳则天地

---

[1]《易说》。
[2]《正蒙·参两篇》。
[3]《正蒙·乾称篇》。
[4]《正蒙·诚明篇》。
[5]《经学理窟·义理》。

万物之性理备矣，非元气之外又有物以主宰之也。"[1]认为元气是物质的原始基础，元神是元气自身所具有的运动变化的属性。不承认有超越物质的"理"，理只能在气之中，理是随气变化的。所以他又说："天地之间，一气生生，而常，而变，万有不齐，故气一则理一，气万则理万。世儒专言理一而遗理万，偏矣。"[2]以此来考察人的心理的实质，是理随气变的，作为精神意识的心理现象，是以物质形气为基础的。王廷相的人性论就是以形气为基础进行阐发的，他说："人具形气而后性出焉。今曰性与气合，是性别是一物，不从气出，人有生之后，各相来附合耳。此理然乎？人有生气则性存，无生气则性灭矣。"[3]这就是说，生理条件是人性善恶的基础。他还认为人的"道心"、"人心"是并存的，不像唯心论理学家以"天理"去抹杀人的物质利益。又说"凡人之性成于习"，即认为人性是由后天的习染教育而形成的，反对了宋儒的"本然之性"的先天人性论。

　　明末清初的王夫之，对程朱理学和陆王心学作了较系统的批判。他坚持唯物主义元气本体论，认为："虚空者，气之量。气弥沦无涯而希微不形，则人见虚空而不见气。凡虚空皆气也，聚则显，显则人谓之有，散则隐，隐则人谓之无。"[4]即是说，目力不见的元气充满在虚空中，有形的物是气，无形的虚空也是气，只不过是气的聚、散和显、隐而已。这样批判老庄的无能生有，也就直捣了宋明理学唯心主义的巢穴。其次，王夫之在理气论方面，针对程朱"理在气先"的观点，提出"气者，理之依也。气盛则理达"[5]。就是说理是依气而存在的，理则是气运动变化的规律。他还说："天下岂别有所谓理？气得其理之谓理也。气原是有理底，尽天下之间，无不是气，即无不是理也。"[6]强调理与气是不可分离的，事物的理只能在气中，没有超越在气之上的理。当然也就没有可

---

[1]《答薛君采论性书》。

[2][3]《雅述上篇》。

[4]《正蒙注·太和篇》。

[5]《思问录内篇》。

[6]《读四书大全说·孟子三》。

以脱离物质形体的精神、心理。再次，在理欲关系方面，针对程颐说人心是人欲，道心是天理的观点，主张在人欲中择天理，在天理中辨人欲。"……礼虽纯为天理之节文而必寓于人欲以见……唯然故终不离人而别有天，终不离欲而别有理也。离欲而别为理，其唯释氏为然。"[1] 这里也批判了佛教的思想。复次，王夫之还直接论述气、理、神、性的关系以阐明心理的实质。他说："气既神矣，神成理而成乎性矣，则气之所至，神必行焉，性必凝焉，故物莫不含神而具性，人得其秀而最灵者尔。"[2] 物莫不凝气、含神、具性，但万物中含形神之最灵秀者是人；反过来看，人的心理是离不开物、气的神性的。

第五节　清代的脑髓说

世界各个国家的心理学，都经历了从经验性的、思辨性的科学，变成一门实验性的科学的历史过程。对于心理实质的认识，也是从哲学心理学视角递进到生理心理学层次的。随着医学和解剖生理科学的发展，从生理层次认识心理实质的脑髓说也逐步得到发展。在第二章第三节里，我们曾论述到哲理说与生物本体说的结合发展问题，从生物本体考察心理的器官，长期存在脏器说（特别是心器说）与脑髓说的争论，只有到清代脑髓说才确立其主导地位，丰富了古代心理学思想的科学内容。本节将比较全面地论述脑髓说的发展。

一、古代脑髓说的萌芽

古人对于心理、思想的器官是心脏或是脑的看法，只能从见诸文字

---

[1]《读四书大全说》卷三。
[2]《张子正蒙注》。

的史料去稽考。人们发现：在中国文字里，凡与心理有关的字皆从"心部"。例如，思、意、念、想、情、性、怕、愉等等俯拾皆是。从"六书"造字法看，思想情感是与心紧密相连的，由此作出的结论是，古人认为心理的器官是心而不是脑。然而，也有人从篆书入手用"象形"方法分析"脑"与"思"两个字，得出的结论是：古人已认识到思维、心理过程中脑的重要功能，或在主心说与主脑说之间偏于主脑说。[1] 譬如，"脑"字的篆书写法是"𦠄"，由"𠥓"、"巛"、"囟"三个符号组合而成，写成楷书即为"𦥑"。"𠥓"是类似汤匙的餐具，表示脑可吸引物质，是由"会意"而来。"巛"则是"六书"理论中的"象形"，表示一根根依稀可见的头发。"囟"（音xīn）字不但"象形"而且寓意深刻，篆文中的"囟"字中的"囟"专指婴儿的头颅，顶骨未合缝，"囟"字中的"X"则表示颅骨上骨缝交叉的纹理（解剖学上称之为"前囟"）。也就是说古人已认识到"囟"是婴儿的要害部位，可能影响人的聪慧。篆文"思"（思）字，上半截是"囟"（囟），下半截则是"心"（心），暗示了思维、心理与心脏有关系，又和脑有关系。按照"囟"、"心"在"思"（思）字中的排列方位，可见当时人们似乎更侧重于脑和思维、心理的关系，也反映出当时"主心说"与"主脑说"的并存。当然以上只是从文字学上作的分析。

中国最早的医学经典《黄帝内经》基本上是主张"心脏说"的，将心脏作为心理的器官，但是对脑的功能也有所论述，提到脑及其与心理的某些关系。关于脑的解剖构造，《内经》认为："诸髓者，皆属于脑。"[2] "脑为髓之海，其输上在于其盖，下在风池。"[3] 已初步认识到脑髓与脊髓是相通的，脊髓上输于脑称为脑海。至于脑与心理活动关系的论述则有："头者精明之府。""夫精明者，所以视万物，别黑白，审短长。"[4] 这里的"精明"显然是指的眼睛，"头"则是辨别颜色、审视长度的视觉器官，在一定程

---

[1] 参见薛其晖：《中国古代对脑功能之认识拾零》，载《大众心理学》1984年第2期。

[2]《内经·五藏生成篇》。

[3]《内经·海论》。

[4]《内经·脉要精微论篇》。

度上把感觉器官的活动与脑联系起来了。而且还论及脑对病理有着直接的影响，如说："髓海有余，则轻劲多力，自过其度。髓海不足，则脑转耳鸣，胫痠眩冒，目无所见，懈怠安卧。"[1] 由上可见，《黄帝内经》已绽开了"脑髓说"的萌芽。

重视脑功能的科学见解为后来的医家所继承和发展，略举数例即可见一斑。例如12世纪金代医学家张洁古已明确指出人的视觉、听觉、嗅觉等都是脑的功能活动。（参见金代李东垣《脾胃论》）明代的著名医学家李时珍在其《本草纲目》中提出，"脑为元神之府"。元、明时期的医书已公认"神不在心而在脑"、"诸脉皆归于脑"。明代的金正希说："人的记性皆在脑中。"清代的名医汪广庵更说得明白具体："凡人见外物必有一形影留于脑中，昂思令人每记忆往事必闭目上瞪而思索之，此即凝视于脑之意也。"[2] 强调"质测"（实验科学）的明清之际的学者方以智也提出："资脑髓以藏受"，"人之智愚系脑之清浊"。[3] 认为人的智慧高低聪明与否，都与脑的构成与功能有关。当然以上主要还是对于脑的生理、心理机能的深入观察的结果。比较全面地论述大脑功能的学者是清代的刘智，正式提出"脑髓说"，并以解剖生理为基础进行较系统论述的则是清代的王清任。

二、刘智《天方性理》对脑髓说的贡献

清初回族著名学者刘智研习天方（阿拉伯）之学深有所获，并与孔孟之学相融合，编著成《天方性理》一书。他在《自序》中说："天方之经，析理甚精，但恨未能汉译之。……于是谢绝人事，不惜倾囊购百家之书而读之，复及蕶笈莲藏，僻居于山林间者盖十年焉。恍然有会于天方之经，大同孔孟之旨也。……经则天方之经，理乃天下之理。"[4] 从中可知作者

---

[1]《内经·海论》。

[2]《本草备要》卷三"辛夷"条。

[3] 方以智：《物理小识》。

[4]《天方性理图说·自序》。以下引述该书不另注明。

研究天方之学的由来、历程艰辛和主旨要义。另外也可见中外文化科学交流与融合之一端，自古皆然。为确认该书的主旨还可以清代各种刊本作序者的认识作佐证。徐元正在《天方性理书序》中说："天方去中国数万里，衣冠异制，语言文字不同形声。而言性理，恰与吾儒合。……是书之作也，虽以阐发天方，实以光大吾儒。"京江谈氏在《重刊天方性理序》中也说该书是："阐明天方之理，以补中国之用。"

《天方性理》是一部哲学和心理学著作，这里评介其关于大脑的研究的贡献。该书共六卷，本经一卷计五章，图传五卷，因经立图，因图立传。刘智对大脑的研究主要见于图传第三卷，从中可知他已从脑机能的层次论述感知心理问题，也就是从脑的心理功能理解人的心理的实质，突破了哲学思辨的理论认识层次。刘智《天方性理》对脑髓说的主要贡献是：

1.《内外体窍图说》与大脑总觉作用的思想。

刘智运用中医的筋络学说和阿拉伯医学的解剖知识，绘成内外体窍图，确认大脑对于生理和心理的主导地位。他说："夫一身一体窍皆藏府之所关合，而其最有关合于周身之体窍者，惟脑。盖藏府之所关合者，不过各有所司，而脑则总司其所关合者也。""盖脑之中寓有总觉之德也。"他不仅肯定大脑

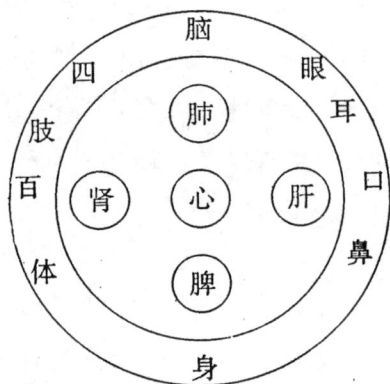

司其总的总觉作用，而且还指出这种总觉作用具体表现为两个方面，即"纳有形于无形"和"通无形于有形"。前一种作用是，把人们视听等感知过的东西，贮存藏纳于大脑之中，用现代术语说，即接纳外界信息进行整合之意。后一种作用是说，大脑的筋络通至各种感觉运动器官，使它们具有相应的心理功能，但它们是离不开大脑的"总觉之力"的。以上见解是非常宝贵的。然而也必须指出，刘智的"脑髓说"还有不彻底之处，例如说什么"心之灵气"、"心为灵明之府"等。

2.《知觉显著图说》与大脑功能定位的思想。

　　刘智把人的知觉能力分成十种，即寓于外的视觉、听觉、味觉、嗅觉、触觉和寓于内的总觉、想、虑、断、记。寓于外的五种知觉"寄于耳目口鼻肢体"，是五官的机能，承袭了前代的思想；寓于内的五种知觉"位总不离脑"，是大脑的功能，发前人之所未发，有新的见解。

　　更值得重视的是，刘智具体论述了大脑五种知觉的含义及其在脑中的定位。他说："总觉者，总统内外一切知觉而百体皆资之以觉者，其位寓于脑前。想者，于其已得之故，而追想之以应总觉之用也，其位次于总觉之后。虑者，即其所想而审度甚是非可否也，其位寓于脑中。断者，灵明果决而直断其虑之宜然者也，其位次于虑后。记者，于凡内外之一切所见所闻所知所觉者而含藏之不失也，其位寓于脑后。"这里的"想"、"记"相当于"回想"与"识记"，都属于记忆的范畴。"虑"、"断"相当于"思考"与"判断"，都属于思维的范畴。至于"总觉"这个概念则比较复杂，类比为"统觉"仍嫌不够，有整体意识、总支配的作用。而且以上心理功能在大脑各有一定的部位在司其职。这种大脑机能定位思想虽然粗糙和并不正确，但是作为一种新的思想，它比19世纪奥地利医生加尔的大脑皮层机能定位的观点，要早近二百年，因而在心理学史上是很宝贵的。

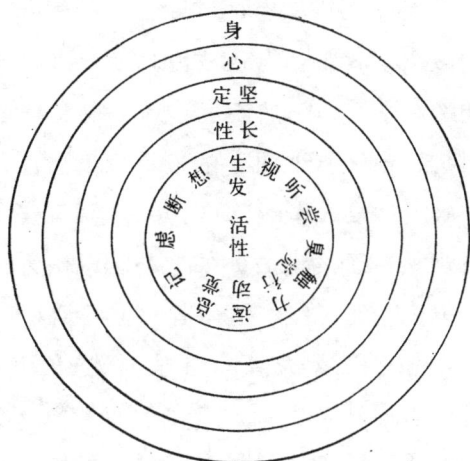

三、王清任"脑髓说"的成就

　　王清任是我国清朝著名的医学家，中国近代生理心理学思想的先驱，是我国真正在解剖生理基础上提出"脑髓说"的首创者。他一生行医，造诣很深，"名噪京师"。为了研究人体解剖结构和生理功能，他冲破封建礼教的束缚，亲自解剖观察过一百多具病故者的尸体和刑场尸体。经过42年的艰苦努力,写成了《医林改错》一书,将人体生理构造绘制成图,纠正了前人的不少错误。尤其值得指出的是,明确地提出并论述了"脑髓说",确认人脑是人的心理的器官。这个学说为中国古代唯物主义心理学思想提供了自然科学的论证。

关于心理器官的问题,在中国和西方都存在"心"、"脑"之争。长期以来"心脏说"占支配地位,即认为人的心脏是心理的器官。战国时期的医学经典虽然说过"其(病人)死可解剖而视之",但那时解剖技术粗劣,不能获取科学的资料。王清任则对人的生理构造,在解剖观察的基础上"绘成全图"。对人的整个心血管系统作了深入的观察后(尽管也有观察错了的地方,如把动脉误认为气管),他认为心脏没有"贮记性,生灵机"的机能。他写道:"其论心,为君主之官,神明出焉,意藏于心,意是心之机,意之所专曰志,志之动变曰思,以思谋远曰虑,用虑处物曰智。五者皆藏于心,既藏于心,何得又云脾藏意智,肾主技巧,肝主谋虑,肝主决断?据所论,处处皆有灵机。究竟未说明生灵机者何物,藏灵机者何所?若用灵机,外有何神情?其论心如此含混。"[1]他大胆否定了《内经》的"五脏藏神说"。在中风病人的临床治疗中发现"有云偶尔一阵发晕者,有头无故一阵发沉者,有耳内无故一阵风响者,有耳内无故一阵蝉鸣者……"他以此为论据,证明灵机、记性确不在心。

王清任在否定"心脏说"的同时,进而提出了"灵机、记性"是脑的机能的"脑髓说"。首先以痫症和气厥病患者发病时不知人事、毫无认识能力的情况为论据,得出了"灵机记性不在心在脑"的结论。其次,考察了脊髓和脑的心理解剖结构,"灵机记性在脑者,因饮食生气血,长肌肉,精计之清者,化而为髓,由脊骨上引入脑,名曰脑髓。"第三,肯定了脑对各种感觉器官和身体四肢的支配作用。他说:"两耳通脑,所听之声归于脑,脑气虚,脑缩小,脑气与耳窍之气不接,故耳虚聋;耳窍通脑之道路中,若有阻滞,故耳实聋。两目即脑汗所生,两目系如线,

---

[1]《医林改错》。以下引自该书者不另注明。

长于脑，所见之物归于脑……鼻通于脑，所闻香臭归于脑……"很显然，这里已完全认识到人的听、视、嗅等感觉器官都与脑直接发生联系，并受脑的支配。第四，特别值得提出的是关于左右两半脑对称交叉功能的假说。王清任通过对中风病人半身不遂和口眼歪斜症状的深刻观察，直观地提出了一个正确的假说："……人左半身经络，上头面从右行，右半身经络，上头面从左行，有左右交互之叉。"现代脑生理学已完全证明，支配躯体四肢运动的神经系统——锥体束，在延脑下端处左右相互交叉。王清任观察的结论可与法国解剖学家弗洛仑切除野鸽大脑和小脑的实验结果相比。第五，论述了人的脑髓的发展变化与智力水平的关系。他说："小儿初生时，脑未全，囟门软，目不灵动，耳不知听，鼻不知闻，舌不言，至周岁，脑渐生，囟门渐长，耳稍知听，目稍有灵动，鼻微知香臭，语言成句。"还说："小儿无记性者，脑髓未满，高龄无记性者，脑髓渐空。"此外，还指出人做梦与脑的活动有关，从脑活动去解释做梦的原因，认为梦"乃气血阻滞脑气所致"。

尽管王清任的人体解剖和"脑髓说"也还比较粗糙，有的记载和解释甚至有错误，但是总的来看贡献是巨大的。梁启超曾高度评价王清任的脏腑解剖和"脑髓说"，指出"他务欲实验，以正其失，他先后访验42年，乃据所实睹者绘成脏腑全图而为之记，附以脑髓说，谓灵机和记性不在心在脑……诚中国医界之极大胆的革命论。"[1]总之，王清任的"脑髓说"为我国近代生理心理学奠定了初步的基础，也是世界脑科学和心理学发展史上光辉的一页。

---

[1] 梁启超:《中国近三百年学术史》，第494页。

第四章　心理实验与测验追源

为什么说心理实验和心理测验也不完全是舶来品？

你想知道中国古代的太阳错觉效验和注意分心实验吗？

你知道七巧板和九连环是什么吗？

西方心理学史告诉我们，心理学从哲学心理学进到实验心理学，经历了一个漫长的历史过程。19世纪以前的心理学主要是一门思辨与经验的学问，19世纪以后才走上实验科学的道路。实验心理学的诞生直接依靠了两门学科作为基础：一是感官生理心理学和神经系统生理学的发展，约翰内斯·缪勒的感官神经特殊能力说、赫尔姆霍兹的感知觉研究以及其他生理学家关于神经机能的运动与感觉两分法、大脑分区学说等是其主要贡献。一是心理物理学的兴起，将物理学的方法引入到心理学的研究中来。韦伯用实验证明了赫尔巴特的阈限概念，他的实验结论是："观察彼此对象间的差异时，我们觉得不是绝对的差别，乃是相对的差别，这是在几种感官内部曾经证实的观察。"后称此现象为韦伯律，其数学公式表示为 $\dfrac{\Delta I}{I}=K$（I=原来的刺激量，ΔI=刚能引起感觉的刺激增加量，K=常数）。费希纳在此基础上推演出心物关系的公式是 $S=K\log R$（S=感觉强度，R=刺激强度，K=常数），即感觉强度随刺激强度的对数的变化而变化，或说刺激作几何级数增加时感觉作算术级数增加，此称韦伯—费希纳定律。冯特的实验心理学就是以此心理物理学和感觉生理心理学为基础的。实验心理学把它们的实验方法纳入心理学的实验室实验范围内，心理物理学研究心理量和物理刺激量之间的关系，感官生理心理学研究感知觉的生理机制。后来，铁钦纳和吴伟士（武德沃斯）的实验心理学，又是在冯特的基础上发展起来的。西方实验心理学是20世纪初传入我国的，蔡元培曾于1908—1911年间在莱比锡大学亲聆过冯特讲授心理学。

至于心理测验，情况也相类似，心理测验的思想很早就有，形成为一门科学则较实验心理学稍晚。一般公认始于法国的比奈，因他与西蒙曾于1905年首创了智力测验。在此之前则有高尔顿于1884年创设的"人类学测量实验室"，他曾首先提出"测验"、"心理测量"的术语。卡特尔在《心理测验与测量》一文中编制了握力、动作速度、触觉两点阈限等十项测验。在比奈—西蒙智力测验以后，心理测验得到广泛发展与应用，除智力测验外，还有人格测验和各种专业特殊能力测验等。西方的心理测验方法是20世纪20年代传入我国的，当时有陆志韦订正的比奈—西蒙智力测验，并有廖世承、陈鹤琴合著的《智力测验法》问世。30年代陆志韦、吴天敏又再次修订了比奈—西蒙智力测验。

尽管作为独立科学的实验心理学和心理测验是从西方传入我国的，但是心理实验和心理测验并不完全是舶来品。在中国古代也跟西方古代一样，没有作为独立科学体系的心理实验与心理测验。但是从大量的文献史料看，中国古代已有心理实验与心理测验的萌芽的东西，富有心理实验思想与心理测验思想。它们可以视为心理学范畴的古代心理实验与心理测验，从心理学发展的角度来考察是有价值的，有借鉴意义的，是值得我们引以为自豪的。

第一节　古代心理实验的萌芽

心理学的实验法是指按照研究目的，在控制条件下引起或改变被试者的某种心理活动，从而进行分析研究的方法。也可以说它是在控制条件下的观察。它包括实验室实验法和自然实验法。下面介绍的古代心理实验，当然不可能是严格科学意义的心理实验，而只能是一些心理实验思想或心理实验的萌芽。

一、具有心理实验性质的"知人之法"

中国古代思想家的知人之道、知人之法，是指了解、认识一个人的心理特征、性格特点、学识才能的方法，其中有些方法在今天看来仍带有某种心理实验的性质。孔子的"视其所以，观其所由，察其所安"（《论语·为政》），只是审视言行举止的观察法；他的知己之法"内自省也"，则是内心自我省察的自我观察法，均不带心理实验性质。《六韬》中的"知有八征"、《吕氏春秋》中的"八观六验"和诸葛亮的"知人之道有七焉"等，其中有的方法的性质就大不一样而具新质了。《六韬》一书中有关"知有八征"的记述是："武王曰：'何以知之？'太公曰：'知有八征，一曰问之以言以观其辞；二曰穷之以辞以观其变；三曰与之以间谍以观其诚；四曰明白显问以观其德；五曰使之以财以观其廉；六曰试之以色以观其贞；七曰告之以难以观其勇；八曰醉之以酒以观其态。'"[1]根据1972年山东临沂银雀山汉墓山土的竹简《六韬》，可以断定该书其上限不早于周显王时，下限不晚于秦末汉初。上述"八征"中的前四种方法，与现在的谈话法、观察法相似，后四种方法设置一定的情境来观察其心理特征，则更带有某种心理实验的性质。它们是以"财"、"色"、"难"、"酒"为控制条件来观察人的"廉"、"贞"、"勇"、"态"等方面的心理特征的。

---

[1]《六韬·选将篇》。

百科全书式的《吕氏春秋》，也总结了一套被称为"八观六验"的知人之法，且带有心理实验的性质。它虽认为人心"隐匿难见，渊深难测"，但有其外部的"微表"可审而能知其内。该书写道："凡论人，通则观其所礼，贵则观其所进，富则观其所养，听则观其所行，止则观其所好，习则观其所言，穷则观其所不受，贱则观其所不为。喜之以验其守，乐之以验其僻，怒之以验其节，惧之以验其特，哀之以验其人，苦之以验其志。八观六验，此贤主之所以论人也。"[1] 这里的"八观"是八种具体的观察方法，而"六验"则带有实验法的性质，在"喜"、"乐"、"怒"、"惧"、"哀"、"苦"的情境下，观察和验证人的"守"、"僻"、"节"、"特"、"人"、"志"等心理特征与状态。"八观六验"既上承先秦知人之法的思想，又对后世的知人之法发生着重要影响。

历史上一向被人称道的是诸葛亮的知人善任。他评价和分析了众多的文臣武将，反映出对人的资质性格有深刻的了解。他对关羽、张飞、马超、姜维、郭攸之、费祎、董允、向宠等性格特点分析透辟，从而能知人善任。从《论诸子》一文中，对老子、商鞅、苏秦、张仪、白起、子胥、尾生、王嘉、许子将等的长处与短处的评论各各不一，更见其这方面思想的深刻性。诸葛亮曾明确指出个性心理的差异性："美恶既殊，情貌不一，有温良而为诈者，有外恭而内欺者，有外勇而内怯者，有尽力而不忠者。"[2] 他还从"地无常形，人无常性"的观点出发，来肯定人的心理的多样性与多变性。为了认识和掌握人的心理的差异性，诸葛亮继承和发展前人的思想，特别是《六韬》的"知有八征"，提出了观察与实验的知人之法。他说："知人之道有七焉：一曰，问之以是非而观其志；二曰，穷之以辞辩而观其变；三曰，咨之以计谋而观其识；四曰，告之以祸难而观其勇；五曰，醉之以酒而观其性；六曰，临之以利而观其廉；七曰，期之以事而观其信。"[3] 前三种主要属于谈话法，后四种则具有心理实验法的性质。

---

［1］《吕氏春秋·季春纪·论人》。
［2］［3］《诸葛亮文集》卷四，《知人性》。

"祸难"、"醉酒"、"临利"、"期事"是特定情境刺激,"勇"、"性"、"廉"、"信"则是所要观察的心理品质。林传鼎教授对此曾评价说:"诸葛亮知人性的三种方法是:利用特定情境诱导出所要观察的行为品质。1928—1930年美 Hartshorne 和 M. A. May 所设计的好几套《品德教育检查测验》(CEI Tests, 包括诚实、义务感、自我约束力等测验),就采用了'临之以利''期之以事'的技巧。"[1]

二、关于错觉与感知规律的"效验"

古代思想家不仅重视心理学思想的理论思辨,而且有的学者还注意到了实证的方法。例如东汉王充认为:"事莫明于有效,论莫定于有证。空言虚语……人犹不信。"[2]明代王廷相的许多心理学思想也是"仰观俯察,验幽核明,有会于心"[3]得出的结论。值得指出的是古代有关心理实验的萌芽,起始于感知与错觉方面的问题,这与现代实验心理学在冯特时期集中于感知研究的情况是相似的。下面以荀子和王充为代表评介古代关于感知规律与错觉的"效验"。

荀子关于错觉的论述是具有心理实验法性质的。他说:"凡观物有疑,中心不定,则外物不清;吾虑不清,则未可定然否也。冥冥而行者,见寝石以为伏虎也,见植林以为后人也,冥冥蔽其明也。醉者越百步之沟,以为蹞步之浍也;俯而出城门,以为小之闺也,酒乱其神也。厌目而视者,视一以为两;掩耳而听者,听漠漠而以为汹汹,埶乱其官也。故从山上望牛者若羊,而求羊者不下牵也,远蔽其大也。从山下望木者,十仞之木若箸,而求箸者不上折也,高蔽其长也。水动而景摇,人不以定美恶,水势玄也。瞽者仰视而不见星,人不以定有无,用精惑也。"[4]这段话不仅列举了众多种类的错觉,而且具体地分析了产生错觉的原因。尤为可

[1] 林传鼎:《我国古代心理测验方法试探》,载《心理学报》1980年第1期。
[2]《论衡·薄葬篇》。
[3]《慎言·序》。
[4]《荀子·解蔽篇》。

贵的是，荀子关于"厌目而视，视一为两"和"掩耳而听，听漠漠为洶洶"的视错觉和听错觉，都是在人为控制条件下产生的不正确的感知现象，可以称之为荀氏错觉，也可算是一种很早的心理实验。从世界心理学史考察，他比亚里士多德发现两指交叉错觉的时间也相距不远。

王充有关太阳错觉的"效验"更具有心理实验法的性质。据《列子·汤问篇》记载，相传春秋时有两个儿童为日出入时和日当午时的远近争论不休，请教于孔子，而孔子不能作答。王充对此有自己的看法，为了论证自己的看法的正确性，他精心设计了两个"实验"——称为"效验"更确切。兹详细引述如下："儒者或以旦暮日出入为近，日中为远。或以日中为近，日出入为远。其以日出入为近，日中为远者，见日出入时大，日中时小也。察物近则大，远则小，故日出入为近，日中为远也。其以日出入为远，日中时为近者，见日中时温，日出入时寒也。夫火光近人则温，远人则寒，故以日中为近，日出入为远也。二论各有所见，故是非曲直未有所定。如实论之，日中近而日出入为远，何以验之？以植竿于屋下，夫屋高三丈，竿于屋栋之下。正而树之，上扣栋，下抵地，是以屋栋去地三丈。如旁邪倚之，则竿末旁跌，不得扣栋，是为去地过三丈也，日中时，日正在天上，犹竿之正树，去地三丈也。日出入，邪在人旁，犹竿之旁跌，去地过三丈也。夫如是，日中为近，出入为远，可知明矣。试复以屋中堂而坐一人，一人行于屋上。其行中屋之时，正在坐人之上，是为屋上之人，与屋下坐人，相去三丈矣。如屋上人在东危若西危上，其与屋下坐人，相去过三丈矣。日中时犹人正在屋上矣，其始出与入，犹人在东危若西危也。……然则日中时日小，其出入时大者，日中光明故小，其出入时光暗故大，犹昼日察火光小，夜察之火光大也。……昼日星不见者，光耀灭之也，夜无光耀，星乃见，夫日月，星之类也。平旦日入光销，故视大也。"[1]

由上可知，为了解决《汤问篇》里这个两难问题，王充设计了两种

---

[1]《论衡·说日篇》。

效验：一是将三丈长竹竿在屋内直立与斜倚的效验，二是一人坐堂另一人在屋上行走的效验。他以此得出的结论则是"日中为近，出入为远"。"日中去人近故温，日出入远故寒"。这是正确的。至于"日中光明故小，其出入时光暗故大"的看法则是错误的。这个错觉的解释应为"日中时日小"是由于仰视的结果，"其出入时大"则由于平视的结果。西方学者亚里士多德也注意过这个错觉，但亦未能正确解释，近代的许尔（E.Schur）对月亮错觉的实验则肯定了王充的"日中为近，日出入为远"的错觉。可见在1800年前王充就用效验的方法研究错觉，确实难能可贵。[1]

王充对感知觉规律的研究，也采用了带心理实验性质的方法。例如说："试使一人把大炬火夜行于道，平易无险，去人不一里，火光灭矣，非灭也，远也。"[2]这个实验揭示了感知受外物远近距离的影响，从现代心理学看，距离太远视觉未达到阈限故看不见。又如"乘船江海之中，顺风而驱，近岸则行疾，远岸则行迟，船行一实也，或疾或迟，远近之视，使之然也"。[3]这个实验揭示了远近距离能够影响人对物体运动速度的感知，产生运动错觉。

三、注意的分心实验

西方心理学的分心实验是1887年F.Paulham才开始的，让人一边口诵熟悉的诗，一边手写另外一首熟悉的诗，干扰不大。而中国古代关于注意的分心实验，从文献资料看起始于先秦末期，距今2200多年了。韩非最早提出"左手画圆，右手画方"[4]的实验，与口诵诗同时手写另一首诗的设计很相似。过去的论者认为此实验起于董仲舒，这是不正确的，汉初的董仲舒只承袭和发展了该实验："目不能二视，耳不能二听，手不

---

[1]参见高觉敷：《王充对太阳错觉的研究》，见《中国古代心理学思想研究》，江西人民出版社1983年版。
[2][3]《论衡·说日篇》。
[4]《韩非子·功名篇》。

能二事。一手画方，一手画圆，莫能成。"[1]它的影响久远，后来的王充《论衡·书解篇》、《后魏·元嘉传》、北齐刘昼《新论》、《北齐书·唐邕传》、王守仁《传习录》等都录入此实验。例如《论衡》里说："志有所存，顾不见泰山。思有所至，有身不暇徇也。称干将之利，刺则不能击，击则不能刺。非刃不利，不能一旦二也。蜩弹雀其失鹒，射雀则失雁，方圆画不俱成，左右视不并见，人材有两为，不能成一。"[2]把"方圆画不俱成"推演到了更多的方面。北齐的刘昼对注意的研究又更深广，他评论古代善于对弈的弈秋败棋，精于数学的隶首失算，"是心不专一，游性外务也"。为了证实这种看法，他进一步阐述了"左手画圆，右手画方"的分心实验："使左手画方，右手画圆，令一时俱成，虽执规矩之心，回剟（方刀）劂（圆刀）之手，而不能者，由心不两用，则手不并运也。"[3]此实验不仅有方法设计，而且有理论解释，实属难能可贵，简直近乎现代的注意分心实验。据张耀翔教授说，"左手画圆，右手画方"的分心实验，已被弗朗兹（Franz）、高尔顿（Gordon）等人采纳入他们的实验内了（见弗氏著《Psychology Work Book》）。[4]

四、古代残酷的"剥夺实验"

现代的"剥夺实验"是用隔绝各种信息、外界刺激的方法，研究人的心理变化的心理实验方法。中国古代当然没有这种目的的心理实验，但是由于政治斗争等原因，将幼儿囚禁数十年才放出来，造成了一些异常的心理状态和只具有低水平的心理行为，从客观上起到了"剥夺实验"的作用。当然这是我们绝不能赞成的残酷做法。这里只是从其客观效果看它的"实验性"作用。明代思想家王廷相曾说："故神者在内之灵，见闻者在外之资，物理不见不闻，虽圣哲亦不能索而知之。使婴儿孩提之时，

[1]《春秋繁露·天道无二》。
[2]《论衡·书解篇》。
[3]《新论·专学篇》。
[4]张耀翔：《心理学文集》，上海人民出版社1983年版，第213页。

即闭之幽室，不接物焉，长而出之，则日用之物不能辨矣。而况天地之高远，鬼神之幽冥，天下古今事物，杳无端倪，可得而知之乎？"[1] 这里以儿时被幽禁长而复出不辨日用物的事例，说明人离开客观现实的作用不可能产生心理，人的心理是客观事物的反映。这很可能指的是明成祖时一个不满两岁的太子被囚禁55年之久的事例，据明史记载：朱元璋的皇位继承者朱标死后，欲立第十八子燕王朱棣。但按礼法只得让太子朱标的儿子朱允炆继位，是为建文帝。雄心勃勃的朱棣起兵夺位。朱允炆俯首投降，亡命为僧，其妻儿葬身宫火。唯有第二子朱文圭不满两岁，被囚禁幽室，与世隔绝，每天从小窗口得点食物，勉强维持生命，历55个春秋，到英宗时才被放出。年近花甲的朱文圭却不辨牛马，不识长者，几近白痴。[2] 这个事例非常近乎现代心理学中的"剥夺实验"，而其延续时间又远远超过任何一个"剥夺实验"的实验时间。

顺便提一下，19世纪初，在德法边境的巴登大公国里也发生过类似的事，王子卡斯巴·汉瑟才一个月，因宫廷争夺王位，被当作人质关押起来。由一个女人抚养了他三四年后，一直在黑暗的地牢中仅得到面包和水以维持生命，身心都受到严重摧残。汉瑟16岁时重见天日，经过悉心训练，会话、书写、心算能力虽有些进步，但总的心理水平很低，思维混乱。这也是残酷争权夺利中产生的一种"剥夺实验"，巴登大公国王子与中国明朝太子的状况何其相似！

五、关于动物心理的观察、实验

中国古代学者都是主张万物以人为贵的，被称为人贵论；但是也有朴素的生物进化论思想。荀子说："水火有气而无生，草木有生而无知，禽兽有知而无义；人有气、有生、有知亦且有义，故最为天下贵也。"[3]

---

[1]《雅述上篇》。

[2] 参见《明史》卷一百一十八，《诸王列传》。

[3]《荀子·王制篇》。

即认为由无生物进到生物，由植物进到动物，由动物进到人类。唐代的刘禹锡更直接指出："人，动物之尤者也。"[1]总之是把人看成动物中的最高等级。明代李时珍把药用动物分为虫、鳞、介、禽、兽、人等类，也反映出这一思想。因而也出现了古人对动物心理的观察以至实验。兹略举数例以见一斑。

宋代张载在论述儿童学习问题时，曾涉及动物条件反射方面的思想。他说："勿谓小儿无记性，所历事皆不能忘。故善养子者，当其婴孩，鞠之使得所养，令其和气，乃至长而性美，教之示以好恶有常。至如不欲犬之升堂而扑之，若既扑其升堂，又复食之于堂，则使孰适从，虽日挞而求其不升堂，不可得也。"[2]这里的"挞"与"食"的刺激形成了两种对立的反射活动。求食对狗来说是更强的刺激，所以"虽日挞而求其不升堂，不可得也"。把它视为动物学习心理实验是不为过的，并且与现代联结派的实验颇有异曲同工之妙。

南宋陈善曾记载有人凿池牧鱼的古代条件反射的成功事例。他写道："陈文寿曾语予，有人于庭楹间，凿池以牧鱼者，每鼓琴于池上，即投以饼饵，鱼争食之。如是数矣，其后但闻琴声丁丁然，虽不投饼饵，亦莫不跳跃而出。"[3]即使用巴甫洛夫的条件反射原理去考察它，都是一个典型的动物心理行为的条件反射实验。在这个实验里，琴声是条件刺激物，饼饵是无条件刺激物，由于多次用饼饵去强化，使琴声成了获食的信号，从而形成了虽不投食，只闻琴声也会跳跃而出的条件反射活动。

明代医学家李时珍通过对动物与人的观察，得出高等的灵长类动物的习性与人的习性相近的结论："狒狒出西南，长唇黑身，能笑，大者长丈余。"又说："太虚中的一物并囿于气，交得其灵，则物化人。"[4]这里不仅用进化思想批驳了有关人的"神创论"观点，而且是关于动物心理的

[1]《刘梦得文集·天论上》。
[2]《经学理窟·学大原下》。
[3]陈善：《扪虱新话》。
[4]《本草纲目》卷五十二。

115

习性学所要研究的内容。明代王廷相对动物习性也多有观察，而丰富了古代有关动物心理行为方面的心理学思想。他记叙道："昔有山行者失路，而堕于虎穴，卧虎子侧，自忖为虎食矣。及虎至，见其俯伏不动，探视其子，安而无恐。知非害其子者，乃负其人出穴。"[1] 这个未被虎食而生还的事例，与国外报道的30多起狼孩、熊孩、豹孩的事例联系起来看，对于动物习性的了解与研究是很有意义的。他对"虎之负子，鸟之反哺，鸡之呼食，豺之祭兽"[2]，这些动物的本能行为和条件反射行为也有所记载和解释。他认为动物并没有所谓"祭"那样的人类社会化行为，对"祭兽"问题的回答是："或问豺祭兽，獭祭鱼，鹰祭鸟，然乎？曰：非也，时鸟兽鱼多食不可尽，故狼籍陈之如祭耳。"[3] 以上只是作为例证而已，古代心理实验观察的思想，还有待进一步发掘。

第二节　古代心理测验思想

心理测验是测量人的智力、能力倾向或个性（人格）特征个别差异的工具。这种工具有器械或实物的，也有文字或图表的。用心理测验进行测量，是必须给以量化的，它使心理学的研究从定性走向定量，并且达到标准化的要求。中国古代当然没有严格科学意义上的心理测验，但是却有丰富的心理测验思想，甚至可以说现代心理测验都可从那里找到雏形，看到它们的影子和萌芽。现代心理学家张耀翔和林传鼎两位教授，高度重视中国古代心理测验的发掘与研究。张耀翔曾作总结性的评论说："中国古代对于心理测验的贡献，不在施行步骤、计算、结果或结论方面，而在择题与方法（设计）上。择题与方法是测验中较重要的部分，须用思

---

[1]《内台集》卷五，《送刘伯山之广灵令序》。
[2]《慎言》卷四，《问成性篇》。
[3]《雅述下篇》。

想，其余计算等都是很机械的。早年西洋测验家只知在运动、感觉、记忆等简单特性上做测验。他们认为情绪测验很困难，品性测验更谈不到。最近才有这一类尝试，竟得意外收获。中国自始即认情绪及品性测验为可能，且最需要，故再三论及。品性是许多特质的综合，异常复杂，测验时当然不能像测验知能那样限定时间，草率从事。这正是中国提议的测验切实处。假使我们运用现代科学仪器，控制及统计诸原则，将先哲提出的问题加以分析，方法加以补充，然后一一去试验，焉知没有惊人的发现。"[1]

古代思想家是认识到知人的困难的，人的心理深藏内心，变化万千，测度出来绝非易事。《刘子新论》承袭《庄子·列御寇》中的思想说："至于人也，心居于内，情伏于衷，非可以算数测也。"[2]"凡人之心，险于山川，难于知天，天有春夏秋冬旦暮之期，人有厚貌深情，不可得而知之也。故有心刚而色柔，容强而质弱，貌愿而行慢，性懁而事缓，假饰于外，以明其情：喜不必爱，怒不必憎，笑不必乐，泣不必哀，其藏情隐行，未易测也。"[3]意思是人的心理险若山川，比苍天还要高深难测，至少是难知或"未易测"。三国的刘劭在《人物志》里，还具体谈到心理测验之难，在于人们的心理行为存在着七种似此非此、似彼非彼的"七似"情况；甚至在鉴别人的才性时往往会产生七种错误，被称之为"七谬"。然而人的心理总是可以通过其言语行为了解的。这就是孔子说的"听其言而观其行"。颜之推也认为只要"察之熟"，就能辨其"虚实真伪"。

燕国材教授对中国古代心理测验也作了很好的概括。就一般方法而言，"归纳起来不外乎问答法和情境法这样两种心理测验法"。集中地反映为庄子的"九征法"，《吕氏春秋》的"八观六验"，《大戴礼记》的"六征"法，刘劭《人物志》的"八观"、"五视"，诸葛亮的"知人性"七法等。至于具体方法则有：教育测验，如选拔与考试制度；分心测验，如"左

[1]张耀翔：《心理学文集》，上海人民出版社1983年版，第215页。
[2][3]《刘子新论·心隐》。

手画圆，右手画方"测验；动作测验，如民间的"抓周"；特殊能力测验，如"试射"；创造力测验，如连环测验、形板测验、迷津测验。[1]本书则尽量以现代心理测验作框架，从测验方法（设计）和数量化的角度，将古代的心理测验归纳概述如下。

一、动作判断法

这里所概括的动作判断法，是以动作发展特点或动作技巧作为心理测验的根据。此种测试方法，就其被试年龄说，小至婴儿，大至成人。对婴儿有抓物"试儿"，对成人有"试射"选拔。

1.抓物"试儿"。这是我国民间让儿童周岁时抓物品，以测试其感觉—运动发展特点的方法。南北朝时的颜之推曾就此种方法作过记载："江南风俗，儿生一期，为制新衣，盥浴装饰。男则用弓矢纸笔，女则刀尺针镂，并加饮食之物及珍宝服玩，置之儿前，观其发意所取，以验贪廉智愚，名之为试儿。"[2]这种"试儿"俗称"抓周"，以儿童周岁抓物而名。婴儿的动作是其身心发展的重要机能，手的操作活动在某种意义上反映其认识活动，所以用抓物测试其感觉—运动发展水平，"以验智愚"是有道理的。至于看婴儿先抓到什么东西，来预测其未来从事何种工作的志向则缺乏科学根据。因为婴儿选抓何物带有很大的偶然性。但在1400多年前已记载有动作测验却是难得的。林传鼎教授评价说："这种针对婴儿期感觉—运动发展的特点，以实物为材料的近似标准化的测试方法可以说是1925年格塞尔（A. Gesell）婴儿发展量表的前导。"[3]这段评论应当说是公允的。

2."试射"选拔。在古代，射箭是狩猎和作战的重要本领，所以历代都重视"试射"，以此选拔文武官员，或参与祭祀。从《礼记》记载看，我国周代已采用"试射"这种测验形式。"古者，天子以射选诸侯、卿、

---

[1]参阅燕国材、朱永新著《现代视野内的中国教育心理观》，上海教育出版社1991年版。

[2]《颜氏家训·风操篇》。

[3]林传鼎：《智力开发的心理学问题》，知识出版社1985年版，第8页。

大夫、士。射者，男子之事也，因而饰之以礼乐也。""天子之制，诸侯岁贡士于天子，天子试之于射宫。其容体比于礼，其节比于乐，而中多者，得与于祭;其容体不比于礼，其节不比于乐，而中少者，不得与于祭。"[1]从现代心理测验看，这是属于特殊能力测验的单项测验。它根据射中次数的多少，以及行动是否合乎礼仪，动作是否合乎乐律，来判断能力的强弱以定是否录取。林传鼎教授评价说:"按现在的测验学术语来说，它用了参照效标的记分法。"[2]效标是衡量测验是否有效的外在标准。上面所说:"试射"射中次数的多少，动作是否合乎仪礼和乐律，就是射箭这种特殊能力测验的效标。

二、问答鉴定法

问答鉴定法是指通过一问一答的形式，以其一定的知识和思想内容，来鉴定人的心理行为品质的测验方法。它包括口头问答和书面问答，后者有些类似现代的纸笔法。

三国的刘劭对问答法作过精辟的论述。他说:"何谓观其感变，以审常度? 夫人厚貌深情，将欲求之，必观其辞旨，察其应赞。夫观其辞旨犹听音之善丑,察其应赞犹视智之能否也。故观辞察应,足以互相别识。"[3]刘劭认为，观察一个人在骤变时的反应，就能了解他的心理行为的常态。人们内心的思想感情往往为其复杂的外部表现所掩盖，所以要真正探求到他们的心理状况，就必须看他言谈的中心，考察他的应对酬和，这样可以判断其语言含义的美恶和智能的高低，从而鉴定出人们不同的心理特点与品质。这里的"观辞察应"就是问答鉴定法。他还指出:"然则论显扬正，白也。不善言应，玄也。经纬玄白，通也。移易无正，杂也。先识未然，圣也。追思玄事，睿也。见事过人，明也。以明为晦，智也。

[1]《礼记·射义》。
[2]林传鼎:《智力开发的心理学问题》,知识出版社1985年版，第3页。
[3]刘劭:《人物志·八观》。

微忽必识,妙也。美妙不昧,疏也。测之益深,实也。假合炫耀,虚也。自见其美,不足也。不伐其能,有余也。故曰:凡事不度,必有其故。"[1] 这里具体地分析了通过问答等方式了解人的心理特点与品质的情况。

在上一节谈具有心理实验性质的"知人之法"时,也就同时涉及了用问答法测验人的心理的问题。例如,《六韬》中"八征"的前四种方法,诸葛亮"知人七法"中前三种方法(问、穷、咨)等都是问答法,借助于言语,以问答的方式观察、测验人的心理,特别是人的智力和性格。在今天,问答法仍有其重要意义。

下面略举数例以说明书面问答法。我国唐代科举取士中有一种"帖试",即"帖经试士"。实际上是现代考试中常见的填空测验。"帖经者,以所习之经,掩其两端,中间唯开一行,裁纸为帖,凡帖三字,随时增损。"[2]"帖试"后来演变成为缀字测验,即填空。例如:"敏而好学,(不耻)下问。""君子以文(会友),以友(辅仁)。""独学而无友,则孤陋而(寡闻)。"还有一种变式,称为"对偶法(类比法)",如:"犬守夜,(鸡司晨),蚕吐丝,(蜂酿蜜)。""路遥知马力,(日久见人心)。"

此外,中国猜"字谜"是一种特殊的问答法,它可以帮助了解人的联想、思维、想象和运用知识等方面的能力,也是民间喜闻乐见的活动。

三、情境鉴别法

情境鉴别法是创设一定的情境(亦即控制在某种条件下)观察测定人的心理与行为的方法,也可以说是通过心理实验来测验的方法。所以前一节谈心理实验时已涉及,这里作些补述。

庄子曾提出可创设九种情境去观测人的心理、行为,称为"九征"。他说:"故君子远使之而观其忠,近使之而观其敬,烦使之而观其能,卒然问焉而观其知,急与之期而观其信,委之以财而观其仁,告之以危而

---

[1] 刘劭:《人物志·八观》。
[2]《通考·选举考》。

观其节，醉之以酒而观其则，杂之以处而观其色。九征至，不省人得矣。"[1]
他创设的情境是：远处工作（远使之），近处工作（近使之），复杂情况
（烦使之），突然提问（卒然问焉），紧迫情况下相约（急与之期），令管
钱财（委之以财），告知危急（告之以危），喝得酩酊大醉（醉之以酒），
男女混杂相处（杂之以处）。所要观测的心理与行为则相应是：忠实（观
其忠），恭敬（观其敬），能力（观其能），智力（观其知），信用（观其
信），贪心（观其仁），气节（观其节），规矩（观其则），好色（观其色）。
从现代测验理论看，就是给予某种情境刺激以观测所诱导出的心理与行
为的反应，可见庄子的方法（设计）是合乎科学的。

　　这种情境鉴别法被历代特别是汉魏许多思想家所采用。《吕氏春秋》
中的"八观六验"，刘劭《人物志》中的"八观"、"五视"，诸葛亮的"知
人七法"等都有情境创设的测验思想。这里再引述《大戴礼记》（相传西
汉戴德编纂）提出的"六征"，即观诚、考志、视中、观色、观隐、揆
德六方面，其中"观诚"、"考志"的心理测验性质最明显。例如"观诚"
的具体做法是："考之以观其信，絜之以观其知，示之难以观其勇，烦之
以观其治，淹之利以观其贪，蓝之以乐以观其不宁，喜之以物以观其不轻，
怒之以观其重，醉之以观其不失也，纵之以观其常，远使之以观其不贰，
迩之以观其不倦，探取其志以观其情，考其阴阳以观其诚，覆其微言以
观其信，曲省其行以观其备成：此所谓观诚也。"[2]有学者评论说："诵汉
魏诸儒名著，知其对于心学一门，较周秦研究，愈加精密，其所施检查
人心之方法，亦颇有独到之处。谓心理测验发明于汉魏时代，并非无因。"[3]
以三国为例，由于当时各国都迫切需要政治、军事等诸方面的人才，以
巩固其统治地位，促进了对人的才性诸心理性质特性的研究。另一方面，
当时的察举、征辟方式选拔人才产生了许多流弊："举秀才，不知书；察

[1]《庄子·列御寇》。
[2]《大戴礼记·文王官人》。
[3]程俊英：《汉魏时代之心理测验》，载《心理杂志选存》，张耀翔编，中华书局1932年发行。

孝行，父别居。"[1]也促使人们采用观测人们心理行为的方法。

四、器械测试法

器械测试法是指采用有关设计的器物，来试测人的智力、创造力的心理测验方法，它们包括博弈、九连环、八阵图、七巧板等，有的很似现代心理测验中的板形测验和迷津测验。这些测验的意义深刻，而且对现代西方心理测验都发生过重要影响。

1. 博弈。博弈是古代的博戏和弈棋，它们是两个人对局的智力竞赛活动，虽不具测试与被测试含义，但对比较人们智力、运筹能力的高下是有作用的。所以一般论者不将博弈纳入古代心理测验来讨论。而本书则认为有不可忽视的意义。

博弈始于何时难于说得准确，文献记载孔子已谈到博弈。他说："不有博弈者乎？"[2]"博"是局戏，用六箸十二棋；"弈"是围棋。庄子则提到博塞："问谷奚事，则博塞以游。"[3]成玄英疏："行五道而投琼曰博，不投琼曰塞。"唐朝诗人杜甫在《今夕行》中也写到博塞这种娱乐活动："咸阳客舍一事无，相与博塞为欢娱。"

下面介绍长沙马王堆出土文物中的博具。所谓博具，是进行博戏的用具。它的组成主要包括：一个棋盘，12颗大棋子（其中白色的6颗，黑色的6颗），20颗小棋子，30根筹码和一个骰子。这种博具装在一种特制的漆盒里。前面已谈到，先秦时期已有博戏弈棋的活动，到汉代更是成了男女老少都十分喜爱的文化娱乐活动，甚至连皇帝都是博戏迷。但是到晋朝以后便逐渐衰落并发生演变，到唐宋时期就变成了象棋。博戏进行的方法是：二人面向棋盘对坐，棋盘上一方6颗白棋，一方6颗黑棋，中央方框内放20颗小棋子。然后双方轮流投一个八面球形体的骰子。

---

[1]《抱朴子·审举》。

[2]《论语·阳货》。

[3]《庄子·骈拇》。

骰子的一面刻"骄"字，相反的一面刻"犟"字，其余各面刻数字一至十六。根据投骰子的结果行棋，如果投着"骄"字，就把平放的棋子竖起来，叫"枭棋"，枭棋可以吃小棋子，吃棋可以得筹，以得筹多的一方取胜。这样看来取胜的偶然性较大，当发展成为象棋，对弈取胜就主要靠人的聪慧了，更有比较智力高低的意义。

2. 九连环。中国古代人将九个金属环连在一起，可分可合生出许多变化，连环的解脱可以反映一个人的智能与技巧熟练水平。据《辞海》记载，古代有两种九连环：其一是民间玩具，"连环系金属丝制成，套在条形横板或各式框架上，贯以剑形框柄，可合可分。中以九环最为著称，故名。"其二是民间戏法，"即戏法节目'剑、丹、豆、环'中之'环'，将九个金属圆环（直径约7寸），运用熟练技法，或合或分，或套成花篮、绣球、宫灯等形象。"下面是属于民间玩具的九连环的一种图示：

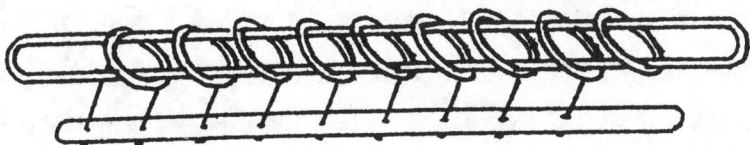

（九连环图式）

这种连环测验，可用来检测一个人的智能水平，包括一个人思维与想象的创造性、灵活性、敏捷性等品质，以及动作技巧的熟练程度。张耀翔教授对九连环的意义影响与历史曾作过概要评述。他说："战国时代已有连环试验，20年前（注：张写该文是1940年）已被美国哥伦比亚大学心理学教授鲁格尔（Ruger）采入他的心理实验内，并将实验结果著为一书，名《中国连环的解脱》（《The Chinese Ring Puzlles》），研究学习心理者无不参考。但连环试验创自秦昭王，被试者为君王后及其群臣。先是昭王遣使者遗君王后以玉连环。曰：'齐多智，而解此环不？'昭王分明是用它作一个智能测验。君王后以示群臣，群臣不知解；君王后引锥破之，谢秦使曰：'谨以解矣'（《国策·齐策》）。"[1]张耀翔本人也曾运用

---

[1] 张耀翔：《心理学文集》，上海人民出版社1983年版，第213页。

九连环试验，被试者均感兴趣。这是古为今用的一个范例。把心智技能与动作技巧的测验寓于操作玩具与变换戏法之中，把测试人的智能水平和训练发展人的智能结合起来，是非常有意义而又受人欢迎的。所欠缺的是尚无精确的记分标准。

3. 八阵图。八阵图原指诸葛亮的练兵作战阵法，后来历代民间艺人仿八阵图，布成迷津，让人行走成为一种智能娱乐活动。它相近于现代的迷津测验，有其历史和现实的意义。

《三国志·蜀志·诸葛亮传》称"（亮）推演兵法作八阵图"。后人考其遗迹而绘成图形（详见《武备志》）。今陕西沔县，四川奉节、新都二县尚有其遗迹。"八阵图"系聚石为之，各高5尺，广10围，历然棋布，纵横相当，中间相去9尺，正中间南北巷悉广5尺，凡64聚。张耀翔教授推测，有可能由中国留学生或到中国留学的西洋学者，传述八阵图而演成迷津测验。据有关考证，浙江兰溪市诸葛村古建筑群的平面布局正是按诸葛亮的八阵图设计的。该村以一口池塘天池为中心，四周环绕数十座明清建筑，几条小巷呈放射状从天池向外辐射分布。可以明显看出，村落布局呈九宫八卦形，与八阵图暗合。张耀翔甚至将迷津测验上溯到尧舜时代。尧为了测验舜的智能与品格是否能胜任统治大业，当暴风雷雨大作之时，他命舜到山林川泽去，考察他的行为。结果舜并未迷失，胜利而归。这就是《尧典》上记载的："纳于大麓，烈风雷雨弗迷。"这是一个以人做被试者之大规模迷津测验的范例。

八阵图及其演变形式，毋庸置疑是中国式的迷津测验方法，这一古代心理测验，不仅可以测试观察力、记忆力、思考力、创造力等多样能力，而且能够反映出被试者走出迷津所反映的情绪、意志、性格等品性。我们应当在此基础上编制有中国特色的现代迷津测验方法。

4. 七巧板。七巧板是将一块正方形薄板截成七块，用以拼排成多种多样的图形，是一种很好的非文字的形板智力测验用具。这种拼板，用于娱乐或测试都是很有趣味的。这种拼排活动能训练、培养、发展人的智力，用于测试能反映其智力水平。例如，你可以将七巧板拼排成：

（1）"心"字；（2）跑步；（3）骑马；（4）帆船；（5）鹅，等等（见下图）。

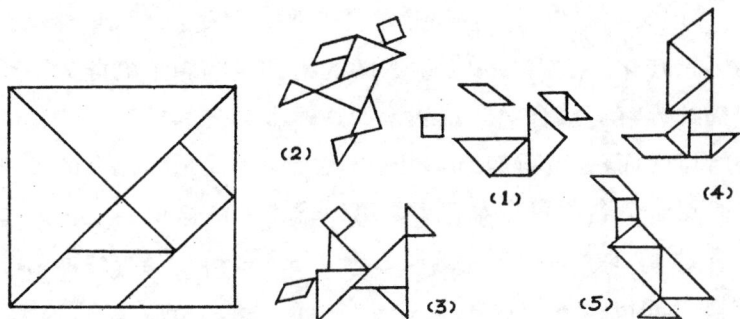

七巧板起于何时，为何人所创，尚未完全考证清楚。可以肯定的是：它由宋代黄长睿所撰的《燕几图》演变而来，到清代时又发展成童叶庚创制的"益智图"。这样看来，七巧板流行于宋与清之间。《辞海》称："燕几"是一种可以错综分合的案几，初为六几，有一定尺寸，称为"骰子桌"。后增一小几，合而为七，易名"七星"。纵横排列，使成各种几何图形，按图设席，以娱宾客。清代童叶庚撰《益智图》，自谓："摹七巧图益智而加益之"，"亦足开发心思"。他将七巧板增加为十五块，合则成正方形，散则可以拼排各种文字、事物等图形。下图为"益智图"：

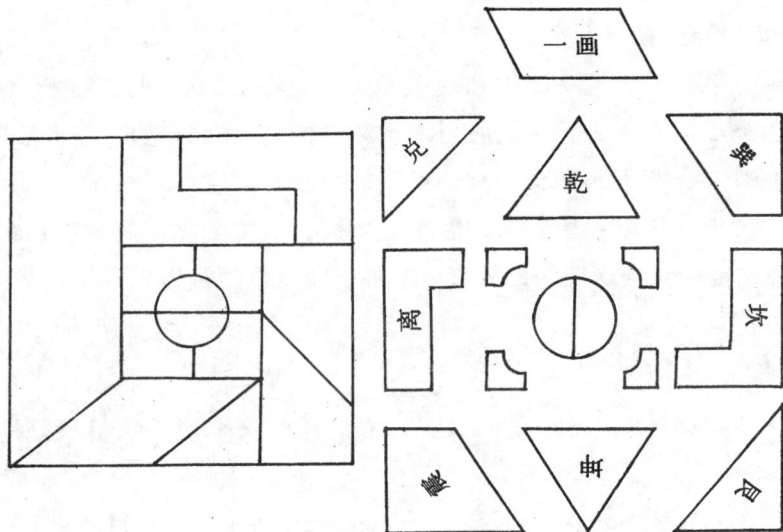

林传鼎教授对七巧板的智力测验意义给予充分的肯定和高度的评价。他说："七巧板又称益智图，它的操作属于典型的发散式思维活动，操作的成果是形象转化。它需要知觉组织的能力和空间想象的能力，而且通过图形中场的分解与接合，儿童认识到整体和部分的关系，分解的任意性随需要与目的而转移。成功地完成作业，动机受到强化有助于发展创造力。益智图这个名称意味着智力是可以增进的。这说明了智力作为一种动态过程是可以改变的。"[1]这段心理学意义的分析是很透彻精辟的。

同世界上的机巧板相比，中国的七巧板是最早的。据有关资料说，西方第一个机巧板是法国的E. Seguin1864年制用的，包括十块木制的几何形小板。1908年，A. Binet在智力量表中使用了用两板三角形拼成长方形；直到1914年，G. A. Kempf才制用了对角线机巧板，它是一种五巧板，由三块直角三角形（两大一小）、一块长方形、一块梯形成组，跟中国的七巧板很相似（见右图）。[2]七巧板在世界各国广泛流传，被称为"唐图"。刘湛恩曾于20年代著有《中国人用的非文字智力测验》（英文）一书，向国外介绍九连环、七巧板。张耀翔教授"相信西洋流行的形板测验（from-board teste）是由中国七巧板、益智图脱胎出来的"[3]。

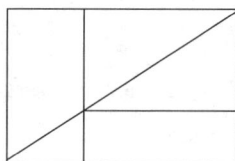

（五巧板图）

由上可知，无论从历史和现实考察，七巧板的心理测验理论意义与实践意义都是充分的。我们应当继承和发扬这一文化遗产，使之成为能体现中国传统特色的测验工具，只要进一步研究它的记分法，是完全可行的。在开发儿童心智方面，生产七巧板、益智图之类的智力玩具，即使是现在也会受到欢迎的，并可与魔棍、魔方之类智力玩具相媲美。

五、等级数量法

史蒂文斯（S. S. Stevens）认为："就其广义来说，测量就是根据某

[1]林传鼎：《智力开发的心理学问题》，知识出版社1985年版，第8—9页。

[2]参阅潘菽、高觉敷主编《中国古代心理学思想研究》，江西人民出版社1983年版，第308页。

[3]张耀翔：《心理学文集》，上海人民出版社1983年版，第213—214页。

种法则用数字对事物予以确定。"现代心理测验就是要对人的心理水平与心理特质进行量化的研究。那么古代的心理测验思想中是否也有量化的思想呢？回答是肯定的，当然不可能有现代测验中的标准化的量化理论，但朴素的量化思想是很早就有的，甚至可以上溯到孔子。孔子对人的智力与品格不仅有语言定性评价，而且出现了等级评价和数量评价的思想，这些思想对后世评价心理问题发生了影响。我把它们称为等级评定法和数量指标法的萌芽。

1. 等级评定法。孔子在评价人的智力水平时开了等级评定的先河。他说："唯上智与下愚不移。"[1]又说："中人以上，可以语上也，中人以下，不可以语上也。"[2]还说："生而知之者，上也；学而知之者，次也；困而学之，又其次也；困而不学，民斯为下矣。"[3]孔子对人的智能有三种等级评定，第一种分为上智与下愚两个等级；第二种分为上、中、下三个等级；第三种分为上、其次、又其次、下四个等级。后来有的思想家将这种等级评定用之于品性。例如董仲舒提出了"性三品"说："圣人之性，不可以名性；斗筲之性，又不可以名性；名性者，中民之性。"[4]他把人性分为三个等级，也是上、中、下。韩愈承袭"性三品"，指出："上焉者，善焉而已矣；中焉者，可导而上下也；下焉者，恶焉而已矣。"[5]同样是把人性分成上、中、下三个等级予以评定。魏晋实行的九品中正制，是将人的品行定为九等，即上上、上中、上下、中上、中中、中下、下上、下中、下下九品，然后按所品等人才的言行予以升降。等级比过去增了许多，对人的心理品格水平高下的区分也就越细了。

2. 数量指标法。两千多年前的孔子也开了用数量标明智力水平的先河，他在评价两个学生的理解、接受能力时说："回也，闻一以知十；赐也，

---

[1]《论语·阳货》。

[2]《论语·雍也》。

[3]《论语·季氏》。

[4]《春秋繁露·实性》。

[5]《韩昌黎集·原性》。

闻一以知二。"[1]孔子的学生陈亢与伯鱼对话时也有类似的意思，陈亢在问过伯鱼后说："闻一得三，闻诗闻礼，又闻君子之远其子也。"[2]从以上可知，是用一、二、三、十这些数量在标明一个人的智能的水平。跟现代心理测验的量化思想是相符的。《中庸》有一段话还从相反的视角评价智能水平："人一能之，己百之，人十能之，己千之。"当然以上这种数量指标只是粗略的估计，并非今天的精确统计。又如有的古籍记载，魏曹子建七步成诗，幸免于死；宋刘元高一目十行，人人称能。前者说明完成一种作业所需的时间数量，后者指一个单位时间内所完成的作业数量。更值得一提的是，南朝诗人谢灵运自称："天下才共一石，曹子建独得八斗，我得一斗，自古至今共用一斗。"[3]这虽是诗意的夸大，但从中可以看出这种方法具有比例或指数的性质，富有心理统计学的意义。

---

[1]《论语·公冶长》。
[2]《论语·季氏》。
[3]《南史·谢灵运传》。

第五章　普通心理学思想

知、虑、藏、壹这些古代心理学思想术语相当于现代哪些心理学概念？

志意、情欲心理学思想的内涵是什么？

你知道中国古代智能心理学思想、才性心理学思想的特色吗？

听听古人对神奇梦幻的解释吧！

　　以现代普通心理学的概念体系为框架或参照系，将发现中国古代的普通心理学思想是非常丰富而深刻的。古代的心理学思想术语跟现代心理学的概念虽不完全相同，但其内涵是基本一致的。中国古代普通心理学思想归纳起来主要包括：知虑心理思想（含藏壹知行等）、志意心理思想、情欲心理思想、智能心理思想（含才性）、梦幻心理思想等五个方面。它们涉及了从感知到思维想象的认识过程、动机志向与意志行为、情感与欲望、智力才能与性格以及释梦等现代普通心理学的基本内容。

第一节　知虑心理思想

　　知虑心理思想是中国古代关于认识过程的基本观点。知指感知觉，属感性认识阶段；虑指思维过程，属理性认识阶段。知是虑的基础，虑是知的深化与提高，两者紧密联系而构成人的认识过程。跟知虑密切相关的还有藏、壹、知、行等。将知虑的内容贮存在头脑中叫藏，即记忆；只有专心致意才能很好地进行知虑叫壹，即注意；人们知虑的结果会表现为行为或在行为中反映知虑叫知行，即心理与行为。所以本节在论述古代知虑心理思想时，也将介绍藏、壹、知、行方面的心理思想。

一、知虑的概念

先秦思想家早已论及知与虑的问题，实质上是感知与思维的关系。孔子只讲知、思，他说的知是包括了知与虑在内的广义的知，即认识过程，他说的思则是虑，思维。《论语·述而》："学而不思则罔，思而不学则殆。"已经涉及感知与思维的关系。但是真正明确提出知与虑概念的是《墨经》。它提出："知，接也。"[1]知是对外物接触的反映。《经说上》的解释是："知□知也者以其知过物而能貌之。若见。"意思是指感知器官与外物接触就能反映该物的外貌，比如目见。"虑，求也。"[2]虑是对事物的思索与探求。《经说上》的解释是："虑□虑也者以其知有求也而不必得之。若睨。"意思是指人们用知材去思索、探求事物，但不一定得到结果。比如斜视就不一定看清事物的真相。很显然，《墨经》把人的认识过程划分为知与虑（思）两个阶段，前者是感知阶段，后者是思维阶段。

老子没有直接使用知虑两个词，他认为人的认识心理过程由"观"、"明"、"玄览"组成，它们是不断递进的三个阶段。所谓"观"，就是对事物的直接观察，与现代心理学的感知相当（或称观察），是"以物观物"；所谓"明"是指能觉察事物的隐微，"见微知著"而知其常，了解事物的共性及其法则，由常知变；所谓"玄览"指深观远照，从整体上把握各种事物的总法则、总规律。詹剑峰教授对此曾作过精辟的阐述。他说："所谓'观'，指直观或直接观察，所谓'以物观物'者是也。观物之后，还要知其'常'，亦即知其条理法则。要知'常'，须要用'明'，所谓'明'，

---

[1][2]《经上》。

则照见而把握其本质，即所谓'知常曰明'者是也。知'常'仅知一类事物的条理法则，还是偏而不全，所以要融合诸法则而'一以贯之'，那就要用'玄览'。所谓'玄览'，则综合全体大用而统观之。这三种方法也表示认识由浅入深、由偏至全的过程；第一是观物，第二是知常，第三是知'大道'。"[1]

庄子也论述了人的认识心理过程。他说："知者，接也；知者，谟也；知者之所不知，犹睨也。"[2]第一个"知"指感知觉，它是感官接触外界事物产生的亲知。第二个"知"指思维，说明思维过程是一种谋虑（谟）过程，是间接的知。也就是说"接知"是"谟知"的基础。相当于现代心理学中感知是思维的基础。第三、四两个"知"都作广义的"认识"讲，它包括接知与谟知。这跟《墨经》上的"知"与"虑"相类似。

韩非有关知虑心理的思想集中反映在下面一段话里："聪明睿智，天也；动静思虑，人也。人也者，乘于天明以视，寄于天聪以听，托于天智以思虑。故视强则目不明，听甚则耳不聪，思虑过度则智识乱。"[3]这里的视听是感知过程，即是"知"；思虑是思维过程，即是"虑"。他认为知虑不能停留于感知阶段，必须通过思维阶段去把握事物的本质。

《管子》认为："目贵明，耳贵聪，心贵智。以天下之目视，则无不见也，以天下之耳听，则无不闻也；以天下之心虑，则无不知也。辐凑并进，则明不塞矣。"[4]从以耳目为听视之器官和心为知虑的器官,可知《管子》也是将人的认识心理过程分为知与虑两个阶段的。

先秦时期有关知虑概念的心理学思想，为后世所继承和发展。南北朝时的范缜说："知即是虑，浅则为知，深则为虑。"[5]认为知与虑都是人的精神、心理活动，没有本质差别，但是有深浅之分。知是对事物表面

[1]詹剑峰：《老子其人其书及其道论》，湖北人民出版社1982年版，第369—370页。
[2]《庄子·庚桑楚》。
[3]《韩非子·解老》。
[4]《管子·九守》。
[5]范缜：《神灭论》。

较浅的认识，虑则是对事物内部较深的认识。宋初的李觏把认识心理划分为耳目之感与心之思两个阶段，并指出感知是思虑的基础，一个人必须耳目之官"有得"，才能有感有思；同时"耳目狭而心广者，未之有也"[1]。明代王廷相提出："夫神性虽灵，必借见闻思虑而知；积知之久，以类贯通，而上天下地，入于至细至精，而无不达矣。虽至圣莫不由此。"[2]意即人的认识心理过程是由见闻（感知）与思虑（思维）构成的。而且他进一步指出："殊不知思虑与见闻必由吾心之神，此内外相须之自然也。"[3]认为感知、思维过程必须是外界事物作用于人体内的各种心理器官而产生的。明清之际的王夫之也说："耳有聪，目有明，心思有睿知，入天下之声色而研其理者，人之道也。"[4]认为人的认识包括反映声色等的视听感知和探寻事物内部条理的思睿。他还提出识、虑、思三者的区别是："过去，吾识也。未来，吾虑也。现在，吾思也。"[5]尤其值得提出的是，王夫之将认识过程划分为"客感"与"知见"两个阶段。他认为，通过感觉器官与外在事物相交接而"知其物"、"知其名"、"知其义"，这些"客感"是耳目闻见之类的感性认识，进一步"即所闻以验所进，据所闻以类推之"，[6]然后"合古今人物为一体"，立为"知见"。这"知见"是在见闻的基础上通过思维而形成的，属于理性认识阶段。以上知虑心理思想都继承了认识的唯物论传统。

但是，也有从先验论出发来论述知虑心理思想的。例如王守仁继承发挥孟子"良知良能"的思想，说："良知者，孟子所谓是非之心，人皆有之也。是非之心，不待虑而知，而待学而能，是故谓之良知，是乃天命之性，吾心之本体，自然灵昭明觉者也。"[7]认为见闻与思虑都是吾心

---

[1]《广历民言》。

[2][3]《雅述上篇》。

[4]《读四书大全说》。

[5]《思问录》。

[6]《张子正蒙注》卷四。

[7]《王文成公全书》卷之二十六续编一。

良知的发用，二者之间并无直接的必然联系。

二、知虑的分类

《墨经》最早对"知"进行分类，认为知有闻知、说知、亲知三种，即"知：闻、说、亲"[1]。《经说上》的解释是："知□传受之，闻也。方不瘴，说也。身观焉，亲也。"所谓闻知是由传授而得来的；所谓说知是不受方域所限制，由推论而得来的；所谓亲知是指亲身观察所得。亲知是认识心理过程的基础，闻知和说知都离不开亲知。但是也存在夸大感性认识的倾向，如说："天下之所以察知有与无之道者，必以众人耳目之实，知有与无之仪者也。请或闻之见之，则必以为有，莫闻莫见，则必以为无。"[2]《墨经》又将闻知分为传知和亲知两种，即"闻：传、亲"[3]。《经说上》解释说："闻□或告之，传也。身观焉，亲也。"传知是由别人转告的，亲知是亲身观察到的。由以上对知分类看来，《墨经》中的闻知、传知、亲知是直接或间接的感知，只有说知是推理，属于思虑即思维的范围。

《尚书》对于认识心理过程的组成与划分的论述是："五事：一曰貌，二曰言，三曰视，四曰听，五曰思。貌曰恭，言曰从，视曰明，听曰聪，思曰睿。恭作肃，从作乂，明作哲，聪作谋，睿作圣。"[4]这里把态度、言语、视觉、听觉和思维作为认识心理的组成部分，从知的分类看，将知分为视感知、听感知和思虑、思维。《尚书》还把认识同非智力的道德修养联系起来，指出：态度恭敬，人就会严肃；言语正当，天下就会大治；视觉明亮，就不会受蒙蔽；听觉清晰，就不会打错主意；思维通达，就可以成为圣人。宋代的王安石关于视听与思的划分的见解，正是以上述"五事"为基础来展开的，并且认为由视听感知到思维是由粗至精的认识过程。

宋代思想家关于知虑的划分更具特色，从张载到二程、朱熹等都把

---

[1][3]《经上》。
[2]《明鬼下》。
[4]《尚书·洪范》。

认识划分为"闻见之知"与"德性之知"两种，也是由低到高、由浅入深的两个阶段。"闻见之知"由耳目所生，合内外于耳目之内，是指感知过程而言，相当于感性认识；"德性之知"与耳目无关，合内外于耳目之外，尽管把它说得很神秘，实则指思维过程，与理性认识大体相符。这种关于知的分类见解，是明确的一分为二法，对于理解知虑的心理实质很有启发和借鉴作用。

张载说："见闻之知，乃物交而知，非德性所知；德性所知，不萌于见闻。"又说："人谓已有知，由耳目有受也；人之有受，由内外之合也。知合内外于耳目之外，则其知也过人远矣。"[1]上面两段话概括地阐述了他的"闻见之知"和"德性之知"的观点，前者是感官与物交产生的，合内外于耳目之内；后者是一种不依赖感官所得的先天的知识，合内外于耳目之外，即天德良知。

程颢、程颐承袭了张载关于知的划分，也认为："闻见之知，非德性之知。物交物则知之，非内也，今之所谓博物多能者是也。德性之知，不假闻见。"[2]在见闻之知中，又有感官接触外物的真知与来自传闻的常知两种；不假见闻的德性之知中，又有思、虑、睿之分。深思为虑，"思虑久后，睿自然生"[3]。对知虑的这种分类，较以前的思想家又有所发展。

朱熹对于知虑的分类更具特色而成系统，他认为人的"知"就是认识过程，它包括两个阶段四个层次，即把知分成"知觉"与"思虑"两个阶段'"知觉"分成"知"与"觉"两个层次，"思虑"分成"思"与"虑"两个层次。所谓知觉是指"耳之有闻"、"目之有见"、"只见得表，不见得里；只见得粗，不见得精"[4]的知。在朱熹看来，"知"与"觉"是有区别的，它们在认识过程中的作用也不同。"知者因事因物皆可以知，觉则是自心

---

[1]《正蒙·大心篇》。

[2]《二程集·遗书》卷二十五。

[3]《二程集·遗书》卷十八。

[4]《朱子语类》卷十五。

中有所觉悟。"[1]"知"是跟事物接触，而对此事有所了解；"觉"则是在"知"的基础上对事物有整体认识。又说："知，谓识其事之所当然。觉，谓悟其理之所以然。"[2]知指对事物的知其然，觉指对事物知其所以然。由上看来，朱熹所谓的"知"相当于感知，"觉"相当于观察、理解。由"知觉"获得的感性材料，须经另一个深化的阶段才能获得对于外物的"理"（道理、规律）的认识，这就是"思虑"，即思维阶段。他认为："以心思、耳闻、目见三事较之，以见其地位时节之不同。盖心之有知，与耳之有闻，目之见为一等时节，虽未发而未尝无。"[3]将心的思虑与耳目知觉联系起来进行了比较。思虑是比知觉更高级的认识阶段，"思"与"虑"是有联系而又有所不同的。为了说清问题，不妨多引几段论述。他说："虑，是研几。"[4]虑是研究、审察。"虑，是思之重复详审者。"[5]虑是详细、审慎的思。"虑是思之周密处。"[6]"虑，谓会思量事，凡思天下之事，莫不各得其当是也。"[7]由上可知，朱熹认为"虑"是在"思"的基础上进行的，即对事物要"研几"，"重复详审"，"思之周密"，使其事"得其当"。

叶适发挥《尚书·洪范》的有关思想，在知虑心理思想方面，提出了"内外交相成"说："耳目之官不思而为聪明，自外入以成其内也；思曰睿，自内出以成其外也。……古人未有不内外交相成而至于圣贤。"[8]在他看来，耳目之官的感知是从外到内的过程，即所谓"自外入内以成其内"，而心之官的思虑则是自内到外的过程，即所谓"自内出以成其外"。并且强调感知与思虑必须交互作用，才能形成全面的认识。按叶适的原话，他是将知划分为"觉知"与"思虑"的，他指出："其耳目之聪明，心志之思虑，必有出于见闻觉知之外者焉，不如是者，不足以得之。"[9]

---

[1]《朱子语类》卷五十八。

[2]《四书章句集注·孟子集注》。

[3]《朱子文集·答吕子约》。

[4][5][6][7]《朱子语类》卷十四。

[8]《习学记言序目》卷十四。

[9]《水心文集》卷九。

　　明清思想家对于知虑划分的见解，一方面继承传统的二阶段划分法，另一方面对两个阶段的关系的论述更加确切深刻。王廷相的知虑心理思想比较全面，把人的"知"划分为"天性之知"和"人道之知"两种，而又更强调"人道之知"。他认为："婴儿在胞中自能饮食，出胞时便能视听，此天性之知，神化之不容已者。自余因习而知，因过而知，因疑而知，皆人道之知也。"[1]很显然，这里把人的知的外延较前人扩大了。既包括先天具有的生理机能和心理机能的天性之知，又包括更重要的后天人为获得的认识能力的人道之知。这种见解是深刻的，超越了前人。在此基础上，王廷相又将"人道之知"划分为"见闻"与"思虑"两个认识阶段。他强调："神性虽灵，必借见闻思虑而知；积知之久，以类贯通，而上天下地，入于至细至精，而无不达矣。虽至圣莫不由此。"[2]对任何事物的认识，都必须通过对事物的见闻与思虑才能达到，对事物深入精细的认识不是靠见闻感知，而是在见闻基础上的思虑过程。所以他指出"思之精由于思，行之察亦由于思"[3]，要求在学习过程中"博于外，而尤贵精于内"。

　　吴廷翰反对宋儒有不假闻见的"德性之知"的划分，并以婴孩闭幽室而无所知为例，指出："德性之知，必实以闻见，乃为真知。盖闻见之知，自是德性所有，今以德性为真知，而云'不假闻见'，非也。"[4]他赞成将知分为"闻见"与"心思"，即一是通过耳目感官"闻见"的感知，一是"心思而得之，然后心为可立"[5]的思维。

　　方以智对知划分的看法是："人有心而有知，意起矣，识藏矣，传送而分别矣，本一而歧出，其出百变，概谓之'知'。"[6]意即人的"心"能进行思维活动，而思维活动则表现为"知"、"意"、"识"三种形式。

　　王夫之的知虑心理分类又更细致而深刻。前面我们已经提到，他将

---

[1][2]《雅述上篇》。

[3]《慎言》卷六，《潜心篇》。

[4][5]《吴廷翰集》·《吉斋漫录》卷下。

[6]方以智：《尽心》。

认识过程分为"客感"与"知见"两个阶段，即感知与思维。并且认为："智者引闻见之知以穷理而要归于尽性；愚者限于见闻而不反诸心，据所窥测，恃为真知。"[1]强调闻见之知的"客观"要上升到思虑之知的"知见"，才能较全面地认识事物达到"真知"。王夫之将闻见之知又划分为知、觉与运动，提出："知为思乎，觉为思乎，运动为思乎？知而能知，觉而能觉，运动而能运动，待思而得乎，不待思而能乎？所知、所觉、所运动者，非两相交而相引者乎？所知所觉、以运以动之情理，有不蔽于物而能后物以存，先物而有者乎？审此，则此之言心，非知觉运动之心可知已。"[2]王夫之又将思维区分为三种时态，即识、思、虑。他对识的解释承继孔子的"默而识之"，认为"识"是对过去感知事物的识记，即"过去，吾识也。"进一步则提出："识也者，克念之实也。"[3]将识作为"克念"，是人的明晰而贯通的想法，对于思虑的解释则是："思乃心官之特用，当其未睹未闻，不假立色立声以致其思，而迨其发用，则思抑行乎所睹所闻以尽耳目之用。"[4]。"思"是心官的功能，跟耳目闻见有区别又有联系。"思者，思其是非，亦思其利害。"[5]是指向现在的思维活动，即"现在，吾思也。""虑"是心思中对事物看得深远的"睿知"，系指向未来的思维活动，即"未来，吾虑也。"从时态视角，将思维作识、思、虑三种划分，在中国心理学思想史上是独具特色的。

三、知虑的器官

对于知虑心理产生的器官，古代思想家也很早就有所论述。先是从五官说明感知产生的生理基础，这种认识最早最久，并且起始便有较科学的阐述。其次是认为心是思维的器官，思想家和医学家长期持这种观点，曾在漫长的历史过程中居支配地位。以脑作思虑以至全部心理现象

---

[1]《张子正蒙注》。

[2][4][5]《读四书大全说》。

[3]《尚书引义》。

与活动产生的总器官，虽然先秦时已有这种观点，但到清代由于科学技术的发展才有系统的论述，并获得科学的承认。对于知虑心理器官的了解，有助于正确理解人的心理的实质。

《墨经》里说："知而不以五路，说在久。"[1]"五路"是指眼、耳、鼻、口、形五种感知器官。"久"指时间。上面这句话的意思是：各种感知都是通过眼、耳、鼻、口、形五种感官产生的，只有时间知觉不以"五路"获得。这里也顺便说明了时间知觉是一种更复杂的知觉，不是靠某种感官而产生的。

孟子则既谈到感知的器官，更论述了思虑的器官。他说："耳目之官不思，而蔽于物。物交物，则引之而已矣。心之官则思，思则得之，不思则不得也。此天之所与我者，先立乎其大者，则其小者不能夺也。此为大人而已矣。"[2]这里虽然有把感知与思维对立起来的倾向，过分重视心之官的思而看轻耳目之官的知，但对知的器官和虑的器官都论述到了，这是一个发展。这种"心之官则思"的观点对后世影响很大，在明清以前占据了支配的地位。《黄帝内经》也是以心为精神、心理主要器官的。说："心者，君主之官也，神明出焉。"[3]"心者，五脏六腑之大主也，精神之所舍也。"[4]医家的观点与儒家孟子观点的一致与配合，当然更增强了其观点的长远影响力。

荀子认为："耳、目、鼻、口、形，能各有接而不相能也，夫是之谓天官。心居中虚，以治五官，夫是之谓天君。"[5]很显然，荀子明确地提出了感知心理的器官是"天官"，即耳、目、鼻、口、形体等人类自然具有的感觉器官，当然比感知更高级的认识过程思虑的器官则是"天君"，即心脏是自然具有的五种感觉器官的主宰。下面一段话对"天官"与"征知"（实

---

[1]《经下》。

[2]《孟子·告子上》。

[3]《素问·灵兰秘典论》。

[4]《灵枢·邪客》。

[5]《荀子·天论》。

则讲天君）作了详细的阐述，兹录如下："然则何缘而以同异？曰：缘天官。凡同类同情者，其天官之意物也同；故比方之疑似而通。是所以共其约名以相期也。形体、色、理，以目异；声音清浊、调竽奇声，以耳异；甘、苦、咸、淡、辛、酸、奇味，以口异；香、臭、芬、郁、腥、臊、酒、酸、奇臭，以鼻异；疾、养、沧、热、滑、铍、轻、重，以形体异；说、故、喜、怒、哀、乐、爱、恶、欲，以心异。心有征知。征知，则缘耳而知声可也，缘目而知形可也，然而征知必将待天官之薄其类然后可也。五官薄之而不知，心征之而无说，则人莫不然谓之不知，此所缘而以同异也。"[1]具体而明确地阐明了不同的感知必须有不同的感觉器官，心则具有检验感官得来的认识的能力。这就是荀子"缘天官""以同异"的观点，肯定了感知是天官"薄其类"的产物；感知必须有心（天君）的参加，因而在虑的方面是"心知道"的观点。

"天官"、"天君"的观点对后世影响很大，虽名称不尽相同，实则一样。《管子》在论述知虑器官问题时指出："目贵明，耳贵聪，心贵智。"[2]即耳目是视听器官，心是思虑器官，并且认为："心之在体，君之位也。九窍之有职，官之分也。"[3]从总体上肯定了"心"对"官"的支配作用，也就是君与官的关系。《吕氏春秋》、《淮南子》等都有耳闻、目见、心知的论述。范缜的《神灭论》肯定知虑各有所本，即痛痒、视、听、味、嗅等感知以感知器官（手脚、耳、眼、鼻、口）为本，而虑（思维）则以心器（心脏）为本。

总起来说，汉至唐代，有关知虑器官的论述只是继承先秦的思想而已，论述也不甚详。到宋明清时期，对这个问题的探讨又深入发展了。朱熹赞同前人的思想指出："官之为言司也。耳司听，目司视，各有所职而不能思……心则能思，而以思为职。"[4]明代罗钦顺在论到知的器官时说："夫

---

[1]《荀子·正名》。

[2]《管子·九守》。

[3]《管子·心术》。

[4]《四书章句集注·孟子集注》。

目之视，耳之听，口之言，身之动，物虽未交，而其理已具，是皆天命之自然，无假于安排造作，莫非真也。"[1] 尤其进一步指出，及乎感物而动，有当与不当之分，其所当然者则感知为真，其所不当然者则感知为妄。王廷相有关知虑器官的观点是："耳听、目视、口言、鼻臭、心通，天性也。目格于听，耳格于视，口格于臭，鼻格于言，器局而不能以相通也。解悟者，心注于听则视不审，注于视则听不详，注于言则嗅不的，注于嗅则言不成，神一而不可以二之也。"[2] 这段话的见解是精辟的。第一，指出了各种感觉器官与心脏，先天地具有感知和思虑的生理机能和心理机能。第二，各种感觉器官由于构造不同，其功能也各异而不能相通。第三，指出心思可注于各种感知活动，解释了心不二用的原因。清代的戴震对知虑的器官问题也论述较详。首先肯定感知的器官是耳目口鼻，思虑的器官是心，在此基础上用君臣关系比喻耳目口鼻之官与心之官的关系。即"耳目鼻口之官，臣道也；心之官，君道也，臣效其能而君正其可否。"[3] 心的作用就是在上面统一指挥耳目鼻口等器官。即"耳目鼻口之官各有所司，而心独无所司，心之官统主乎上以使之，此凡血气之属皆然。"[4] 其次，他也指出另一面，心不能代替耳目的功能。这就是"心能使耳目鼻口，不能代耳目鼻口之能，彼其能者各自具也，故不能相为。"[5]

至于关于思虑、心理器官的突破性进展是"脑髓说"的出现，取代了心理、思虑器官的"心器说"，即认为心理的器官不是心而是脑，脑支配各种感官。前面第三章第五节清代的脑髓说已经作了较详尽的论述，这里不再赘述。

四、知虑与藏、壹、言、象

现代心理学认为，人的认知心理过程中的感知、思维跟记忆、注意、

---

[1]《明儒学案》卷四十七。
[2]《慎言》卷四，《问成性篇》。
[3][5]《孟子字义疏证》。
[4]《戴震集》，《绪言》卷上。

言语、形象等密切相关，实则各种心理现象与活动都不是孤立的。中国古代思想家在论述知虑心理时，也认识到这一点，这就是知虑与藏、壹、言、象的关系，而且此中不乏真知灼见。

先秦庄子很早就论述了思维与言语的关系。他说："而言休乎知之所不知，至矣。……知之所不能知者，辩不能尽举。"[1]意思是知虑、思维跟言语、词辩密切联系着，言语止于认识所不及的地方，认识不到的，言辩也不能尽举。庄子在借用"得鱼而忘荃"和"得兔而忘蹄"的比喻后，进一步指出："言者所以在意，得意而忘言。"[2]言语是表达思想（意）的工具，领会了意思，言语也就忘掉了。明确地提出了"言"只是表"意"的手段，但言与意又是可以分开的。现代言语心理学也认为言语是思维的工具，可见其思想是多么深邃。他还说："语之所贵者意也，意有所随。意之所随者，不可以言传也，而世因贵言传书。"[3]从心理学的视角看，这里不仅一般地肯定了思维（意）与言语的密切联系，更进一步阐明了"意"不一定跟"言"在一起，因为"意"别有所随，所以"言"也不能完全表达"意"，这个讨论也是深刻的，当今的学术界对于思维与言语的关系，思维是否一定要以言语为载体等不是仍无定论吗？

荀子提出"虚壹而静"是解决思维任务时必备的心理条件，其中也反映出思维与记忆、注意的关系。他说："人何以知道？曰：心。心何以知？曰：虚壹而静。心未尝不藏也，然而有所谓虚；心未尝不满也，然而有所谓一；心未尝不动也，然而有所谓静。"[4]这段话论及了三对关系：首先是藏与虚的关系，虚就是"不以所已藏害所将受"，跟贮存知识巩固记忆有关。其次是两与一的关系，所谓壹是"不以夫一害此一"，与集中注意的问题有关。最后是动与静的关系，静就是"不以梦剧乱知"，跟冷静思考问题有关。总之，荀子认为通过思维获得知识，必须具有虚心、专

---

[1]《庄子·徐无鬼》。

[2]《庄子·外物》。

[3]《庄子·天道》。

[4]《荀子·解蔽篇》。

一而冷静的心理状态。

《管子》一书对知虑心理中意、言、形、思的关系作了明确的论述。指出："意以先言，意然后形，形然后思，思然后知。"[1]认为意感先于言语，意感其事，然后才呈现出事物的形体。有了事物的形体然后才有思维，有了思维然后才能认识各种事物。这里论及了四者关系中的顺序性，强调了意向和思维在心理过程中的作用，是很有见地的。该书还认为："知其象，则索其形；缘其理，则知其情；索其端，则知其名。"[2]表象来源于事物的形体，名称要反映事物的情实。

《吕氏春秋》对言与意的关系也提出了精辟的见解。它明确地断定："言者，以谕意也。"[3]言语是用来表达思想的，又说："夫辞者，意之表也。鉴其表而弃其意，悖。故古之人，得其意则舍其言矣。听言者以言观意也。听言而意不可知，其与桥言无择。"[4]强调言语是思想的外在表现，可以得意舍言，听言观意。该书还指出："非辞无以相期，从辞则乱。乱辞之中又有辞焉，心之谓也。言不欺心，则近之矣。凡言者，以谕心也。"[5]这段话表明了言语（辞）是人们互相交往（相期）交流思想的工具的观点，但也指出，不能只听信言辞，"言不欺心"。凡是言语都应用来表达思想。以上言与意的关系的思想，跟现代心理学中有关思维与言语关系的观点也是相符的。

魏晋玄学家对言（言语）、象（表象）、意（思维）的论述很多，而且形成了"言不尽意论"与"言尽意论"两个对立的派别。前者以何晏、王弼、张韩等为代表，后者以欧阳建、孙盛等为代表。王弼说："夫象者，出意者也。言者，明象者也。尽意莫若象，尽象莫若言。言生于象，故可寻言以观象；象生于意，故可寻象以观意。意以象尽，象以言著。故

---

[1]《管子》,《心术》下。
[2]《管子·白心》。
[3][4]《吕氏春秋·离谓》。
[5]《吕氏春秋·淫辞》。

言者所以明象，得象而忘言；象者，所以存意，得意而忘象。"[1]从上面这段话可以看出，第一，言、象、意是一种递进的表面关系，可示意为言⇄象⇄意，"象"和"言"都是"意"的表现，表达意思要通过一定的形象，明确形象要通过一定的语言。言、意、象是密切联系在一起的。第二，继承庄子的思想，认为"得意"又可以"忘象"、"忘言"，如果"存象"、"存言"就不能"得意"，这样又肯定言、象、意三者是可以分开的。欧阳建则认为这是"言不尽意论"，著有《言尽意论》提出相反的观点。他说："世之论者，以为言不尽意，由来尚矣。……诚以理得于心，非言不畅；物定于彼，非名不辩。言不畅志，则无以相接；名不辩物，则鉴识不显。鉴识显而名品殊，言称接而情志畅。"[2]强调言语是用以表达思想、思维的，不能把言与意两者割裂开来，言是可以尽意的。

唐代以后的思想家较少讨论言、象、意问题，其基本观点主要是承袭前人的思想。唐代李翱说："故义深则意远，意远则理辨，理辨则气直，气直则辞盛，辞盛则文工。"[3]这里讨论了义、意（思想、思维）与辞、文（语言、文字）的关系，而且把理、气也联系起来了。宋代的二程说："得意则可以忘言，然无言又不见其意。"[4]直承了庄子的思想。陆九渊说："必使其人本旨明白，言足以尽其意，然后与之论是非。"[5]其主旨直接脱胎于魏晋时欧阳建的《言尽意论》。明清之际的王夫之论到心（意）与象的问题时说："知象者本心也，非识心者象也。存象于心而据之为知，则其知者象而已；象化其心而心唯有象，不可谓此为吾心之知也明矣。见闻所得者象也，知其器，知其数，知其名尔。"[6]此外，这个历史时期论述言、象、意者几希矣。

---

[1]《王弼集校释·周易略例·明象》。

[2]欧阳建：《言尽意论》，载严可均辑《全晋文》卷一〇九。

[3]李翱：《答朱载言书》。

[4]《二程集·外书》。

[5]《陆九渊集》卷三，《与曹立之》。

[6]《张子正蒙注》。

五、知虑与行为

人的认知心理与行为活动紧密联系，甚至对心理学的定义也反映出来了。过去一般认为心理学是研究人的心理活动及其规律的科学，现在已有不少学者主张，心理学是研究人的心理与行为规律的科学。研究人的心理活动必须看他的行为表现，在人的行为活动中会反映其心理状态。中国古代思想家是认识到知虑与行为的紧密联系的，并且形成了一套有关知和行的关系的理论，称为知行论。

最早关于知行问题的论述，见于《尚书·商书》中的"非知之艰，行之惟艰"。从先秦起，历代思想家对知行问题都有所论述，并开展了热烈的讨论和争论。孔子、墨子等都是重视知行的，但在知行学说中有重要建树的要首推荀子。他明确地将人的认识与行动结合起来，主张知行统一说。提出："闻之不若见之，见之不若知之，知之不若行之。学至于行而止矣。"[1]并且认为不能脱离行，"知之而不行，虽敦而困"[2]。行也要有知的帮助，"知明而行无过矣"[3]。总之在荀子的知行统一学说中，知和行是相辅相成的。汉代的董仲舒则提出了知先行后的观点，否定了行对知的作用。他说："凡人欲舍行为，皆以其知先规而后行之。"[4]东汉末的仲长统也主张知与行的统一，他说："知言而不能行谓之疾，此疾虽有天医莫能治也。"[5]认为知行相离是不治之症。

唐代很少人论述知行问题，宋代又受到重视，而且大抵上继承知先行后的观点。程颐说："须是知了，方行得。""君子以识为本，行次之。"[6]朱熹则一方面继承了知先行后的观点，另一方面又提出"知行常相须"的看法，在知行理论上有新的贡献。他说："知行常相须，如目无足不行，

---

[1][2]《荀子·儒效》。
[3]《荀子·劝学》。
[4]《春秋繁露·必仁且智》
[5]《昌言》下。
[6]《二程遗书》卷二十五。

足无目不见。论先后,知为先;论轻重,行为重。"[1]从不同视角论述知与行的关系,说得较确切、较全面,超越了前人。朱熹在同书中甚至触到了知和行的辩证关系。"知之愈明则行之愈笃,行之愈笃则知之益明。"[2]

明代的王守仁提出了"知行合一"的学说。他写道:"我今说个知行合一,正要人晓得一念发动处,便即是行了。"[3]还从知行是一个过程的始与成来阐述知行合一:"知是行的主意,行是知的工夫;知是行之始,行是知之成。若会得时,只说一个知,已自有行在;只说一个行,已自有知在。"[4]他甚至批评别人是把知行问题分作两截用功,指出:"知之真切笃实处即是行,行之明觉精察处即是知。知行工夫本不可离,只为后世学者分作两截用功,失去知行本体,故有合一并进之说。"[5]实际上是知行不分,以知代行。他只看到知行的机械合一,看不到知行矛盾的对立统一。王廷相则恢复了知行问题的唯物论观点。他主张"知行兼举",重视"履事"、"习事"和"实历"的作用,认为"讲得一事即行一事,行得一事即知一事,所谓真知矣。"[6]他主张知行并举,提出"学之术有二,曰致知,曰履事,兼之上也。""精于仁义之术,犹入尧舜之域,必知行兼举者能之矣。"[7]

清初王夫之的知行理论更接近辩证法。他说:"《说命》曰'知之非艰,行之惟艰',千圣复起,不易之言也……知非先行非后,行有余力而求知。圣言决矣而孰与易之乎?"[8]他在批评"知行合一"时又说:"知行相资以互用,惟其各有致功而亦各有其效,故相资以互用,则于其相互,益知其必分矣。同者不相为用,资于异者乃和同而起功,此定理也。不知

---

[1][2]《朱子语类》卷九。

[3]《传习录》下。

[4]《传习录》上。

[5]《传习录·答顾东桥书》。

[6]《王氏家藏集》卷二十七,《与薛君采二首》。

[7]《慎言》卷八,《小宗篇》。

[8]《尚书引义·说命中》。

其各有功效而相资，于是姚江王氏知行合一之说得借口以惑世。"[1]在明清时能看到知行是一种辩证关系，确难能可贵。至于王夫之说"行可兼知，而知不可兼行"[2]也有知行可以不分的意思，这是不对的。

到当代，毛泽东同志在《实践论》里，全面贯彻了辩证唯物论观点，明确了知和行的相互依赖关系，又把知行学说推进到一个更高的水平。这些都是科学心理学的重要内容中应该有，而传统心理学内容中所缺少的具有基本意义的部分。

第二节　志意心理思想

志意心理思想是指中国古代思想家关于意志问题的理论观点。有时"志"与"意"是分别论述的，有时则是志意合称，大体涉及现代心理学中有关意志、志向、动机、目的、效果、行为等方面的问题。从文献查考，较早出现"志"字是《诗经》里说的"在心为志"[3]，较早出现"意"字的是《管子》一书，"意气得而天下服，心意定而天下听"[4]。而荀子则将志、意合称了。他说："凡用血气、志意、知虑，由礼则治通，不由礼则勃乱提僈。"[5]这里已经明确地将认识过程（知虑）、情感过程（血气）、意志过程（志意）并列构成心理过程，同时把志与意作为整体的意志过程看待。在中国历史上，先秦时期对志意问题论述较多，汉晋较少，唐代则几希矣。宋代思想家又较热烈地讨论了志意问题，明代较少，明清之际王夫之从动机的角度论述志意问题颇透辟。

---

[1]《礼记·章句》卷三十一。
[2]《尚书引义·说命中》。
[3]《诗·关雎序》。
[4]《管子·内业》。
[5]《荀子·修身》。

一、志意概念

什么是"志"？

其一作"志向"、"志趣"讲。《论语》中孔子跟他的弟子有这样一段对话："颜渊、季路侍。子曰：'盍各言尔志？'子路曰：'愿车马衣轻裘与朋友共，敝之而憾。'颜渊曰：'愿无伐善，无施劳。'子路曰：'愿闻子之志。'子曰：'老者安之，朋友信之，少者怀之。'"[1]这里孔子跟弟子相互问"志"，就是问志向、志趣。《论语》说"博学而笃志"一句中的"志"也是这个意思。后来的思想家也有承继此说的。例如魏晋南北朝时的嵇康说："人无志，非人也。……若志之所之，则口与心誓，守死无二。"[2]意即人如果没有志向就不能称之为人。志向所至，则口说心想的都是一致的。

其二作"动机"讲。墨子说："愿吾主君之合其志功而观焉。"[3]主张将动机与效果联系起来看。这里的"志"是动机的意思，而"功"则作效果讲。

其三作"目的方向"讲，有"趋向"和"期必"的意思。二程说："志者，心之所之也。"[4]志是人心思上的趋向与期望。又说："志已坚定，则气不能动志。"[5]行动的目的方向坚定，则意气情感不能动摇它。以后不少思想家也承继此说。例如朱熹说："志者，心之所之也。其心诚在于仁，则心无为恶之事矣。"[6]朱熹的高足陈淳更作了很好的诠释与发挥。他说："志者，心之所之。之犹向也，谓心之正面全向那里去。如志于道，是心全向于道；志于学，是心全向于学。一直去求讨要，必得这个物事，便是志。若中间有辍或退转底意，便不得谓之志。"[7]又说："志有趋向、期必之意。

---

[1]《论语·公冶长》。
[2]《嵇康集校注·家诫》。
[3]《墨子·鲁问》。
[4]《二程集》，《外书》卷第二。
[5]《二程集》，《遗书》卷第一。
[6]《四书集注·论语集注》卷一。
[7]《北溪字义·志》。

必趋向那里去，期料要恁地，决然必欲得之，便是志。"[1]

其四作"意志"讲。《孟子》上说："夫志，气之帅也；气，体之充也。夫志至焉，气次焉；故曰：'持其志，无暴其气。'"[2]认为人的思想意志（志）统帅、支配人的意气情感（气），"志"是最高的，"气"是次一等的，所以保持了人的思想意志，就不会暴乱人的意气情感。《鬼谷子》一书也持相近似的观点。"志不养则心气不固；心气不固则思虑不达；思虑不达则志意不实；志意不实则应对不猛；应对不猛则失志而心气虚；志失而心气虚则丧其神矣；神丧则恍惚；恍惚则参会不一。"[3]这里的"志"与"志意"并用，"志意"就是意志，"志"也有意志、志气的意思。

什么是"意"？

这里的"意"是与"志"有联系又有区别的。汉代王充将"意"作"意志"的意思使用。他说："夫自洁清则意精，意转则行清，行清而贞廉之节立矣。"[4]"意精"就是意志统一。宋代思想家使用"意"较多。《二程集》里说："或问志意之别。子曰：'志自所存主言之，发则意也。发而当，理也；发而不当，私也。'"[5]朱熹继承和发展了这个思想，论述颇多。他说："意者，心之所发；情者，心之所动；志者，心之所之，比于情，意尤重。"[6]又指出："未动而能动者，理也；未动而欲动者，意也。"[7]跟"志"比较，志是人的心理活动指向一定的目标，而"意"则是"心之所发"，是人的心理"未动而欲动"的状态。为了说明"意"的含义，朱熹又拿"意"跟"情"比较："问：'意是心之运用处，是发处？'曰：'运用是发了。'问：'情也是发处，何以别？'曰：'情是性之发，情是发出恁地。意是主张要恁地。如爱那物是情，所以爱那物是意，情如舟车，意如人去使那舟车一般。'"[8]陈

---

[1]《北溪字义·志》。

[2]《孟子·公孙丑上》。

[3]《鬼谷子》卷下，《养志法灵龟》。

[4]《论衡·四讳》。

[5]《粹言》卷第二，《心性篇》。

[6][7][8]《朱子语类》卷五。

淳又发挥他的老师的观点，将意与心、性、情、志等进行比较，以揭示意的含义。他说："意者，心之所发也，有思量运用之义。大抵情者性之动，意者心之发。情是就心里面自然发动，改头换面出来底，正与性相对。意是心上发起一念。思量运用要怎地底。情动是全体上论，意是起一念处论。合数者而观，才应接事物时，便都呈露在面前。且如一件事物来接着，在内主宰者是心；动出来或喜或怒是情；里面有个物，能动出来底是性；运用商量，要喜那人要怒那人是意；心向那所喜所怒之人是志；喜怒之中节处又是性中道理流出来，即其当然之则处是理；其所以当然之根原处是命。一下许多物事都在面前，未尝相离，亦粲然不相紊乱。"[1]简言之，他认为"意"是人内心发出的一种念头，含有思量运用之义。它与整个心比有大小、"全体"与"一处"之别，"意"更小只发一念虑处。就实质说，"意"就相当于现代心理学上的意志概念。王夫之则认为"心自有心之用，意自有意之体。人所不及知而己所独知者，意也。""意则起念于此，而取境于彼。"[2]

什么是"志意"？

前面已提到将志、意合称为"志意"大概要首推荀子。他在《天论》《正论》、《修身》、《荣辱》、《儒效》、《君道》、《王霸》、《礼论》等各篇中都是用的"志意"一词，相当于现代心理学上的意志过程。例如说："若夫志意修，德行厚，知虑明，生于今而志乎古，则是其在我者也。"[3]这里将意志过程（志意）、品德行为过程（德行）、认识过程（知虑）并列；其中"生于今而志乎古"的"志"，作了解、认识、通晓解，跟《孟子》将"志"作"意志"讲不同。又如："志意定乎内，礼节修乎朝，法则、度量正乎官，忠、信、爱、利形乎下。"[4]这里的"志意定乎内"意即内心有坚定的意志。后来的学者多持志、意分论的观点。

［1］《北溪字义·志》。
［2］《读四书大全说》。
［3］《荀子·天论》。
［4］《荀子·儒效》。

二、志意异同

为了进一步揭示古代思想家志意心理思想的内涵,有必要对"志"与"意"的异同点作一比较。《心理学大词典》的"志意论"条目,对此曾作过概要的叙述。

从许多古代思想家关于志与意的论述看,志与意具有下述共同之处:首先,志、意都与情密切相关。荀子是将志意与情感(血气)、认识(知虑)并列的,并且说:"血气和平,志意广大,行义塞于天地之间,仁知之极也。"[1]这里将志意跟情感(血气)联系起来论述。二程也是将志与情联系起来的,说:"其志既正,则虽热不烦,虽寒不慄,无所怒,无所喜,无所取,去就犹是,死生犹是,夫是谓之不动心。"[2]朱熹更直截了当地有过这样一段对话:"问:'意者心之所发,与情性如何?'曰:'意也与情相似。'问:'志如何?'曰:'志也与情相近,只是心寂然不动,方发出,便唤做意。'"[3]主张"志与意都属情,'情'字较大。"[4]第二,志、意都与行不可分割。墨子说:"志行,为也。"[5]志行,相当于现在的意志行动。"志"作意志与动机讲,"行"指行动、行为。荀子也是主张志与行不可分割的,他说:"行法志坚,不以私欲乱所闻,如是,则可谓劲士矣。行法志坚,好修正其所闻,以桥饰其情性;……如是,则可谓笃厚君子矣。"[6]这里的"行法志坚"就是行动合法意志坚强的意思,志与行是密切联系的。前面已讲到王充说的"意精由行清",即意志统一则行为高尚,认为意与行也是密切联系的。第三,志、意都是心有主向的表现。陈淳说:"志者,心之所之。之犹向也,谓心之正面全向那里去。"[7]认为志总是趋向于一定的目标。王夫之也肯定志是主宰心理活动的有主向的心归宿处。"志者,人

[1]《荀子·君道》。
[2]《二程集》,《遗书》卷二十五。
[3][4]《朱子语类》卷五。
[5]《墨子·经说上》。
[6]《荀子·儒效》。
[7]《北溪字义·志》。

心之主；……人为功于天而气因志治也。"[1]"心之所期为者，志也。"[2]

尽管志与意有其共同点，但也有其差异与区别。它们的主要不同是：第一，志是"公然主张"的目的，意是"私地潜行"的动机。张载把这种不同叫做"志公而意私"。朱熹阐发说："志是公然主张要做底事，意是私地潜行间发处。志如伐，意如侵。"[3]又说："志便有立作意思，意便有潜窃意思。……意，多是说私意；志，便说'匹夫不可夺志'。"[4]第二，意是随感偶发的，志是事先预立的，具有明确的目的性。王夫之说："意者，心所偶发，执之则为成心矣。……志者，始于从心之矩，一定而不可易者，可成者也。"还指出：意是"因一时感动"而产生的，志则"未有事而豫定"。[5]这也就是朱熹指出的"人之为事，心先立志以为本，志不立则不能为得事"[6]。第三，意时起时变，志则具有一定的坚定性。王夫之对此也有明确的判别："意者，乍随物感而起也；志者，事所自立而不可易者也。"[7]第四，志与意在各人身上有有无多少的不同。陆九渊分为"有有志，有无志，有同志，有异志"[8]四种情况。王夫之则把人分为四等：庸人（有意无志）、中人（志为意乱）、君子（持志慎意）、圣人（有志无意）。

三、志意理论

从上面关于志意的概念、志意的异同论述中，已经可以看出古代思想家有关志意问题的基本理论观点。志意相当于现代心理学中的意志过程，它具有调节功能和能动作用，强调人的一切活动都是由心来支配的。

---

[1]《张子正蒙注》卷一。
[2]《诗广传》卷一。
[3]《朱子语类》卷五。
[4]《朱子语类》卷九十八。
[5]《张子正蒙注》。
[6]《朱子语类》卷十八。
[7]《张子正蒙注》。
[8]《陆九渊集·杂说》。

"自禁也，自使也；自夺也，自取也；自行也，自止也。"[1] 志和意都是"心之动"，志之动是对事物的指向，而意之动是去实现志，经过"志→意→行"的过程，人们的心理就可外化为行为。有的思想家还把"意"的心理过程划分为决心、信心、恒心三个阶段。此外，还有些具有特色的志意理论，主要是：

1. 志气观。志是意志，气指情感，是有关情感与意志关系的观点，所以也可称情意观。中国古代论述情与意密不可分是具特色的。孟子对此有较全面的论述，他说："夫志，气之帅也；气，体之充也。夫志至焉，气次焉；故曰：'持其志，无暴其气。'既曰：'志至焉，气次焉。'又曰，'持其志，无暴其气。'何也？曰：志壹则动气，气壹则动志也。今夫蹶者趋者，是气也，而反动其心。"[2] 认为思想意志可以统帅支配情感，意志与情感是相互影响的。孟子的这一思想为后世学者继承和发展。二程《遗书》对志与气的论述都是直接脱胎于孟子而又有所发挥的。指出：论先后，"志至焉，气次焉，自有先后"；论主次，"志帅气也"；论关系，"志专一则动气，气专一则动志"，而且"志顺者气不逆，气顺志将自正"；论多少，"志动气者多，气动志者少"。陆九渊对孟子的观点也作了辨析，认为"志壹动气"和"气壹动志"二者是可以互相转化的。他说："'志壹动气'，此不待论，独'气壹动志'，未能使人无疑。孟子复以蹶趋动心明之，则可以无疑矣。壹者，专一也。志固为气之帅，然至于气之专壹，则亦能动志。故不但言'持其志'，又戒之以'无暴其气'也。居处饮食，适节宣之宜，视听言动，严邪正之辨，皆无暴其气之工也。"[3]

2. 志功观。志指动机，功指效果，是有关动机与效果关系的观点。这个问题是墨子首先明确提出来的。《墨子》一书中有这样一段对话："鲁君谓子墨子曰：'我有二子，一人者好学，一人者好分人财，孰以为太子而可？'子墨子曰：'未可知也。或所为赏与为是也。鲂（钓）者之恭，

---

[1]《荀子·解蔽》。

[2]《孟子·公孙丑上》。

[3]《陆九渊集》卷二十一，《孟子说》。

非为鱼赐也；饵鼠以虫，非爱之也。吾愿主君之合其志功而观焉。'"[1]指出要判别两个人"好学"或"好分人财"的好坏，必须将他们的动机与效果结合起来去考虑。所谓志功观就是把动机与效果联系起来的一致论观点。孟子主张既"食志"又"食功"，也是讨论动机与效果的关系问题。"曰：'子何以其志为哉？其有功于子，可食而食之矣。且子食志乎？食功乎？'曰：'食志。'曰：'有人于此，毁瓦画墁，其志将以求食也，则子食之乎？'曰：'否。'曰：'然则子非食志也，食功也。'"[2]孟子是主张志功并重的，认为有时应按人的行为动机给予报偿，有时应按人的行为效果给予报偿。东汉王充也论述过志功问题，他指出："志善不效成功，义至不谋就事，义有余，效不足，志巨大而功细小，智者赏之，愚者罚之。"[3]王充强调"志善"、"志巨大"，而不计"效不足"、"功细小"去行赏是明智的做法，可见其更重视人的行为的动机方面。后世学者有偏于动机评判问题的，也有偏于效果评判问题的，宋代朱熹与陈亮评价汉高祖刘邦和唐太宗李世民进行的辩论就是例证。朱熹从动机立论而鄙薄汉唐："若高帝则私意分数犹未甚炽，然已不可谓之无。太宗之心则吾恐其无一念之不出于人欲也。"陈亮则从效果立论而肯定汉唐："汉唐之君本领非不洪大开廓，故能以国与天地并光，而人物赖以生息。"明清之际的王夫之承继先秦之思想，也主张将动机效果联系起来考虑问题："志也，心之发用而志之见功也。"[4]

3. 志行观。志指意志，行指行动，是关于意志与行动关系的观点。前面已论述到后期墨家曾明确地将"志"和"行"联系在一起，提出了"志行，为也"的观点，认为有志之行，才叫意志行为；反之，无志之行，就不能叫意志行为。荀子也论及志行问题，指出："志意致修，德行致厚，智虑致明，是天子之所以取天下也。……志行修，临官治，上则能顺上，

---

[1]《墨子·鲁问》。

[2]《孟子·滕文公下》。

[3]《论衡·定贤》。

[4]《读四书大全说》。

下则能保其职,是士大夫之所以取田邑也。"[1]这里的"志意"相当于意志,"志行"相当于意志行动,两者是有联系而又有区别的,跟现代心理学中意志与意志行动关系的观点相符合。东汉王充说:"夫自洁清则意精,意精则行清,行清而贞廉之节立矣。"[2]这里的"意"与"行"实则为"志行","意"指意志。他认为人的意志统一,行为就会高尚,也是将意志与行为联系起来看问题的。

4. 尚志观。尚志指使志高尚,是关于对待志意的态度的观点。中国古代思想家对此非常重视,从先秦到明清出现了"笃志"、"尚志"、"志存"、"秉志"、"立志"、"持志"、"正志"、"慎意"等许多概念。孔子是非常重视志的,甚至说:"三军可夺帅也,匹夫不可夺志也。"[3]还论及了"笃志"、"志于学"、"志于道"的问题。孟子提出尚志,"何谓尚志? 曰:仁义而已矣。"[4]荀子将志意与德行、道义、礼节等并提,认为它们可以"骄富贵"、"轻王公",甚至是"天子之所以取天下"、"士大夫之所以取田邑"的必备条件。诸葛亮强调为学、为将都要立志,指出:"志当存高远,慕先贤,绝情欲,弃凝滞,使庶几之志,揭然有所存,恻然有所感……若志不强毅,意不慷慨,徒碌碌滞于俗,默默束于情,永窜伏于凡庸,不免于下流矣!"[5]他的"志当存高远"一语为后世千载传颂,教育年轻一代要有高尚远大之志。嵇康说:"凡行事先自审其可,不差于宜,宜行此事,而人欲易之,当说宜易之理,若使彼语殊佳者,勿羞折遂非也。若其理不足,而更以情求来守人,虽复云云,当坚执所守,此又秉志之一隅也。"[6]他所要求的"秉志",表现为别人说得对的不要羞于改变自己而按错误的决定行事,自己对的则要"坚执所守"。朱熹强调立志说:"人之为事,必

[1]《荀子·荣辱》。
[2]《论衡·四讳》。
[3]《论语·子罕》。
[4]《孟子·尽心上》。
[5]《诸葛亮文集·诫外甥书》。
[6]《嵇康集校注·家诫》。

先立志以为本，志不立则不能为得事。……立志必须高出事物之表，而居敬则常存于事物之中。"[1]将立志作为行事的根本，提到了很高的位置，并且立志要高，要"居敬"，这又深化了一层意思。他的学生陈淳也主张"立志须是高明正大"[2]。王夫之在对待志、意态度方面的思想更是全面而深刻。他主张对志要采取"正"、"一"、"持"的态度；而对意则要采取"诚"、"一"、"慎"的态度。王夫之说："故道者，所以正吾志者也。志于道而以道正其志，则志有所持也。"[3]又说："人之所为，万变不齐，而志则必一，从无一人而两志者。……志正则无不可用，志不持则无一可用。"[4]这就是说，对志要求以道"正志"，"志一"勿两，"持志"相守。王夫之说："苟以意为自，则欺不欺，慊不慊，既一意矣，毋自欺而自谦，又别立一意以治之，是其为两意也明甚。若云以后意治前意，终是亡羊补牢之下策。过后知悔，特良心之发见，而可云诚意而意诚哉？"[5]还要求"君子持其志以慎其意。"[6]这就是说，对意要求"诚意"求善，"一意"勿变，"慎意"从事。

第三节　情欲心理思想

在中国古代文献里，情欲心理思想的含义是多重的。最广泛的意思是指情感、情绪与欲望、欲求（需要）两个方面的思想学说，一般称之为情欲论，这是主体的含义。比较狭义的情欲心理思想，指从情与欲的关系探索情感与欲望的实质的观点，称为情欲观。例如说："情者，性之

---

[1]《朱子语类》卷十八。

[2]《北溪字义·志》。

[3][5]《读四书大全说》。

[4]《俟解》。

[6]《张子正蒙注》。

质也；欲者，情之应也。"[1]认为情是人性本质的一种表现，欲则是情对外物的感应产生的。这里是将情与欲并提、联系起来讲的，不能不说是中国古代关于情欲心理思想的一个特点。而前面提到的情欲论，包括情感与欲望两个方面并分开来讲，"情"指情感、情绪过程，"欲"则与现代心理学上"需要"的概念相近。尤其值得注意的是古代学者关于怎样对待情与欲的思想观点，在当时具有调节人们社会生活行为的现实意义，对现在仍具有一定借鉴作用。

一、关于情的问题

1. 情的实质。情的概念大概可以追溯到《尚书》,它提到："天畏棐忱，民情大可见。"[2]古代思想家对人的情绪、情感的理解与认识是多角度的，他们从各自不同的侧面去揭示情绪、情感的实质。

从人性的角度考察情的问题者认为："性者，天之就也；情者，性之质也。"[3]认为天生就有的性是最根本的，情是"性之质"，是在性的基础上表现出来的。但是性情有善恶之分，所以从人性来考察情的问题，也有性情皆善与性善情恶之别。王安石、颜元等都主张人性与情感是相应统一的，人性善，情感也善，这就是性情皆善说。王安石指出："性情一也，世有论者曰：性善情恶，是徒识性情之名，而不知性情之实也。喜怒哀乐好恶欲，未发于外而存于心，性也；喜怒哀乐好恶欲，发于外而见于行，情也。性者情之本，情者性之用。"[4]这里从性与情的本用关系出发揭示情的实质，主张性情皆善，反对性善情恶。主张性善情恶者则认为："人之禀气，必有性情。性之所感者情也；情之所安者欲也。情出于性，而情违性，欲由于情，而欲害情。……性贞则情销，情炽则性灭。"[5]判定情违性故产生性善情恶，以至产生了"性贞则情销，情炽则性灭"

---

[1][3]《荀子·正名》。
[2]《尚书·康诰》。
[4]《王文公文集·性情》。
[5]《刘子新论·防欲》。

的对立情况，与"性情一也"相左。唐代李翱也认为："人之所以感其性者，情也。"并判定情昏性匿。他说："人之所以为圣人者，性也；人之所以感其性者，情也。喜怒哀惧爱恶欲七者，皆情之所为也。情既昏，性斯匿矣，非性之过也。七者循环而交来，故性不能充也。"[1]基于上述观点，他主张灭情复性。宋明理学家也认为性善情恶，因而主张"性其情"，而反对"情其性"。

从欲与情的关系考察情的问题时则认为："欲者，情之应也。以所欲为可得而求之，情之所必不免也。"[2]欲是"情之应"，欲是情对外物的感应产生的，情与欲都是在人性基础上表现出来的。荀子从欲的视角认识情还作了具体的解说："故人之情，口好味而臭味莫美焉，耳好声而声乐莫大焉，目好色而文章致繁妇女莫众焉，形体好佚而安重闲静莫愉焉，心好利而谷禄莫厚焉；合天下之所同愿兼而有之，皋牢天下而制之若制之孙，人苟不狂惑戆陋者，其谁能睹是而不乐也哉！"[3]这里的情是与欲紧密相连的，而且各种具体的情与欲是相对应的。《吕氏春秋》则认为欲（需要）可产生情感，情感也可产生欲（需要）。人有"四欲"、"四恶"，得欲除恶则产生愉快的情感，"四欲"指寿、安、荣、逸，"四恶"指夭、危、辱、劳。另一方面"欲之者，耳目鼻口也；乐之弗乐者，心也。心必和平然后乐，心必乐然后耳目鼻口有以欲之。"[4]即"心乐"的情感也可产生欲。王充也说："凡人之有喜怒也，有求得与不得，得则喜，不得则怒。"[5]这里的"得与不得"相当于现代心理学上的需要满足与否，一般说来，得到满足则产生满意、愉快、喜爱等肯定的情感，否则就产生不满意、哀伤、厌恶等否定的情感。墨子从利害的角度论述情的问题，其实质也是探讨欲与情的关系。"利（……利）。所得而喜也。"所谓趋利，是由于所得到的东

---

[1]《李文公集·复性书》。

[2]《荀子·正名》。

[3]《荀子·王霸》。

[4]《吕氏春秋·适音》。

[5]《论衡·祭意篇》。

西好而喜悦。"害（……害）。所得而恶也。"[1]所谓避害，是由于所得到的东西不好而憎恶。《吕氏春秋》继承了此思想，认为对事物的爱是"有之利故也"，将情与利联系起来，爱与否是以对己是否有利为转移的。

从心理状态考察情感问题者认为，情感是人的心理的波动状态。据《心理学大词典》考证，五代梁时贺玚首先提出这种观点："性之与情，犹波之于水；静时则水，动则是波；静时是性，动则是情。"宋代学者继承和发展了情波说的思想。二程认为"情是性之动处"，并且以水的波浪比喻情的喜怒状态。"问：'性之有喜怒，犹水之有波否？'曰：'然。湛然平静如镜者，水之性也。'"[2]朱熹曾从心、性、情、欲的关系出发，分别以水喻心，水静喻性，水动喻情（"行乎水之动），水流滥喻欲。成书年代尚难断定的《关尹子》一书也是持情波说的。指出："情生于心，心生于性。情，波也；心，流水；性，水也。"[3]总之，将情感看成是心理的一种波动状态，以区别于其他的心理状态，虽然没有真正揭示情感的实质，但毕竟让人们从一个新的视角考察了情感过程跟其他心理过程的差别。它以比喻的方式从一个侧面反映了情感会引起人的生理变化并有其外部表现的思想。情波说不能不说是具有特色的一种心理学思想。

从人体脏器探讨情感的本质，是从情感的生理机制揭示情感的实质。《黄帝内经》认为，五脏藏精化气生神，神接受外界刺激而生情，神活动于内，情表现于外。"人有五脏，化五气，以生喜怒悲忧恐。"[4]或说："心者，君主之官也，神明出焉。……膻中得，臣使之官，喜乐出焉。"[5]认为人体的心、肺、肝、肾、脾五脏是产生喜怒悲忧恐等情感的生理基础。而且从中医理论"怒伤肝，喜伤心，思伤脾，忧伤肺，恐伤肾"可以看出不同的情感有不同的脏器为生理基础：怒——肝，喜——心，思——

---

[1]《墨子·经上》。
[2]《二程遗书》卷十八。
[3]《关尹子·五鉴篇》。
[4]《素问·阴阳应象大论》。
[5]《素问·灵兰秘典论》。

脾，忧——肺，恐——肾。特别具体指出心和心包络（膻中）是产生喜乐情感的生理基础。心情悲哀则泣涕，情感情绪能引起生理变化和具有相应的外部表现。这就是："心悲名曰志悲，志与心精，共凑于目也。是以俱悲则神气传于心精，上不传于志而志独悲，故泣出也。泣涕者脑也，脑者阴也，髓者骨之充也，故脑渗为涕。"[1]战国时期的纵横家鬼谷子也持情感生于五脏的观点："故曰辞言五：曰病、曰怨、曰忧、曰怒、曰喜。故曰病者感衰气而不神也，怨者肠绝而无主也，忧者闭塞而不泄也，怒者妄动而不治也，喜者宣散而无要也。"[2]用脏气变化的思想，解释了病、怨、忧、怒、喜五种情感的特征。现代心理学认为，当人处于情绪状态时，体内由植物性神经系统支配的内脏器官和内分泌活动会发生变化；脑的许多部位在情绪诸成分中起着不同的作用，下丘脑、边缘系统和大脑皮质有着重要作用。中国古代已认识到人的脏器与情感、情绪的密切关系，从历史角度看是难能可贵的。

2. 情的分类。关于情感的分类，现代西方心理学在这个问题上是繁杂纷纭的，有的将情感、情绪分为十六七种之多。中国古代关于情的归类学说虽较西方简要，但也各说不一，有四情说、五情说、六情说、七情说、九情说、十情说等。现代心理学从情感的强度、紧张度、快感度、复杂度四个维度来认识情感体验的性质，把快乐、悲哀、恐惧、愤怒看作是单纯的情绪，或称为基本情绪，或称为原始情绪。中国古代思想家关于基本情绪的种类划分，更偏于快感度这个维度。兹将情的各种分类分述如下：

① 四情说：将人的基本情绪分为四种。例如《中庸》将情绪分为"喜、怒、哀、乐"。《管子》将情绪分为"忧、思、喜、怒"或"喜、怒、忧、患"。

② 五情说：将人的基本情绪分为五种。《素问》将情绪分为"喜、怒、思、忧、恐"及"喜、怒、悲、忧、恐"五种。《鬼谷子》把情分为"病、怨、

[1]《素问·解精微论》。
[2]《鬼谷子》卷中，《权篇第九》。

忧、怒、喜"五种。《吕氏春秋·尽数》称"喜、怒、忧、恐、哀"为五情。《三国志·魏陈思王植传》定"喜、怒、哀、乐、怨"为五情。

③六情说:将人的基本情绪分为六种。《左传》把情绪分为"好、恶、喜、怒、哀、乐"六种。《荀子·天论》的六情说,也指"好、恶、喜、怒、哀、乐"。东汉班固等编撰《白虎通·情性》则称"喜、怒、哀、乐、爱、恶"为六种。以上均大同而小异。

④七情说:将人的基本情绪分为七种。《礼记·礼运》说:"何谓人情?喜、怒、哀、惧、爱、恶、欲,七者弗学而能。"提出了七情说。《黄帝内经》也持七情说,指"喜、怒、忧、思、悲、恐、惊"。

⑤九情说:将人的基本情绪分为九种。《荀子·正名篇》提出九情说,认为"说、故、喜、怒、哀、乐、爱、恶、欲以心异"。

⑥十情说:将人的基本情绪分为十种。刘智在《天方性理》中提出十情说,指"喜、怒、爱、恶、哀、乐、忧、欲、望、惧"。这大概是中国古代文献中,将情绪种类划分最多的。

由以上可知,喜、怒、哀、乐是各说中最基本的组成部分,这四种基本情绪跟现代心理学把快乐、悲哀、愤怒、恐惧作为最基本的原始情绪是相近似的。

3. 情二端说。情二端说是指中国古代心理学思想关于情的归类的学说。从文献记载看,许多思想家有关情的归类划分有一个两极划分的共同点。以先秦为例,有的认为:"喜生于好,怒生于恶……好物乐也,恶物哀也。"[1] 有的说:"饮食男女人之大欲存焉,故欲恶者心之大端也。"[2] 还有的说:"人君而有好恶,故民可治也。"[3] 在这里,"好恶"、"欲恶"被认定为是人的两种最基本的情,其他情感、情绪最终都可归之于"好"或"恶"两极。所以潘菽教授曾经指出:中国古代有关文献都强调人有

---

[1]《左传》。

[2]《礼记》。

[3]《商君书·错法第九》。

好恶两种基本的情，其他的情都是好恶的变式，故称之为"情二端论"[1]。

从中外古今的比较看，中国古代的情二端说，较之西方传统心理学的情感划分有其独特优胜之处。首先是以简驭繁，用情二端说归并了前面讲到的"四情说"、"五情说"、"六情说"、"七情说"、"九情说"、"十情说"。不像西方心理学将情感分为十六七种之多那么繁杂。其次，情二端说还涉及了情感与需要、欲求的关系，情感产生的心理动力问题。

我们可以将中国古代的"情二端说"，与现代西方心理学的创始人冯特的"情感三维度说"进行比较。冯特认为情感有愉快与不愉快、兴奋与压抑、紧张与松弛三对不同的性质，称之为情感的三个维度。每个维度代表一对情感元素沿着相反两极的不同程度的变化，三个维度相交于零点，每一种具体的情感体验都可按照三个维度而确定它所处的位置。对于这种学说虽然存在争论，但是关于情感的两端性则都是肯定的。冯特的"情感三维度说"原有图示，笔者则曾将上述所引《左传》中有关情感的论述图示如下：

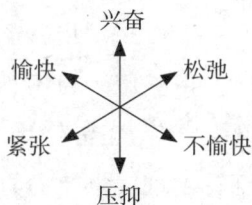

（冯特情感三维度说）　　　　　（中国古代情二端说）

通过图示比较，能够更形象直观地看出两种理论思想在情感两极性方面的相似之处。如果再深究其涵蕴的思想，还可以做这样的阐述，"情二端说"中的"好"、"恶"属于需要、欲求的范畴，是产生喜、怒、哀、乐情感的基础和心理动力。就情感与需要的关系而言，这跟现代心理学关于情感在需要的基础上产生的理论是暗合的。

---

[1] 参见潘菽《心理学简札》下册，人民教育出版社1984年版，第392—393页。

二、关于欲的问题

1.什么是欲。"欲"这种心理活动是指喜爱、欲望,相对应的是"恶"。它相当于现代心理学上的需要、需求。先秦思想家们对欲的问题早就多有论述。大概较早直接论述欲的有老子。他从人性应是自然本性的观点出发,主张人应保持自然纯朴状态,恪守自然之德,进而要求人们减少私心,降低欲望。这就是所谓"见素抱朴,少私寡欲"[1]。很显然,老子把"欲"这种心理活动与"私心"联系起来,认为它是不应过多和任意发展的,甚至断言:"祸莫大于不知足,咎莫大于欲得。"[2]

孟子和庄子等则把欲的概念明确地扩展为,既包括"饮食男女"的本能之欲,也包括追求货利、名位、知识的物质和精神之欲。孟子说:"……天下之士悦之,人之所欲也,而不足以解忧;好色,人之所欲,妻帝之二女,而不足以解忧;富,人之所欲,富有天下,而不足以解忧;贵,人之所欲,贵为天子,而不足以解忧。"[3]即从"人之同心"出发,认为好色、财富、尊贵、受人喜爱等都是"人之所欲"。庄子则说:"夫天下之所尊者,富贵寿善也;所乐者,身安厚味美服好色音声也;所下者,贫贱夭恶也;所苦者,身不得安逸,口不得厚味,形不得美服,目不得好色,耳不得音声。"[4]从这段论述可知,庄子所谓的"欲"涵盖了"富贵寿善","身安厚味美服好色音声"等诸多方面,既有生理之欲又有社会之欲,既有物质之欲又有精神之欲。

为了进一步了解"欲"的实质,我们可以从古代学者关于性、情、欲的关系中去探索。荀子明确指出:"性者,天之就也;情者,性之质也;欲者,情之应也。以所欲为可得而求之,情之所必不免也。"[5]从性、情、欲三者统一的关系出发,肯定性是天生成的("天之就"),情是性的本质(性

[1]《老子》十九章。
[2]《老子》四十六章。
[3]《孟子·万章上》。
[4]《庄子·至乐》。
[5]《荀子·正名》。

之质），欲是情的感应（情之应）。亦即以天生的性为根本，情和欲都是在性的基础上的表现。这种思想观点，在论到情的问题时也已谈到。需要进一步指出的是，后来的思想家继承和发展了它，最有代表性的是明末清初的王夫之。他继承的是情和欲都生于性的传统观点。发展的是在"性—情—欲"和"性—情—才"两对关系中认识情与欲，并且强调"欲"与"理"相合的一面，这在后面将详加论述。

2. 欲的分类。对"欲"的分类，先秦时期以《管子》一书的有关思想最具典型意义。其中，"仓廪实则知礼节，衣食足则知荣辱"[1]这句话已脍炙人口。它将"欲"划分为"仓廪"、"衣食"的物质之欲，和"礼节"、"荣辱"的精神之欲；且前者是后者产生的基础。特别值得高度重视的是下面一段话："政之所兴，在顺民心；政之所废，在逆民心。民恶忧劳，我佚乐之；民恶贫贱，我富贵之；民恶危坠，我存安之；民恶灭绝，我生育之。能佚乐之，则民为之忧劳；能富贵之，则民为之贫贱；能存安之，则民为之危坠；能生育之，则民为之灭绝。"[2]这里从好（欲）与恶两个侧面来划分人的欲求，共得出四对相反相成的欲，并且具有层序的意味。它们依次为：生育欲求（与灭绝相对），即种族繁衍的需要；存安欲求（与危坠相对），即个体安全的需要；富贵欲求（与贫贱相对），即物质享受的需要；佚乐欲求（与忧劳相对），即精神享受的需要。而且两两相对应的欲恶关系上，能够相互转化，含有辩证法思想。从现代心理学的需要理论去评价，人们也不能不为《管子》这种精辟的理论见解所叹服。

至明代前，有关欲的分类的论述，基本上未超出《管子》的思想。明代的王廷相和王夫之则有所发挥。王廷相继承前人的思想说："饮食男女，人所同欲，贫贱夭病，人所同恶。"[3]又进一步指出，"美色，人情之所欲也，强而众且智者得之。货利，人情之欲也，强而众且智者得之。安逸，人情之所欲也，强而众且智者得之。得之则乐，失之则苦，人情

---

[1][2]《管子·牧民》。

[3]《慎言》卷四，《问成性篇》。

安得宴然而不争乎？安得老庄之徒淡然无欲乎？"[1]他认为，人除了有"饮食男女"这种生理上的欲求外，还有"美色"、"货利"、"安逸"等欲求，它们都是人的性情所具有的。王夫之则说："盖凡声色、货利、权势、事功之可欲而我欲之者，皆谓之欲。"[2]这里列举了生理、物质、权力和功名四种欲求，而且其排列顺序具有层次的递进性质。总之，以上已可窥见古代学者对欲求的划分与层次的思想之一斑。

3. 欲与天理。为了进一步探索古代学者对"欲"的实质的思想，有必要弄清欲与天理的关系。这个问题宋明理学家论述最多，影响深远；这些思想家的观点前后一脉相承。程颢、程颐将心分为人心与道心两个方面，认为："人心，私欲也，危而不安；道心，天理也。"[3]人心即私欲，道心即天理。理学家们是主张"明天理，灭人欲"的，但如果认为他们否定一切生理欲望则是不正确的。二程说："饥而食，渴而饮，冬而裘，夏而葛，苟有一毫私意于其间，即废天职。"[4]他们承认有欲望是正常的，生理的欲望符合天理，但是不能有私意、私心、私欲，否则天理就不存在了。因而强调："人心私欲，故危殆。道心天理，故精微。灭私欲则天理明矣。"[5]这里的天理当然不只是一些合理的欲望，用朱熹的话说："天理，只是仁义礼智之总名。"[6]是指的封建的伦理道德信条，成了禁锢人们思想行为的枷锁，而不只是心理学思想的范畴了。

朱熹继承二程的思想，并进行了更深入的讨论。有这样一段话可以了解他说的天理和人欲是什么。"问：'饮食之间，孰为天理，孰为人欲？'曰：'饮食者，天理也；要求美味，人欲也。'"[7]他把饮食这种生理欲望看作天理，而只把对美食的追求看作人欲。对于生理需要应当适当满足，

---

[1]《慎言》卷四，《问成性篇》。

[2]《读四书大全说》。

[3]《二程文集·粹言·心性》。

[4][5]《二程文集·遗书》。

[6]《朱文公文集》卷四十。

[7]《朱子语类》卷十三。

这就是："若是饥而欲食，渴而欲饮，则此欲亦岂能无。"[1]朱熹还认为社会性欲望也是天理，是人性所必有的。下面一段话可以作证："盖钟鼓、苑囿、游观之乐，与夫好勇、好货、好色之心，皆天理之所有，而人情之所不能无者。"[2]对于欲望的恶性膨胀，即达到"溺爱"、"成癖"的程度，朱熹则持否定态度，主张灭掉。他说："欲者，溺于爱而成癖者也。"[3]"人欲者，此心疾疢，循之则其心私而且邪。"[4]人欲是人顺应欲望产生的私心邪恶。就这一点说，朱熹实则承袭了荀子认为放纵欲望而性恶的观点："生而有耳目之欲，有好声色焉，顺是，故淫乱生而礼义文理亡焉。"[5]从人性探讨人的欲望、需要，是古代中国思想家具有特色的共同观点。还值得特别指出的是，朱熹从心性情欲相联系的观点，提出欲有"好底欲"和"不好底欲"之别。他说："性是未动，情是已动，心包得已动未动。盖心之未动则为性，已动则为情，所谓'心统性情'也。欲是情发出来底。心如水，性犹水之静，情则水之流，欲则水之波澜，但波澜有好底，有不好底。欲之好底，如'我欲仁'之类；不好底则一向奔驰出去，若波澜翻浪；大段不好底欲则灭却天理，如水之壅决，无所不害。"[6]以水喻心，以水之静动程度喻性、情、欲，形象晓义，别具匠心；将欲区别为"好底"和"不好底"，最终落到欲与天理的关系，并非什么欲都灭，跟孔子的"欲而不贪"的欲望观相近。

陆九渊以"天人合一"的观点反对理学的"天理人欲"之分。"天理人欲之言，亦自不是至论。若天是理，人是欲，则是天人不同矣。……书云：'人心惟危，道心惟微。'解者多指人心为人欲，道心为天理，此说非是。心一也，人安有二心？自人而言，则曰惟危；自道而言，则曰惟微。罔

---

[1]《朱子语类》卷九十四。

[2]《四书章句集注》。

[3]《朱子语类》卷二十八。

[4]《朱子文集》卷十三。

[5]《荀子·性恶》。

[6]《朱子语类》卷五。

念作狂，克念作圣，非危乎？无声无臭，无形无体，非微乎？因言庄子云：'眇乎小哉！以属诸人；警乎大哉！独游于天。'又曰：'天道之与人道也相远矣。'是分明裂天人而为二也。"[1]他反对理学的"天理"、"人欲"——"道心"、"人心"之分，从天人合一看，人只有一个心，来自"天理"的人心即是"道心"。

宋代的叶适认为："有己则有私，有私则有欲。"[2]人之情有所欲是合理的，反对理学的天理人欲之辨。他指出："君子之当自损者，莫如惩忿而窒欲，当自益者，莫如改过而迁善……然后知近世之论学，谓动以天为无妄，而以天理人欲为圣狂之分者，其择义未精也。"[3]认为这种把天理与人欲对立起来的观点，是"择义未精也"。主张用"礼"和"伪"来"惩忿窒欲"，"改过迁善"。

明代的王夫之关于天理与人欲的问题，主张区别天理与人欲的"同行"跟"异情"，不同欲望的满足，所得到的喜悦也不一样。他以"君子"与"彼僧"的同异和"嗜睡"与"嗜夜饮"不同为例进行论述："天理与人欲同行，故君子之悦，同乎彼僧；人欲与天理异情，故彼僧之悦，异乎君子。既已同，则俱为悦。既已异，则有不同。如一人嗜睡，一人嗜夜饮，两得所欲，则皆悦。而得睡之悦，与得饮之悦，必竟不是一般欢畅。"[4]

三、情欲态度问题

前面已经讲到，古代中国思想家大都从人性出发探讨情欲的发生和本质。至于人们应当怎样对待情欲问题，则多从伦理道德价值出发。由于人性论、伦理道德观、社会政治观的不同，也就生发出多种多样对待情欲的态度，从而对人的思想行为发生重要影响。它们或者引导人们正确实现自己的情欲，或者压抑人们正常的心理行为。其中有些观点在今

---

[1]《陆九渊集》卷三十四，《语录上》。
[2]《水心别集》卷五，《春秋》。
[3]《习学记言序目》卷二，《周易二·损益》。
[4]《读四书大全说》。

天仍不乏其对社会行为和个人心理卫生的意义。

下面列述若干具有代表性意义的观点。

1. 孔子的"欲而不贪"。孔子说："富与贵，是人之所欲也，不得其道得之，不处也。"[1]承认人人都有"富"的物质欲望和"贵"的精神欲望，但要"得其道"，要有一个度。这就是他所谓从政五美之一的"欲而不贪"[2]。欲望本身并不是坏的，人的"贪"就要不得。所以主张用"仁、义、礼"教化人，使之符合道德规范。这样看来，孔子虽从人性出发承认欲望的存在，但更是持以伦理为中心的欲望价值观的。这种观点对后世思想家和社会生活影响很大，大都由此生发出来。

2. 孟子的"寡欲"和"舍生取义"。孟子承继孔子的思想，承认人皆有欲，从"心之所同然"的观点出发，认为好色、财富、尊贵、受人喜爱等都是"人之所欲"。但在对待欲望的态度上有其自己独特的观点。首先，他主张"寡欲"。指出："养心莫善于寡欲。其为人也寡欲，虽有不存焉者，寡矣；其为人也多欲，虽有存焉者，寡矣。"[3]其次，提倡"舍生取义"。他说："鱼，我所欲也，熊掌亦我所欲也；二者不可兼得，舍鱼而取熊掌者也。生亦我所欲也，义亦我所欲也；二者不可得兼，舍生而取义者也。"[4]主张以高级的情欲战胜低级的情欲，认为社会道德的情欲应高于生理的甚至生存的欲望。

3. 老子的"无欲"、"不欲"。老子从他的天道自然无为观点出发，主张人们应当无欲，而不应当有欲，有了欲则应去之。他说："祸莫大于不知足，咎莫大于欲得。故知足之足，常足矣。"[5]认为人最大的罪过是贪得无厌，这种"欲得"是最大的祸根。因而倡导"圣人之治……常使民

---

[1]《论语·里仁》。
[2]《论语·尧曰》。
[3]《孟子·尽心下》。
[4]《孟子·告子上》。
[5]《老子》四十六章。

无知无欲"[1],因为"无名之朴,夫亦将不欲。不欲以静,天下自定"[2]。不产生欲望而归于安静,天下自然就会安定。

4.荀子的"节欲"和"导欲"。荀子认为,欲是人的本性所具有的,故"欲不可去";但是欲又不可能完全满足,故"欲不可尽"。那么,人们应怎样对待欲望呢?荀子提出了"节欲"的主张:"欲虽不可尽,可以近尽;欲虽不可去,求可节也。"[3]既然欲望的追求可以节制,他进而提出"导欲"的思想:"凡语治而待去欲者,无以道(导)欲而困于有欲者也。凡语治而待寡欲者,无以节欲而困于多欲者也。"[4]他不同于前人的是,以"导欲"对"有欲",以"节欲"对"多欲"。这在现在仍然是一种正确的思想和态度。

5.韩非提倡"知足",反对"欲甚"。韩非虽是法家,但对"欲"的态度与老子却有相同的一面。他在《解老》篇中赞成老子的"祸莫大于不知足","咎莫于欲利"。认为"有欲甚则邪心胜","邪心"是由于欲望太甚产生的,因而提出应除欲利之心。"欲利之心不除,其身之忧也。"[5]进而从其政治观点出发,主张"欲宰于君",通过控制欲望来控制人的行为。他说:"使人不衣不食而不饥不寒,又不恶死,则无事上之意。意欲宰于君,则不可使也。"[6]

6.《淮南子》主张"无私无欲"、"节欲养性"。《淮南子》一书认为,人性是"无私无欲"、"纯朴无邪"的。"凡人性乐恬而憎悯,乐佚而憎劳。心常无欲可谓恬矣,形常无事可谓佚矣。"[7]欲与性是相害的,纵欲便会失性,圣人应当"损欲而从于性"。并且提出了"节欲养性"的具体要求与做法。"凡治身养性,节寝处,适饮食,和喜怒,便动静,使在己者得,

---

[1]《老子》三章。
[2]《老子》三十七章。
[3][4]《荀子·正名》。
[5]《韩非·解老》。
[6]《韩非·八说》。
[7]《淮南子·诠言训》。

而邪气因而不生，岂若忧痕疵之与痤疽之发，而豫备之哉！"[1]

7. 董仲舒的"度制"、"不得过节"。董仲舒的下面一段话最能说明他对欲望的态度。他说："故圣人之制民，使之有欲，故不得过节；使之敦朴，不得无欲。无欲有欲，各得所足，而君道得矣。"[2]他承认人应有欲，但不能无"度制"而纵欲。"无欲有欲"是同时存在的一对矛盾，关键是欲望"不得过节"；既不能过于放纵，又不能过分节制。

汉至唐对待欲望的态度，基本上继承了先秦的思想。宋明则又有明显的不同。

8. 王安石的"去情却欲"。王安石认为圣人与一般人对待情欲的态度是相反的，圣人内求，以修养性情为乐事；一般人外求，以满足欲望为乐事。因而提出："养生以为仁，保气以为义，去情却欲以尽天下之性，修神致明以趋圣人之域。"[3]这种"去情却欲"的思想虽不同于二程的"存天理，灭人欲"，但也反映出宋代以理学为主，对欲望基本持否定态度。

9. 程颢、程颐的"灭私欲则天理明"。前面已经提到，二程把心分为人心与道心两个方面，认为人心是私欲，是危险而不安定的；道心是天理，人的一切思想行为要合于天理。所以明确地提出："人心私欲，故危殆；道心天理，故精微。灭私欲则天理明矣。"[4]这就是宋代理学家"存天理"、"灭人欲"的开端。张载也持此观点。他说："今之人灭天理而穷人欲，今复反归其天理。"[5]

10. 朱熹的"明天理，灭人欲"。朱熹曾作总结说："圣贤教人千言万语，只是教人明天理，灭人欲。"[6]这是理学欲望观的核心，将先秦时期已开始的以伦理为中心的欲望观推到了最高峰。尽管朱熹在有些论述中

[1]《淮南子·诠言训》。
[2]《春秋繁露·保位权》。
[3]《王文公文集》卷二九，《礼乐论》。
[4]《二程文集·遗书》。
[5]《经学理窟·义理》。
[6]《朱子语类》卷十二。

也把有关的生理需要看成是天理，并不像西方的禁欲主义，但是，在历史上却成了封建统治阶级麻痹人民斗志的工具。"饿死事小，失节事大"在七八百年期间束缚了人们的思想与行为。

11. 王廷相的"寡欲"、"中节"。王廷相既反对老庄的淡然无欲，也反对贪欲。他认为美色、货利、安逸等欲望，得之则乐，失之则苦。人的这种情欲，不管是就人心或是道心讲，都是人性所具有的。因而他主张寡欲和节欲，以便既符合人性的需要，又符合社会的要求。他说："贪欲者，众恶之本；寡欲者，众善之基。"[1]"圣人之心虚，故喜怒哀乐不存于中；圣人之心灵，故喜怒哀乐各中其节。"[2]这跟荀子的思想相近似，节制情欲。它不仅关系人性的善恶问题，而且涉及人的心理卫生问题。

12. 戴震的"遂欲"、"达情"。戴震反对程朱理学"理正欲邪"、"存理灭欲"的观点，认为"凡事为皆有于欲，无欲则无为矣"[3]。有欲但不能纵欲、穷欲，而提倡节欲和遂欲。"节而不过，则依乎天理；非以天理为正、人欲为邪也。天理者，节其欲而不穷人欲也。是故欲不可穷，非不可有；有而节之，使无过情，无不及情，可谓之非天理乎！"[4]但是，最终还是要达到"欲得遂也，情得达也"[5]。

第四节　智能心理思想

中国古代思想家一贯重视人的智能问题。孔子已经论及智力与能力的问题，所谓"上智"、"下愚"、"中人"是最早的智力类型差异说；他评价自己的学生可从事哪方面的政治活动，担任哪一类官职，则涉及能

---

[1]《慎言·见闻篇》。
[2]《雅述上篇》。
[3][5]《孟子字义疏证》卷下。
[4]《孟子字义疏证》卷上。

力问题了。

不少学者都高度评价智能的意义。例如,刘劭在《人物志》一书中写道:"智者,德之帅也。夫智出于明,明之于人,犹昼之待白日,夜之待烛火。其明益盛者,所见及远。"[1]论述了智力与道德的关系,甚至把智力提到了"德之帅也"的位置。并且以"昼日"、"夜火"之喻,形象地阐明智力水平的高低与认识外物的深浅之间的关系,进一步强调智能的重要意义。王夫之也有一系列论述。他在论及圣人的智能时说:"圣人之知,智足以周物而非不虑也;圣人之能,才足以从矩而非不学也。"[2]智足不排斥虑,才足不拒绝学。并且进一步指出:"夫天下之大用二,知、能是也;而成乎体,则德业相因而一。知者天事也,能者地事也,知能者人事也。"[3]智能"相因"而合为一,便是一个人的才。清代的戴震将智的功能归纳为:掌握事物的规律道理(尽道),处理天下事而无谬误(处事),了解仁、义,礼、勇等道德规范(明礼),使人择善而从(择善)。

一、智能的含义

对智能的含义作了全面深刻阐述的,应首推孟子的智能观。孟子曰:"人之所不学而能者,其良能也;所不虑而知者,其良知也。"[4]"良能良知"是与生俱有的最好的能和知,将能与知联系起来又区别开来论述。究竟什么是人的智力呢?"是非之心,智也。""是非之心,智之端也。"[5]"始条理者,智之事也。……智,譬则巧也。"[6]归纳起来看,有如下几个意思:第一,智力是人对事物是非判别的能力,即是根于心的"智",或是萌发于心的"智端"。第二,智乃是人对于客观事物及其内在规律的认识与掌

[1]《人物志·八观第九》。
[2]《尚书引义》。
[3]《周易外传》。
[4]《尽心上》。
[5]《告子上》。
[6]《万章下》。

握，即"始条理者，智之事也"。第三，智力与体力相比较，它是一种技巧，即"譬则巧也"。

真正将智与能结合起来合称智能的则是汉代的王充。他说："夫贤者，才能未必高也而心明，智力未必多而举是。"[1]这里明确地将"才能"与"智力"分别开来并提。尤为可贵的是将两者结合起来总称"智能"，如说："智能满胸之人，宜在王阙。"[2]"故智能之士，不学不成，不问不知。"[3]两千年前，已能明确区分智力、能力、智能、才能，跟现代心理学上这些概念有相近处，真是难能可贵。

明代的王夫之，继承前人的思想并有所发展，对智能的含义揭示得更加深刻具体。王夫之以对闻见的不同而断定人的智愚。"智者引闻见之知以穷理，而要归于尽性；愚者限于闻见而不反诸心，据所窥测恃为真知。"[4]并且将自然（"天"）赋予人的"目力"、"耳力"、"心思"这些认识潜能称为"智"。这与现代心理学把各种认识能力总称为智力的看法是一致的。至于"能"的含义，王夫之强调"功效性"。他在论述"能"与"所"的关系时说："境之俟用者曰'所'，用之加乎境而有功者曰'能'。……以用乎俟用而可以有功者为'能'，则必实有其用。"[5]他把"所"看作客观的认识对象，而把"能"看作主观的认识作用，它是以与实践活动相联系并具功效性为标志的。王夫之还阐述了智跟能的区别与"相因"关系。"夫能有迹，知无迹，故知可诡，能不可诡。"[6]意思是说，一个人的能力"有迹"可寻，要表现在实践活动中，因而是不可诡称的；而一个人的智力活动在头脑中进行，摸不着看不见，"无迹"可寻，却可以玩弄花样诡称。在实际生活中，智与能是相统一而不可分割的。"知能相因，不知则

[1]《论衡·定贤》。
[2]《论衡·效力》。
[3]《论衡·实知篇》。
[4]《张子正蒙注》卷四。
[5]《尚书引义·召诰无逸》卷五。
[6]《系辞上传第一章三》。

亦不能矣。"[1]"知能同功而成德业。先知而后能，先能而后知，又何足以窥道阃乎？"[2]"知能相因"，一方面是指不知则不知；另一方面则是"不知则亦不能"。"知能同功"却强调了知能必须同功并用，方能取得功效、成就德业。

清代的戴震继承孟子关于智的思想，提出"得乎条理者谓之智"[3]的命题。认为智就是对客观事物规律的认识与掌握，如果对事物的认识不得条理，条理不通就是不智。戴震还从对事物的认识"不蔽"的角度揭示智的含义，提出"智也者，言乎其不蔽也"[4]，或说"不蔽，则其知乃所谓聪明圣智也"。这样看来，要充分发挥智的作用，就必须不蔽、解蔽、去蔽。如果"得乎条理"是从正面揭示智的含义，那么"不蔽"则是从反面揭示智的含义。

二、智能的发展与差异

人的智能发展受哪些因素制约，以及人们智能的差异等问题，也是古代思想家们早就关注和探讨过的，并且思想深刻，至今仍闪耀着异彩。孔子的"性相近也，习相远也"，既是心理发展的素质禀赋与环境习染两因素说的开先河之论，当然也涵盖了智能发展的问题。后来进行论述的思想家很多，以王安石和王夫之阐发得具体而深刻。

王安石在《伤仲永》一文中，曾记述一个叫方仲永的超常儿童。仲永生在江西金溪的农家，五岁时便能指物作诗，文理可观。乡里人以为奇才，其父便经常带他拜访有钱人家以求赏赐，而不让其学习。十二三岁时，与以前的传闻情况大不相同，后来便湮没无闻了。王安石对此事深为感慨，著文议论道："仲永之通悟，受之天也。其受之天也，贤于材人远矣；卒之为众人，则其受于人者不至也。彼其受之天也，如此其贤也，

[1]《中庸·第十二章二》。
[2]《周易外传》。
[3]《孟子字义疏证下·才》。
[4]《孟子字义疏证下·诚》。

不受之人，且为众人。今夫不受之天，固众人，又不受之人，得为众人而已邪！"[1]这里明白地表达了，人的智能的发展取决于两个基本因素：一是"受之天"，即先天的禀赋；一是"受之人"，即后天的教育和学习。以上两者缺一不可，而必须有最佳的结合，智能才有最好的发展。

在另一篇文章《节度推官陈君墓志铭》里，王安石记叙说，陈推官儿时强记捷见，大大超过一般人，稍长后又非常好学，博览群书，慨然慕古人所为，很可能成为大材。可惜二十多岁便病故了。王安石议论道："人之所难得乎天者，聪明辨智敏给之材。既得之矣，能学问修为以自称，而不弊于无穷之欲，此亦天之所难得乎人者也。天能以人之所难得者与人，人欲以天之难得者徇天，而天不少假以年，则其得有不暇乎修为，其为有不至乎成就，此孔子所以叹夫未见其止而惜之者也。"[2]这里说的"得乎天"、"得乎人"与上文说的"受之天"、"受之人"是一个意思，得乎天是指天赋资质，得乎人是指自身的努力与所受教育等。一个人的智能的发展，获得大的成就，必须具备"得乎天"和"得乎人"这两个基本条件，而且两者的关系是辩证的。跟《伤仲永》一文比较，所不同的是：前者以一个天资高因不学习而泯然众人的事例为论据，后者以一个天资高而又肯学习，但是由于早逝而影响其更大成就的事例为论据，它们从不同的角度表明了同一个观点。

王夫之关于智能发展因素的观点也是持二因素说的，即先天因素与后天因素的结合。他说："夫天与之目力，必竭而后明焉，天与之耳力，必竭而后聪焉；天与之心思，必竭而后睿焉；天与之正义，必竭而后强以贞焉。可竭者，天也；竭之者，人也。"[3]"目力"、"耳力"、"心思"是自然（天）所赋予人的认识的潜能，属于先天因素。"竭而后明"、"竭而后聪"、"竭而后睿"，是智能发展的条件，属于后天因素。王夫之还从生理、年龄变化视角来探讨智能的发展。他说："孩提始知笑，旋加爱亲，

---

[1]《临川集·伤仲永》。
[2]《临川集·节度推官陈君墓志铭》。
[3]《续春秋左氏传博议》卷下。

长始知言,旋加敬兄,命日新而性富有也。君子善养之,则耄期而受命。"[1]认为从孩提到耄耋之期智能是随年龄发展而变化的。他还认为:"神智乘血气以盛衰,则自少而壮,自壮而老,凡三变而易其恒。"[2]将人的发展划分为不断递进的少、壮、老三大阶段,人的"神智"与"血气"一样会逐渐衰退,而期间当然有一个高峰期。

古代学者不仅看到智能的发展变化,而且注意到人的智能的差异性。正如东晋的葛洪所指出的,"才性有优劣,思理有修短,或有夙知而早成,或有提耳而后喻"[3]。人的智能,就发展水平说有"优劣"或"修短"之分,就成熟早晚而言,有"早成"或"后喻"之别。现代心理学关于智能的差异,一般认为可归纳为发展水平的差异、智能类型的差异和智能成熟早晚的差异。这几个方面的问题,古代学者都是早已论及的。孔子说:"回也闻一以知十,赐也闻一以知二。"[4]评价颜回能"闻一知十",端木赐只能"闻一知二",两人的智能水平相差显著,并且以数量作指标来比较。孔子还把智能高低的人划分为三种类型,即上智、中人、下愚。后来的董仲舒、韩愈、王守仁等都继承了此说。尽管不少人将以上的划分归属人性问题。宋代程颐等则从才智理解三种类型的划分。这跟现代心理学将智力划分为"超常"、"中常"、"低常"有暗合之处。至于智能成熟早晚问题,前面已讲到葛洪的智能发展有"早成"和"后喻"之别。三国时的刘劭也有过明确的论述。他说:"夫人材不同,成有早晚。有早智而速成者,有晚智而晚成者,有少无智而终无所成者。"[5]这也就是一般讲的英才早慧和大器晚成,古今中外的事例则不胜枚举。此外,有的文献还论及智能品质的问题。例如,《刘子新论》说:"才能成功,以速为贵,智能决谋,

[1]《思问录·内篇》。
[2]《读通鉴论》卷十七。
[3]《抱朴子·外篇·勖学》。
[4]《论语·公冶长》。
[5]《人物志·七缪》。

以疾为奇也。"[1]将速度、敏捷作为智能的重要品质。明代李贽从人类平等的观点出发，认为人的智能没有天赋的差别。他说在才智天赋问题上"圣人不曾高，凡人不曾低"[2]。至于男女的才智则认为："谓人有男女则可，谓见有男女岂可乎？谓见有长短则可，谓男子之见尽长，女子之见尽短，又岂可乎？"[3]性别不决定智能发展水平的高低。

三、性情才学的关系

跟智能密切相关的"才"，也是古代学者论述很多的问题。他们往往把"才"与"性"、"情"、"学"等联系起来考察，从它们的关系中揭示其实质，这是很富特色与见地的。如古代有"才性"之学和才学并提等。现代心理学也认为，人的智力、才能的发展跟人的性格、学习等有着密切联系，不能孤立地探讨智能问题。特别是在实际生活中，智力因素与非智力心理因素结合，是学习取得成功和事业取得成就的重要条件。中国古代学者对性情才学关系的论述已蕴含上述思想。因为有些内容在别的章节也有涉及，这里只作简要论述。

朱熹晚年的高足陈淳对"才"作过如下表述："才是才质、才能。才质，犹言才料质干，是以体言。才能，是会做事底。同这件事，有人会发挥得，有人全发挥不去，便是才不同，是以用言。"[4]这里从两个角度理解才的含义：以体说，才是才料、质干，即现在所谓的素质；以用说，才是才能、能力，跟现在所说的才能是相同的。前者是才能发展的先天生理基础，后者强调在后天实践活动中发展。

关于才性关系，魏晋时期曾有过一次激烈的论争。据有关文献记载有四种观点："会论才性同异，传于世。四本者，言才性同，才性异，才性合，才性离也。"[5]刘劭在《人物志》一书中，对才能与性格的研究非

---

[1]《刘子新论·贵速》。
[2][3]《焚书·答京中朋友》。
[4]《北溪字义·才》。
[5]《世说新语·文学篇》。

常细致深刻，主张才性可离可合，但总的倾向是才性结合。明清之际的颜元将性、情、才联系起来论述。兹录他的两段话："心之理曰性，性之动曰情，情之力曰才。"[1]"发者，情也；能发而见于事者，才也，则非情才无以见性，非气质无所谓情才，即无所谓性。是情非他，即性之见也；才非他，即性之能也；气质非他，即性情才之气质也。一理而异其名也。"[2]对才的解释，一是"情之力"，二是"性之能"，综合起来看是指才能、能力。性是"心之理"、"无气质无所谓情才，即无所谓性"。情是"性之动"、"性之见"。三者相互关联，都是心的表现形态。颜元的思想与朱熹把性、情、才比喻为水的不同形态的思想是一致的。

才与学的关系论述更多，略举数例。孔子的"好学近乎知"是这方面思想的发端者，陆九渊曾以此为题撰文说："夫所谓智者，是其识之甚明，而无所不知者也。夫其识之甚明，而无所不知者，不可以多得也。……向也不知，吾从而学之，学之不已，岂有不知者哉？学果可以致明而致知，则好学者可不谓之近智乎？"[3]这段阐发是十分精彩的。明代的王廷相在论到怎样培养发展一个人的智能时说："不患其无才，患其无学。"[4]"使无圣人修道之教，君子变质之学……虽禀上智之资，亦寡陋而无能矣。"[5]他在才智与学的关系上更重视学的作用，强调才智是在学习中发展的。清代戴震也主张"学可益智"。他说："失理者，限于质之昧，所谓愚也。惟学可以增益其不足而进于智，益之不已，至乎其极，如日月有明，容光必照，则圣人矣。"[6]现代心理学认为，人的智能是在获得知识的过程中发展的，在教学中只是灌输知识不足以发展智能，但是离开知识学习，智能的发展也会失去基础。

---

[1]《习斋年谱》卷下。

[2]《存性编》卷二。

[3]《陆九渊集》，卷三十三。

[4]《慎言·小宗篇》。

[5]《雅述上篇》。

[6]《孟子字义疏证·理》。

第五节　释梦心理思想

　　神奇的梦，古今中外的人们都始终认为是一个谜。它引发着不少人去捕捉和探索，既有前科学的思想分析，也有现代科学的研究。现代心理学对梦的研究成果，要首推弗洛伊德《梦的解析》一书的问世（1899年）。他指出："科学问世以前对梦的观念，当然是由古人本身对宇宙整体的观念所酝酿而成的。……因此，古代哲学家们对梦的评价完全取决于他们个人对一般事物的看法。""在亚里士多德的两部作品中就曾提及梦。当时他已认为梦是心理的问题：它并非得自神论，而是一种'精神过剩'的产物。他所谓的'精神过剩'，意指梦并非超自然的显灵，而是仍然受到人类精神活动本身的法则的控制。"[1]要知道，中国古代学者在这方面更有深刻的见解。古代思想家和医学家都有涉足梦的论述，多是散见其有关著作中，间或也专篇研究，例如东汉王符的《梦列》、明代熊伯龙的《梦辨》等。对于中国古代释梦心理思想，可以归纳为什么是梦、梦的类型、梦的成因三个方面来论述。

一、什么是梦

　　对于梦的解释，自古以来是五花八门的，由于它的奥妙，有归之于鬼神使然，有从心身交互活动认识的，也有从生理病理探讨的。这里只整理研究思想家和医家们对梦的解析的论述。《墨经》说："梦，卧而以为然也。"[2]认为人睡着时处于无知状态，梦是睡眠时人的知觉觉得的情境。很显然，梦既不是人完全无知的状态，也不是完全的知觉状态，而

----

　　[1]转引自高宣扬编著《弗洛伊德传》，作家出版社1986年版，第117—118页。
　　[2]《经上》。

是睡与醒之间的状态。成书于隋代的《诸病源候论》一书，也是从睡眠与梦，甚至同人的疾病联系起来认识梦的。它写道："夫虚劳之人，血气衰损，脏腑虚弱，易伤于邪。正邪从外集内，未有定舍，反淫于脏，不得定处，与荣卫俱行，而与魂魄飞扬，使人卧不得安，喜梦。"[1]这就是说，梦是睡眠不安稳的一种身体虚劳的现象。宋代的张载虽然也从觉醒与睡眠入手谈梦，但贯穿了他的气的一元论观点。他写道："寤，形开而志交诸外也；梦，形闭而气专乎内也。寤所以知新于耳目，梦所以缘旧于习心。"[2]认为寤是醒觉的意识状态而"志交诸外"，睡梦是"气专乎内"的潜意识状态。按照王夫之的解释，"气专乎内而志隐"。这样看来，寤与梦的交替转化，也就是"志"即意识与"志隐"即潜意识的交替转化。至于张载说的"梦所以缘旧于习心"，则从梦的内容的角度，指明梦是过去生活经验的一种反映。

张载已从心理学思想视角探讨什么是梦。但这一思想至少可以追溯到汉代王充。他说："人亦有直梦。见甲，明日则见甲矣；梦见君，明日则见君矣。曰：然。人有直梦，直梦皆象也，其象直耳。何以明之？直梦者梦见甲，梦见君，明日见甲与君，此直也。如问甲与君，甲与君则不见也。甲与君不见，所梦见甲与君者，象类之也。乃甲与君象类之，则知简子所见帝者象类帝也。"[3]这里的"直梦皆象"与"象类"，把梦看成一种表象和无意想象。《关尹子》对梦的解释很具特色，从"心无时"、"心无方"的心理活动特点理解梦。它说："夜之所梦，或长于夜，心无时。生于齐者，心之所见，皆齐国也。既而之宋、之楚、之晋、之梁，心之所存各异，心无方。"[4]梦和人们的其他各种心理活动一样，可以不受时间的限制，也可以不受空间的限制。而"心之所存各异"又说明心理内

---

[1]《诸病源候论》卷三，《虚劳喜梦候》。

[2]《正蒙·动物篇》。

[3]《论衡·纪妖》。

[4]《关尹子·五鉴篇》。

容随所反映事物的不同而异。所以也"人人之梦各异,夜夜之梦各异"[1]。该书的作者还认为醒觉与睡梦具有连续性,二者不是绝对不同的两回事。下面一段话集中阐述了此观点:"世之人以独见者为梦,同见者为觉。殊不知精之所结,亦有一人独见于昼者;神之所合,亦有两人同梦于夜者。二者皆我精神,孰为梦?孰为觉?世之人以暂见者为梦,久见者为觉。殊不知暂之所见者,阴阳之气;久之所见者,亦阴阳之气。二者皆我阴阳,孰为梦?孰为觉?"[2]将梦与觉联系起来讨论,实则将梦看成与觉一样的心理活动状态,都是人的精神活动("皆我精神")。程颢、程颐还把梦看作是心理活动的"滞后现象"。他们说:"今人所梦见事,岂特一日之间所有之事?亦有数十年前之事。梦见之者只为心中旧有此事,平日忽有事与此事相感.或气相感然后发出来。故虽白日所憎恶者,亦有时见于梦也。譬如水为风激而成浪,风既息,浪犹汹涌未已也。"[3]梦既可反映不久前所经历事物,也可反映数十年前的往事。

二、梦的类型

由于标准不同,对梦的类型的划分亦异。王充曾将梦象划分为"直梦"和"更为他占"的征兆梦。也有的从人对梦的内容的倾向,划分为喜梦和噩梦。其目的都在于将千变万化的纷繁的梦象加以归纳,便于人们认识理解。中国古代将梦象划分为多种类型的代表者,一是王符,将梦划分为十种;一是《列子》,将梦划分为六种。兹简述之。

前面已经提到,东汉王符曾撰著《梦列》一篇专门研究梦象的文章。他说:"凡梦:有直,有象,有精,有想,有人,有感,有时,有反,有病,有性。"[4]并且对这十种梦象的特征作了描述和分析。

1.直梦。直接应验的梦。做梦后在觉醒后能直接见到所梦见过的东西。

---

[1]《关尹子·二柱篇》。
[2]《关尹子·六匕篇》。
[3]《二程遗书》卷十八。
[4]《潜夫论·梦列》。下面分述十种梦所引原文,均出自此篇。

前面讲到王充提出的直梦也是如此。"梦见甲，明日见甲矣；梦见君，明日见君矣。"[1]

2. 象梦。梦中所见虽非真事，但有象征性。例如诗云："维熊维罴，男子之祥；维虺维蛇，女子之祥。""众维鱼矣，实维丰年。旐维鱼矣，室家蓁蓁。"

3. 精梦。乱世思圣，由精思产生的梦。例如，"孔子生于乱世，日思周公之德，夜即梦之。"

4. 想梦。由于记想所引起的梦。"昼有所思，夜梦其事，乍吉乍凶，善恶不信者，谓之想。"

5. 人梦。由于人的地位不同，虽梦同而其象征意义不同。对于同一件事，"贵人梦之即为祥，贱人梦之即为妖，君子梦之即为荣，小人梦之即为辱"。

6. 感梦。由于感受风雨寒暑的变化所引起的梦。例如，"阴雨之梦，使人厌迷；阳旱之梦，使人乱离；大寒之梦，使人怨悲；大风之梦，使人飘飞。"

7. 时梦。由于"五行王相"、季节时令变化引起的梦。例如，"春梦发生，夏梦高明，秋冬梦熟藏。"

8. 反梦。是梦后应验之事与梦境恰恰相反。梦凶为吉，梦吉为凶，梦死为生，梦生为死等即是。例如，"晋文公于城濮之战，梦楚子伏己而盐其脑，是大恶也。及战，乃大胜。"

9. 病梦。由于身体的病变所引起的梦。例如，"阴病梦寒，阳病梦热，内病梦乱，外病梦发，百病之梦，或散或集。"所以在治病诊疗时，"观其所疾，察其所梦"。

10. 性梦。由于人的性情不同，对梦的解释也各异。王符说："人之情心，好恶不同，或以此吉，或以此凶。当各自察，常占所从。此谓性情之梦也。"

一千多年前对梦的类型的划分，已经如此细致，确为罕见，实属难得。

---

[1]《论衡·纪妖》。

《列子》一书对梦的类型也作过划分。据《汉书·艺文志》记载，该书是战国时列御寇撰。原书已佚。现存的《列子》八篇，学术界一般认为成书于东晋时期。该书写道："奚谓六候？一曰正梦，二曰噩梦，三曰思梦，四曰寤梦，五曰喜梦，六曰惧梦。此六者，神所交也。"[1]该书认为梦是"神之所交"的结果或表现，是一种正常的心理现象。它根据形成梦的原因，提出六种类型的梦，即正梦、噩梦、思梦、寤梦、喜梦、惧梦，这里就不一一分述了。

三、梦的原因

解释梦的成因是最困难的课题。千奇百怪的梦象，它产生的机理是什么？是身体机能的原因？是外界刺激的原因？还是主体感受的原因？古今中外的学者都做过探讨，都肯定必有其故，但解释甚难。王符在《梦列》一文中指出："夫奇异之梦，多有故而少无为者矣。今一寝之梦，或累迁化，百物代至，而其主不能究道之，故占者有不中也。此非占之罪也，乃梦者过也。或言梦审矣，而说者不能连类传观。故其善恶有不验也。此非书之罔，乃说之过也。是故占梦之难者，读其书为难也。"[2]既肯定梦的产生必有其故，又指出释梦之难，问题在于不能联系起来观察（"连类传观"），所以占梦书读起来也困难。那么怎样解决呢？他要求这样去做："夫占梦必谨其变故，审其征候，内考情意，外考王相，即吉凶之符，善恶之效，庶可见也。"[5]必须谨慎弄清事物的变化，掌握梦象的征候，联系梦者情意状态，以及当时所处的季节变化，才有可能正确释梦。

古代学者释梦之说颇多，归纳起来主要有：

1. 阴阳盛衰说。用阴阳的盛衰解释产生各种梦的原因。《黄帝内经》从它的基本医学观点出发，首提此说。"是以少气之厥，令人妄梦，其极

---

[1]《列子·周穆王篇》。
[2][3]《潜夫论·梦列》。

至迷。三阳绝,三阳微,是为少气。"[1]梦是阴阳变化使之少气而产生的。"阴盛则梦涉大水恐惧,阳盛则梦大火燔灼,阴阳俱盛则梦相杀毁伤;上盛则梦飞,下盛则梦堕。"[2]隋代的医书《诸病源候论》完全承袭了上面这段话。阴阳盛衰说也为其他思想家所继承。例如《列子》上说:"一体之盈虚消息,皆通于天地,应于物类。故阴气壮,则梦涉大水而恐惧;阳气壮,则梦涉大火而燔炳;阴阳俱壮,则梦生杀。"[3]

2. 脏气盛衰说。与阴阳盛衰说密切联系,从五脏气的盛衰解释产生各种梦的原因。"肝气盛则梦怒,肺气盛则梦恐惧、哭泣、飞扬,心气盛则梦善笑恐畏,脾气盛则梦歌乐、身体重不举,肾气盛则梦腰脊两解不属。"[4]此种解释对后世医家也有影响,意在试图探索做梦的生理机制。梦为病兆也是从此生发出来的。前面王符提出的"病梦"即是。

3. 血气有余说。用血气有余、血气之余灵解释梦的产生。王夫之持此说:"盛而梦,衰而不复梦;或梦或不梦,而动不以时;血气衰与之俱衰,而积之也非其富有。然则梦者,生于血气之有余,而非原于性情之大足者矣。"[5]又说:"形者,血气之所成也。梦者,血气之余灵也。"[6]很显然,这也是从生理的角度来认识产生梦的问题。

4. 感于魄识说。认为梦是人在睡觉时有感于身体的知觉运动产生的。王廷相总结前人的成果,提出释梦之说有二:"有感于魄识者,有感于思念者。何为魄识之感?五脏百骸皆具知觉,故气清而畅则天游,肥滞而浊则身欲飞扬也而复堕……"[7]他还列举了一些梦例来说明。"蛇之扰我也以带系,雷之震于耳也以鼓入。饥则取,饱则与,热则火,寒则水。"都属于魄识之感。

---

[1]《素问·方盛衰论》。

[2]《素问·脉要精微论》。

[3]《列子·周穆王篇》。

[4]《灵枢·淫邪发梦》。

[5][6]《尚书引义》。

[7]《雅述下篇》。

5. 感于思念说。认为梦是由于人在睡觉时有感于过去对事物的思念产生的。王廷相说:"何谓思念之感? 道非至人思扰莫能绝也,故首尾一事,在未寐之前则为思,既寐之后为梦。是梦即思也,思即梦也。凡旧之所履,昼之所为,入梦也为缘习之感。"[1]把梦看成是人的心理活动的痕迹,从心理学的角度揭示了梦的成因。他列举了下面一些梦例作说明,"谈怪变而鬼神罔象作,见台榭而天阙王宫至。忏蟾蜍也,以踏茄之误。遇女子也,以瘁骼之思"[2],都属于思念之感。

以上五种成梦之说,研究问题的角度各异。阴阳盛衰说,是从古代有关阴阳哲学思想解释梦的产生的。脏气盛衰说和血气有余说,是从生理基础和医学的角度解释梦的发生原因的。感于魄识说和感于思念说,则是从心理活动的角度解释梦的成因的,现在看来仍富科学价值。王廷相强调:"夫梦中之事,即世中之事也。"[3]"梦,思也,缘也,咸心之迹也。"[4]就是把梦看作人在清醒状态下的精神活动的延续,是人的愿望在特殊状态下的达成。弗洛伊德曾说:"梦,并不是空穴来风,不是毫无意义的,不是荒诞的,也不是部分昏睡、部分清醒的意义的产物。它完全是有意义的精神现象。实际上,它是一种愿望的达成。它可以说是一种清醒状态精神活动的延续。它是高度错综复杂的理智活动的产物。"[5]这样看来,王廷相跟弗洛伊德在释梦问题上有许多暗合之处,王氏释梦心理思想的意义所在也就显而易见了。

---

[1][2][3]《雅述下篇》。

[4]《慎言》卷五,《见闻篇》。

[5]《梦的解析》,第三章。转引自高宜扬编著《弗洛伊德传》,作家出版社1986年版,第106页。

第六章　应用心理学思想

心理学的生命力在于应用，中国古代的应用心理学思想极其丰富。你知道吗？

个体心理是怎样社会化和个性化的？

为什么说"知其心，然后能救其失也"？

《文心雕龙》有些什么文艺心理学思想？

为什么心病须得心药治？

"上兵伐谋"和"攻心为上"的丰富含义是什么？

"马体安于车，人心调于马"对运动竞赛有什么启示？

任何一门科学都不能脱离社会生活实践，否则，它将成为无源之水、无本之木，是没有生命力的。中外心理学发展的历史也都证明，心理学是在应用中发展的，应用是心理学发展的生命力。著名心理学家潘菽早在40多年前就指出："研究科学者往往有一种倾向：尊重理论，认为理论是很深的研究，研究理论都是智慧高的人；应用却是肤浅的，其中所用的原理和原则都不很清楚，这是不正确的偏见。理论是离不开应用的。从历史发展过程看来，理论都是以应用为基础，理论是由应用发展而来（因为应用上有许多问题需要更进一层的解决）。故研究心理科学者应把这根植在应用上。"[1]

---

[1]《潘菽心理学文选》，江苏教育出版社1987年版，第91页。

中国古代丰富的心理学思想，也是在广泛的应用中发展起来的。它们散见于哲学、教育、伦理、医学、军事等各类文献中，是在各实践领域中发展起来的。举凡教育心理思想、医学心理思想、军事心理思想等，都与当时教育实践、医学实践、军事实践密不可分。中国古代的应用心理学思想极其丰富，拟概括为六大方面，即社会心理学思想（含管理、司法方面的心理学思想）、教育心理学思想、文艺心理学思想、医学心理学思想、军事心理学思想、体育运动心理学思想。它们均可单独撰述专著，限于篇幅与本书体例，这里只能作概要的介绍。这些思想对今天的各实践领域仍有借鉴意义。

第一节　社会心理学思想

这里讲的是广义的社会心理学思想，拟从心理学思想发展的内在逻辑和中外比较的角度，来研究它的几个主要方面。

一、社会化和个性化理论

（一）古代社会化理论

所谓个体心理社会化，是指个体在社会影响下，吸收社会的文化，成为适合社会要求的社会成员的过程。社会化过程同时也是个性化过程。社会化的西方现代理论，甚至在中国古代思想家那里也可以找到相近似的观点。弗洛伊德的精神分析学派认为儿童早期生活是构成人格的主要因素；中国古代强调家庭婴幼教育，主张"教妇初来，教子婴孩"。皮亚杰的认知发展理论认为，儿童道德发展与智力水平是平行的；中国古代就认为，"致知"是"正心"、"诚意"之基础。班杜拉的社会学习理论认为儿童的行为模式是通过观察—模仿学会的；中国古代从孔子起就强调"身教"，即"观化而行"，重视模仿榜样在品德形成中的意义。

中国古代学者主张人贵论，认为人为万物之灵，万物以人为贵。他们是以人贵论观点作为考察人的心理社会化的前提的。这方面与许多西方心理学家将人与动物混为一谈是不同的。直接涉及个体心理社会化问题的思想，是关于人性是怎样形成和发展的性习论。其主要理论是"渐染说"和"童心失说"。

1. 渐染说。所谓渐染说，是把个体的社会化看成人在社会中"渐染"的过程，认为人的心理、个性不是天生的，而是通过社会环境、教化的"渐染"逐步形成的。"渐染"就是个体社会化的过程，染是指习染。这也就是所谓"近朱者赤，近墨者黑"。

最早提出"染"的问题是墨子。"子墨子言见染丝者而叹曰：染于苍则苍，染于黄则黄。所入者变，其色亦变，五入必而已则为五色矣。故染不可不慎也！"[1]将人性比于素丝易为颜色所染，强调环境的影响作用。最早提出"渐"的问题要算荀子，他说："蓬生麻中，不扶而直；白沙在涅，与之俱黑。兰槐之根是为芷，其渐之滫，君子不近，庶人不服。其质非不美也，所渐者然也。"[2]这里的"渐"是靠近、接触的意思，相当于渐染，也是强调外界的影响。我认为将染与渐连起来，真正提出"渐染说"的是东汉的思想家王充。他明确地说："十五之子其犹丝也，其有所渐化为善恶，犹兰丹之染练丝，使之为青赤也。……夫人之性，犹蓬纱也，在所渐染而善恶变矣。善渐于恶，恶化于善，成为性行。"[3]即人性的善恶、人的心理的社会化，是个体在社会环境中接受不同的影响"渐染"而形成的。南北朝时的颜之推著有《颜氏家训》，堪称我国古代家庭教育理论研究的先驱者。他也继承了渐染说的思想，认为少年儿童可塑性强，非常重视用"熏渍陶染"、"潜移默化"的方法使他们成为有德行的人。明末清初的王夫之更有所发展，将个体心理社会化的"渐染"扩展到人生的整个过程。他说："夫性生理也，日生则日成也。……幼而少，少而壮，

---

[1]《墨子·所染》。
[2]《荀子·劝学篇》。
[3]《论衡·率性》。

壮而老。"[1]认为人性、个体心理是在"渐染"中天天发展的，并且贯穿于幼而少、少而壮、壮而老的整个生命历程。当时的教育家颜元也说："习与性成，方是乾乾不息。"[2]将"渐染"看成是一个不断发展变化的过程。

既然个体心理的社会化是"渐染"形成的，所以中国古代思想家们都主张慎其所染。例如墨子说"染不可不慎"，"行理性于染当"便是。慎其所染的思想表现在社会活动方面，如荀子提出的"君子居必择乡，游必就士"，即俗话说的行要好伴，住要好邻。表现在教育活动方面，例如《学记》强调的"择师不可不慎"，朱熹注重的"生子必择乳母"。历史上广为流传的孟母三迁的故事，更可谓是慎其所染思想的最生动的写照。在个体的社会化过程中，主张择邻、择友、择师、择乳母的古训，至今仍不乏其现实意义。

2. 童心失说。童心失说把人的出自天真纯朴的观念，不假修饰做作的真情实感叫做童心。个体心理的社会化就是个体分阶段地不断"失却童心"，不断接受社会影响的过程。实质上也是渐染说，强调教育、环境在人的社会化中的作用。所不同的主要之点是：渐染说着重强调环境对个体心理社会化的耳濡目染性，童心失说则着重揭示在社会环境影响下，随着个体成长，人不断"失却童心"的阶段性。

"童心失说"是明代思想家李贽提出来的。他在《童心说》一文中，对个体心理社会化过程有一段绝妙的论述，认为"渐染"有其阶段性。他说："然童心胡然而遽失也？盖方其始也，有闻见从耳目而入，而以为主于其内而童心失。其长也，有道理从闻见而入，而以为主于其内而童心失。其久也，道理闻见日以益多，则所知所觉日以益广，于是焉又知美名之可好也，而务欲以扬之而童心失；知不美之名之可丑也，而务欲以掩之而童心失。"[3]

这里明确地分析了个体心理社会化存在着不断递进和深化的三个阶

---

[1]《尚书引义·太甲二》。
[2]《习斋言行录·学须十三》。
[3]《焚书》卷三，《童心说》。

段：第一，影响个体感知经验的阶段，这是一种耳濡目染、潜移默化的过程，即所谓"有闻见从耳目而入，而以为主于其内"。第二，影响个体理智的阶段，这是个体对经验进行自觉评价、形成理性认识的过程，即所谓"有道理从闻见而入，而以为主于其内"。第三，影响个体价值观的阶段，这是社会化的最高层次，是个体形成价值观的过程，即所谓"知美名之可好也"，"知不美之名之可丑也"。李贽对"童心失"这个社会化过程的剖析，完全符合人的认知心理过程的一般规律，能很好地解释个体心理社会化中的各种具体情形，至今仍然具有心理学的科学性。溯其源，"童心"是老子指的"复归于婴儿。……复归于朴"，即所谓赤子之心。"童心失"则可认为承继了《淮南子》的"纵欲而失性"的思想。

我们完全有理由把李贽的上述思想观点，称为"童心失"社会化三阶段说。我国古代思想家们从性习论观点出发，对个体心理与行为社会化过程的阐述，则可总称为个体心理社会化的"渐染说"，将"童心失说"包含在内。这时"童心失"社会化三阶段说，也可称之为"渐染"三阶段说。它们在社会心理学发展史上应占一席之地。西方社会心理学家用快乐说、自我说、同情说、模仿说、暗示说、本能说、习惯说、态度说等理论解释一切社会行为，中国古代的"渐染说"、"童心失说"并不比这些理论逊色。

（二）古代个性化理论

日本社会学家阪本一郎曾经指出，社会化是寓于个性化之中的。尽管社会化和个性化是同一过程的两个方面，但是研究起来，各自的思想侧重面还是不同的。中国古代心理学思想家的个性化理论，可归纳为"阴阳五行"差异说和"习与性成"差异说。

1."阴阳五行"差异说。"阴阳五行"差异说，指根据人体阴阳之气禀赋的不同和"五行"、"五音"的配合，来解释人的心理与行为的差异的个性化理论。它以一种古代哲学思想为指导，强调禀赋即先天因素在人的个性化中的作用。

最早提出"阴阳"这对基本范畴的是作为中国哲学和科学源头的"易

经"，"五行"（金、木、水、火、土），较早见于《左传》、《国语》、《尚书·洪范》等书中。到春秋战国时期，在医学中不仅用阴阳五行学说作为解释生理、病理、诊断、治疗和药物等方面的基本理论，而且以阴阳五行来划分人的气质类型，解释个体的差别。例如，根据人体阴阳之气禀赋的不同，将人的气质划分为五类。《内经》上说："盖有太阴之人，少阴之人，太阳之人，少阳之人，阴阳和平之人。凡五人者，其态不同，其筋骨气血各不等。"[1]这里所说的阴，是表示冷静、抑制、平静的意思，阳则表示活动、兴奋、灵敏的意思，并指出这些不同类型的人在行动方式上也表现为各不相同。《内经》还运用五行学说，将人的气质分为木形之人、火形之人、土形之人、金形之人、水形之人，并且进而根据"五音"（宫、商、角、徵、羽），又将这五类人推演为25种人。这样比按阴阳或五行分更详细，也更便于解释人的心理与行为个性化的复杂性。

这种理论只强调了自然的禀赋差异，即生理的因素，却忽视了个性和个性化问题中更为重要的社会因素的影响，这是它的局限和不足的地方。

2."习与性成"差异说。"习与性成"差异说，指人的心理与行为个性化过程中，由于个体习染的差异形成了他们心理与行为的个别差异。它在素质、生性的自然基础上，强调环境、教育、学习在个体化中的决定性作用。这与现代心理学对此问题研究的结论是基本相符的。

关于"习与性成"在论述社会化理论时已提及，但这里的角度有所不同，侧重从差异性去理解。孔子的"性相近也，习相远也"，既承认人们具有差不多的天性、素质，更强调习性的差异是由于环境教育造成的。很显然，个性化可以跟习性的差异联系起来解释、理解。荀子从性恶论出发，提出"化性起伪"理论，强调"伪"与"积"的作用。认为人在环境、教育的影响下，可以变恶为善，化性起伪。个性化过程就是"伪"和"积"的差异而造成了个体心理与行为的差别，形成不同的个性特点。

---

[1]《灵枢·通天》。

有的古代心理学思想家不仅从理论上论述了个性化问题，而且从具体环境、习染的事例说明个性化问题。例如明代学者王廷相指出："父母兄弟之亲，亦积习稔熟然耳。何以故？使父母生之孩提，而乞诸他人养之，长而惟知所养者为亲耳；途而遇诸父母，视之则常人焉耳，可以侮，可以詈也。此可谓天性之知乎？"[1]他跟朱熹说的"孩提之童，无不亲其亲"针锋相对，认为孩童亲其父母是由于"积习稔熟"，非天生也。从小自己抚养者会亲其亲，从小由他人抚养者会视父母如路人，这种差别是由于"积习"的差异所致，亦即具体的环境、习染不同所造成。王廷相还以深宫中与妇人嬉游者为例，说明王公贵族子弟的这种积习，造成了他们不同于众人的"骄淫狂荡"和"鄙亵惰慢"。他写道："深宫秘禁，妇女与嬉游也；亵狎燕闲，奄竖与诱掖也。彼人也，安有仁孝礼义以默化之哉？习与性成，不骄淫狂荡，则鄙亵惰慢。"[2]据此，我们还可以更细致具体地分析积习的差异，对个体心理与行为的不同影响。

无论是从社会化过程看的"习染说"，还是从个性化过程看的"习与性成"差异说，都是具有积极意义的理论，至今仍富科学性。它是与生知论、先验论针锋相对的，也是与形而上学的发展观绝对相反的。这个理论涉及了现代心理学中遗传、环境和教育在个性发展中的作用问题，肯定了环境和教育对社会化和个性发展的重要作用。这是符合人的心理与行为的发展实际的，也是符合教育工作的实际情况的，是应当继承的一种优良传统理论。

（三）社会化的主要途径或方式

实现人的社会化和个性化的途径或方式是多种多样的，不同的国家民族，不同的社会历史文化背景有其差异性。在中国传统文化中，个体社会化和个性化的主要途径或方式有三种，即家庭与家族的、学校教育与社会风气的、民族与宗教的。兹扼要分述如下：

---

[1]《雅述上篇》。

[2]《慎言·保傅篇》。

1. 家庭与家族的途径。最早论及家庭教育重要作用的是《周易·家人》的一句卦辞"利女贞"。其解释是"父父子子，兄兄弟弟，夫夫妇妇，而家道正。正家而天下定矣。"[1]意即在家庭里，每个成员都遵守其道德规范，家道就正；而家正国也就安定了。据有人统计，从三国时期到民国年间，我国曾先后出版作为家庭教育读本《家训》之类达117种之多。其中影响最大的有《颜氏家训》（南北朝颜之推）、《温公家范》（宋代司马光）、《朱子家训》（清代朱柏庐）等。在这些家训里，包含有将家庭教育作为社会化和个性化途径的思想。

在家庭这个最稳固最亲密的群体里，个体从降生到逐步成长的过程，就是个体社会化和个性化的过程。尤其在相当封闭的封建社会里，每个家庭的"家规"、"家范"、"家学"、"家教"、"家传"、"家风"等，对儿童、青少年的心理与行为的社会化起着非常重大的作用，成为他们社会化和个性化起始的且是基本的途径。潘岳写有《家风诗》赞述一家的传统习惯、生活作用的"家风"，庾信《哀江南赋序》说："潘岳之文采，始述家风。"这种家庭的环境影响，会陶染一个人的心理，支配他的行为。例如，史书记载江总的情况说："家传赐书数千卷，总昼夜寻读，未尝辍手。"[2]

在中国历史上，儒家的社会化影响最大，从汉朝开始成熟，到东汉加进了道教，到南北朝，除了道教、佛教以外，还要加上一个胡化。颜之推写《颜氏家训》的动机之一，就是反对胡化。他在《家训》中制订了一些家庭教育的原则，以引导儿童社会化和个性化能得到健康的发展。这些原则归纳起来主要是：第一，及早施教。他说："古者，圣王有胎教之法。""凡庶纵（老百姓）不能尔，当及婴稚，识人颜色，知人喜怒，便加教诲，使为则为，使止则止。"老百姓虽做不到胎教，但应当对儿童及早进行教育。为什么呢？颜之推承继葛洪在《抱朴子》中提出的"修学务早"的思想，说："人生幼小，精神专利，长成以后，思虑散逸，固

---

[1]《经象下》。

[2]《陈书·江总传》。

须早教，勿失机也。"这是符合现代心理学和教育学的早期教育理论的。第二，严慈结合。父母教育态度是否得当，是儿童社会化取得预期成功的关键之一。颜之推认为："父母威严而有慈，则子女畏惧而生孝矣。"父母对子女既威严又慈爱，子女才会言行谨慎，听从父母的教诲。他批评了那种"无教而有爱"的溺爱偏向。第三，以身作则。颜之推承袭孔子的身教思想，指出："夫风化者，自上而行于下者也，自先而施于后者也。是以父不慈则子不孝，兄不友则弟不恭。"[1] 要求家庭中的长者要以身作则，形成一种良好的家风，为父兄者应言传身带，充分肯定家庭风俗教化在儿童社会化过程中的作用。宋代司马光也有重视家教的类似思想，集中反映在《温公家范》里。他注重"人之初"的教育，认为："古有胎教，况于已生？子始生未有知，固举以礼，况于已有知？故慎在其始，此其理也。"还提出了"患于知爱而不知教"的爱而有教原则，"示以正物，以正教之"[2] 的正面榜样原则，等等。

比家庭更广泛的社会单位，是以婚姻和血缘关系结成的家族。从历史发展看，随着原始公社制度逐渐解体，父系大家族遂分裂为许多个体家庭。我国古代长期存在父系大家族制，在它解体为许多个体家庭以后，仍然保留着家族的形式。按姓氏建立家族宗祠、分祠，修建家谱、宗谱以记载一姓世系和重要人物事迹，各家族还制订有各自一套族规等等。个体在一定的家族内，其心理与行为是受它的相当影响的，尤其是东汉至唐末五代的门阀中心时期，在名门望族里影响更为显著。"中国社会自宗法解体后，代之而起者，即为门阀，或可称门族。……门阀者，宗法之残余形态，既不必有大小宗之形式，又无经济之严格关系，但群从伯叔兄弟之间，相尚以伦理，相劻以学业，积世相承，自相矜贵而不及骤者也。"[3] 这些门族家训严谨，对于家族内成员有严格的行为规范，无疑对他们的社会化和个性化起着重要作用。例如，晋朝的谢安，"安虽衡门，

---

[1] 以上均引自《颜氏家训》。

[2] 以上均引自《温公家范》。

[3] 邓子琴：《中国风俗史》，巴蜀书社1987年版，第1页。

自幼有公辅之望,处家常以仪范训子弟。"[1]南朝的王弘,"弘既人望所宗,造次必宗礼法。凡动止施为及书翰仪礼,后人皆依效之,谓为王太保家法。"[2]随着社会的进步,门阀制度解体,家族组织形式与观念逐渐松散与淡薄,到了现代社会则已不是个体社会化的途径或方式了。

2. 学校教育与社会风气的途径。在夏禹以前的原始社会中,虽然尚无专门的教育机关和教师,但是已经存在教育活动。"大道之行也,天下为公。选贤与能,讲信修睦。故人不独亲其亲,不独子其子。"[3]在这里"不独子其子"说明人们已经不局限于在家庭内抚育子女,而是已进到大家抚育下一代的阶段。到奴隶社会则有了专门的教育机关,并逐步形成了一定的教育机构体系,这就是"古之教者,家有塾,党有庠,术有序,国有学"[4]。设立许多学校的目的在于"化民成俗",教化人民养成某种风俗习惯,约束年轻一代的社会化按其预定目标进行。后来历代的学校制度虽不断演化发展,但都发生此种作用。

教育的内容对个体社会化和个性化的作用,是最重要和最直接的,对人的心理与行为有决定意义的影响。春秋战国时期,儒家的教育内容是"文、行、忠、信"四教,后三者属于道德教育范围。主要教材是孔子整理的"诗、书、礼、乐、易、春秋"。学习的目的是"修己"、"安人"以达到"治人",即"学而优则仕"。因而给予从学者的社会化是,在心理上崇尚"孝悌"、"忠恕"和"中庸",在行为上注重君臣、父子、朋友等人事关系,以做官从政为最高目标。老庄道家的教育内容是"人法地、地法天、天法道、道法自然"[5]。主张"复归于朴"、"复归于婴儿"。因而在此种思想熏陶下的社会化,人们的心理是消极"虚静"、"逍遥"自在,其行为表现则是与人隔绝,"鸡犬之声相闻,老死不相往来"、"无为而治"

---

[1]《晋书·谢安传》。
[2]《南史·王弘传》。
[3]《礼记·礼运》。
[4]《礼记·学记》。
[5]《老子》第25章。

无所作为。又例如，宋明理学家的教育内容以四书五经为本，主静、主敬、重性理、重文字；明清早期启蒙思想家的教育内容，则强调礼、乐、兵、农，兼治医学、天文、地理、算法等。这种教育差异导致个体社会化的区别是：前者务虚、重文、重空谈性理，钻故纸堆；后者务实、重人、重经世济用、面向现实。

顺便提一下，有的学者将历代的蒙求之类的书看成小传统。这些书如《三字经》、《千字文》、《增广贤文》、《幼学琼林》等主要体现儒家思想，它们通俗易懂，在社会上广泛流传，对人的社会化影响不可忽视，值得另行专门讨论。

与学校制度密切相关的选士制度，对士人的心理与行为也起着一种导向的作用，有如现代学校考试制度的指挥棒作用一样。魏晋南北朝的"九品中正"选士制度，只重门阀，忽视德行学业，"上品无寒门，下品无士族"，造成士人没有学习积极性，形成一种奔驰选请的坏风气。隋唐建立科举选士制度，用考试的办法挑选人才，限制了士族的特权，曾激发起士人积极学习和争名心切的心理行为。由于科举重文辞、重帖经、墨义，结果养成只重记诵不求义理的读书习惯。后来科举也出现许多流弊，造成士人"争第急切"而"匿名造谤徇私舞弊"，"才俊之流，坐成白首"。[1]

与学校教育相并而行的社会风气，可谓一种社会学校，同样以其强大的力量影响人的心理与行为，而成为个体的社会化的重要途径。当学校教育跟社会风气一致时，其对个体的社会化影响则同；当它们有相左之处时，则发生个体社会化过程中的矛盾现象。但总的说，比较一致的情况者多，这是由社会的政治、经济来决定的。两汉至唐末五代是门阀中心时代，据《新唐书·宰相世系表》，所列宰相369人，出自98个门族。南北朝的二百年间，两方人才，特别是政治人才大概不出30个士族之外。魏晋的清谈之风也出于门阀，因为他们自少席丰履厚，无衣食之虑。而清谈家的生活特点，则如有的学者所指出的：通《老》、《庄》，喜服食，

---

[1] 参见毛锐礼等编著《中国古代教育史》，人民教育出版社1979年版，第286—287页。

擅技能，多纵酒，无拘检，重风度。北宋至清代的士气中心时代，取士制度唯科举一途，士人争相表现自己的聪明才干，重气节风格。这种士气与当时盛行讲学密切相关。胡安定、孙明夏开其先河，至朱熹、陆九渊不同学派之争达于鼎盛，晚清维新变法者也往往以讲学相号召。由于蔚为风气，在人们的心理与行为中，不再凭门第行事，而往往形成朋党之争。总之，个体的心理与行为的社会化，是不可摆脱当时社会风气之影响的。

3. 民族与宗教的途径。个体总是属于某一民族，因此人的心理与行为的社会化，也必然受到该民族所特具的基本特征的影响以及宗教信仰的影响。

《左传·成公四年》："非我族类，其心必异。"在古籍中较早提出了不同民族有其不同心理行为特点的思想。由于共同的语言、地域、经济、生活，促进了人们的风俗、习惯、爱好、文学、艺术、宗教信仰等的交流，因而逐渐形成民族共同的精神纽带——精神和气质，即共同的心理素质。"民族"一词在我国汉语中虽是近代才开始普遍使用的，但是从现代不同民族的民族个性、民族习俗、民族意识、民族情操中，看民族对个体社会化的影响自古以来便是如此，是长期形成的。以少数民族为例，云南省的纳西族，至今仍保持着母系社会制度的形式。子女从母居，财产由女性继承，婚姻关系不固定。因此纳西族人，从小有男女平等观念。又如，朝鲜人喜欢白色也是这个民族世世代代流传下来的。父母很早就对孩子进行勤劳和洁净的教育，让小孩穿戴几乎全是白色的衣物，洗自己的手绢和袜子。朝鲜人的勤劳和洁净的心理品质与行为，就是在这个民族崇尚白色的风俗里，通过社会化过程形成的。

我国宗教的历史是久远的，就几种宗教来说，佛教有2000年历史，道教有1700年历史，伊斯兰教有1300年历史，鸦片战争以后又传入了天主教、基督教。对于信仰宗教的人来说，个体的社会化也受宗教的影响。道教主张"无死"，以自身为真实，注重修炼养生，所以其信徒超脱尘世，相信并追求长生不老。佛教主张"无生"，以有生为空幻，注重涅槃清寂，所以其信徒遁入空门，希求精神解脱。这说明宗教是导致人们心理行为差异的途径或方式之一，不同的宗教信仰有不同的社会化。道观寺庙不仅是进行宗教活动的场所，还在历史上具有某种慈善事业、文化教育的意义，对人的社会化也有相当的影响。时至今日，它们的影响也未完全消失。有些民族的生活习惯也明显地是宗教社会化的结果。例如我国的回民，喜沐浴、讲卫生，婚丧嫁娶简朴，与伊斯兰教教义有关。该教规定，教徒一天向真主做五次礼拜，每星期五午后到清真寺做一次集体礼拜。做礼拜前要洗大净或小净以洗除罪恶。大净洗全身，小净洗手、脸，摸头、净下，没有水的地方要以手势来"代净"。由于长期的严格训导，使他们逐渐形成了"洗罪礼拜"和爱清洁的观念及习惯化的行为方式。至于上层统治者将宗教信仰贯穿到社会政治、经济、文化教育方面，则其社会化的影响更大。以前云南西双版纳的傣族统治者宣扬"佛教兴，傣族兴；佛教亡，傣族亡"的思想，其结果是西双版纳村村有佛寺，人人当"和尚"。孩子生下来法定的是佛教徒。男孩十岁左右必须到寺院当和尚，少则一二年，多则一二十年，然后才能还俗娶妻。每家老人早晚都要献花拜佛、焚香祷告，结婚、丧葬、生病、盖房都要请佛爷诵经。在这种宗教信仰的环境里，人们社会化的宗教烙印是很深的。

二、人际交往、人际关系

人际交往、人际关系是社会心理学研究的一个中心课题。在个体与社会的相互作用中，核心的问题是人与人的关系。人际关系主要指人们在活动过程中人与人之间的心理关系，是在人们的社会交往中发展的。我国古代虽无现代心理学中人际关系的名词概念，但在君臣、兵将、师友、邻里等各种关系的论述中，却饱含着人际关系的社会心理学思想。长期处于支配思想地位的儒家更重人事，所以有关人际交往、人际关系的心理学思想也特别丰富，并且对于今人的待人处事仍有历史借鉴意义。这些思想概括起来主要有如下几点：

1."同人心"、贵"人和"。古人在治国治军等实践活动中，认识到统一人心、团结一致是取得胜利的关键因素。这也就是社会心理学上讲的凝聚力在团体或群体中的意义问题。墨家主张在人际交往、人际关系中应"兼相爱，交相利"。为什么呢？"夫爱人者人必从而爱之，利人者人必从而利之；恶人者人必从而恶之，害人者人必从而害之。"[1]孟子也主张以相互爱敬来处理人际关系："爱人者，人恒爱之；敬人者，人恒敬之。"[2]《管子》一书更明确地提出要"同人心"的问题，指出："纣有臣亿万人，亦有亿万之心。武王有臣三千而一心，故纣以亿万之心而亡，武王以一心存。故有国之君，苟不能同人心……则虽有广地众民，犹不能以为安也。"[3]从纣与武王的对比中总结出民心是国家存亡的重要原因，认为同心同德是社会安定的根本因素。世间事情成败的条件在于天时地利人和，所以诸葛亮强调治军也要人和。他说："夫用兵之道，在于人和，人和则不劝而自战矣。"[4]又说："不齐其心，而专其谋，虽有百万之众，而敌不惧矣。"[5]这当然是治军用兵取胜的总结。"同人心"的思想对后人影响颇深。宋代陈亮说："政化行则人心同，人心同则天时顺。"[6]认为统一人心是治国之根本，而同人心在于政治教化的推行。《管子》一书还指出了克服不利"同人心"的六种破坏因素，才能同心协力以取胜。书中说："不为六者益损于禄赏，则远近一心；远近一心，则众寡同力；众寡同力，则战可以必胜，而守可以必固。"[7]（六者指亲者、贵者、财货、美色、奸佞之臣和玩好之物六种破坏因素）。这种"同人心"、贵"人和"的思想是可以用之于各种团体活动的，甚至于处理家庭夫妻关系。中国神话中象征夫妻相爱的和合二仙，可以说是这种社会心理思想在人们头脑中的一种折射。

---

[1]《墨子·兼爱中》。
[2]《孟子·离娄下》。
[3]《管子·法禁》。
[4]《诸葛亮集》卷四《人和》。
[5]《便宜十六策·教令第十三》。
[6]《陈亮集》，卷二，《中兴论》。
[7]《管子·重令》。

2."上行下效,君行臣甚"。在人际关系中,上与下是一种重要的社会关系。上与下原指君主与臣民,广延之则上级与下级、长辈与晚辈、将与兵、师与生等均可作为上与下的人际关系。古代思想家发现有一条"上行下效"的摹仿律,早在先秦时期已有广泛论述。为了说明其普遍性,不妨多引几段原文。孔子说:"上好礼则民莫敢不敬,上好义则民莫敢不服,上好信则民莫敢不用情。"[1]《大学》则说:"上老老则民兴孝,上长长则民兴弟,上恤孤而民不倍。"这种上行下效的心理效应,不是由"上"的语言而产生的,主要是由"上"的情与行来决定的,而且下效的心理效应更强烈。所以《管子》指出:"凡民从上也,不从口之所言,从情之所好者也。上好勇则民轻死,上好仁则民轻财,故上之所好,民必甚焉。"[2]晋代的葛洪更作了最简要的概括:"上行下效,君行臣甚。"《刘子新论》一书对此也有很好的阐述:"君以民为体,民以君为心。心好之,身必安之;君好之,民必从之。未见心好而身不从,君欲而民不随也。人之从君,如草之从风,水之从器。……下之事上,从其所行,犹影之随形,响之应声,言不虚也。上所好物,下必甚焉。"[3]法国社会学家塔德在1890年出版的《摹仿律》一书中,曾提出下降律——上等阶级被下等阶级摹仿。中国的"上行下效"跟西方的"下降律"何其相似!既然在上者对在下者的行为心理有如此之影响,所以诸葛亮进一步提出了对在上者的针砭之言:"上不可以不正,下不可以不端。上枉下曲,上乱下逆。"至于古籍所记述的齐桓公好紫服,国人皆效仿,楚王好小腰,而美人省食,吴王好剑,而国士轻死,都是"上行下效"的心理效应的典型事例。用现代社会心理学的术语来解释,是权威、暗示、摹仿的心理作用。

3."己所不欲,勿施于人"。要处理好人际关系,设身处地,进行心理换位是很重要的原则。因为心理换位能帮助人们互相理解和谅解,因而易于心理相容,并能协调一致地结合。孔子说:"夫仁者,己欲立而立

---

[1]《论语·子路》。

[2]《管子·法法》。

[3]《刘子新论·从化》。

人,己欲达而达人。"[1]又说:"其恕乎? 己所不欲,勿施于人。"[2]仁者爱人,恕则是以仁爱之心待人。自己想干的事可以要求别人干,自己都不愿做的事,不要强加于人。孔子的"己所不欲,勿施于人"是历史上最早论述心理换位的思想。他还主张在处理人际关系时要严于责己,宽以待人。认为"躬自厚则薄责于人,则远怨矣"[3],要正确对待别人,首先要了解别人,这里有个知己与知人的关系问题。诸葛亮承袭和发挥了孔子的有关思想,他说:"故孔子云,明君之治,不患人之不知己,患不知人也,不患外不知内,惟患内不知外;不患下不知上,惟患上不知下;不患贱不知贵,惟患贵不知贱。"[4]并且进而提出了"正己教人"、"亲贤远小"的思想。葛洪还说:"贵远而贱近者,常人之用情也。"[5]这种对人态度"贵远贱近"的社会心理偏向,也就是俗话说的"墙内开花墙外香"或"近处菩萨远处灵"。

4."上交不谄,下交不渎"。在人际交往中总有一部分人由于志向爱好、过从关系等原因结为朋友,形成小群体的朋友圈。中国古代文献中也有许多有关交友的深刻思想。《易》经上说"上交不谄,下交不渎"[6]是人际交往中的一条重要准则。孔子提出要慎交善友,其标准是:"益者三友,损者三友:友直,友谅,友多闻,益矣;友便辟,友善柔,友便佞,损矣。"[7]许多思想家还指出钱财、美色、势利之交的害处。例如《战国策》里说:"以财交者,财尽而交绝,以色交者,华落而爱渝。"[8]《文中子》说:"以势交者,势倾则绝,以利交者,利穷则败。"[9]特别值得提出的是,葛洪撰写了论交友的专文《交际》,相当全面地论述了人际交往的原则与要求。

---

[1]《论语·雍也》。

[2][3]《论语·卫灵公》。

[4]《便宜十六策·察疑第五》。

[5]《抱朴子·广譬》。

[6]《易·志辞》。

[7]《论语·季氏》。

[8]《战国策·楚策》。

[9]《文中子·礼乐》。

他主张慎交而不泛结；先择而后交，不先交而后择；要"直谅多闻"，不能"面而不心"。下面一段话更说得具体详尽，这就是："善交狎而不慢，和而不同。见彼有失，则正色而谏之。告我以过，则速改而不惮。不以忤彼心而不言，不以逆我耳而不纳。不以巧辩饰其非，不以华辞文其失。不形同而神乖，不匿情而口合。不面从而背憎，不疾人之胜己。"[1]上述这些思想，对于今天的交往活动仍可借鉴。

三、管理心理思想

中国古代管理心理思想主要包括：关于管理的心理依据——欲求、士气激励和赏罚心理思想。它表明与现代管理心理学有思想渊源的联系，在世界心理学史上有重要地位，对现实仍有某种作用。

1. 欲求的种类与层次。中国古代的各种管理活动及其思想原则是建立在欲求理论之上的。它跟现代管理心理学建立在需要动机理论基础上，有其相似的地方。有关欲求的种类与层次在前面已经论述了，这里只简要提一下。中国古代思想家对欲求的论述颇多，例如它嚣、魏牟宣扬纵欲，老庄主张"淡然无欲"，程朱理学提出"存天理，去人欲"，更有许多学者如荀况、王廷相、王夫之等提倡寡欲、节欲和导欲等。至于欲求的划分与层次方面，《管子》一书论述精辟，将欲求划分为四组：（灭绝）——生育、（危坠）——存安、（贫贱）——富贵、（忧劳）——佚乐。王廷相划分为饮食、男女、美色、货利、安逸等欲求。王夫之则将欲求归纳为声色、货利、权势、事功四种。以上划分都具有一定的层次性。因此，从历史的角度考察，中国古代有关欲求分类与层次的思想，并不比美国马斯洛的需要层次论逊色。

2. 士气的激励。现代心理学认为需要、动机是人的行为的内驱力。清代的戴震也曾指出："凡事为皆有欲，无欲则无为矣；有欲而后有为，

---

[1]《抱朴子·交际》。

有为而归于至当不可易之谓理。"[1] 即认为人的欲望与需求是人的行为的原动力，没有欲求则没有人的活动，这与现代理论是相符合的。引起动机，激励人的积极性，在管理心理学上是一个至关重要的问题。中国古代军事家在激励士气方面的思想，对我们现在仍有启示作用。例如，《孙膑兵法》写道："孙子曰：合军聚众，务在激气。复徙合军，务在治兵利气。临境近敌，务在厉气。战日有期，务在断气。今日将战，务在延气。"[2] 按照战斗发展过程的不同阶段，提出了"激气"、"利气"、"厉气"、"断气"和"延气"五种激励士气的方式。诸葛亮撰写过专文《厉士》讨论激励士气的问题。他说："夫用兵之道，尊之以爵，瞻之以财，则士无不至矣；接之以礼，厉之以信，则士无不死矣；畜恩不倦，法若画一，则士无不服矣；先之以身，后之以人，则士无不勇矣；小善必录，小功必赏，则士无不劝矣。"[3] 提出要以"爵"、"财"、"礼"、"信"、"恩"、"法"等需要的满足来激励士气、鼓舞斗志。

3. 赏罚心理思想。赏罚是社会政治、经济、军事、教育等各种管理活动中的重要手段，古今中外概莫如此。社会生活的各个领域都重视运用赏罚手段的重要原因之一是，赏罚会产生一种特殊的心理效用。韩非说："凡治天下，必因人情。人情者，有好恶，故赏罚可用；赏罚可用，则禁令可立，而治道具也。"[4] 这种赏罚心理效用是与人性联系起来的，可以因势利导。其他思想家也论述了赏罚的不同心理效用，例如诸葛亮认为："赏以兴功，罚以禁奸。"[5] 葛洪则说："明赏以存正，必罚以闲邪。"[6] 赏与罚能够发挥出兴功与禁奸、存正与闲邪的相辅相成的作用，否则就会出现"赏罚不信，则民无取"的后果。《抱朴子》一书还强调了"诛一以振万"

---

[1]《孟子字义疏证·权》。
[2]《孙膑兵法·延气》。
[3]《将苑·厉士》。
[4]《韩非子·八经》。
[5]《便宜十六策·赏罚第十》。
[6]《抱朴子·用刑》。

的心理威慑作用。

为了使赏罚成为维护社会价值观念的手段和发挥心理威慑作用，古代思想家提出了一系列施行赏罚的原则与要求。归纳《管子》一书有关这方面的思想，有四条基本原则：其一，"以其所积者食之。"即劳绩大的多奖赏，劳绩小的少奖赏，没有劳绩的不奖赏。否则会出现"离上"、"不力"、"多诈"、"偷幸"之弊。其二，"喜无以赏，怒无以杀"，否则"怨乃起，令乃废"。其三，"赏罚必信。"坚定地执行赏罚规定，不随便更改号令。否则"庆赏虽重，民不劝也；杀戮虽繁，民不畏也。"其四，"君有三欲于民"，即"求必欲得，禁必欲止，令必欲行"。否则将"威日损"、"刑罚侮"、"下凌上"。诸葛亮则主张赏罚公平，一视同仁，不分内外，不论亲疏。他曾强调"陟罚臧否，不宜异同"。[1]"赏不可不平，罚不可不均。""赏赐不避怨仇。""诛罚不避亲戚。"[2]他不仅这样说，而且在治军治国中也这样做了，使赏罚的心理效应得到了发挥。失街亭之战，他自请降职，身体力行实施赏罚。这些思想对于今天运用奖惩手段仍然是宝贵的，它符合人们的社会心理状态。

四、司法心理思想

1. 争乱原因及解决办法。争乱往往导致犯罪行为，它与司法心理学有一定关系。荀子从人的心理角度分析了产生争乱的原因。他说："人生而有欲，欲而不得，则不能无求。求而无度量分界，则不能不争，争则乱，乱则穷。"[3]又说："欲恶（求）同物，欲多物寡，寡则心争矣。"[4]认为人的欲求得不到满足便引起争乱，争的是物欲的满足。人的欲求与物质生产水平总是存在矛盾的。所以荀子又提出了解决这个矛盾的办法："制礼

---

[1]《前出师表》。

[2]《便宜十六策·赏罚第十》。

[3]《荀子·礼论》。

[4]《荀子·富国》。

义以分之，以养人之欲，给人之求。使欲必不穷乎物，物必不屈于欲。"[1]即用规章制度、道德规范来限制人的欲求，使之有一个"度量分界"。这个思想的内核在今天看来也仍然是正确的。《淮南子》承袭了荀子的思想。该书写道："逮至衰世，人众财寡；事力劳而养不足，于是忿争生，是以贵仁；仁鄙不齐，比周朋党，设诈谞，怀机械巧故之心，而性失矣，是以贵义；阴阳之情，莫不有血气之感，男女群居杂处而无别，是以贵礼；性命之情，淫而相胁，以不得已则不和，是以贵乐。……夫仁者所以求争也，义者所以救失也，礼者所以救淫也，乐者所以救忧也。"[2]它指出忿争起于"人众财寡，事力劳而养不足"，提出用"仁、义、礼、乐"来救"争、失、淫、忧"。这"仁、义、礼、乐"就是当时用来限制人的欲望的"度量分界"，消除人们忿争的办法。现代社会当然不应一律限制人的欲求，而应尽一切努力，满足人们物质生活和精神生活的需要。但是也应有一个调节各种关系的"度量分界"，即一套现代社会的法规制度和道德规范。否则，社会秩序将发生混乱。

2. 犯罪原因及其预防。我国古代思想家对于犯罪的原因问题也多有论述。有的从社会政治经济角度进行分析。例如，孟子说："富岁，子弟多赖；凶岁，子弟多暴。"[3]《管子》认为："囷仓空虚，而攘夺窃盗残贼进取之人起矣。故曰：观民产之所有余不足，而存亡之国可知也。"[4]将犯罪越轨的行为，归根于社会经济的原因，认为社会产品不足，人们对物质的欲求又失去"度量分界"，就会产生犯罪行为。也有的思想家进一步从人性、从心理的角度分析了犯罪的原因。最有代表性的是荀子下面一段话："今人之性，生而好利焉，顺是，故争夺生而辞让亡焉；生而有疾恶焉；顺是，故残贼生而忠信亡焉；生而有耳目之欲，有好声色焉，顺

[1]《荀子·礼论》。
[2]《淮南子·本经训》。
[3]《孟子·告子上》。
[4]《管子·八观》。

是,故淫乱生而礼义之理亡焉。"[1]认为让人的"好利"、"疾恶"、"好声色"等本能任其发展,就会产生争夺、残贼、淫乱等犯罪行为。上述关于犯罪原因的思想,前者可称为社会因素说,后者可称为心理因素说。

至于怎样预防和改造犯罪,古代也有可供借鉴的思想。还是荀子说得好。他说:"然则从(纵)人之性,顺人之情,必出于争夺,合于犯分乱理而归于暴。故必将有师法之化,礼义之道,然后出于辞让,合于文理,而归于治。"[2]既重视法律又重视教化,将"师法之化"与"礼义之道"结合起来。他还主张将教化与诛赏结合起来,指出:"不教而诛,则刑繁而邪不胜;教而不诛则奸民不惩;诛而不赏,则勤励之民不劝。"[3]这种"隆礼重法"思想的内核,对于今天预防犯罪也仍是值得重视的。

3. 审判心理思想。古代狱讼的审判心理思想也有不少精当之论。早在《周礼》中就认识到人的心理及其变化在狱讼中的重要性,提出:"以五声听狱讼,求民情,一曰辞听,二曰色听,三曰气听,四曰耳听,五曰目听。"[4]非常重视观察当事人的语言、表情、神态等方面的心理反应,这个著名的"五听"之说对后世很有影响。

宋代郑克撰写的《折狱龟鉴》可作为狱讼中审判心理思想的代表,收集了近四百个案例进行分析评论。它承袭了《周礼》重视狱讼中心理因素的思想,对"五听"具体内容的解说是:"一曰辞听,观其出言,不直则烦;二曰色听,观其颜色,不直则赧;三曰气听,观其气息,不直则喘;四曰耳听,观其所聆,不直则惑;五曰目听;观其顾视,不直则眊。"[5]这是将人的语言、表情、气息、听觉、视觉的表现和变化,跟人的心地是否正直联系起来,判断是否犯罪。该书还进一步概括为色、辞、情的察狱三术,明确地指出:"盖察狱之术有三:曰色、曰辞、曰情。"即

---

[1][2]《荀子·性恶》。

[3]《荀子·富国》。

[4]《周礼》,《秋官·小司寇》。

[5]《折狱龟鉴》。

"察其面之色，款之辞，事之情。"[1]很显然是将《周礼》的"五声"概括为色与辞，再加上"事之情"，这是一种发展。《折狱龟鉴》还提出在狱讼中要运用心理战术跟犯罪行为进行有效的斗争。认为司法工作与用兵作战一样需要智慧策略。"夫治民之有耳目也，犹用兵之有间谍也。""非圣智不能用间；非微密者不能得间之实。广耳目，察奸慝，亦犹是也。"[2]广布耳目进行侦察活动，甚至运用了实验法来检事验物，给后人以启迪。

第二节　教育心理学思想

中国悠久的文化历史造就了一批又一批杰出的教育家，在他们长期的教育实践活动中，产生了丰富的教育心理学思想。孔子、荀子、颜之推、韩愈、朱熹、颜元等是其代表人物。《荀子·劝学》、《礼记·学记》、《颜氏家训·勉学》、韩愈《师说》、《朱子语类·读书法》等是重要专篇。纵观各家教育心理学思想，概括起来主要有如下方面。

一、学习心理论

学习是知识经验获得积累的过程，并且引起行为方式的变化。学习在人类教育活动中占主导的地位。现代教育心理学有关学习心理方面的理论，主要是两大学说，即刺激——反应（S→R）理论和认知理论。前者把学习看作一种归纳过程，从微观考察学习，强调具体材料的机械的、一步一步的小单元学习。后者将学习看作一种演绎过程，从宏观考察学习，注重一般能力的发展，把获得认知结构作为基本的学习策略。此外，还出现了人本主义学习理论，强调行为和学习中人的因素，认为情感、志向、态度、价值观和人际关系在学习和人格发展中起重要作用，主张发挥人

---

[1][2]《折狱龟鉴》。

的潜能。

中国古代的思想家、教育家，对于学习心理问题的诸多方面也都有所涉及，并且形成独具特点的思想体系。他们都强调学习的意义，荀子说："君子博学而日参省乎己，则知明而行无过矣。"[1]学习可以丰富知识、发展智能和培养品德。他们更对学习的实质、过理、方法与心理条件作了广泛而深刻的探讨。

1. 基本观点。关于中国古代教育心理思想的基本理论，有学者概括为生知说和学知说、内求说与外铄说、气禀说与性习论。[2]

生知说和学知说，回答人的知识、智能是先天赋予还是后天获得的问题。孔子将学习分为生知、学知与困知等，但更强调学知。"我非生而知之者，好古敏以求之者也。"[3]孟子发挥生知说，认为每一个人都有"不虑而知"的"良知"和"不学而能"的"良能"。明代的王守仁更进一步发挥，提出"致良知"学说，断言："良知之外更无知，致知之外更无学。"[4]荀子则继承发扬学知说，"不登高山，不知天之高也；不临深溪，不知地之厚也；不闻先王之遗言，不知学问之大也"[5]，主张人的知识只能由实践和向前人学习才能获得。王充承继此说，肯定"智能之士，不学不成，不问不知"[6]。明清之际的王夫之既强调学知又指出生知说的荒谬。他说："聪必历于声而始辨，明必择于色而始晰，心出思而得之，不思则不得也。……今乃曰生而知之者，不待学而能，是羑雏贤于野人，而野人贤于君子矣。"[7]考察中国全部历史，尽管"生知说"也曾延绵不断，但占主导地位的还是强调后天作用的"学知说"。

内求说与外铄说，回答在获得知识、发展智能、培养品德中，是重

---

[1][5]《荀子·劝学》。

[2]参见燕国材、朱永新著《现代视野内的中国教育心理观》，上海教育出版社1991年版，第29页。

[3]《论语·述而》。

[4]《王文成公全书》卷五，《与马子莘》。

[6]《论衡·实知》。

[7]《读四书大全说》卷七。

视内部因素还是外部因素的问题。孟子主张内求说而否定外铄说，指出："仁义礼智，非由外铄我也，我固有之也，弗思耳矣。"[1]认为人生来具有的恻隐、羞恶、辞让、是非"四端"，"扩而充之"就会形成仁义礼智。宋代的邵雍、二程、陆九渊等继承了内求说，明代的王守仁更断定"心即理也，学者学此心也，求者求此心也"[2]，与他的致良知密切联系。又是荀子倡导外铄说，强调环境、教育的外部因素的作用。"吾尝终日而思矣，不如须臾之所学也。"[3]南宋的陈亮、叶适等都反对内求说而主外铄说，明代的王廷相也非常强调外部因素，认为："诸凡万事万物之知，皆因习、因悟、因过、因疑而然，人也，非天也。"[4]内求说和外铄说各侧重一个方面，并非绝对对立。现代学习理论中，行为主义心理学家更重视刺激与反应的联结、强化、成人的榜样、外部环境的影响；认知心理学家则较重视认知结构的变化、内部动机的激发等内部因素的影响，内求说、外铄说跟它们有暗合之处。

气禀说与性习论，回答人性的形成是由先天的气禀决定还是后天习染决定的问题。汉代的王充是气禀说的代表者，他说："人禀气而生，含气而长，得贵则贵，得贱则贱。"[5]又说："禀气有厚泊，故性有善恶也。……人之善恶，共一元气，气有少多，故性有贤愚。"[6]二程以气之偏正而有智愚之分。朱熹的气禀说则更系统，他在《性理一·人物之性气质之性》里认为，人们的圣贤和愚不肖，英爽和温和，贵富和寿夭，都是由"气"所决定的。至于性习论则一直在人性论中占支配地位，从《书·太甲上》的"习与性成"一语发端，到孔子的"性相近也，习相远也"，到王夫之的"性者天道，习者人道"，前后一脉相承。前面有关章节已作过论述就

---

[1]《孟子·尽心上》。
[2]《王文成公全书·紫阳书院集序》。
[3]《荀子·劝学》。
[4]《雅述上篇》。
[5]《论衡·命义》。
[6]《论衡·率性》。

略而不谈了。总之,古代的气禀说相似于现代的所谓遗传决定论,而古代的性习论则近于现代的环境决定论。但从性有生性和习性看,性习论并未完全否定气禀的生物学前提作用。

2. 学习过程。关于学习过程,古代学者有许多的不同论述,有的划分为学与习、学与思或学与行两个阶段,有的划分为学、思、行三个阶段,有的划分为学、思、习、行四个阶段。它们都是从孔子的有关言论中归结出来的。这些言论是:"学而不思则罔,思而不学则殆。"[1]"学而时习之,不亦说乎?"[2]"行有余力,则以学文。"[3]"学"指多见多闻的感知阶段;"思"指举一反三的理性思维阶段;"习"指巩固复习与练习阶段;"行"指品德、知识的践履阶段。荀子说:"君子之学也,入乎耳,著乎心,布乎四体,形乎动静。"[4]也是将学习划为三阶段,即感知(入乎耳)、思维(著乎心)、行动(布乎四体,形乎动静)。

《礼记》在孔子的学、思、行三阶段论的基础上提出了五阶段论:"博学之,审问之,慎思之,明辨之,笃行之。""有弗学,学之弗能弗措也。有弗问,问之弗知弗措也。有弗思,思之弗得弗措也。有弗辨,辨之弗明弗措也。有弗行,行之弗笃弗措也。"[5]这里明确地把学习过程划分为博学、审问、慎思、明辨、笃行五个阶段,其中的审问、慎思、明辨是从孔子说的"思"中细分出来的。实质上是闻见感知、思考理解和践行应用三个阶段。如果将孔子的其他论述综合起来,上面所述的五阶段论还可加上"立志"和"时习"成为七阶段论。孔子曾说:"吾十五而志于学。"[6]还要求人们"志于仁","志于道"。兹将学习过程图解如下:

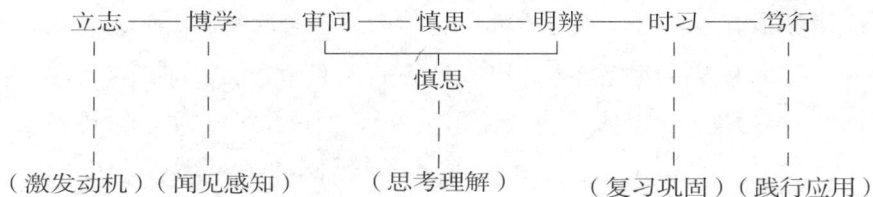

```
立志 ── 博学 ── 审问 ── 慎思 ── 明辨 ── 时习 ── 笃行
  │       │      └─────────┬─────────┘      │       │
  │       │              慎思                │       │
  │       │                │                │       │
  │       │                │                │       │
(激发动机)(闻见感知)   (思考理解)      (复习巩固)(践行应用)
```

[1][6]《论语·为政》。

[2][3]《论语·学而》。

[4]《荀子·劝学》。

[5]《礼记·中庸》。

现代教育心理学一般将学习过程划分为五个阶段，即激发学生的学习动机；引导学生获得感性知识；引导学生理解知识；引导和组织学生复习和巩固知识；组织学生练习和应用。中国古代将学习过程划分为立志（激发动机）、博学（闻见感知）、慎思（思考理解）、时习（复习巩固）和笃行（践行应用）五个阶段，从学习心理分析在实质上不是很吻合吗？

《论语》和《中庸》提出的学习阶段论，对后世的思想家、教育家影响极大。宋代的朱熹和明清之际的王夫之等都对学、问、思、辨、行等问题有所发挥。朱熹将学习过程的各阶段称之为"为学之序"，并列为他所主办的白鹿洞书院的教规，他说："学问思辨四者，所以穷理也。若夫笃行之事，则自修身以至于处事接物，亦各有要。"[1]他在《四书集注》中对志、学、问、思、辨、习、行等都有较详细的阐释。王夫之也论述过学、问、思、辨、行的辩证关系，把行放在首位，重视知识的践行应用。指出："实则学之弗能，则急须辨；问之弗知，则急须思；思之弗得，则又须学；辨之弗明，仍须问；行之弗笃，则当更以学问思辨养其力；而方学问思辨之时，遇着当行，便一力急于行去，不可曰吾学问思辨之不至，而俟之异日。若论五者第一不容缓，则莫如行，故曰'行有余力，则以学文'。"[2]在论及"志"时则说："志立则学思从之，故才日益而聪明盛。"[3]可以说把学习过程各阶段的关系阐述得淋漓尽致。

3. 原则方法。关于学习的原则与方法，历代教育家都有很多论述，而以朱熹的《读书之要》总其大成，提出了六大"读书法"，即循序渐进、熟读精思、虚心涵咏、切己体察、著紧用力、居敬持志。如果将其他古代教育家的思想再概括起来，可归纳为五条原则方法，即修学务早、深造自得、熟读深思、由博反约、循序渐进，它们反映了学习过程的规律性。

第一，修学务早。这是早期教育与学习的原则。葛洪在《抱朴子》一书中论述了它的心理依据："盖少则志一而难忘，长则神放而易失。故

---

[1]《白鹿洞书院教条》。
[2]《读四书大全》卷三。
[3]《张子正蒙注》。

修学务早，及其精专，习与性成，不异自然也。"[1]从少与长的心理差异进行分析，跟现代教育心理学的关键期观点相吻合。南北朝时的颜之推也说："人生幼小，精神专利，长成以后，思虑散逸，固须早教，勿失机也。"[2]其实，它们都是《学记》中"时过然后学，则勤苦而难成"思想的继承与发展。

第二，深造自得。这是关于学习的主动性和积极性原则。孟子说："君子深造之以道，欲其自得之也。自得之，则居之安；居之安，则资之深；资之深，则取之左右逢其原，故君子欲其自得之也。"[3]这条深造自得的学习原则为后世所普遍重视。例如宋代的张载提出的"学贵心悟"观点，也是讲的深造自得。明代的王廷相对此的阐发是："自得之学可以终身用之，记闻而有得者，衰则忘之矣，不出于心悟故也。故君子之学，贵于深造自养，以致其自得焉。"[4]深造自得跟现代心理学强调发展智力和培养能力的精神实质是一致的。

第三，熟读深思。这是学习中强调记忆与思维的原则。朱熹说："大抵观书先须熟读，使其言皆若出于吾之口；继以精思，使其意皆若出于吾之心，然后可以有得尔。"[5]这里强调了记忆和思维在学习中的重要作用，必须在记忆的基础上理解，又在理解中加深记忆。只有这样，才能"心与理一，永远不忘"。朱熹的"熟读精思"，跟苏东坡的"熟读深思学自知"是完全相同的。这比西方的学习理论，联结学派只强调记忆，认知学派只强调思维，就显得更为全面合理了。

第四，由博返约。这是在学习中要求广博与专精相结合的原则。它发端于孔子的"博学于文，约之以礼"[6]，后来荀子、孟子、颜之推、朱熹、

---

[1]《抱朴子外篇·勖学》。

[2]《颜氏家训》。

[3]《孟子·离娄下》。

[4]《慎言·潜心篇》。

[5]《朱子文集》卷七十四，《读书之要》。

[6]《论语·雍也》。

王廷相、王夫之、戴震等都论述了博学与专精的问题。孟子主张博约结合："博学而详说之,将以反说约也。"[1]"守约而施博者,善道也。"[2]要求既要广博学习,又要达到专精,由博返约,守约施博。王夫之对博约的辩证关系作了精辟的论述。他指出:"约者博之约,而博者约之博。故将以反说夫约,于是乎博学而详说之,凡其为博而详者,假道谬途而深劳反复,果何为哉?"[3]我国的"博览群书"传统和"各专一事"原则,很显然是由上述思想发展而来的。

第五,循序渐进。这是在学习中要求按部就班有系统有步骤地进行的原则。学习要循序渐进的思想在先秦时早已有之。东晋葛洪也说:"凡学道当阶浅以涉深,由易以及难。"[4]但明确提出循序渐进原则的还是朱熹。他认为读书学习最为要紧的是"循序而渐进,熟读而精思可也"[5]。他还以学习《论语》和《孟子》两部书为例来阐明什么是循序渐进。他说:"以二书言之,则先《论》而后《孟》,通一书而后及一书。以一书言之,则其篇章、文句、首尾、次第亦各有序,而不可乱也。量力所至,约其课程而谨守之,字求其训,句索其旨。未得乎前,则不敢求其后;未通乎此,则不敢志乎彼。如是循序而渐进焉。则意定理明而无疏易凌躐之患矣。"[6]要求学习做到由易及难,逐步深入,量力而行。这也就是孔子的"欲速则不达"的意思。

4.非智能心理因素。中国古代学者已认识到,学习的成功不仅取决于人的智能,还有赖于非智能心理因素。这主要涉及注意、兴趣、情感、意志、性格诸方面。

注意是学习的门户。"学者必精勤专心,以入于神。若心不在学而强讽诵,虽入于耳而不谛于心,譬若聋者之歌,效人为之,无以自乐,虽

---

[1]《孟子·离娄下》。

[2]《孟子·尽心下》。

[3]《读四书大全》卷六。

[4]《抱朴子内篇·微旨》。

[5][6]《朱子文集》卷七十四,《读书之要》。

出于口，则越散矣。"[1]孟子曾以弈秋教二人学围棋为例，强调"专心致志"。王守仁提出"专心一致"、"中心喜悦"，都是将注意视为学习成功的首要条件。

古人提倡"好学"、"乐学"便与人的兴趣有关。孔子说："知之者不如好之者，好之者不如乐之者。"[2]并举出弟子颜渊是好学的榜样。他还自我评价是乐学者："其为人也，发愤忘食，乐以忘忧，不知老之将至云尔。"[3]以后许多思想家都继承了这种好学、乐学思想。宋代的张载在《经学理窟》中多所论述。他说："学者不论天资美恶，亦不专在勤苦，但观其趣向着心处如何。……此始学良术也。"[4]又强调乐学的重要说："'乐则生矣'，学至于乐则自不已，故进也。"[5]

在乐学中就会产生一种热烈的学习情感，从而提高学习的效果。孔子的"学而时习之，不亦说（悦）乎"就是要提倡一种愉快学习法，跟现代教育心理学中的愉悦教学在思想上是一脉相承的。《吕氏春秋》一书对学习中情感因素的重要性有一段很好的阐述："人之情不能乐其所不安，不能得其所不乐。为之而乐矣，奚待贤者，虽不肖者犹若劝之；为之而苦矣，奚待不肖者，虽贤者独不能久。反诸人情，则得所以劝学矣。"[6]但是中国历史上许多私塾教育中是没有贯彻这种思想的。

持之以恒、不畏艰苦的坚强意志，是学习好的又一个心理条件。孔子勉励学生的学习："譬如为山，未成一篑，止，吾止也；譬如平地，虽覆一篑，进，吾往也。"[7]他还引述民谚说："人而无恒，不可以作巫医。"[8]孟子也强调必须用顽强的意志和持之以恒的精神去搞好学习。他说："原泉混

---

[1]《刘子新论·专学》。
[2][3]《论语·雍也》。
[4]《经学理窟·学大原下》。
[5]《经学理窟·学大原上》。
[6]《孟夏纪·诬徒》。
[7]《论语·子罕》。
[8]《论语·子路》。

混,不舍昼夜,盈科而后进,放乎四海。"[1]荀子在《劝学篇》中指出:"不积跬步,无以至千里;不积小流,无以成江海。"这里的"积"也就是要有恒。

优良性格也是搞好学习必具的非智能心理因素。历代思想家都认为"满招损,谦受益",学习必须虚心求教,决不能骄傲自满。孔子要求学生"知之为知之,不知为不知"[2],并且认为"三人行,必有吾师焉"[3]。朱熹发扬这种思想,要求达到"虚心涵泳",认为"读书之法无他,惟是笃志虚心,反复详玩,为有功耳"[4]。跟虚心求教相反则是骄傲自满,自高自大。颜之推曾尖锐批评其对学习的危害性。他说:"夫学者所以求益尔。见人读数十卷书,便自高自大,凌忽长者,轻慢同列;人疾之如仇敌,恶之如鸱枭,如此以学自损,不如无学也。"[5]这是值得人们警醒的。

二、品德心理论

现代教育心理学认为,道德品质的形成是一个知、情、意、行的完整过程,即要经由道德认识、道德情感、道德意志、道德行为四个阶段。2500多年前的孔子,已经认识到道德品质的形成是一个由知(能言者必先能知)到行的过程,并且涉及道德情感和道德意志的心理因素问题。我们可以用孔子的思想为代表来了解古代的品德心理论。

"子贡问君子,子曰:先行其言,而后从之。"[6]据邢昺解释:"君子先行其言,而后以行从之,言行相副是君子也。"[7]很显然,这就是说君子的道德品质的形成,必须经由道德认识到道德行为的心理过程。道德认识是道德行为的基础。在道德行为中必然包含着一定的道德认识。所以孔子认为:"有德者,必有言;有言者,不必有德。"[8]只有道德认识

---

[1]《孟子·离娄下》。

[2][6]《论语·为政》。

[3]《论语·述而》。

[4]《学规类编》。

[5]《颜氏家训·勉学》。

[7]《十三经注疏·论语注疏》。

[8]《论语·宪问》。

累次见之于道德行为以后，才可谓形成了道德品质。孔子在许多地方都论及要言行一致，并且特别强调行的重要。例如说："君子耻其言而过其行。"[1]"君子欲讷于言而敏于行。"[2]他对弟子的评价，也都是以他们的实际行动为标准。荀子继承这一思想指出："不闻不若闻之，闻之不若见之，见之不若知之，知之不若行之，学至于行而止矣。"[3]朱熹重视"讲明义理"，强调"习与智长"，就是要求掌握道德概念，提高道德认识。同时他也编写了《童蒙须知》训练儿童的道德行为。其训练内容包括"衣服冠履"、"言语步趋"、"洒扫涓洁"、"读书写字"和"杂细事宜"等。可见在朱熹的品德心理思想里，也是将道德认识转化为道德行为的。

孔子还涉及了在道德认识转化到道德行为过程中，道德情感和道德意志的作用。孔子是以"仁"作为道德教育的核心的。他说："唯仁者能好人，能恶人。"[4]在"仁"德里包含着"爱"和"恨"这样一对相反的情感，这就是道德情感问题。他还主张用《诗》、《乐》去培养道德情感。朱熹提出"发而中节"、"惩忿窒欲"等，也与道德情感问题有关。孔子强调"志于道"、"志于学"，认为"三军可夺帅也，匹夫不可夺志也"[5]。因此孔子和孟子都主张要在艰苦环境中磨炼人的意志，培养优良的品德。正如孟子所说："故天将降大任于斯人也，必先苦其心志，劳其筋骨，饿其体肤，空乏其身，行拂乱其所为，所以动心忍性，曾益其所不能。"[6]非常明确地说出了道德意志的重要作用。

那么，我们能否认为在孔子或其他古代思想家的品德心理思想中，品德形成过程已有如现代教育心理学那么明确的知、情、意、行四个阶段呢？不能。在他们的言论中，关于品德形成问题，的确已经涉及知、情、意、行四个方面的心理因素。但是，并未明确地将知、情、意、行联系起来，

---

[1]《论语·宪问》。

[2][4]《论语·里仁》。

[3]《荀子·儒效》。

[5]《论语·子罕》。

[6]《孟子·告子下》。

作为四个阶段看。尽管如此，上述思想已经是很宝贵了，当然我们也不会以现代的观点来苛求古人。

另外值得提出的是，古代思想家都非常重视在品德形成过程中，榜样的作用和友邻的影响。我们还是以孔子为例。他说："其身正，不令而行；其身不正，虽令不从。"[1]《论语注疏》指出："其身若正，不在教令，民自观化而行之；其身若不正，虽教令滋章，民亦不从也。"[2] 从心理学角度看，这种"观化而行"实则意识到了榜样在道德品质形成过程中的作用。所以，孔子才强调在教育工作中要重"身教"，要以身作则，为学生树立榜样。他甚至对弟子说"予欲无言"[3]，并且以天无言来类比。孔子还主张慎重选择朋友和邻居，认为好的友邻有益于形成好的道德品质，坏的友邻则有损于形成好的道德品质。所以他告诫自己的弟子说："益者三友，损者三友：友直，友谅，友多闻，益矣；友便佞，友善柔，友便妄，损矣。"[4] 又说："里仁为美，择不处仁，焉得知。"[5] 上述思想都为历代教育家所承继和发扬，对于我们今天探寻道德品质形成的过程及其规律仍有启示作用。

三、教师心理论

中国自古是一个尊师重教的国家。既强调学习的重要，也就重视尊师。孔子说："三人行必有我师焉。择其善者而从之，其不善者而改之。"[6] 他主张学无常师，以善者为师。《学记》也强调"三王四代唯其师"，"择师不可不慎"。历代均继承了这种思想。《抱朴子》说："选明师以象成之，择良友以渐染之。"[7] 主张慎择师友。明清之际的黄宗羲认为，任何人才

---

[1]《论语·子路》。
[2]《十三经注疏·论语注疏》。
[3]《论语·阳货》。
[4]《论语·季氏》。
[5]《论语·里仁》。
[6]《论语·述而》。
[7]《抱朴子外篇·崇教》。

的成长都不能没有教师的培育。他指出："古今学有大小，未有无师而成者也。"[1]

那么要具备怎样的条件才能算是合格的教师呢？综合许多学者的思想，一个好的教师必须具备下述基本心理品德，才能充分发挥教师应起的作用。

1. 在文化知识上，好学博学，温故知新。教师应当是博学多识的人。只有有广阔的求知兴趣，才能获得广博的知识。孔子除主张好学乐学，还认为"温故而知新，可以为师矣"[2]。既要温习和巩固原有的知识，更要不断获得新的知识，这是做教师必备的基本条件。很显然，这里包含着教师需要一种探求新知、不断进取的心理品质。

2. 在教学能力上，知心救失，善于博喻。《学记》对此有精辟的见解。它指出教师应具有知心救失的能力，即要了解学生的个别心理差异，扬长避短，因材施教。"知其心，然后能救其失也。教也者长善而救其失者也。"只有知其心，才能克服教学中"多"、"寡"、"易"、"止"的缺点。其次教师还要在掌握学生心理的基础上，从多方面增强学生的能力，指出："记问之学，不足以为人师。""能博喻然后可以为师。"

3. 在教育方法上，循循善诱，欲罢不能。一种成功的教育，不仅要求教育者有广博知识和教学能力，而且需具备很好的教育方法和技巧。对于孔子这位伟大教育家，正如他的大弟子颜渊所赞叹的："仰之弥高，钻之弥坚，瞻之在前，忽焉在后。夫子循循然善诱人，博我以文，约我以礼，欲罢不能，既竭我才，如有所立卓尔，虽欲从之，末由也已。"[3]"循循善诱"启发学生独立思考，造成学习上的"欲罢不能"之势。具有这种高超的教育艺术与能力，是教师必备的又一种心理品质。

4. 在品德修养上，有言有德，过则能改。孔子常对弟子说："予欲

[1]《南雷文案》卷六。
[2]《论语·为政》。
[3]《论语·子罕》。

无言。""天何言哉！四时行焉，百物生焉，天何言哉！"[1]强调"身教"，以身作则，用自己的行为榜样对学生的心理产生"潜移默化"的作用。教师自己有了过失要坦白地承认并予以改正。只有这样才能真正树立自己的威信，使学生产生处处模仿教师的意向。所以南北朝时的颜之推在论述家教时也说："夫风化者，自上而行于下者也，自先而行于后者也。是以父不慈则子不孝，兄不友则弟不恭。"[2]要求作为儿童第一位教师的父兄，应具备良好的品德修养，做到言传身带。

5. 在教育态度上，学而不厌，诲人不倦。孔子从22岁开始从事教育工作，差不多有50年在教师岗位上。他曾对弟子谈到自己的为人："其为人也，发愤忘食，乐以忘忧，不知老之将至云尔。"[3]当子贡问他："夫子圣矣乎？"孔子曰："圣，则吾不能。我学不厌教不倦也。"[4]这也正是孔子的教育能够成功、成为历史上伟大的教育家的一个重要原因，并且成为了我国教师的一种传统。这种"学不厌教不倦"的精神，包含着对学生、对教育事业的深厚感情和顽强意志。热爱学习、热爱学生，对教育工作表现出充沛的精力和毅力，是教师应具备的情感意志品质。

6. 在师生关系上，教学相长，视徒如己。教师在教学中正确处理师生关系，也是保证教育效果的重要因素。教学过程是教与学相互对立统一的过程。《学记》首先提出了"教学相长"的概念："学然后知不足，教然后知困。知不足，然后能自反也；知困，然后能自强也。故曰：教学相长也。"在中国教育史上，教学相长已成为一种优良传统。唐代的韩愈从师生关系的视角阐发了这一思想。他说："弟子不必不如师，师不必贤于弟子。闻道有先后，术业有专攻，如是而已。"[5]处理好师生关系的又一个重要方面是，教师必须有设身处地热爱学生的心理品质。《吕氏春

---

[1]《论语·阳货》。
[2]《颜氏家训》。
[3]《论语·述而》。
[4]《孟子·公孙丑上》。
[5]《韩昌黎全集·师说》。

秋》一书倡导"视徒如己，反己以教。""爱同于己者，誉同于己者，助同于己者。"[1] 如同将帅要有爱兵如子的心理品质一样，教师也必须具备"视徒如己"的心理品质。

中国古代教育心理学思想，除上面着重评介的学习心理论、品德心理论和教师心理论以外，还有差异心理思想、心理测验思想等，它们在前面的有关章节中已经有所论述，就不赘述了。

第三节　文艺心理学思想

文化历史绚丽灿烂的中国，文学艺术创作繁荣，文艺典籍极为丰富。在历代大家的乐论、文论、画论、书论之中，蕴藏着非常宝贵的文艺心理学思想。刘伟林的《中国文艺心理学史》对此作了较系统的专门论述，限于篇幅，这里只是选取最有代表性的古代文献，介绍音乐、文学、绘画与书法方面的文艺心理学思想。

一、音乐心理学思想

《礼记》中的《乐记》是中国古代音乐教育的专著，据考是孔子的再传弟子公孙尼所作。古代所谓的乐是音乐、诗歌、舞蹈三位一体的综合体。"凡音之起，由人心生也。人心之动，物使之然也。感于物而动，故形于声，声相应，故生变，变成方，谓之音。比音而乐之，及干、戚、羽、旄谓之乐。"这就是说，歌为心声，音乐是由于人的心理活动而产生的，感物而动，歌唱、奏乐和舞蹈都是心感于物的外部表现。刘兆吉教授对《乐记》的心理学思想曾作过专门论述。[2]

---

[1]《吕氏春秋·诬徒》。

[2] 参见刘兆吉著《文艺心理与美育心理》，西南师大出版社1987年版。

1. 音乐与情感相互影响。既然"情动于中，故形于声"，情感就会影响音乐，所以《乐记》指出："乐者，音之所由生也；其本在人心之感于物也。是故其哀心感者，其声噍以杀（焦虑急促）；其乐心感者，其声啴以缓（舒畅缓慢）；其喜心感者，其声发以散（响亮轻松）；其怒心感者，其声粗以厉（粗暴严厉）；其敬心感者，其声直以廉（直爽庄重）；其爱心感者，其声和以柔（慈爱柔和）。"哀、乐、喜、怒、敬、爱六种不同的情感，会表现出各不相同的声调。创作乐曲和歌唱演奏时都是情感影响音乐的。

《乐记》还论述到问题的另一方面，即音乐也会影响人的情感。"志微噍杀之音作，而民思忧；啴谐慢易繁文简节之音作，而民康乐，粗厉猛起奋末广贲之音作，而民刚毅；廉直劲正庄诚之音作，而民肃敬；宽裕肉好顺成和动之音作，而民慈爱；流辟邪散狄成涤滥之音作，而民淫乱。"六种不同的音乐引起了人们各异的情感。这也正是音乐陶冶性情的心理机制，并可见倡导昂扬之乐，杜绝靡靡之音的重要性。

2. 音乐影响人的意志。德国哲学家叔本华认为音乐是最高的艺术，"因为其它艺术只能表现意象世界，而音乐则为意志的外射。图画所不能描绘的，语言所不能传达的，音乐往往曲尽其蕴"[1]。比叔本华早一千多年的《乐记》已认识到，乐是影响志("志"相近于现代心理学的"意志"概念)。"郑音好滥淫志，宋音燕（同晏）女溺志，卫音趋数（同促速）烦志，齐音敖辟（傲辟）乔（骄）志。此四者，皆淫于色而害于德，是以祭祀弗用也。"这里虽有儒家对郑、卫、齐、宋音乐的偏见，但音乐影响意志却是事实。

3. 音乐与性格互相影响。《乐记》认为性格会影响乐曲的创作和演唱。"子贡见师乙而问焉，曰：'赐闻声歌各有宜也。如赐者，宜何歌也？'师乙曰：'乙贱工也，何足以问所宜。请诵其所闻，而君子自执焉。宽而静，柔而正者宜歌《颂》；广大而静，疏达而信者宜歌《大雅》；恭俭而好礼

---

[1] 朱光潜：《文艺心理学》，开明书店1945年版，第288页。

者宜歌《小雅》,正直而静、廉而谦者宜歌《风》,肆直而慈爱者宜歌《商》,温良而能断者宜歌《齐》。'"六种性格的人各自适宜于歌唱《颂》《大雅》、《小雅》、《风》、《商》、《齐》六种诗篇。《乐记》也同时看到了音乐能影响人的性格的事例:"明乎商之音者,临事而屡断。明乎齐之音也,见利而让。临事而屡断,勇也;见利而让,义也。有勇有义,非歌孰能保此?"商、齐两种不同的音乐,影响和培养了两种不同的性格。

4. 音乐影响品德。古代重视乐教,原因就在于音乐能影响人的品德。"先王耻(恶)其乱,故制《雅》《颂》之声以道之。"孔子说过:"乐云乐云,钟鼓云乎哉。"意即音乐除了欣赏铿锵之音,还含有教育的目的。所以《乐记》认为:"德者,性之端也,乐者,德之华也。""德音之谓乐。""乐章德。"音乐是品德的花朵,音乐是品德的声音,音乐能表现人的品德。通过音乐进行性情熏陶和品德教育,对于今天仍富现实意义。应当抵制低级趣味的流行音乐,提倡高雅音乐。

论述音乐心理学思想的重要文献还很多。《淮南子》中的《本经训》、《汜论训》、《诠言训》、《齐俗训》等篇,对音乐、舞蹈等作了比《乐记》更具体细微的阐述。例如说:"凡人之性,心和欲得则乐,乐斯动,动斯蹈,蹈斯荡,荡斯歌,歌斯舞,歌舞节则禽兽跳矣。"[1]魏晋时的阮籍著有《乐论》,对当时流行的"以悲为乐"、"以哀为乐"进行了社会心理和审美心理的分析。嵇康则著有《声无哀乐论》阐述其音乐美学观点。

二、文学心理学思想

中国古代文学的创作与鉴赏心理思想方面,魏晋南北朝时,陆机的《文赋》、刘勰的《文心雕龙》和钟嵘的《诗品》等作了专门的论述,其中《文心雕龙》是突出的代表。古代文学心理学思想概括起来有四个方面。

1. "神思"——创作想象心理思想。屈原最早提到艺术创作中的想象

---

[1]《淮南子·本经训》。

问题。他说:"思旧故而想象兮,长太息以掩涕。"[1]三国时的曹植也说:"遗情想象,顾望怀愁。"[2]西晋的陆机在《文赋》中生动地描述了艺术的想象过程:"其始也,皆收视反听,耽思傍讯,精骛八极,心游万仞。"创作构思成熟时,便达到"观古今于须臾,抚四海于一瞬"。刘勰在《文心雕龙》中更作了高度的概括:"古人云:'形在江海之上,心存魏阙之下',神思之谓也。文之思也,其神远矣。故寂然凝虑,思接千载,悄焉动容,视通万里;吟咏之间,吐纳珠玉之声,眉睫之前,卷舒风云之色:其思理之致乎?"[3]这里所说的"寂然凝虑,思接千载;悄焉容动,视通万里"对创作想象(神思)作了全面而深刻的概括,即想象既打破了时间的限制,思绪能接触千百年前的生活,又超越了空间的束缚,使视野扩展到万里之外的情景。

跟想象密切相关的灵感,对文学创作活动起着催化剂的作用。陆机说:"若夫应感之会,通塞之纪,来不可遏,去不可止。……故时抚空怀而自惋,吾未识夫开塞之所由。"[4]描述了灵感的突发性和直觉性等特点。

2."情采"——创作情感心理思想。以情论文,重视情感在文艺创作活动中的作用,是我国古代文学家的共同见解。刘勰说:"情者文之经,辞者理之纬;经正而后纬成,情定而后辞畅,此立文之本源也。"[5]情性是文章的经线,文辞是情理的纬线。据统计,《文心雕龙》一书中,"情"字凡一百余处,亦可见文艺创作活动是离不开情感的。刘勰对物与情的辩证关系也作过精辟论述:"原夫登高之旨,盖睹物兴情。情以物兴,故义必明雅;物以情观,故词必巧丽。"[6]他还指出:"神用象通,情变所孕","情定而后辞畅",将情感看作创作构思的重要契机。

---

[1]《楚辞·远游》。

[2]《洛神赋》。

[3]《文心雕龙·神思》。

[4]《文赋》。

[5]《文心雕龙·情采》。

[6]《文心雕龙·诠赋》。

陆机在《文赋》里就提出了跟"诗言志"相对立的"诗缘情"的观点。他指出："诗缘情而绮靡。"艺术作品只有富于感情，才能达到形式的美丽。钟嵘在《诗品》里说："气之动物，物之感人。故摇荡性情，形诸舞咏。""至乎吟咏性情，亦何贵于用事？"都是强调文艺创作活动的情感特色。唐代的白居易也说："感人心者，莫先乎情。"[1]当然情感在创作活动里的重要作用，不限于诗歌与文章，而是普遍反映在一切文学艺术之中。

3."体性"——创作个性心理思想。刘勰认为，作家的个性对创作风格有重要影响。而个性由才、气、学、习四种因素构成。才（能力、才能）、气（气质、性格）是"情性所铄"，属先天因素；学（学识）、习（习染）是"陶染所凝"，属后天因素。他特别重视才能、气质、性格与创作风格的对应关系，列举文学家的事例说："是以贾生俊发，故文洁而体清；长卿傲诞，故理侈而辞溢；子云沉寂，故志隐而意深，子政简易，故趣昭而事博；孟坚雅懿，故裁密而思靡……触类以推，表里必符。岂非自然之恒资，才气之大略哉！"[2]在其列举的12位文学家中，10例表明创作风格与气质、性格的表里关系，2例表明创作风格与才能的表里关系。这种文如其人的思想对后世影响很大。

李贽在《焚书·读律肤说》中也讨论过性格特征与作品特色的关系，作家的性格特征决定着作品的特色。他列举了六对情况：清沏（性格特征）——宣畅（作品特色），舒徐——疏缓，旷达——浩荡，雄迈——壮烈，沉郁——悲酸，古怪——奇绝。

4."知音"——艺术鉴赏心理思想。文艺心理学思想，不仅是文艺创作心理活动的问题，同时包括艺术鉴赏心理思想在内，只有作家的创作为读者所接受（艺术接受或鉴赏），艺术创作才算最后完成。《文心雕龙》的鉴赏心理思想也是丰富的。刘勰认为艺术鉴赏的特点是难知与可知的统一。他说："知音其难哉！音实难知，知实难逢，逢其知音，千载其一

---

[1]《与元九书》。
[2]《文心雕龙·体性》。

乎！"[1]知难是由艺术鉴赏的非确定性决定的。但毕竟文艺作品又是确定性的，所以又说："夫志在山水，琴表其情，况形之笔端，理将焉匿。"[2]艺术鉴赏还是可知的。这就是难知与可知的辩证统一。刘勰从主题、修辞、流变、风格、题材和韵律等方面，提出了艺术鉴赏六条标准："是以将阅文章，先标六观：一观位体，二观置辞，三观通变，四观奇正，五观事义，六观清宫，斯术既形，则优劣见矣。"[3]至于艺术鉴赏的方法则是"披文以入情"，即从情感入手，"心之照理"，即从感性到理性；"深识鉴奥"，又"玩泽方美"，反复体味艺术；"目了心敏"，即明确与敏捷。

钟嵘的《诗品》是一部诗歌评论专著，其鉴赏心理思想与创作心理思想是密切结合的。提出"吟咏情性"的命题，主张"托诗以怨"，倡导鉴赏艺术的"滋味"说。他在《诗品》里说："文已尽而意有余，兴也。""五言居文词之要，是众作之有滋味也。"鉴赏就是要通过自己的体验和联想，去领略文艺作品的"滋味"。唐代的司空图也著有《诗品》，提出了诗歌鉴赏心理的"三外"说，即"象外之象"（充分发挥艺术想象）、"韵外之致"（表现主体的人格美）和"味外之旨"（体验作品的美味）。

三、书法绘画心理学思想

中国的文字书写艺术和绘画艺术，都经历了一个漫长的发展过程。书法作为一门独立的艺术大概起于东汉。书法与绘画都是通过线条来进行的艺术，所以联系紧密，并形成了中国"书画同源"的艺术传统。魏晋南北朝时，书法绘画艺术得到了很大的发展。在历代书论和画论里包含着丰富的艺术心理学思想。

（一）书法心理学思想

中国古代著名的书论有：东汉崔瑗的《草书势》，蔡邕的《笔赋》《篆势》，魏晋南北朝时，钟繇的《隶书势》，卫铄的《笔阵图》，王羲之的《题卫夫人〈笔阵图〉后》《王右军书说》《王右军书论》，王僧虔的《书赋》《笔

---

[1][2][3]《文心雕龙·知音》。

意赞》，萧衍的《观钟繇书法十二意》，唐代孙过庭的《书谱》，张怀瓘的《书断》、《书议》，清代刘熙载的《艺概·书概》等。以上书论中的书法心理学思想，概括起来主要有：

1. "意在笔前"的"有意"心理学思想。以"意"论书，是中国书法美学的一大特色。被誉为书圣的王羲之说："点画之间皆有意，自有言所不尽。得其妙者，事事皆然。"[1]强调"意"对"笔"的决定作用。又说："夫欲书者，先乾研墨，凝神静思，预想字形大小，偃仰平直，振动令筋脉相连，意在笔前，然后作字。若平直相似，状如算子，上下方整，前后齐平，此不是书，但得其点画耳。"[2]所谓"意"是指意象，主要是想象的要素。书法中的笔画、笔势、结体和篇章都须"意在笔前"，书法创作和欣赏都离不开想象。

书法学习与创作，往往存在一个酝酿过程，一旦"融会而贯通之"，问题就解决了，这就是书法中的顿悟或灵感。解缙对此曾有如下论述："愈近而愈未近，愈至愈未至。切磋之，琢磨之，治之已精，益求其精，一旦豁然贯通焉。"[3]"切磋"、"琢磨"后的"豁然贯通"就是顿悟、灵感的出现。

2. "形神兼之"的神贵心理思想。书法艺术中的"形"与"神"的关系，也是最富文艺心理学思想的问题。南齐书法家王僧虔对此有精辟的见解。他说："书之妙道，神采为上，形质次之，兼之者方可绍于古人，以斯言之，岂易多得。"[4]"神采"是指书法所表现的神韵、情感；"形质"是指书法的构架、形体。神采为上，形质次之，二者的结合为最佳。他还进一步具体谈到"手"与"心"的问题。"必使心忘于笔，手忘于书，心手达情，书不忘想，是谓求之不得，考之即彰。"[5]强调书法创作与欣赏中，想象和情感的作用。这与形神兼之而又以神为主的神贵思想是相符的。

与此有些关联的是书法的"骨"与"肉"的问题。卫夫人说："善笔

---

[1]《晋王右军自论书》。

[2]《题卫夫人〈笔阵图〉后》。

[3] 解缙：《春雨杂述·论学书法》。

[4][5] 王僧虔：《笔意赞》。

力者多骨,不善笔力者多肉。多骨微肉者谓之筋书,多肉微骨者谓之墨猪。多力丰筋者圣,无力无筋者病,一二从其消息而用之。"[1] 书法的线条美和风格,是书法家筋肉活动和情感特征的表现。梁武帝萧衍则主张:"肥瘦相和,骨肉相称;婉婉暧暧,视之不足,棱棱凛凛,常有生气,适眼合心,便为甲科。"[2] 把书法创作与欣赏跟人的生理机能和心理感受联系起来了,也是认为书法离不开"神"的。

3. "书如其人"的性情心理思想。书法创作与人的"性情"(性格、气质)密切相关,而"书如其人"恰当地表达了中国书法史上的书法与个性关系的传统观点。清代的刘熙载说:"书,如也,如其学,如其才,如其志,总之曰如其人而已。"[3] 所谓"书如其人"包括学、才、志,更是如其性情。所以他又说:"笔墨性情,皆以其人性情为本。"[4] 书法艺术与书法家的性情是融为一体的。所以有人评价说:"王右军,粉黛无施,不事雕琢;褚遂良,细骨丰肌,清丽飘逸;颜真卿,严正古拙,浑朴刚健;柳公权,骨力坚劲,力足锋中;苏东坡,天真烂熳,丰润遒媚;黄庭坚,长笔四出,挺拔舒展;米芾,跌宕痛快,变化万千;赵孟頫,丽艳婉媚,平静匀称。"我们甚至可以说,书法艺术是书法家个性心理特征的一种折射或外射。

唐代的孙过庭更从性格气质的类型方面,对书法艺术风格的影响作过探讨。他说:"虽学宗一家,而变成多体,莫不随其性欲,便以为姿。质直者则径侹不遒,刚佷者又倔强无润,矜敛者弊于拘束,脱易者失于规矩,温柔者伤于软缓,躁勇者过于剽迫,孤疑者溺于滞涩,迟重者终于蹇钝,轻琐者染于俗吏。斯皆独行之士,偏玩所乖。"[5] 九种人虽然学一家之书法,但由于性格气质之不同,而形成了各具独特风格的书法。

(二)绘画心理学思想

---

[1] 卫铄:《笔阵图》。

[2] 萧衍:《答陶隐居论书》。

[3][4] 刘熙载:《艺概·书概》。

[5] 孙过庭:《书谱》。

中国古代著名的画论有：魏晋南北朝时期顾恺之的《论画》、《魏晋胜流画赞》，宗炳的《画山水序》，谢赫的《古画品录》；唐代张彦远的《历代名画记》；宋代郭熙的《林泉高致》，米芾的《画史》，黄休复的《益州名画录》；清代石涛的《画语录》，郑燮的《郑板桥集》等。兹综合概括如下三方面的心理学思想：

1. 传神与形似。绘画固然要求栩栩如生的形似，更重在传神。顾恺之首先提出了"传神写照"的命题。据《世说新语》记载："顾长康画人，或数年不点目精。人问其故？顾曰：'四体妍蚩本无关于妙处；传神写照，正在阿堵中。"[1] 传神要求传达艺术表现对象的精神状态或栩栩生气，写照是达到表现形似的要求。他并且注意抓住眼睛去传神。鲁迅也评说过："要极省俭的画出一个人的特点，最好是画他的眼睛。"[2] 顾恺之还认为画人物和山水达到传其神，就要"托形超象，比朗玄珠"[3]。

后来许多论者都继承和发展了此说。谢赫的"气韵生动"也在于以生动和谐的节奏去表现艺术对象的精神品格和生命力。要传神就"必须注精以一之；不精，则神不专。必神与俱成之；神不与俱成，则精不明"[4]。要传神，画家首先要对艺术对象的"神"有所领会和体验，即石涛的"夫画者，从于心者也。"[5]，充分显示"心"在绘画艺术中的作用。郑板桥则主张"抽毫先得性情真，画到工夫自有神"[6]。

2. 想象与意境。想象在绘画中和在其他艺术里一样是其基本要素。宗炳说："且夫昆仑山之大，瞳子之小，迫目以寸，则其形莫睹；迥以数里，则可围于寸眸。……竖划三寸，当千仞之高，横墨数尺，体百里之迥。"[7] 这里不仅含有西方所谓透视法的原理，更是一种艺术的想象。唐代荆浩

---

[1]《世说新语·巧艺》。
[2]《鲁迅全集》第4卷，第395页。
[3] 顾恺之：《冰赋》。
[4] 郭熙：《林泉高致·山水训》。
[5] 石涛：《画语录·一画》。
[6]《板桥题画佚稿》。
[7] 宗炳：《画山水序》。

提出创作绘画的"六要",即"气、韵、思、景、笔、墨"。其中所说"思者,删拨大要,凝想物形"[1],也是强调在绘画艺术创作中要充分发挥想象的作用。以上都源于顾恺之的"迁想妙得","迁想"就是运用和发挥艺术想象。

绘画佳品的创作还在于发挥艺术的想象中,要形成艺术意境和风格。唐代的张怀瓘曾在《画断》里将绘画分成"神"、"妙"、"能"三品。朱景玄的《唐朝名画录》增加了"逸品"。画的品格就是画的意境和风格,宋代的黄休复在《益州名画录》中作了很好的阐发。"能格"指得其形似,"神格"指神化形象,"妙格"指玄微境界,"逸格"指得之自然。郭熙提出以"远"来表达山水画的意境。他说:"山有三远。自山下而仰山颠,谓之高远;自山前而窥山后,谓之深远;自近山而望远山,谓之平远。……其人物之在三远也,高远者明了,深远者细碎,平远者冲淡。"[2]

3. 味象与会心。任何神妙的绘画要为观者所理解,必不断玩味产生共鸣共感的欣赏心理过程才能完成。对此南朝的宗炳有独到的见解。他说:"圣人含道应物,贤者澄怀味象。""夫以应目会心为理者,类之成巧,则目亦同应,心亦俱会。应会感神,神超理得,虽复虚求幽岩,何以加焉?"[3]这就是说欣赏绘画,要以虚静的心境去玩味形象,不仅是眼睛的感知,更应以心灵去观照,从而达到获得精神上愉悦的"畅神"境界。唐朝张彦远则提出了"凝神遐想,妙悟自然"的艺术鉴赏心理学命题。他以欣赏顾恺之的人物画为例:"遍观众画,唯顾生画古贤,得其妙理。对之令人终日不倦。凝神遐想,妙悟自然。物我两忘,离形去智。"[4]这可以说是最高的艺术欣赏境界。充分调动注意力去发挥想象力,超乎画的形象去领悟自然之美,主客融为一体而客我两忘,达到"离形去智"的精神境界。

---

[1] 荆浩:《笔法记》。

[2]《林泉高致·山水训》。

[3]《画山水序》。

[4]《历代名画记》卷二,《论画体工用拓笔》。

第四节　医学心理学思想

中医理论源远流长，较之西医理论而自成体系。中医治病的着眼点是整体观念，它认为人体脏器组织是一个紧密联系的有机整体，人体和气候，人体和地方水土也密切相关。尤其是人的生理、病理与心理密切联系的观点，使得中医理论具有丰富的医学心理学思想。中医以阴阳五行学说为理论基础，它和中医治病的整体观念一起，贯穿于生理、病理、诊断与治疗等各个方面。中国古代医学典籍里蕴含着丰富的医学心理学思想，其代表性医典有先秦的《黄帝内经》，汉代张仲景的《伤寒论》，唐代孙思邈的《备急千金要方》、巢元方的《诸病源候论》，宋代陈无择的《三因极——病证方论》,金元时期张子和的《儒门事亲》、李东垣的《脾胃论》，明清叶天士的《临证指南医案》、王清任的《医林改错》等。它们的医学心理学思想可以概括为四个方面，即病理心理思想、诊断心理思想、治疗心理思想和养生心理思想。至于生理心理思想，前面章节已有论述，这里略而不谈。

一、病理心理思想

病理心理主要探讨致病的原因和机理。中医认为致病因素有三种：以七情为主的内因，以六淫为主的外因，以意外损害为主的不内外因。"外感六淫"，即风、寒、暑、湿、燥、火。它与四季气候变化有关，春主风、夏主暑、长夏主湿、秋主燥、冬主寒，称为"五气"，因为暑即热，热极生火，故又称"六气"。当人体的内外环境失调,感受六淫，便会导致发病。"内伤七情"，即忧、思、喜、怒、悲、恐、惊。它是由于外界事物的刺激，引起人情志方面失调而致病。在这里心理因素是致病的原因，它是需要特别予以论述的。此外，有些病的发生，既不属于外因，也不属于内因，可称之为不内外因，如房室伤、金刃伤、汤火伤、虫兽伤、中毒等。

《黄帝内经》最早对病理心理作了较广泛的论述。它认为喜、怒、忧、思、悲、恐六种情志是相互制约的，在正常情况下有利于身心健康，而在异常波动情况下则会导致人体发生病变。"故喜怒伤气，寒暑伤形。暴怒伤阴，暴喜伤阳。厥气上行，满脉去形。喜怒不节，寒暑过度，生乃不固。"[1]明确指出情志这种心理因素是致病的一个重要原因。那么心理因素致病的机理是怎样的呢？归纳起来主要可以从三个方面加以说明：首先是情志通过心脏异常变化而导致其它脏腑发生病变，因为"心者，五脏六腑之主也；……故悲哀愁忧则心动，心动则五脏六腑皆摇。"[2]其次是情志通过气机运行的异常变化而导致身心病变，因为"……百病生于气也，怒则气上，喜则气缓，悲则气消，恐则气下，寒则气收，炅（热）则气泄，惊则气乱，劳则气耗，思则气结"[3]。第三是禀赋和个性不同的人，易在不同的时令季节发生病变。"木形之人……能春夏不能秋冬，感而病生。……土形之人……能秋冬不能春夏，春夏感而病生。"[4]

唐代孙思邈详细地论述了致病因素为"七气"、"五劳"、"六极"、"七伤"。其中"七气"、"五劳"主要是心理因素。"七气者，寒气、热气、怒气、恚气、喜气、忧气、愁气。此之为病，皆生积聚，坚牢如怀，心腹绞痛，不能饮食，时去时来，发则欲死。"[5]"五劳"是指志劳、思劳、忧劳、心劳、疲劳，认为"远思强虑"、"忧恚悲哀"、"喜乐过度"、"忿怒不解"等心理状态，都能伤人致病。孙思邈还认为心理因素致病女子多于男子，其原因是："女人嗜欲多于丈夫，感病倍于男子。加以慈恋、爱憎、嫉妒、

---

[1]《素问·阴阳应象大论》。
[2]《灵枢·口问》。
[3]《素问·举痛论》。
[4]《灵枢·阴阳二十五人》。
[5]《千金要方》卷十七，《肺脏》。

忧恚，染著坚牢，情不自抑，所以为病根深，疗之难差。"[1]这对于临床诊断与治疗不无参考价值。

唐代巢元方在《诸病源候论》中，对病理心理作了多方面的探讨。从脏腑病理心理看，他认为情志与脏腑相互影响、互为因果。情志活动失调，可导致脏腑失调而致病。"愁忧思虑则伤心，恚怒气逆，上而不下则伤肝，肝心二脏伤，故血流散不止，气逆则呕而出血。"[2]反之，脏腑变异对情志也有影响，例如，"肝劳者，精神不守……心劳者，忽忽喜忘。"[3]从气机病理心理看，情志的变异可导致人体气机的紊乱，气机的异常也会影响情志的正常。"夫百病皆生于气，故怒则气上，喜则气缓，悲则气消，恐则气下，寒则气收聚，热则腠理开而气泄，忧则气乱，劳则气耗，思则气结。九气不同。怒则气逆。甚则呕血及食而气逆上也。……"[4]反之，阴阳之气不足，会导致神志不明；热气积聚，会导致说话不清。从临床病理心理看，巢元方认为情志变异一方面是临床病理变化的因素，许多病症是由于惊、恐、忧、思等心理因素所引发；另一方面情志变异又是临床病理变化的症候，许多疾病过程中都可出现程度不同的情志异常，因而医生可以运用情志变化作为诊断疾病的一种依据。

宋代陈无择更明确地提出了七情致病说，他指出："内所因惟属七情交错，爱恶相胜为病，能推而明之。"[5]金元四大家刘完素、张子和、李东垣、朱丹溪和明代的张景岳、清代的叶天士等，对七情五志致病的问题也多所阐发，从病理心理角度阐述了许多疾病的致病机理。例如，刘完素指出："所以中风瘫痪者，非谓肝木之风实甚，而卒中之也。……多因喜、怒、思、悲、恐之五志，有所过极，而卒中者，由五志过极，皆为热甚故也。"[6]

---

[1]《千金要方》卷二，《妇人方上》。

[2]《诸病源候论》卷二十六，《血病诸候》。

[3]《诸病源候论》卷三，《虚劳病诸候上》。

[4]《诸病源候论》卷十三，《气病诸候》。

[5]《三因极——病症方论》。

[6]《素问玄机原病式·六气为病》。

李东垣则作过如下概括:"凡怒、忿、悲、思、恐、惧皆损元气。夫阴火之炽盛,由心生凝滞,七情不安故也。……阴火太盛,经营之气,不能颐养于神,乃脉病也。"[1]从心理因素与气机的相互关系出发,论述了五志七情过极,大都损耗元气而导致疾病发生。当然也指出人体气机的升降出入能影响心理活动的是否正常。

二、诊断心理思想

在诊断心理思想方面,《黄帝内经》提出:"闭户塞牖,系之病者,数问其情,以从其意,得神者昌,失神者亡。"[2]即以"得神"与"失神"作为衡量情志心理活动是否正常的标准,作为预测、诊断疾病的依据。《黄帝内经》和以后历代医家都认为人的情志状况与人的生理、病理变化相互关联,情志变化既是引起某些疾病的"因",又是临床病理变化的"候"。这样,观察病人情志的变异,便能测知患者脏腑气血盛衰,为心理诊断提供了理论基础。因而许多医家都十分重视病人的心理和社会因素,例如《黄帝内经》认为诊病必问病情与情志,必问饮食居处,必问正常与反常情况,必问贵贱、贫富、苦乐情况,必问疾病本末,不如此则是"治之五过"。"凡此五者,皆受术不通,人事不明也。故曰:圣人之治病也,必知天地阴阳……从容人事,以明经道,贵贱贫富,各异品理,问年少长,勇怯之理,审于分部,知病本始,八正九候,诊必副矣。"[3]诊断要正确地与病情相符,重要的一点是必须掌握明"人事"的心理诊断技术。中国先秦时期已具心理诊断思想,无疑是近现代医学心理学中关于心理诊断的先声。

中国古代医家在疾病诊断方面提出了"四诊"的方法,即望诊、闻诊、问诊和切诊。望、闻、问、切"四诊心法",是清代吴谦等在《医宗金鉴·四

---

[1]《脾胃论》卷中。

[2]《素问·移精变气论》。

[3]《素问·疏五过论》。

诊心法要诀》中正式提出的,但其思想可上溯到《黄帝内经》。"四诊心法"非常注重从人的心理因素方面去考察和诊断疾病。

望诊是医生通过视觉去观察病人的精神、气色、舌苔以及身体形态情况,以推断病情。精神充沛或疲乏能反映正气的盛衰,正气充实则目光有神,言语有力,神思不乱;正气衰弱则目光黯淡,言语乏力,神思不定。气色方面,察色将面部和全身皮肤分为青、赤、黄、白、黑五种,按照五行学说以推断五脏病情;察气分浮沉、清浊、微甚、散搏、泽夭五类,以此鉴别疾病表里、轻重、吉凶。观察舌质和舌苔的变化,以辨别脏气的虚实,胃气的清浊和外感时邪的性质。此外,观察病人的形体姿态动作,也都有助于诊断疾病。

闻诊是医生通过听觉去听取病人发出的种种声音、气息,通过嗅觉辨别口气、病气和二便等气味,以测知病情。声音、气息如言语、呼吸、咳嗽、呃逆、呕吐、呻吟等,例如语气低微为内伤虚症,高声骂詈为癫狂症等。口臭气为胃有湿热,痰有腥秽气为肺热,大便奇臭气多为消化不良。瘟疫病则一般有病气触鼻。

问诊是医生通过与病人的言语交往,了解病人发病经过、自觉症状以及生活起居、职业状况、家族史及个人病史等,以帮助诊断病症。问诊内容广泛,明代张景岳曾作十问歌:"一问寒热二问汗,三问头身四问便,五问饮食六问胸,七聋八渴俱当辨,九因脉色察阴阳,十从气味章神见。"[1]有寒热者多为外感表症,无寒热者多为内伤里症。外感发热无汗是伤寒,有汗是伤风。头痛不止有寒热者多为外感,痛有间歇兼有眩晕者多为内伤杂症。全身酸痛有表症者多为外感,不兼寒热痛在关节或游走者为风寒湿痹。大便闭而能食者为阳结,大便常稀者为脾虚。小便清白为寒,黄赤为热,喜食冷为胃热,喜食热为胃寒。胸膈满闷多为气滞,懊侬嘈杂多为热郁。暴聋多实,久聋属虚。口渴喜凉饮为胃热,喜热饮为内寒。

---

[1]《类经》。

切诊是医生通过触摸觉去触摸病人的脉搏、胸腹和手足等，以诊断疾病。切脉是采取两手寸口即掌后桡骨动脉的部位，用食指、中指和无名指轻按、重按、或单按、总按，以寻求脉象。一般说，脉象分为28种：浮、沉、迟、数、滑、涩、虚、实、长、短、洪、微、紧、缓、芤、弦、革、牢、濡、弱、细、散、伏、动、促、结、代、疾。这些脉象大都两两相对，如以浮和沉分表里，迟和数分寒热，涩和滑分虚实，其他脉象是从这六种化出的。《医学传心录》、《脉象图说》和《脉说》等医书还认为，七情与脉象密切相关，这里就不细说了。触诊方面，腹满拒按为实症热症，按之不痛为虚症寒症。手足温者为轻病，手足冷者为重病；手背热为外感，手心热为阴虚。

三、治疗心理思想

病理心理的分析和对疾病的心理诊断，最终都要表现在疾病治疗之中，也只有治疗有效才能显示病理心理分析和心理诊断之重要。中国古代医家既重视药物治疗，也注意心理治疗，是重视心理治疗和药物治疗在治病中的整体效应的，对某些疾病甚至将心理治疗置于首位。古代有关心理治疗的思想和医案都非常丰富，兹概要分述之。

1. 心理治疗的重要性。《黄帝内经》非常重视治疗中病人的心理状态和进行心理治疗。提出了"标本相得"的医患模式。它认为"病为本，工为标，标本不得，邪气不服。"[1] 即病人是本，医生是标，医生和病人不能很好配合，则不能除去病邪。这就要求临床治疗必须依据病人的心身特点去辨症施治，以制伏疾病。它还认为患者的心理状态对治疗有积极和消极两方面的作用："精神进，志意治，故病可愈。今精坏神去，荣卫不可复收。……精气弛坏，荣泣卫除，故神去之而病不愈也。"[2] 因而在治疗疾病中，调节病人的心理状态进行心理治疗就特别重要了。

中国古代医家从神形密不可分的观点出发，认为治疗疾病不仅要治

---

[1][2]《素问·汤液醪醴论》。

其身更要治其心。三国名医华佗说："夫形者神之舍也，而精者气之宅也。舍坏则神荡，宅动则气败。神荡则昏，气散则疲。昏疲之身心，即疾病之媒介，是以善医者先医其心，而后医其身，其次则医其未病。若夫以树木之枝皮，花草之根蘖，医人疾病，斯为下矣。"[1]这里强调形神密不可分，明确提出了身心健康的概念，比现代西方医学的身心健康概念要早1700百年，真是难能可贵。还提出了两个观点，即"善医者先医其心，而后医其身"，将调节人的心理状态放在首位；实施治疗中以心理治疗为上，药物治疗为下。尤其是心病须用心药治，《秘藏宝钥》一书曾提出"九种心病，拂外尘而遮迷"。金元时的朱丹溪也强调心理疗法："五志之火，因七情而生……宜以人事制之，非药石能疗，须诊察由以平之。"[2]

2. 心理治疗的方法。关于心理治疗的方法，《黄帝内经》已有较系统的论述，后来历代医家又有补充发展，使其更为完备。中国古代的心理治疗方法，以现代医学心理学的原理去评价仍富科学性，而且较之西方的心理疗法另具其独特性。在金元四大家（刘完素、张子和、李东垣、朱丹溪）的医学著作中，还生动地记述了许多心理治疗的案例，并广为流传。综合古代心理治疗的方法主要有如下几种：

①开导劝慰法：是一种通过言语开导劝告与安慰以调节心理的方法。《黄帝内经》中的下面一段话就是专门论述这种开导劝慰疗法的："人之情，莫不恶死而乐生，告之以其败，语之以其善，导之以其所便，开之以其所苦，虽有无道之人，恶有不听者乎？"[3]这里既指出了开导劝慰法是以人的"恶死乐生"心理本能倾向为理论基础，又提出了此疗法的要则是"告"、"语"、"导"、"开"。即告诉病人不遵医嘱的危害，讲明遵从医嘱的好处，诱导病人创造治愈疾病所需的条件，指出不从医理将会有更大的痛苦。总之，此种疗法着重转变患者对医治疾病的态度和认识，以取得治疗效果。也

[1]《青囊秘录》。
[2]《丹溪心法》。
[3]《灵枢·师传》。

就是后来朱丹溪所说的"必先开之以义理，晓之以物性"[1]。西汉著名作家枚乘在《七发》一文中，记述吴客用"要言妙道"治楚太子疾病的故事，使用的就是开导劝慰法。"今太子之病，可无药石针刺灸疗而已，可以要言妙道说而去也。"[2]用精深的道理劝导太子放弃骄奢淫逸的生活方式，端正思想认识，身体自会健康。

② 情志相胜法：又称七情互治法。这是一种利用情志相互制约的关系进行治疗的心理疗法，即运用一种情志纠正相应所胜的另一种失常情志。《黄帝内经》首先提出此种疗法："怒伤肝，悲胜怒。……喜伤心，恐胜喜。……思伤脾，怒胜思。……忧伤肺，喜胜忧。……恐伤肾，思胜恐。"[3]朱丹溪进一步发展了此法："悲可以治怒，以恻怆苦楚之言感之。喜可以治悲，以欢乐戏谑之言娱之。恐可以治喜，以祸起仓卒之言怖之。思可以治恐，以虑此忘彼之言夺之。怒可以治思，以污辱欺罔之言触之。"[4]七情互治法的案例颇多。例如《后汉书·方术传》记载，华佗写信怒骂一位思虑过度而疾的郡守，使其大怒呕出"恶血"而愈。据《冷卢医话》记载，清代名医徐洄溪曾以死诈状元，江南一考生得中状元而发狂，徐告以逾十天将亡，书生受吓而狂病愈。又通晓医术的书法家傅青主，曾教一位使妻子郁闷病倒的青年用文火加水煨软石头作药引，烧几天几晚毫无倦意，妻子见状受感动，化恨为爱而疾愈。

③ 移精变气法：这是一种古代祝由形式的心理疗法，即通过语言、行为、舞蹈等祝由形式，调动病人的积极因素，转移患者对局部痛苦的注意，形成良好的精神自守状态，移易精气，变利血气，发挥人体本身的治疗作用。《黄帝内经》写道："古之治病，惟其移精变气，可祝由而已。"[5]"黄帝曰：'其祝而已者，其何故也？'岐伯曰：'先巫者，因知百

---

[1]《格至余论·养老论》。

[2]《汉书·昭明文选·七发》。

[3]《素问·阴阳应象大论》。

[4]《丹溪心法要诀》。

[5]《素问·移精变气论》。

病之胜，先知其病之所从生者，可祝而已也。'"[1]所谓移精变气，就是通过一定的方法，转移病人的精神，以改变气机的紊乱。祝由是对患者祝说疾病的来由，用以改变病人的精神状态。祝由虽然由巫医而起，但从历史发展来看，却是含有心理治疗成分的古老疗法。

④ 习见习闻法：是一种通过反复、习惯的方式，使受惊敏感的患者恢复常态的心理治疗方法。它源于《黄帝内经》上"以平为期"的治疗思想，即平心火的治疗原则。金元时期的张子和在其所撰《儒门事亲》医书中，发展成为"习见习闻"的心理疗法。该书写道："歧伯曰：以平为期，亦谓休息之也，惟习可以治惊。经曰：惊者平之，平谓平常也。夫惊以其忽然而遇之也，使习见习闻则不惊矣。"[2]即对于突然闻见而易受惊的刺激与事物，使之在平常状态下反复出现而习惯于它，这样有关刺激突然出现也不会受惊了。张子和的《儒门事亲》中《九气感疾更相为治术》专论心理治疗并记述典型案例。有一个叫卫德新的人的妻子，在旅舍遇强人抢烧而惊倒不省人事，张子和以木击茶几，慢慢让其习惯而得到平复。这种"惊者平之"的治疗方法，实则现代医学心理学中的系统脱敏法。

⑤ 以欺制欺法：这是明代医家张景岳提出的一种心理疗法，即对诈病和疑病者以欺骗方法制伏其欺骗行为而取得疗效的方法。他写道："夫病非人之所好，而何以有诈病？盖或以争讼，或以斗殴，或以妻妾相妒，或以名利相关，则人情作为诈伪，出乎其间，使不有烛照之明，则未有不为之欺者，其治之之法，亦唯借其欺而反欺之，则真情自露，而假病自瘳矣。"[3]在现代医疗中，为疑病症者注射蒸馏水等安慰剂而有疗效，也可视为是一种以欺制欺方法的变式。

⑥ 突然刺激法：它是利用突然刺激，特别是精神刺激，来治疗人体生理机能失调的方法。中国古代医案有不少记载，如"以恐治衄"，"怒激吐瘀"等；又如："哕，以草刺鼻；嚏，嚏而已；无息而疾迎引之，立已；

---

[1]《灵枢·赋风》。

[2]《儒门事亲》卷三。

[3]《景岳全书》。

大惊之，亦可已。"

⑦针灸刺疗法：它是运用针刺和艾灸以达到疏利经脉气血，并有利于平复心理状态的治疗方法。《黄帝内经》认为："神有余，则泻其小络之血，出血勿之深斥，无中其大经，神气乃平。神不足者，视其虚络，按而致之，刺而利之，无出其血，无泄其气，以通其经，神气乃平。"[1]这里所说的"神气乃平"就是指有平复病人精神、心理状态的作用。针灸刺疗法在治疗疾病中常与药物疗法等相结合使用，所以《黄帝内经》又指出："形乐志苦，病生于脉，治之以灸刺。形苦志乐，病生于筋，治之以熨引。形乐志乐，病生于肉，治之以针石。形苦志苦，病生于咽喝，治之以甘药。形数惊恐，筋脉不通，病生于不仁，治之以按摩醪药。"[2]

3. 医生的心理素质。唐代大医家孙思邈对医生心理素质的要求论述最为全面具体，可作为中国古代医学心理有关这个方面思想的代表。兹将他在《千金要方》中的有关论述归纳如下：

首先要有"普救含灵之苦"的医德。"先发大慈恻隐之心，誓愿普救含灵之苦。若有疾厄来求救者，不得问其贵贱贫富，长幼妍蚩，怨亲善友，华素愚智，普同一等，皆如至亲之想。"[3]只有具有这种大慈普救的精神和不论贵贱贫富普同一等的态度，才能在治疗中真正做到救死扶伤，还人健康。

其次要有"上医听声，中医察色，下医诊脉"的能力。孙思邈指出："古之善为医者，上医医国，中医医人，下医医病。又曰上医听声，中医察色，下医诊脉。又曰上医医未病之病，中医医欲病之病，下医医已病之病。若不加意用心，于事混淆，即病者难以救矣。"[4]从"医国"、"医人"、"医病"的提法，可以发现它与现代医学中的社会、心理、生物的整体医学模式相暗合，为医者必须具备此种知识和能力才可称为良医。

最后，他还提出了医疗过程中，医生心理素质的一些具体要求，概

---

[1]《素向·调经论》。

[2]《灵枢·九针》。

[3][4]《千金要方》卷一，《序例》。

括地说可以归纳为三要五不得。三要即：一要"安神定志，无欲无求"；二要"至意深心，详察形候"；三要"临事不惑，审谛覃思"。五不得即：一不得"瞻前顾后，自虑吉凶"；二不得"自逞俊快，邀射名誉"；三不得"多语调笑，道说是非"；四不得"安然欢娱，傲然自得"；五不得"玄耀声名，訾毁诸医"。

四、养生心理思想

中国古代医家都重视"治未病"，即注意养生之道，讲求心理卫生。《黄帝内经》说："是故圣人不治已病治未病，不治已乱治未乱，此之谓也。夫病已成而后药之，乱已成而后治之，譬犹渴而穿井，斗而铸锥，不亦晚乎！"[1]要"治未病"，就必须调摄形体和调摄精神，注意锻炼身体和讲究心理卫生。"故智者之养生也，必顺四时而适寒暑，和喜怒而安居处，节阴阳而调刚柔，如是则僻邪不至，长生久视。"[2]

思想家也重视养生与心理卫生。魏晋玄学家的基本观点是"任自然"，主张"爱憎不栖于情，忧喜不留于意。泊然无感，而体气和平。又呼吸吐纳，服食养身，使形神相亲，表里俱济也"[3]。他们认为讲求摄生的具体表现是：无求无欲，去名去利；清虚寥廓，泊然无感；逍遥忘我，听任自然；心以用伤，祸在智虑。因而提出养生有五难："名利不灭，此一难也。喜怒不除，此二难也。声色不去，此三难也。滋味不绝，此四难也。神虑转发，此五难也。"[4]葛洪在《抱朴子》中提出的摄生养气和节制情欲的养生之法，也具有心理卫生意义。他认为首先要起居有常，活动筋骨，注意营养，调节劳逸，使生理与心理机能正常运行。其次要淡泊肆志，节制情欲。"淡泊肆志，不忧不喜，斯为尊乐，喻之无物也。"[5]再次要退栖幽遁，环境清静，

---

[1]《素问·四气调神大论》。

[2]《灵枢·本神》。

[3]《嵇康集校注·养生论》。

[4]《嵇康集校注·答难养生论》。

[5]《抱朴子外篇·逸民》。

以避开各种心理刺激和情欲。

历代医家承继《黄帝内经》"未病而先治"的思想，重视养生和心理卫生。朱丹溪说："与其救疗有疾之后，不若摄养于无疾之先。"[1]并将此比作"备土以防水"，"备水以防火"。他进一步指出："儒者立教曰：正心、收心、养心。皆所以防此火之动于妄也。医者立教曰：恬淡虚无，精神内守，亦所以遏此火之动于妄也。"[2]古代医家的心理卫生思想丰富，《心理学大词典》有关条目归为六点，即"精神内守"、"和畅性情"、"爱养神明"、"恬淡虚无"、"闲情逸致"和"四气调神"。这里还要提出气功和导引的问题，对于养生和心理卫生有独特的作用。郭沫若在《奴隶制时代》一书中论到"行气玉佩铭"时指出，这是古人所说的导引，今人所说的气功。战国时代，确实有一派讲究气功的养生家。《黄帝内经》对气功早有论述。如说："夫上古圣人之教下也，皆谓之虚邪贼风，避之有时，恬淡虚无，真气从之，精神内守，病安从来。……上古有真人者，提挈天地，把握阴阳，呼吸精气，独立守神，肌肉若一，故能寿敝天地，无有终时，此其道生。"[3]唐代医家巢元方在《养生导引》中，强调意气并用，气随意行。导引时要做到"安心定意，调和气息，莫思余事，专意念气，徐徐漱醴泉。……每引气，心念念送之。"并且注意选择导引时机，饱食后和喜怒时不得导引，向晓清静时为佳。

古代医家还论到各个年龄阶段的养生和心理卫生问题。例如唐代医家孙思邈具体谈到老年卫生问题时说："养老之道，无作搏戏强用气力，无举重，无疾行，无喜怒，无极视，无极听，无大用意，无大思虑，无吁嗟，无叫唤，无吟吃，无歌啸，无嚏啼，无悲愁，无哀恸，无庆吊，无接对宾客，无预局席，无饮兴。能如此者，可无病长寿，斯必不惑也。"[4]人到老年身心衰竭，因而强调了老年期的养生和心理卫生。

---

[1]《丹溪心法》。
[2]《格至余论·房中补益论》。
[3]《素问·上古天真论》。
[4]《千金翼方》卷十二，《养生》。

第五节 军事心理学思想

在五千年文明历史中形成的中国传统文化里，包括着丰富多彩的兵书在内，它们是历史上军事活动的智慧结晶。其中《孙子兵法》总结了先秦的战争经验，也包括作者孙武自己指挥作战的经验。它既是中国军事史上最古老的军事理论著作，又荣膺"世界古代第一兵书"的雅誉。三国时代的曹操在《孙子·序》中说："吾观兵书战策多矣，孙武所著深矣。"唐太宗李世民也称誉说："观诸兵书，无出孙武。"在国外也同样受到重视。《孙子兵法》早在八世纪初的唐代就传入日本。1772年译成法文，被放逐的拿破仑读后感叹说："倘若我早日见到这部兵书，我是不会失败的。"1860年译成俄文，1905年译成英文，以后陆续译成德、捷、朝鲜、越南、马来西亚、希伯来等十多种文字，被各国奉为"兵学圣典"，成为世界各国人民的共同精神财富。包括这部古老的兵书在内，蕴藏着丰富的军事心理学思想的兵书还有《吴子兵法》、《孙膑兵法》、《尉缭子》、《将苑》（又称《心书》）、《李卫公问对》以及陈亮、戚继光等人的军事著作。

在战争中要取胜，首要的是战略要正确，其次是根据战略思想治军，激发全军的昂扬士气，采用灵活的战术，而这一切都取决于将领的决策与指挥。因此，对于中国古代的军事心理学思想也拟从战略心理、治军心理、战术心理和将领品质四个方面阐述。

一、战略心理思想

孙武说："凡用兵之法，全国为上，破国次之；全军为上，破军次之；全旅为上，破旅次之；全卒为上，破卒次之；全伍为上，破伍次之。是故全战百胜，非善之善者也；不战而屈人之兵，善之善也。"[1]孙子认为

---

[1]《孙子兵法·谋攻篇》。

用兵的总法则，使敌方"全国"、"全军"、"全旅"、"全卒"、"全伍"总体地屈服是上策，用武力击破他们就次一等。这可以称之为"全胜战略"，是最理想的要求，也是指挥战争获胜的指导思想。要做到"不战而屈人之兵"，就必须采用谋略，而谋略又建立在掌握敌我双方情况的基础上。所以，孙子提出："知彼知己者，百战不殆；不知彼而知己，一胜一负；不知彼，不知己，每战必殆。"[1]又说："故用兵者，动而不迷，举而不穷，故曰：知彼知己，胜乃不殆；知天知地，胜乃不穷。"[2]这是一条重要的战争规律，具有一定的军事心理学意义。

"知彼知己"的内容是丰富的。《管子》一书很早就论述了知彼的四个方面："故不明于敌人之政，不能加也（不要轻易进兵）；不明于敌人之情，不能约也（不要轻易约期会战）；不明于敌人之将，不先军也（不要轻易行动）；不明于敌人之士，不先阵也（不要轻易列阵交战）。"[3]《孙子兵法》讲的"知彼知己"和"知天知地"，如《谋攻篇》说的患于军者三，不知军可否进退，不知三军之事，不知三军之权变。《军争篇》说："不知诸侯之谋者，不能豫交；不知山林、险阻、沮泽之形者，不能行军。"《火攻篇》说："凡军必知有五火之变，以数守之。"《用间篇》："五间之事，主必知之，知之必在于反间。"《吴子兵法》也说："凡战之要，必先占其将而察其才。因形用权，则不劳而功举。"[4]总之，"知彼知己"是贯穿于战争全过程的各个方面的，对将领甚至士兵都必须观察了解和思考判断。

至于"知彼知己"的方法，历代兵家也多所论述。《孙子兵法·行军篇》认为"相敌"非常重要，行军作战中必须仔细观察敌情的动态，认真分析战场上的各种征候，并且提出了三十余种观察、判断敌情的方法。《用间篇》专门讨论使用间谍掌握敌情的问题，并把间谍分为因间、内间、反间、死间、生间五种。《吴子兵法》也列举了"观敌之外以知其内，察

---

[1]《孙子兵法·谋攻篇》。
[2]《孙子兵法·地形篇》。
[3]《管子·七法》。
[4]《吴子兵法·论将第四》。

其进以知其止"[1]的情况。《武备集要》还提出用"尝战"侦察敌情的方法。

二、治军心理思想

历代兵家都非常重视军队的治理，认为兵不在多，而在于良好的训练和严格的管理，"以治为胜"。军队如若缺乏严格训练所形成的战斗力，"虽有百万，何益于用"？综合"四部兵书"和历代兵法著作，治军心理思想主要有下列方面。

1. 文武兼施，恩威并重。文武兼施和恩威并重是治军的总原则。认为要治理和造成一支好的军队，不能单靠武与威，同时要重视文与恩，即先治其心。其心理学意义也正在此。吴子曰："凡制国治军，必教之以礼，励之以义，使有耻也。夫人有耻，在大足以战，在小足以守矣。"[2]这里强调通过"礼"、"义"教育产生的羞耻心理，对于战与守都具有重要意义。诸葛亮更明确提出了治军的心理要求总旨："行兵之要，务揽英雄之心，严赏罚之科，总文武之道，操刚柔之术，说礼乐而敦诗书，先仁义而后智勇。"[3]这里的核心是"务揽英雄之心"，也就是治军首先治军心。既重法治，又尊儒教，牢牢掌握军心，才算治军得法。诸葛亮还认为治军要"威之以法"和"恩荣并济"，指出："威之以法，法行则知恩，限之以爵，爵加则识荣；恩荣并济，上下有节，为治之要，于斯而著。"[4]对于法威与恩荣在治军中的心理作用分析得何等透彻精辟。他又以春秋时晋国大夫惩罚绰公弟杨干乱行的故事，论证"孙吴所以能制胜于天下者，用法明也"[5]，回答他为什么要挥泪斩马谡的问题。唐代李靖也持同样的观点："凡将先有爱结于士，然后可以严刑也。若爱未加而独用峻法，鲜克济焉。"[6]主张先设爱，后设威，爱威结合才有益于事，否则成功的可

---

[1]《吴子兵法·料敌第二》。

[2]《吴子兵法·图国第一》。

[3]《诸葛亮文集·将诫》。

[4]《诸葛亮文集·答法正书》。

[5]《诸葛亮文集·论斩马谡》。

[6]《李卫公问对》卷中。

能性就很小。

2. 用兵之法，教戒为先。军队的战斗力在于平时训练有素，在于有作战的能力、本领。《吴子兵法》对此有一段很好的论述，吴子曰："夫人常死其所不能，败其所不便。故用兵之法，教戒为先。一人学战，教成十人；……万人学战，教成三军。……圆而方之，坐而起之，行而止之，左而右之，前而后之，分而合之，结而解之。每变皆习，乃授其兵。是谓将事。"[1]既强调了训练的重要性，又列举了训练的内容，并且要发给兵器，"每变皆习"。诸葛亮也指出："军无习练，百不当一；习而用之，一可当百。"[2]他著有《习练》一文专加论述。《正气堂集·兵略对》提出了教育、训练士兵的内容："教兵之法，练胆为先；练胆之法，习艺为先。艺精则胆壮，胆壮则兵强。"将心理训练（胆）与军事训练（艺）结合起来很有创见。

明代军事家戚继光著有《练兵实纪》专门阐述军事技能训练与心理训练，认为两者缺一不可。一方面，他强调"练心力"的重要，认为"人之血气，用则坚，怠则脆"，故应"操心性气"。指出："善操兵者，必使其气性活泼，或逸而冗之，或劳而息之，俱无定格。或相其意态，察其动静而搏节之。故操手足号令易，而操心性气难。"[3]"练心力"和"操心性气"就是指的军事心理训练，这是比操手足的军事技能训练更为困难的。另一方面，他又认为技术素质的提高也有助于心理素质的发挥。明确地指出："若是平日教场所操练，金鼓号令，行伍营阵，器技手艺，一一都是临阵一般，件件都是对大敌实用之物，便学一日有一日受用，学一件有一件助胆，所谓艺高人胆大也。"[4]戚继光还认为，训练的难度和强度应"渐渐加之"，"不宜过于太甚"。学习方法要求"心定虑周"，"一其心志"，"妙在于熟"，训练不同对象"教驭之方亦自不同。"教习武艺还"须先重

---

[1]《吴子兵法·治兵第三》。

[2]《诸葛亮文集·习练》

[3]《练兵实纪·杂集》卷一。

[4]《练兵实纪》卷八。

师礼"。

3. 严刑明赏，视卒如子。只有赏罚严明又爱兵如子，军队才有凝聚力，所以历代兵家都注重运用好赏罚。《孙膑兵法》说："夫赏者，所以喜众，令士忘死也；罚者，所以正乱，令民畏上也；可以益胜，非其急者也。"[1]《尉缭子》则从人的恶死乐生心理本能倾向出发，论述赏罚在治军中的作用。"民非乐死而恶生也。号令明，法制审，故能使之前。明赏于前，决罚于后，是以发能中利，动则有功。"[2]赏善罚恶对调节人的行为具有重要的心理作用，这在诸葛亮的军事心理思想中占有相当的位置，并专门著有《赏罚》一文。这方面的思想集中反映在下面一段话里："赏罚之政，谓赏善罚恶也。赏以兴功，罚以禁奸，赏不可不平，罚不可不均。赏赐知其所施，则勇士知其所死，刑罚知其所加，则邪恶知其所畏。故赏不可虚施，罚不可妄加，赏虚施则劳臣怨，罚妄加则直士恨。……赏罚不避怨仇，则齐桓得管仲之力，诛罚不避亲戚，则周公有杀弟之名。"[3]首先指出了赏罚的心理效用，赏善会鼓励人去扬善，罚恶会告诫人去禁奸。其次，一视同仁的公平赏罚原则，也有管理心理学上的意义。

治军固然要军纪严明，但军队内部的关系包括兵将关系却要亲善和谐。《尉缭子》认为军人之间的关系和部队之间的关系应当是亲密无间的，"使什伍如亲戚，卒伯如朋友"[4]。古代军事家们要求将帅对士兵的关系如诸葛亮所说"养兵如养己子"，因为"视卒如婴儿，故可与之赴深溪；视卒如爱子，故可与之俱死"[5]。

4. 选兵要精，节制要严。军队是由士兵组成的，首先要按照一定的标准挑选士兵，然后将众多的士兵按一定的编制建立部队，并严加节制，才能治军有方，战则能胜。明代的戚继光对选兵作过具体阐述。他说：

[1]《孙膑兵法·威王问》。
[2]《尉缭子·制谈第三》。
[3]《诸葛亮文集·赏罚》。
[4]《尉缭子·战威第四》。
[5]《孙子兵法·地形篇》。

"然有一等司选人之柄者，或专取于丰伟，或专取于武艺，或专取于力大，或专取于伶俐，此不可以为准。……惟素负有胆之气，使其再加力大、丰伟、伶俐而复习以武艺，此为锦上添花，又求之不可得者也。然此辈不可易得，思其次则武艺尚可以教习，必精神力貌三者兼收……然必胆为主。胆之包在人心腹中不可见，何以选为？殊不知人之精神露于外，第一选人以精神为主。"[1]难能可贵的是选兵中注意了心理素质，而不只是体力与武艺，同时除武艺外，精神力貌三者兼收并以精神为主，符合辩证法的思想。

兵家很看重建制问题。《尉缭子》说："凡兵，制必先定。制先定则士不乱，士不乱则刑乃明。金鼓所指，则百人尽斗。陷行乱陈，则千人尽斗。覆军杀将，则万人齐刃。天下莫能当其战矣。"[2]强调建制要严格，编制要合理，才能便于指挥以取胜。《孙子兵法》也说："凡治众如治寡，分数是也；斗众如斗寡，形名是也。"[3]治军要能以寡驭众，就必须搞好军队的组织编制（分数），搞好训练和临阵的指挥（形名）。戚继光强调"严节制"和"遵节制"，对节制问题作了更为具体的阐发。他说："握定胜算，以全制敌，舍节制必不能军。节制者何？譬如竹之有节，节节而制之。故竹虽虚，抽数丈之笋，而直立不屈。故军士虽众，统百万之夫如一人。夫节制工夫，始于什伍，以至队哨，队哨而至部曲，部曲而至营阵，营阵而至大将。一节相制一切，节节分明，毫不可干。"[4]

5. 激励士气，鼓舞斗志。《孙膑兵法》设专篇阐述激励士气的问题。"合军聚众，务在激气。复徙合军，务在治兵利气。临境近敌，务在厉气。战日有期，务在断气。今日将战，务在延气。"[5]将激励士气、鼓舞斗志分为五种方式进行，而非笼统地说士气。唐代李筌也说："激人之心，励人

[1]《纪效新书》卷一。
[2]《尉缭子·制谈第三》。
[3]《孙子兵法·势篇》。
[4]《练兵实纪》卷九。
[5]《孙膑兵法·延气》。

之气，发号施令，使人乐闻，兴师动众，使人乐战，交兵接刃，使人乐死。其在以战励战，以赏励赏，以士励士。"[1]不仅强调了励气可以产生"乐闻"、"乐战"和"乐死"的效应，而且指出了"以士励士"等三种激励士气的方法，这种反馈效应和群体效应更具心理学意义。《李卫公问对》对士气的心理分析也很深刻。认为将士的英勇奋战"虽死不省"的原因是"气使然也"。因此临阵应当"先料敌之心与己之心孰审"，"察敌之气与己之气孰治"。要出兵制胜，"必有攻其心之术焉"，"必也守吾气而有待焉"。"攻其心"是知彼，目的在瓦解敌军的斗志；"守吾气"是知己，目的在保持我军的高昂士气。知彼知己的战略心理思想，也自然地渗透到治军之中了。

三、战术心理思想

实现战略任务可以采用多种途径和方法，《孙子兵法》强调计谋、谋略。它指出："上兵伐谋，其次伐交，其次伐兵，下政攻城。攻城之法，为不得已。"[2]将谋略思想贯穿于具体作战中就要求讲究战术。《中国心理学史资料选编》对《孙子兵法》等四部兵书的战术心理思想作了恰当的概括。

1. 兵不厌诈，欺骗敌人。孙子提出了著名的诡道十二法："能而视之不能，用而示之不用；近而示之远，远而视之近；利而诱之，乱而取之；实而备之，强而避之；怒而挠之，卑而骄之；佚而劳之，亲而离之。"[3]这是运用巧诈的心理战，能使敌人分化瓦解，动摇军心，陷于被动。

2. 攻其不备，出其不意。孙子说："攻其无备，出其不意，此兵家之胜，不可先传也。"[4]出兵要使敌人毫无准备，不知其攻，不知其守，这就是出奇兵以制胜的战术。

3. 未战庙算，得胜者多。古时作战前在庙堂谋划运筹，称为庙算。战前谋划周密仔细，胜利条件就多。

---

[1]《太白阴经》。

[2]《孙子兵法·谋攻篇》。

[3][4]《孙子兵法·计篇》。

4. 上兵伐谋，不战而胜。孙子认为："善用兵者，屈人之兵，而非战也；拔人之城，而非攻也；毁人之国，而非久也。必以全争于天下，故兵不顿，而利可全，此谋攻之法也。"[1]

5. 出奇制胜，变化无穷。孙子说："凡战者，以正合，以奇胜。故善出奇者，无穷如天地，不竭如江河。……战势不过奇正，奇正之变，不可胜穷也。奇正相生，如循环无端，孰能穷之？"[2]偷袭敌人的侧后而取胜，称为奇胜。正面出击和侧面袭击相结合可以变化无穷。

6. 主动出击，不制于人。孙子说："凡先处战地而待敌者佚，后处战地而趋战者劳，故善战者，致人而不致于人。"[3]善于指挥的将领，要牢牢掌握作战的主动权，使敌军处于被动地位，这样，就能"故能为敌之司命"。

7. 兵无常势，因敌制胜。孙子说："水因地而制流，兵因敌而制胜，故兵无常势，水无常形；能因敌变化而取胜者，谓之神。"[4]作战要根据敌我双方力量消长和天时、地理等不断变化的形势来确定对策，灵活机动地战胜敌人。

8. 必死则生，幸生则死。孙子说："投之亡地然后存，陷之死地然后生。夫众陷于害，然后能为胜败。"[5]在战斗中抱必死的决心能够取胜得生，反之贪生则往往败亡。

《孙子兵法》的以上战术心理思想，在四部兵书的另外三部兵书以及历代兵书中，都有所继承和发展。例如，诸葛亮曾提出"攻心为上"的著名论断，指出："用兵之道，攻心为上，攻城为下；心战为上，兵战为下。"[6]《三国演义》上七擒七纵孟获的故事，就是这种"攻心为上"、"心战为上"的生动写照。"攻心"就是心理攻势和政治攻势，"心战"就

---

[1]《孙子兵法·谋攻篇》。

[2]《孙子兵法·势篇》。

[3][4]《孙子兵法·虚实篇》。

[5]《孙子兵法·九地篇》。

[6]《诸葛亮文集·戒备》。

是心理战和政治战，其心理学意义是不言而喻的。他提出了利用错觉"以乱其耳目"和其他许多具体的心理战术的方法。他说："水战之道，利在舟楫，练习士卒以乘之，多张旗帜以惑之……夜战之道，利在机密，或潜师以冲之，以出其不意，或多火鼓，以乱其耳目，驰而攻之，可以胜矣。"[1]《情势》一文还提出针对敌方的不同性格特点，采用"暴"、"六"、"遗"、"劳"、"窘"、"袭"等不同战术。总之，都在"攻心"，即在发挥心理因素作用方面下功夫。

唐代李靖在肯定"以近待远，以逸待劳，以饱待饥"三种战术后，又提出："善用兵者，推此三义而有六焉：以诱待来，以静待躁，以重待轻，以严待懈，以治待乱，以守待攻。反是，则力有弗逮。"[2]这九种战术之中有四项是直接的心理战术，与心理状况、性格特点等有关。

明代戚继光强调在作战中，要使全军有充分的心理准备，主将应"随查其心神志气之利害处从，宜鼓盈之而决"[3]。在作战中要分析敌人的心理状态和作战意图："迟而审顾者，疑我也。欲进而复退，探我也。……却而顾者，欲复来也。先急而复缓者，整备也。促鼓而不战者，惧我也。"[4]还应注意战争过程中不同阶段的心理状态："未阵而恐其迟，及阵而恐其瑕，交阵而恐其诱，既胜而恐其骄。"[5]这样才能及时防止某些于作战不利的心理状态的出现，从而立于不败之地。

四、将领心理品质

在军事活动中，战略思想的确定，军队的训练与管理，战术的灵活运用，都得依靠将领去实施。因此历代兵家认为将领是"国之辅"、"国之宝"，"得之国强，去之国亡"。他们对将领应具有的心理品质作了广泛的阐述，从正面或反面说明其必备的一系列心理品质。

---

[1]《诸葛亮文集·战道》。
[2]《李卫公问对》卷中。
[3][4][5]《纪效新书》卷首。

《孙子兵法》在论到将领心理品质时说:"将者,智、信、仁、勇、严也。"[1]即是将领要具备智谋才能、赏罚有信、爱护士兵、勇敢果断、军纪严明等条件。他还强调了威的品质:"莫贵于威。威行于众,严行于吏,三军信其将威者,乘其敌。"[2]《吴子兵法》提出:"夫总文武者,军之将也。兼刚柔者,兵之事也。……将之所慎者五:一曰理,二曰备,三曰果,四曰戒,五曰约。"[3]即要做到治众如治寡,出门如见敌,临敌不怀生,虽克如始战,法令省而不烦。《孙膑兵法》则从反面分析了将领失败的心理原因,如"不能而自能"、"骄"、"贪于位"、"贪于财"、"寡勇"、"寡信"、"寡决"、"自私"等。《尉缭子》则指出,将领应当力戒"三悖":"心狂、目盲、耳聋。"

诸葛亮对将领的心理品质从正反两方面都作了论述。他首先认为将领必须是将才,按才能品质把将领分为仁将、义将、礼将、智将、信将、步将、骑将、猛将、大将九种。又提出将领应当具备"五善四欲"、"不柔不刚"和"五强"的优良心理品质以及必须去掉的"八恶"、"八弊"的不良心理品质。"五善者,所谓善知敌之形势,善知进退之道,善知国之虚实,善知天时人事,善知山川险阻。四欲者,所谓战欲奇,谋欲密,众欲静,心欲一。"[4]"五强"指"高节"、"孝弟"、"信义"、"沈虑"和"力行"。尤其强调"善将者,其刚不可折,其柔不可卷,故以弱制强,以柔制刚。纯柔纯弱,其势必削;纯刚纯强,其势必亡;不柔不刚,合道之常。"[5]这合乎事物发展规律,富于辩证法思想。诸葛亮军事思想的深刻性,还在于他从反面提出将领应避免和去掉的一些不良心理品质。所谓"八恶"是:"谋不能料是非,礼不能任贤良,政不能正刑法,富不能济穷厄,智

---

[1]《孙子兵法·计篇》。
[2]《孙子兵法·见吴王》。
[3]《吴子兵法·论将第四》。
[4]《诸葛亮文集·将善》。
[5]《诸葛亮文集·将刚》。

不能备未形,虑不能防微密,达不能举所知,败不能无怨谤。"[1]在《将弊》一文中又指出,为将者要力戒八种弊端,即"贪而无厌"、"妒贤嫉能"、"信谗好佞"、"料彼不自料"、"犹豫不自决"、"荒淫于酒色"、"奸诈而自怯"、"狡言而不以礼"。

其他兵书还论述了将领心理品质对军队的影响。有的认为:"将不仁,则三军不亲;将不勇,则三军不锐;将不智,则三军大疑;将不明,则三军大倾;将不精微,则三军失其机;将不常戒,则三军失其备;将不强力,则三军失其职。"[2]从中可以看出,《六韬》认为将领应具备仁、勇、智、明、精微、常戒、强力七种心理品质。戚继光论述了"将才"、"将心"、"将德"的关系,在《练兵实纪》中提出为将要"勤职业"、"尚谦德"、"正心术"、"宽度量"、"爱士卒",而不能"刚愎"、"胜人"、"委靡"。

第六节 运动心理学思想

体育运动及其教育古已有之。庠序是中国古代学校的名称,《孟子》解释说:"序者,射也。"即"序"是古时学射的专门学校。孔子主张以"六艺"教弟子,即"礼、乐、射、御、书、数"。其中射和御都跟体育运动有关。《礼记》说:"十有三年学乐诵诗舞勺,成童舞象学射御。"[3]这里说的"舞勺"和"舞象"是不同年龄阶段学习的不同体操。尽管中国古代教育的主要内容是四书五经,但也有一定的体育运动内容,注意"游于艺"。"君子之于学也,藏焉、修焉、息焉、游焉。"[4]连孟子也主张"劳其筋骨"。他说:"天

---

[1]《诸葛亮文集·将强》。

[2]《六韬》。

[3]《礼记·内则》。

[4]《礼记·学记》。

之将降大任于斯人也，必先苦其心志，劳其筋骨，饿其体肤，空乏其身。"[1]至于隋唐以后实行科举制度，其中设有武举。武举的内容包括骑马射箭荡秋千，舞刀弄枪举石锁。这些既是军事训练又是体育运动的活动都伴随有运动心理活动。中国古代运动心理思想则是散见在哲学、医学、教育、军事等各种典籍中，它们对今天仍有一定启发意义。在有关研究的基础上[2]，概括为四个问题加以论述。

一、运动保健心理思想

古代学者认为体育运动有益于人的身心健康，在导引术和养生术中多有论述。在论述古代医学心理学思想一节里，曾谈到三国华佗说"昏疲之身心，即疾病之媒介"。即是说提出了身心健康的概念，疾病跟身与心两个方面都有关。古代已认识到，要达到身心健康，运动是重要的途径。归纳起来有三方面的运动保健心理思想。

1. "养生"、"养心"的身心健康思想。东汉王充说："五脏不伤，则人智慧，五脏有病，则人荒忽，荒忽则愚痴矣。"[3]健康的精神寓于健康的身体之中，在王充看来，人的智愚与五脏是否有病也相关。"养生"才能"养心"。有的养生术典籍指出："形坚则气全。"这是养生的出发点，"安处"则可调养身心。"安处，非华堂邃宇……吾所居室，四面窗户，遇风即阖，风息则开……内以安心，外以安目，心目皆安，则身定矣。"[4]还提出用"存想"法来增进心理健康。"存，谓存我神，想，谓想我身。闭目即见自己之目，收心则见自己之心，心与目皆不离我身、不伤我神，则为想之渐也。"[5]

2. "养备时动"的养息运动思想。荀子说："养备而时动，则天不能病。""养略而动罕，则天不能使之全。"[6]营养休息和经常运动是身体健

---

[1]《孟子·告子下》。

[2]参阅朱智贤主编《心理学大词典》，北京师范大学出版社1989年版，第962—963页。

[3]《论衡·语增篇》。

[4][5]《天隐子养生术》。

[6]《荀子·天论》。

康的两条基本途径，否则，养息差、运动少是很难得健康的。这里特别
调强的是经常运动。《吕氏春秋》以流水与户枢作比喻阐述人要运动："流
水不腐，户枢不蠹，动也。形气亦然，形不动则精不流，精不流则气郁。"[1]
清初教育家颜元更直接地指出："养身莫善于习动，夙兴夜寐，振起精神，
寻事去做，行之有常，并不困疲，日益精壮，但说静息将养，便日就惰弱。"[2]
主张"善于习动"以保身心健康，而不赞成"静息将养"。

3."导引神气，以养形魄"的运动心理疗法。《黄帝内经》认为："痿
厥寒热，其治宜导引按跷跷。"其注解是："导引，谓摇筋骨，动支节；按，
谓仰按皮肉；跷，谓捷举手足。"这也就是我们现在说的健身体操和按摩。
庄子更提出以气功运动来增益身心，延年益寿，他说："导引神气，以
养形魄，延年之道，驻形之术。"[3]华佗的五禽戏，模仿虎、鹿、熊、猿、
鸟等的动作姿态进行运动，可以说是一种躯体锻炼与意念活动相结合的
运动心理疗法，其形态与功效是"神欢体自轻，意欲凌风翔"。

二、技能形成心理思想

运动技能形成过程中的心理因素，古代学者也有一些论述，可概括
如下：

1."心志于鹄"——注意贯穿其中。任何运动技能的形成，集中注意
力是一个先决的心理条件，否则一无所成。《孟子》记载了一个弈秋教棋
的故事，不专心致志，则学不成。孟子曰："羿之教人射，必志于鹄，学
者亦必志于鹄。"[4]学者只有把注意力高度集中在射箭动作技术上，才可
能形成射箭的技能。《刘子新论》也有类似论述。指出：弈秋败棋，隶首
失算是"心不专一，游情外务"。一手画圆，一手画方，不能俱成，是"心

---

[1]《吕氏春秋·孟春纪》。
[2]《颜习斋先生言行录》。
[3]《庄子·刻意》。
[4]《孟子·告子上》。

不两用，手不并运"[1]。画圆是一种动作，画方是另一种动作，注意力只能集中于一种活动，才能形成这种动作的技能。

2. "道有门户"——掌握规律与方法。运动技能的形成，还必须掌握技术规律和操作方法，而不是简单的重复练习。据记载，一位善于击剑的姑娘答越王问击剑的规律时说："其道甚微而易，其意甚幽而深，道有门户，亦有阴阳，开门闭户，阴衰阳兴。凡手战之道，内实精神，外示安仪，见之似好妇，夺之似惧虎，一人当百，百人当万，王欲试之，其验即见。"[2]这里的"道有门户"就是强调掌握了击剑的规律和方法，就能形成击剑运动的技能。《韩诗外传》："夫射之道在：手若附枝，掌若握卵，四指如短杖。右手发之，左手不知，此盖射之道，景公以为仪而射之，穿七札。"这里一反"工欲善其事，必先利其器"的说法，而重其技能。

3. "目视之，日为之，手狎也。"——实践中形成熟练。王充在《论衡》里指出："齐郡世刺绣，恒女无不能；襄邑俗织锦，钝妇无不巧。目视之，日为之，手狎也。"学习技术必须在实践中反复操作运用，才能形成熟练技巧。刺绣织锦的技能技巧是在"目视"、"日为"、"手狎"中形成的。《欧阳文公集》里卖油翁的故事，油滴入钱孔而不湿，此种技能也是"惟手熟尔"。《庄子》里记载孔子遇到一位善泳者，问："蹈水有道乎？"回答的主要之点是"长于水而安于水"。

总之，古人已经明确地认识到：心理因素在运动技能形成过程中具有重要作用。首先要将注意力集中于所要学习的运动技能活动上去；其次是按照一定的规律和操作方法去训练；最后是在实践中反复练习运用。只有这样才能形成运动的技能技巧。在今天也是如此。

三、运动竞赛心理思想

运动竞赛中人的心理状态较平时更为复杂，这个问题也引起了古代

---

[1]《刘子新论·专学》。
[2]《吴越春秋》。

学者的注意。运动竞赛是一种有规则的竞争，既有心理素质的要求，也有运动战术的心理问题，其目标在力争取胜，又合乎运动道德。中国运动竞赛心理方面主要有如下值得注意的思想。

1. "马体安于车，人心调于马。"——心理状态影响比赛。《韩非子》记述："赵襄王学御于王于期"，赵与王比赛，"三易马而三后"。曰："子之教我御术未尽也。"对曰："术已尽，用之则过也。"并指出"马体安于车，人心调于马"的规律："今君后则欲逮臣，先则恐逮于臣，夫诱道争远，非先则后也；而先后心在于臣，尚何以调于马？此君之所以后也。"[1]这则故事具体证明人的心理状态会影响比赛的结果，其机制是"马体安于车，人心调于马"。又据《庄子》记载：列御寇射箭每射必中，伯昏氏不服。两人在登高山、临深渊劳累之后的条件下比赛。伯昏氏从容而射，处之泰然，而列氏汗流浃背，魂不附体。伯昏氏认为，技能高的人，意志训练、境界也要高，如遇困难和危险就心慌意乱，恐怕连箭都发不出去，还能射中目标吗？

2. "庙算胜者，得算多也。"——运动战术心理。孙子说："夫未战而庙算胜者，得算多也；未战而庙算不胜者，得算少也。"[2]只有计谋多、战术好才能取胜，反之则败。当然这些战术是建立在"知彼知己"的战略思想之上的。《孙子兵法》等兵书在战术上主张：攻其无备，出其不意；出奇制胜，变化无穷；主动出击，不制于人；兵无常势，因敌制胜。它们虽然是军事战术，同样可以作为运动竞赛的战术。下面一个典型事例更能说明这一点。战国时贵族中盛行赛马赌博，齐将田忌常常赌输。孙膑发现田忌每个等级的马都比别人的差一点，于是教给田忌一个取胜的办法邀齐王赛马，即用下等马跟齐王的上等马比，先输一局；然后分别用中等、上等马跟齐王的下等、中等马赛，胜二局。齐王非常赞赏孙膑的谋略。这个战术思想在现今的运动竞赛中仍被人们灵活地运用。

---

[1]《韩非子·喻老》。
[2]《孙子兵法·计篇》。

3. "不以亲疏,不有阿私","端心平意,莫怨其非"——运动品德心理。早在东汉有关蹴鞠的记载,要求裁判员"不以亲疏,不有阿私";而运动员则要"端心平意,莫怨其非"。[1]这是运动竞赛中最基本的运动品德心理。运动中的"竞争"有规则和品德心理要求的思想可以追溯到《论语》。孔子曾说:"君子无所争,必也射乎,揖让而升,退而饮。""射不主皮,为力不同科。"[2]古代的射箭比赛是君子之争,即是礼射的比赛,要按一定的规则和礼节进行。射箭比赛所争的是目标,看谁射得准,主于中"的",而不是主于贯革,因为人的力量有强弱不同的等级。现代的体育运动竞赛也是一种君子之争,必须讲究运动品德心理。

四、心理训练的心理思想

心理训练是运动者通过主体意识的作用,使其心理状态发生变化,以提高运动成绩的训练。中国在心理训练(即治心)方面也有非常丰富而深刻的思想与方法。

1. "当先治心"——强调心理意志训练。宋代苏洵在《心术篇》里,论述用兵方法时分为治心、尚义、养士、智愚、料敌、审势、出奇、守备等八个方面,以治心为主。"为将之道,当先治心。""不养其心,一战而后,不可用矣。"将它运用到体育运动中来,就是要加强心理训练。先秦的思想家早就持治心的观点。荀子说:"相形不如论心,论心不如择术。"[3]主张重视心术。《庄子》也说:"须精神之运,心术之动,然后从之者也。""治心"、"养心"就是指的锻炼思维、意志、信念等。一种成功的心理意志训练应是:"泰山崩于前而色不变,麋鹿兴于左而目不瞬。"

2. "正己而后发"——集中注意反求自身。心理训练的又一个重要内容是训练自己的注意力和视力。《列子·汤问》记述"纪昌学射于飞卫"

---

[1] 李尤:《鞠城铭》。
[2]《论语·八佾》。
[3]《荀子·非相》。

的故事,飞卫要求纪昌"学视"两年,每天看妻子的织布机踏脚板而不眨眼,"虽锥末倒眦,而不瞬也",能"视小如大","视微如著",从而使纪昌成了中国古代著名的神箭手。这说明注意力与视力的心理训练,大有益于运动技能技巧的提高,反之,射箭不中也应从自身的心理上与技术上找原因。孟子说:"射者正己而后发,发而不中,不怨胜己者,反求诸己而已矣。"[1]《中庸》有着同样的思想:"失诸正鹄,反求诸其心。"所谓正己就是要求端正自己的姿势,调节好自己的心理状态。失败了不埋怨胜过自己的人,而应从自身找原因。

3."夫战,勇气也"——用情绪激励运动能量。现代心理学研究表明:人的情绪激励之后可以产生巨大的能量。古人对此已有明确的认识,如嵇康说:"终朝未餐,则嚣然思食;而曾子衔哀,七日不饥。夜分而坐,则低迷思寝,内怀殷忧,则达旦不瞑。"[2]"七日不饥"是由于"衔哀"的情绪状态所支撑的,而"达旦不瞑"则因"殷忧"情绪所致,这些情绪激励使人的活动能量大大超越常态。正因为如此,所以古代作战与运动中的许多典型事例都可得到正确的理解了。例如,《左传》上说:"夫战,勇气也。一鼓作气,再而衰,三而竭。"[3]一鼓作气就是要利用情绪激励后马上产生的巨大能量。又如史书记载:李广"见草中石,以为虎而射之,中石没镞,视之石也,因复射之,终不能入石矣。"[4]老虎在前,性命攸关,激起最大的情绪能量,甚至箭可入石。当看清不是虎而是石头时,就激发不起那种巨大的情绪能量了,当然箭就射不进石头了。总之,在运动竞赛中应当而且可以利用激励情绪产生的能量来提高运动成绩。

4."精中生气,气中生神"——气功心理训练法。在现代运动心理学中,许多心理训练技术手段都来源于中国的气功。《黄帝内经·素问》提出的"精中生气,气中生神",是各种气功锻炼方法要达到的目的——固养精、

---

[1]《孟子·公孙丑上》。

[2]《养生论》。

[3]《左传·曹刿论战》。

[4]《史记》。

气、神。明代的朱权说:"凡人修养摄生之道,各有其法。……大概勿要损精、耗气、伤神。此三者,道家谓之全精、全气、全神是也。三者既失,真气耗散,体不坚矣。"练气功就是"练精化气,练气化神,练神还虚。"[1]在练气功的过程中强调意念和以意行气,就是强调精神、心理对生理的调节作用。现在流行的一些心理训练手段,如肌肉放松或紧张的调节,呼吸频率的调节,言语暗示、集中注意力等,都是在意识、心理主导下,进行体内生理功能的自我调节和锻炼。中国古代的养生学也是重养神和形神兼养,指出只知养形之偏颇:"夫人只知养形,不知养神;只知爱身,不知爱神。殊不知形者载神之车也,神去人即死,车败马只奔也。"[2]有的甚至说:"太上养神,其次养形。"[3]"养神"就是调养心理,"养形"就是锻炼形体。气功心理训练法就是以养神来促其养形之功效。

---

[1]《神隐肘后》。
[2]《寓简》。
[3]《艺文类聚》。

第七章　学史、现状与前瞻

中国心理学史的研究起于何时？

你想知道中国心理学史研究的进展吗？

中国心理学史的前景和今后发展的趋势怎样呢？

第一节　中国心理学史研究的历史

本书开头已指出：中国心理学史原先基本上是一块未被开垦的处女地，它是在老一辈心理学家的倡导与带领下，经过集体的十余年协作研究才创建成为单独学科的。但是有关研究中国心理学史的零星的探索工作却可上溯到20世纪20年代。其中经历了一个从自发到自觉、从分散到有组织、从零星探讨到系统研究的发展过程。我国心理学界对中国心理学史的研究工作，大致可以划分为三个阶段，每个阶段在指导思想、工作方式和科研成果等方面都具有不同的特点。

第一阶段（1921—1949）：

由于心理学作为一门独立的科学是19世纪末从西方介绍到中国来的，所以中国心理学会于1921年成立以后，心理学界的主要精力在于介绍西方心理学。虽然已有少数学者和研究者初步认识到我国古代也有丰富的心理学思想，但是对中国古代心理学思想是肯定得不够的，如说："中国之心理发展史与西欧情形略同，百家而后汉晋无心理可言，唐虽有研究心理者，然多带宗教色彩，直至宋儒出，心理学始成问题。自宋迄今，无大进步，仅王学及'儒而逃禅'者偶一论之为要为无系统之学。"[1] 这个阶段的研究工作不可能明确地用辩证唯物主义和历史唯物主义作指导，并且完全是个人分散地进行某些研究。据现有资料，从1921年—1949年的28年里，各种报刊只发表18篇中国心理学史方面的文章，主要刊于中华心理学会1922年创办的《心理》杂志、《上海时事新报》副刊《学灯》以及大学学报、教育杂志上面。

从上面已收集的18篇文章看，其研究内容涉及的古代思想家有孔子、墨子、孟子、荀子、贾谊、董仲舒、关尹子、朱熹、王守仁、戴震等10人。18篇文章的作者计12人，其中余家菊在《心理》杂志上发表《中国心理学思想》等3篇，汪震在有关书刊上发表《中国心理学史上的戴震》等3篇，他们两人为数量最多者。就其他独特性而言，张耀翔发表在《学林》上的《中国心理学的发展史略》是最早较全面论述中国心理学史的文章，徐谥荣在《学灯》上发表的《中国古代心理学》，包括五篇：导言；孔子心理学、墨辩与心理学、大学中庸与心理学、孟子心理学，都是先秦时期的。属于心理技术方面的有，程俊英发表在《心理》杂志上的《魏晋时代之心理测验》，卢可封发表在《东方杂志》上的《中国的催眠术》。梁启超发表的《佛教心理学浅测》则开了研究佛教心理学的先河。下面拟单独简介一下梁启超和张耀翔的文章，以便较具体地了解当时研究中国心理学史的一个侧面。

《佛教心理学浅测》是梁启超1923年6月3日为中华心理学会所作的讲演。他在讲演中明确表示："我确信：研究佛学，应该从经典中所说心

---

[1] 陆志韦、吴定良：《心理学史》，载《心理学杂志选存》，中华书局1934年2月再版，第339页。

理学入手；我确信：研究心理学，应该以佛教教理为重要研究品。"[1] 该文分为六个部分，第一部分论述佛学研究与心理学的关系；第二部分、第三部分将现代欧美心理与佛教的"心识之相"，以及小乘俱舍家说的"七十五法"、大乘瑜伽说的"百法"进行比较，并且指出佛教的"四圣谛八正道"等修养功夫，与心理学的见解是相通的；第四、五、六部分具体分析了"五蕴"的心理学内涵。文章最后指出，佛教"这种高深精密心理学，便是最妙法门"，教人摆脱人生的苦恼，而进入清净轻安的理想境界。梁启超对佛教心理学思想的发掘是以现代心理学概念为基本框架的，这对后来的研究有启示作用。例如对"五蕴"心理学内涵的研究，五蕴是指色、受、想、行、识，用现代心理学概念表示它们则是：色＝有客观性的事物；受＝感觉；想＝记忆；行＝作意及行为；识＝心理活动之统一状态。

　　张耀翔的《中国心理学的发展史略》一文，1940年发表于《学林》第一辑。这是一篇稍具系统的中国心理学史的开山之作，它既追溯古代，考察现代，又展望了未来。该文从我国"心理"二字的出现，谈到西方心理学的传入，对中国古代心理学思想涉及较广。文中指出："中国古代心理学研究，几乎全由哲学家及伦理学家兼任。最著者周有老聃、墨翟、杨朱、荀卿、孟轲、庄周、尹喜、韩非、管仲；汉有董仲舒、王充；唐有韩愈、杜牧；宋有朱熹、陆九渊、杨慈湖、程颢、程颐、王安石；明有王守仁；清有戴震、颜元诸子。"[2] 又指出："中国古代心理研究不仅限于纯粹学理方面，对于应用也有特殊贡献。"[3] 例如心理卫生方面的养生养气、治气养心；心理测验方面的品性测验、"左手画圆，右手画方"测验；中国古代催眠术等。文章最后提出了发展中国心理学的九条建议，如最后一条说："竭力提倡应用心理学，尤指工业心理、商业心理、医药心理、

---

［1］梁启超：《佛教心理学浅测》，载《心理学杂志选存》，中华书局1934年再版。
［2］张耀翔：《心理学文集》，上海人民出版社1983年版，第203页。
［3］张耀翔：《心理学文集》，上海人民出版社1983年版，第210页。

法律心理及艺术心理，以应各方之急需。"[1] 当然从现在的观点看，文中将古代心理学思想家称为古代心理学家是欠恰切的，有关近代心理学的最早译著和教科书的判断也不确切，近年来发现了更早的版本。但在学科尚未草创之前不应苛求。

第二阶段（1950—1976）：

由于新中国建立初期重点抓心理学的改造和学习苏联心理学，特别是"十年内乱"时期心理学受到"左"的思想的干扰和冲击，心理学界对挖掘、整理和研究祖国心理学遗产的工作，尚未引起应有的重视。一般人的指导思想也不很明确，"文革"时期的几篇文章就是证明。心理学工作者基本上仍处于分散工作的状态，并且深感此项工作的浩繁。在这26年内，报刊发表或会议交流的论文约20篇，刊于《心理学报》的则只有一篇。这个时期研究的主要内容以研究孔子心理学思想的占第一位，其他有《左传》、先秦儒家、孟子、荀子、王安石、朱熹、王夫之、戴震、王筠等。这里要特别提到的是潘菽教授和高觉敷教授有关中国心理学史的研究。

高觉敷教授毕生治心理学史，建国后以辩证唯物论为指导思想编著《心理学史讲义》授课，突破了过去只讲西方心理学史的偏向，包括了中国、西方和苏联三个方面的内容。其中列有《我国自春秋战国至清初哲学中的心理学说》的专章，分五节讲述了荀况、王充、范缜、王安石、王夫之等五位唯物主义思想家的心理学思想。这为以后分别编写中国心理学史、西方心理学史和苏联心理学史开拓了道路，打下了基础，至于这份讲义中只讲几位唯物主义思想家的心理学思想，是与当时社会上和学术界的思潮有关的，所以未能包括唯心论思想家的心理学思想。

潘菽教授在"文化大革命"期间，在心理学受到严重摧残的困难情况下，仍然坚持心理学研究。他坚持辩证唯物论和历史唯物论，写出了《心理学简札》一书。虽然正式出版是1984年，但书稿是1964年至1976年陆

---

[1] 张耀翔：《心理学文集》，上海人民出版社1983年版，第224页。

续写成的，所以列入本阶段。他在该书的自序中写道："在后期的前阶段中写的札记大都是在频繁的'批斗'和'交代'情况的空隙之间或劳动之余写的。有时刚被'批斗'回来就写。"[1]这就是写作环境的严峻和成书时限的佐证。该书分上下两册，五百多条札记，归纳起来，包括三个方面的内容：（1）关于心理学的基本理论；（2）对传统心理学的评论；（3）对中国古代心理学思想的评论。最后一个方面就是中国心理学史，共50条，归纳起来又可分为三个方面的内容：一是关于研究中国古代心理学思想的必要性、指导思想、步骤和方法；二是所研究的古代心理学思想家有孔子、荀况、韩非、公孙龙、王充、范缜、贾谊、刘禹锡、柳宗元、李翱、王安石、欧阳修、李贽等；三是关于中国古代心理学思想的主要范畴的研究，含人贵论、形神论、六情论、性习论、知行论等。以上为建立中国心理学史奠定了基础，开拓了道路。

第三阶段（1977—）：

这个时期，学术研究和其他各项事业一样得到复苏和蓬勃发展。中国心理学从遭到严重摧残破坏，到复苏，到飞速发展为一个典型学科。我国心理学遗产的挖掘、整理和研究工作，引起了心理学界前所未有的重视，在老一辈著名心理学家潘菽学部委员和高觉敷教授的带领下，一批中青年心理学者积极参加了此项开拓性的学术研究工作。大家取得了共识：中国古代心理学思想的挖掘和整理，是建立我国心理学体系的一项必要的研究工作，同时也是一项发扬民族优秀文化传统的爱国主义事业。要做好此项工作，必须以辩证唯物论与历史唯物论为方法论指导；必须鉴古观今，古为今用；必须开展全国大协作，有组织地进行研究。

经过老中青三辈人的共同努力，到1988年中国心理学史学科已经得到国内外心理学界的公认，以其一系列科研成果、设置课程、培养研究生等客观事实宣告了它的成立。有关本阶段的具体情况，列入下一节中国心理学史研究的现状进行论述。

---

[1]潘菽：《心理学简札》上册，《自序》第6页，人民教育出版社1984年版。

第二节　中国心理学史研究的现状

中国心理学史研究的现状总括地说就是：作为心理学史的一个分支学科已经宣告建立，对国内外学术界产生了一定的影响，其研究有新的进展，正朝着纵深方向发展，前景光明。它是一门填补了世界心理学史的新开拓的分支学科，其研究的新进展主要表现为：研究对象和方法论思想更加明确，划清了一些基本的界限；基本范畴与术语的研究更加深入，整理出了一套中国古代心理学思想的范畴体系；开展了中西比较研究，更有说服力地确立了中国古代心理学思想的历史地位；建立和发展了国际学术联系，扩大了中国心理学的影响。

一、"中国心理学史"学科已经宣告建立

任何一门新的学科或学科分支的建立，不是由科学研究工作者主观愿望的宣布来决定的，它必须以其科学研究的客观成果及有关的一系列活动为标志。早在20世纪20年代，我国已有少数学者认识到我国古代有丰富的心理学思想，并且自发地分散地进行过某些零星的研究和探讨。但是所研究的面很窄，更谈不到深入和系统。最近十二三年，才在全国范围内有组织有计划地开展了研究工作和教材编写工作，并且正式建立起心理学史的新分支——中国心理学史。

那么，这门分支学科已经宣告建立的客观标准是什么呢？我以为主要有三个方面：

1. 中国心理学史已有一系列研究论文、教材、专著、资料选编及工具书相继问世。其中最重要的标志是，1986年人民教育出版社出版了原教育部组织的大学统编教材《中国心理学史》，顾问潘菽，主编高觉敷，

副主编燕国材、杨鑫辉。该书是我国该学科第一部较全面系统的大学教材和学术专著，其时限上起先秦下迄近现代，熔古代心理学思想史和近现代心理学史于一炉，分时期按心理学思想家人头或专篇编排，工作浩繁并具有开创性。在此之前，除学术刊物发表了一系列有关中国心理学史研究的论文外，有燕国材撰写的我国第一部心理学思想史专著《先秦心理思想研究》（1981年）和《汉魏六朝心理思想研究》（1984年）；由潘菽、高觉敷教授主编的论文集《中国古代心理学思想研究》（1983年）；潘菽的《心理学简札》中有关中国古代心理学思想的评论条目（1984年）；杨鑫辉撰写的国家教委教材《心理学简史》中的第一编"中国心理学史"（1985年）；高觉敷主编《中国大百科全书》心理学卷·心理学史分册里有关中国心理学史的条目（1985年）。

1986年以后出版的有关中国心理学史的著作主要有：燕国材主编，杨鑫辉、朱永新副主编的《中国心理学史资料选编》共四卷（1989年、1990年、1990年、1992年）；燕国材著《唐宋心理思想研究》（1987年）、《明清心理思想研究》（1988年）；朱智贤、林崇德著《儿童心理学史》第五编"中国儿童心理学史"（1988年）；王米渠著《中国古代医学心理学史》（1987年）；杨鑫辉著《中国心理学史研究》（1990年）；燕国材、朱永新著《现代视野内的中国教育心理观》；赵莉如著《中国现代心理学的起源和发展》；朱永新著《心灵的轨迹——中国本土心理论稿》（1993年）。最重要的工具书是燕国材主编，朱永新、杨鑫辉副主编的《心理学大辞典》中国心理学史分卷。至于公开发表和在全国性学术会议交流的中国心理学史论文，据不完全统计，建国前只有18篇；1949年至1982年有100余篇，至1989年约500篇，主要发表在《心理学报》《心理科学通讯》（后改名《心理科学》）、《心理学探新》以及各大学的学报上。

2. 国家教委已经将中国心理学史列入高等学校有关系科专业的教学计划，并业已招收中国心理学史的研究生。有些学校的心理系、教育系已正式讲授中国心理学史课程，更多的学校在讲授心理学史课程中设有中国心理学史专编或专章，改变了过去讲授心理学史言必称西方、言必称希腊的状况，从而发扬了我国优秀文化传统中宝贵的心理学思想。

为了培养中国心理学史的专门研究人才和加强学科建设，从1986年起，上海师范大学、江西师范大学和河北师范大学先后招收培养了这个方面的研究生。

3. 中国心理学史研究早已有了学术团体、研究机构和教材编写组三个方面的组织保证。学术团体方面，1980年在中国心理学会基本理论专业委员会内，成立了以潘菽教授任会长的中国心理学史研究会（筹），后改为研究组，这样便结束了过去只是分散工作的状态，开拓了有组织的学术研究的新局面。研究机构方面，1981年南京师范大学建立了我国第一个心理学史研究室，随后上海师范大学和江西师范大学也成立了心理学史研究室，1992年笔者创建的江西师范大学心理技术应用研究所内，设立了中国心理学史和心理学本土化研究室。这样，中国心理学史便有了几个专门的经常研究单位。教材编写组织方面，1982年春，原教育部就正式下发文件，成立了《中国心理学史》编写组。在1986年完成《中国心理学史》这部教材后，1988年至1992年又出版了四卷本《中国心理学史资料选编》。

二、研究对象和方法论思想更加明确

我们在第一章已开宗明义指出，中国心理学史是研究中国心理学产生、形成和发展历史的一门心理学史分支学科。对于这个定义虽然无人表示异议，但是在实际研究过程中，却表现出一些混淆不清的问题。对于近现代心理科学史较易取得一致性，在研究中国古代心理学思想史方面易于出现界限不清的问题。通过十多年的研究工作，一致认为应抓住中国心理学史的特点的质作为自己的研究对象。在将古代心理学思想史与近现代心理学科学史治于一炉的情况下，对于散见在哲学、教育、医学、军事等典籍中的古代心理学思想史的研究，都注意了划清心理学与心理学思想的界限，心理学思想与哲学思想、教育思想、伦理思想等的界限。这样对中国心理学史的研究对象就有了明晰的认识，保证了它作为一门相对独立的心理学分支学科的科学性。

对于研究这门学科的方法论思想方面的问题，研究者们的认识水平也在不断提高和深化。坚持辩证唯物论与历史唯物论的方法论，并不是只研究唯物论学者的心理学思想，而不能研究唯心论学者的心理学思想。应当实事求是和历史地考察古代思想家的心理学思想的科学性，不能简单地、表面地以其哲学思想的分野来取舍评价历史上的各种心理学思想。而整理和研究古代心理学思想的理论框架和操作方法，是该学科建立之初碰到的一个最大难题，没有理论框架就无法发掘出浩瀚古籍中的心理学思想。研究者们在实践中赞成了这样的观点：以现代心理学概念、体系为框架，去对照整理心理学遗产。它既不是牵强附会的硬套，更不排斥使用我国古代仍富科学性的概念，相反地要特别重视体现我国古代心理学思想特征的概念、术语和理论思想。现在已经问世的中国心理学史著作，包括教材、专著、论文集、资料选编以及辞典等，都是以此理论框架进行研究和著述的。

三、基本范畴与术语的研究更加深入

每门科学都有自己特有的一系列范畴，并且形成一套范畴体系。中国古代心理学思想有哪些范畴呢？这在一门学科建立之初也是一个颇费思索的大问题。开始只有少数研究者在探索，这在第一章里已经提到：1981年笔者提出五个范畴；1982年潘菽教授提出八个范畴；1982年以后高觉敷教授提出五个范畴；1984年燕国材教授提出八对范畴。这些范畴的提出，对于研究中国古代心理学思想起到了提纲挈领的作用，帮助研究者掌握了古代心理学思想这张网上的纽结。

从已发表的论文和出版的著作看，不仅几种不同范畴的提出者，各自在著述中体现了这些思想，而且所有研究者都在互相采用有关范畴进行研究，发挥了互补作用。笔者在本书的撰著中，第三章心理实质探索，就是以本人提出的五个范畴为纽结进行探讨的，即先秦的人性说、汉晋的形神说、隋唐的佛性说、宋明的性理说、清代的脑髓说。就全书讲，

同时也采用了人贵、天人、性习、知行、知虑、志意、情欲、智能等范畴进行论述。

与此相关，在编写中国心理学史时，还要尽量统一古代心理学思想的主要术语，并要明确与现代心理学术语的对应关系或相近含义。为了让国外了解中国古代心理学思想，在编纂《心理学大辞典》中国心理学史分卷时，制订了一个中国心理学史条目中英对照表。至于中国和西方的现代心理学术语则基本上是相同的。这是因为现代心理科学是清末从西方传播到中国来的。这方面的工作，对正确理解古代心理学思想和开展中国心理学史的对外交流，都发挥了积极的作用。

四、开展了中国心理学史的中西比较研究

有比较才有鉴别。采用中西比较的研究方法，有助于我们对某个心理学思想家或某种心理学思想给予恰当的评价。不少中国心理学史研究工作者，已经重视并开展了中西的比较研究。这种研究使我们挖掘和整理古代心理学思想遗产的工作更深化了。例如，亚里士多德的"灵魂阶梯"与荀子的"心理阶梯"比较，更见荀子思想的全面性；冯特的"情感三维度说"与中国古代"情二端论"的比较，情二端论不仅包括了情感的两极性，而且指明了"好"、"恶"两种欲望是产生喜、怒、哀、乐情感的基础；王充太阳错觉与许尔月亮错觉的比较，实际上都是谈的一种错觉，且王充在1800多年前就进行过研究；王清任的"脑髓说"与谢切诺夫的《脑的反射》的比较，更能认识"脑髓说"是"中国医界之极大胆的革命论"。又如中国古代"渐染"说与现代的个体心理社会化理论的比较；《管子》的欲求理论与马斯洛需要理论的比较，等等。总之，中西比较已经普遍采用，事例则不胜枚举。

笔者1982年在教育部主办全国统编教材《中国心理学史》编写讨论会上的报告中指出："心理学思想史的比较研究法，既包括国内外前后心理学思想家的纵的比较，也包括与国内外同时期人物（或问题）的横的比较。这是一种纵横交错的比较法，在运用中要注意防止简单化和牵强

附会，也不应把它看成唯一的研究方法。"[1]燕国材教授在其所著《汉魏六朝心理思想研究》中也说："所谓系统比较研究法，从研究中国古代心理思想史的角度来看，就是古今中外联系对比的研究方法。它又可以分为如下几种情况：一是中国的古同国外的古相比较。……二是中国的古同国外的今相比较。……三是中国的古同中国的古相比较。"[2]

还值得指出的是，赵莉如在其所汇编的心理学函授大学教材《心理学史》里（1985—1986年），将西方心理学史和中国心理学史的分期对应起来，教材内容采取中西同时并行混合编排，并且编制了中国和西方并行比较的心理学史年表。这不能不说是进行中西比较研究的一种新的尝试。

五、建立和发展了中国心理学史的国际学术联系

中国古代心理学思想早已引起国际心理学界的注意。例如，日本学者黑田亮博士出版了《中国心理思想史》（1948年），分三篇二十八章论述从孔子到颜元的心理学思想；清水洁撰写了长文《刘劭〈人物志〉的人物鉴识理论》（1967年），列述十个方面的问题。美国心理学史家墨菲等在其所著《近代心理学历史导引》（1972年）里指出，中国古代是世界心理学思想重要策源地之一。苏联心理学史家雅罗舍夫斯基等在《国外心理学的发展与现状》一书中，对中国古代心理学思想也作了一些论述。这些著述无疑对中国心理学史的国际交流起了积极作用，但是毕竟他们缺乏系统的研究，显得浮光掠影、零细甚至有偏颇。

最近十多年来，由于中国心理学史研究成果的日益增多，这门学科已经建成，不仅使得国内学术交流非常活跃，而且引起国际心理学界的瞩目和更加重视，国际学术交流和跟港台地区的学术联系也加强了。例如美国著名心理学史家布罗莱克教授，与高觉敷教授领导的南京师范大

---

[1] 杨鑫辉：《研究中国心理学史刍议》载《心理学报》1983年第3期。
[2] 燕国材：《汉魏六朝心理学思想研究》，湖南人民出版社1984年版，第21—22页。

学心理学史研究室有经常的学术联系。在我国有组织地开展中国心理学史研究才几年后，就高度评价《中国心理学史》一书"在世界文献中还没有先例"，并且希望翻译成英文问世。1987年4月笔者作为第一个出访讲学中国心理学史的专家，应邀赴加拿大西安大略大学较系统地讲授了中国心理学史，听讲的教授们信服中国古代是世界心理学思想最重要的一个策源地。笔者还顺访了美国和加拿大的多伦多大学、西安大略研究生院等，所到之处的心理学教授对中国心理学史都表现出浓厚的兴趣。1988年12月燕国材教授应邀赴香港参加"认同与肯定：迈向本土心理学研究的新纪元"的国际研讨会，在会上作了《中国古代心理学思想的主要成就与贡献》的专题报告，受到欢迎与重视。

这里还要特别提到，中国科学院心理研究所与日本大学在中国心理学史方面的学术联系，赵莉如与儿玉其二教授，就颜永京译《海文著心灵学》作了有成效的探讨。在1992年第二届亚非心理学大会上，有多篇关于中国心理学史的论文在会上报告或交流。1992年4月在台北举行了"中国人的心理与行为科学学术研讨会"，多名大陆学者的中国心理学史论文收入论文集交流。此外，东西方各国来华访问的许多心理学家及台湾、香港地区的心理学者，也曾将中国心理学史的论著带到国外和港台地区交流传播。

第三节　中国心理学史研究的前瞻

近十几年才正式创建的中国心理学史既是一个古老的课题，又是一门新开拓的学科。回顾它产生形成的历史，考察其迅速发展的现状，中国心理学史今后的研究任重道远，前景光明。它的发展趋势总的说是向纵深方向发展的，既促进了中国本土心理学的形成与发展，又丰富了世界心理学史的宝库。

一、将在中国本土心理学的形成发展中发挥重要作用

社会科学、人文科学，包括介于自然科学和社会科学之间的心理学，其本土化的理论思潮已在世界范围内兴起，并将日益扩大它的影响。在这些学科的研究中，不管你是公开承认或否认，但其实际研究工作及其成果，都将反映不同国家、不同民族、不同文化背景的特点。人类的心理活动有其共同的心理规律，但不同国家、不同民族、不同文化背景的人的心理活动也有各自的一些特征，这就是本土心理学要研究的问题。各国的心理学史、各种民族心理学、各国之间、各民族之间的心理学比较研究等，特别是以本国、本民族的人作为被试和调查研究对象的现实研究，都属本土心理学的范畴。

心理学不可能完全像自然科学一样，成为只有某一种"范式"（parading）的科学，每个国家的心理学都有各自的本土化问题。我国心理学"本土化"，就是"中国化"，就是指"具有中国特色"。我们讲的心理学本土化是与国际化（或世界性）联系起来的，不仅不排斥，而且完全应当汲取国外心理学界一切先进的东西。要广泛地学习，博采众长，有鉴别地吸收，但不是照搬，更不是全盘西化。我国心理学发展的历史证明，凡是照搬的东西，不适应我们国家和社会的实际，没有发展的生命力。我们要建立有中国特色的心理学体系的这种本土化，是植根于我国社会文化的土壤上，并与心理科学的世界性相辩证统一的本土化。很显然，中国心理学史的研究，是中国本土心理学一个不可缺少的重要组成部分。我们过去、现在和将来研究中国心理学史，都应站在为发展中国心理科学的高度认识其重要意义。

二、将对现实的心理学研究与教学工作发挥借鉴作用

观今宜鉴古，任何一门科学史或科学思想史，都对该门科学的发展有其一定的价值。它的仍富科学意义的部分可以吸收到现在科学体系中来，它在发展中的经验教训，可作为现在研究工作的借鉴而避免走弯路。

中国心理学史对于现在现实的心理学研究和教学工作，其借鉴作用也是显而易见的。

已经问世的中国心理学史著作，大都是以普通心理学的理论框架来建构的，无疑对现在普通心理学、理论心理学的研究与教学工作有所帮助。但是对于更广泛的各分支，特别是应用方面的研究与教学，所提供的借鉴与帮助作用则显得不够。中国心理学史研究的发展趋势之一，就是进行心理学分支与应用的研究，以便既从横的方向拓广又从纵的方向加深。例如，已有专门的中医心理学史和中国古代教育心理学史的专著问世，以及对古代心理学思想专篇，如刘劭《人物志》注译与研究等。本书在应用心理学思想专章中，分别论述古代的社会心理学思想、教育心理学思想、文艺心理学思想、医学心理学思想、军事心理学思想、运动心理学思想，也是为了便于对现在有关分支的心理学工作者，在研究和教学中提供某些参考。可以预见，今后中国心理学史的研究，将进一步贯彻古为今用的原则，跟现实生活有所贴近。

三、研究思路将进一步拓广，研究方法将更加多样化

中国心理学史的研究方法，现在主要以现代心理学的理论框架为主，抓住心理实质的主线，联系历史条件研究和评价心理学思想，采用古今比较和中西比较的方法判断心理学思想的价值。这种思路和方法已使中国心理学史的研究取得了现有的成果。但是在实际研究工作中，有的方面贯彻不够努力，例如联系历史条件进行研究方面还缺乏有机的深刻分析，有些偏向于心理学思想内部逻辑的方面，研究的方法也不够多样化。

今后的研究，除现在已有的思路和方法外，应朝着多思路多方法的方向发展，第一，内部逻辑与外部逻辑应有机地结合起来，既要梳理分析心理学思想发展的内部联系，又要恰当分析产生这些心理学思想的外部历史条件。这样才能真正探讨出古代心理学思想产生发展的规律性。对古代心理思想从表层的理解进行更深层的认识。内部逻辑与外部逻辑的问题，不少研究者早已提出过，只是有机结合不够，或者在理论上有

所认识，研究中贯彻得不够。第二，古代心理学思想既要区别于其他思想，又要放在整个文化思想体系中去考察。心理学思想与哲学思想、伦理学思想、教育学思想、医学思想等固然有区别，又要把它摆在各种文化思想的总体系中去认识。我们的研究应当从哲学、文化学、人类学、历史学等的土壤中汲取养料。因而可以从多学科角度研究心理学思想。例如，从文化学角度探讨古代文化的深层心理结构，了解一个民族的认识模式、性格和情感等方面的特征。关键是任何一种研究思路与方法，要能贯穿于研究工作的始终，取得一系列研究成果。第三，既可以从古至今进行系统研究，也不可以忽视由今溯古进行探讨。我们现在大多数中国心理学史著述，都是由古至今探讨其思想发展，这无疑对任何思想史都是主要的。另一方面，也有从现在社会上某些普遍的社会心理状态，探讨古代心理学思想影响的。台湾心理学者有关中国人的"人情"与"面子"的研究即是。第四，既要重视经典文献的研究，也不可忽视通俗著作的探讨。研究中国心理学史，特别是对古代心理学思想史的研究，当然主要应发掘儒、墨、道、法、兵、释、医各家典籍的心理学思想；但是一些流传很广的通俗读物在民间影响很大，也不可忽视其中的心理学思想。例如，《三字经》《千字文》《增广贤文》《幼学琼林》之类以及许多家训、家规，在人的社会化方面心理学思想就很丰富。以上两方面的研究，台湾有的心理学者称之为心理历史学或历史心理学。

四、研究的空缺领域将补上，研究的内容将更加深广

尽管这十几年研究中国心理学史的成果累累，已经取得很大成就，但是，尚有许多空缺领域和薄弱环节。例如就其历史时期来说，唐代和元代的心理学思想研究得很少和不深入，尤其唐代文化昌盛，已经挖掘和整理出来的心理学思想却相当少。儒道佛三家及其思想的融合，在中国历史上发生着重大作用，然而佛教心理学思想的研究却非常贫乏和薄弱。名不见经传的地方思想家的心理学思想和流传久远的通俗著作中的心理学思想，还有待进一步发掘和整理。

中国心理学史是新开拓的领域，全面的研究工作起步不久，必须进一步扩大研究的广度和加深研究的深度，不仅要更详尽地占有资料，还要进行一定的考据，更要科学地进行分析，整理出中国心理学思想的精华。今后各个分支的应用心理学思想的研究，历史上最著名的心理学思想家的研究，以及一些重要的专题研究，将引起研究者的更大兴趣，而投入更大的精力。

五、将涌现更多的专门研究机构，反映在更多的学术刊物上

随着中国心理学史研究的深入和研究生队伍的逐步扩大，中国心理学史的研究人员也渐渐增多。因而可以预见专门研究中国心理学史的机构，在巩固原有机构基础上，会适当有所增加。就学术团体说，中国心理学会理论心理学与心理学史专业委员会内，1980年起就建立了中国心理学史研究会（后改为学组），并且成了该专业委员会内一支重要力量。有的省市心理学会也有相应的专业委员会或学组，根据队伍情况有些省市也将有发展。

过去中国心理学史的论文，主要在心理学杂志和有关大学学报上发表。随着应用心理学史各分支研究的发展。可以预料，有关论文将可能进入到哲学、社会学、教育学、文艺学、医学、军事学、体育学等学科的学术刊物，从而进一步扩大其影响，发挥它应起的作用。

六、中国心理学史学科，将进一步走向世界

前面已经指出，近十几年来，中国心理学史已经建立和发展国际学术联系，这对促进中国心理学史的进一步发展是有积极作用的。世界将愈加开放，各门科学的国际交流必然加强，中国心理学史也必将进一步走向世界。

怎样使中国心理学史走向世界呢？除了前面讲现状时谈到的以外，首先要培养人员，组织力量，将一些中国心理学史论著翻译成外文，特别是翻译成英文，让外国人能直接读到它们，了解它们，这样才可能有

较深入的交流。这样的翻译者，不仅要有心理学素养，而且要兼具较高的外语水平和古汉语水平。相信会有人愿贡献力量于国际学术交流的。第二，随着中国心理学史研究的深入，这方面的研究成果必将更多地进到国际性的心理学会议以及有关社会科学、人文科学本土化的国际性学术会议，也可能举行本土化心理学和中国心理学史国际学术会议。最后是中国心理学史研究者、本土化心理学研究者，同国外有关学者的互访活动将增多，招收这方面的外国留学生也将为期不远，中国心理学思想将在中国和世界放射出更加灿烂的异彩。

后　记

　　"养色含精气，粲然有心理。"（陶渊明语）这大概是中国古文献里最早出现"心理"二字的连用吧，但是绝非说中国古代心理学思想起于斯。先秦的人性论、性习说、形神观等，都是有关人的心理问题之研究。中国从古至今由其灿烂的文明史而产生了极为丰富的心理学思想，现在形成了一门分支学科。我在1987年4月应邀赴加拿大的讲学稿《中国心理学史研究的新发展》里说道："中国心理学史"学科已宣告建立，其主要标志为：一、1986年人民教育出版社出版了原教育部组织的大学统编教材《中国心理学史》（主编高觉敷，顾问潘菽，副主编燕国材、杨鑫辉）这是最重要的标志；二、国家教委已将中国心理学史列入高等学校有关学科专业的教学计划，并业已招收中国心理学史的研究生；三、中国心理学史已经有了学术团体、研究机构和教材编写组三个方面的组织保证。[1]现在，这个填补世界心理学史重要空白的研究领域，正朝着纵深方向发展，其在国内外学术界的影响也日益扩大。

　　"路漫漫其修远兮，吾将上下而求索。"（屈原语）科学研究是需要不断探索的。学部委员潘菽教授1986年初在给我的一封信中写道："已交稿的《中国心理学史》，我已说过，未能编写得够好。这也是自然的，因为草创之作。你曾表示愿意独力或结合少数观点接近的人再写一本。希望

---

　　[1] 刊载于《心理学报》1988年第1期。

你能为此努力。"我作为该书编写大纲的执笔人和副主编是感到汗颜的。当然，潘老并非贬低作为集体智慧结晶的第一部中国心理学史，而是说明他对开创该学科的要求是不断提高的，鼓励有人作新的探索。信里说的"再写一本"，就是指现在摆在读者面前的《中国心理学思想史》一书。

本书的最初提纲，是1980年秋到重庆参加心理学基本理论学术会议后，于1981年拟就的。一则后来全力投入编著《中国古代心理学思想研究》、《中国心理学史》和《中国心理学史资料选编》等书；再则当时按那份提纲著述，条件不够成熟，力不从心，所以一直搁下来未动笔。直至1987年我才给潘老寄去详细著述提纲。这年10月15日，潘老再次来信给以支持和具体指导。他勉励说："你想从另一个角度写一本中国心理学史，这是一种雄心壮志，可敬可佩。所附来的纲要也大体可以，但在写作过程中会发现要有所修改以至较大的修改。这是一项很艰巨而费时的工作，估计要做大量的研究工作。因此，可以不必和出版社订出版之约，以免造成赶时间的累。……约计完成你这项写作研究计划要花四五年的时间。但写出来了，也就是一项大的学术成就。预祝成功！"实际上我花了六年时间，1993年暑假才基本完稿。高老对我写作此书，也同样给予了关心与支持。他希望我注重学科分支的心理学思想研究，这反映在第六章应用心理学思想占有全书四分之一的篇幅。

"惟陈言之务去，戛戛乎其难哉！"（韩愈语）学术专著要有新意且必有新意绝非易事。虽深感学力之不足，仍以写出特点来自律。本书的特点大体说来有五：其一，力求体系新而全。第一、二章是总论部分，论述对象、意义、方法论和心理学思想发展脉络；第三、四、五、六章，分论心理实质、心理实验与测验追源、普通心理学思想、应用心理学思想；第七章为史学史与展望。迄今问世的中国心理学史，尚无按此体系著述者。其二，力求观点出于己意。例如，心理实质五个范畴的提出（1981年），关于心理学思想发展脉络五个特点的概括，以及关于个体心理社会化与个性化的观点等等，或首先提出，或与众不同。其三，力求内容材料能够拾遗补阙。例如，关于中国心理学史的具体研究方法、佛教心理学思想、释梦心理思想、书法绘画心理思想等，已出版著作中，或为缺项，或属非常薄弱环节。其四，力求为后来者进一步研究奠基。为此，第一、二、七章包括了方法论与史学史，以期帮助更多的后来者作深入的研究，进一步发展该学科。其五，力求引发读者探索。每章前面列举几个主要问题，既能让人思考探索本章的内容，又可避免过分板着脸孔说话的呆板形式。以上各点都围绕一个中心，即中国心理学思想的挖掘与研究，是建立有中国特色的心理学体系的一项必要工作，是心理科学本土化研究的组成部分，应当"古为今用"，便利于现代心理学各分支教学与科研工作者借鉴参考。

独立钻研锐意开拓，虚怀若谷博采众长，这是我认为应坚持的一条治学原则。在共同开创中国心理学史的事业中，我从学界前辈和朋友处获得了学术营养和精神力量。我感到大家的工作在融为一体，个人的成就中也包含他人的成就。我不会忘记老一辈心理学家的热情鼓励、支持与提携。潘老1981年写信支持我倡议出版我国第一部古代心理学思想研究论文集；高老1983年初邀我到南京师范大学负责草拟我国第一部中国心理学史编写大纲；潘、高二老1985年主动写信给国务院学位委员会，推荐我担任招收普通心理学和中国心理学史研究生的导师。拙著《中国心理学史研究》问世后，朱智贤教授来信勉励说："您在中国心理学史方面，作了开创性的工作，是非常可贵的。您和其他同志一起为建立中国心理学史，筚路蓝缕，锐意开拓，对你们已获得的成就，谨表示衷心的敬佩。"令人感叹的是，这封信竟成了朱老逝世前数小时的遗笔。刘兆吉教授不顾年高，在百忙中为我两部拙著作序，给以鼓励与鞭策。我不会忘记老友燕国材教授等在长期合作中的友谊与支持，他曾多次关心询问本书的写作与出版。还要谢谢姚懿巧同志认真校对全书与抄写稿件，以及其他关心与支持过此书的人们。谨致谢忱。

心理科学应当面向社会生活，谨以此书奉献给热爱心理科学和热爱生活的人。

杨鑫辉　1993年冬于江西师范大学

中国心理学史论

第一章 总 论

1.何谓"史论"？你知道中国心理学史论这门新出现的心理学史分支学科吗？

2.中国心理学史论的体系建构怎样？你以前有此种整体认识吗？

3.应当从什么层面认识研究和学习中国心理学史论的意义？

　　科学与学术研究总是历史地向前推进，每一门学科的发展莫不螺旋式地上升，这是事物发展的必然。中国心理学史这门学科从无到有，从分散零星的初步探索到有组织的系统研究，从心理学思想的一般探讨到形成为一门分支学科，也是经历着这样的发展过程的，在螺旋式地上升发展。浩若烟海的中国古代文献里，蕴含着极其丰富的心理学思想，但把它作为一种专门思想来研究是晚近的事情。20世纪20年代，才有少数学习过西方心理学的学者，注意到中国古代也有与现代心理学相通的心理学思想，开始零星地触及这个领域进行探讨。真正有组织的全国协作开展这项研究工作是80年代初开始的，从那时起至今的20多年是中国心理学史形成学科和迅速发展的时期。在这些年里，中国心理学史研究从各自分散写作研究论文到汇编出版中国古代心理学思想研究论文集，从断代的心理学思想史专著到出版系统的中国心理学史著作，从中国心理学史的资料汇编到工具书，从中国心理学史的通史式著作到分支学科或专题式著作……总之，在不断扩展和深化，而且这种螺旋式上升发展，

281

与学科教学从本科生设置课程到培养中国心理学史硕士生、博士生也是同步推进的。然而应当怎样建立中国心理学史学科的完整体系，怎样站在理论层面上完善和推进该学科的继续发展，怎样才能更好地培养研究生和后继者，这是笔者经常思考的问题。

1995年出版的高觉敷主编的《西方心理学史论》一书，给了我们回答上述问题的很好启示。高觉敷教授毕生致力于心理学史的研究，著述非常丰富，在他97岁高龄病逝的前一年亲自确定了这部《史论》的框架。正如李伯黍教授在该书《序》中所说："高觉敷教授在从事心理学史研究工作的数十年间，特别在新中国成立后，接受了辩证唯物主义和历史唯物主义的理论观点，逐渐形成了研究心理学史的指导思想，确立了编纂心理学史的基本原则。……这本论著集中反映了高觉敷教授研究心理学史的指导思想和编纂原则。"[1]该书分为方法论、编纂学和专题研究三编，其中前两编直接属于史论的范畴，是对西方心理学史的基本理论研究，是高老希望在理论层面上指导博士生和后继者的继续研究工作；第三编则可视为体现这些理论观点的研究例证。

1996年南京师范大学招收了全国首届中国心理学史博士生，在设置学位课程时，参照了西方心理学史论的课程名称，也设置中国心理学史论，以此来概括原先长期思考的中国心理学史理论体系问题。1996年7月23日在中国传统心理思想的现代意义研讨会上，笔者首次公布了这一理论思想，明确地提出："中国心理学史（或中国心理学思想史）的内容体系值得进一步探讨。我的设想应当由下述六个部分构成：（1）中国心理学史的方法学，包括方法论、具体研究方法和编纂学。（2）中国心理学史的范畴学，包括中国心理学史的基本范畴、术语以及中国传统心理学思想里特有的范畴。（3）中国心理学史的专题学，包括单个人物、著作、专题、分支学科的心理学思想研究。（4）中国心理学史的系统学，包括按历史顺序对各个时期主要心理学思想家的系统研究，以及按范畴、专

---

[1] 高觉敷主编：《西方心理学史论》，安徽教育出版社1995年版，第1—2页。

题、分支作总体考察的系统研究。（5）中国心理学史的文献学，包括专篇、专著和散见思想的挖掘、考证、注释、整理汇编等。（6）中国心理学史的历史学（或称史学史），即建设这门学科的发展历史研究。"[1]后来根据汪凤炎博士的建议，增加了中国心理学史的价值论。既然以"中国心理学史论"来概括上述内容，便将"学"改为"论"，即中国心理学史的价值论、方法论、范畴论、专题论、体系论（系统学与方法论有交叉和部分混同之嫌，故更改为体系论）、文献论、学史论。

这样，在心理学史的学科发展和课程设置里，"中国心理学史论"跟"西方心理学史论"便成了姊妹篇，共同提高心理学史研究的理论层面，促进学科的建设与发展。

第一节　中国心理学史研究的新阶段

前面已经提到中国心理学史学科的发展是螺旋式上升的，这就意味着其发展既是渐进的又不断有质的发展。由于中国心理学史是由中国古代心理学思想史和中国近现代心理学科学史两个阶段或两大部分构成，而古代部分有两千多年时间，近现代部分只有一百多年时间，所以我们这里谈中国心理学史研究主要指古代心理学思想史研究，因而中国心理学史论也主要指中国古代心理学思想史论，或者称中国传统心理学思想史论。回顾中国传统心理学思想研究的历程，我们曾多次撰文作过扼要的概括。[2]后来不同论者有不同的划分，但总体来说大同而小异。原先

---

[1] 杨鑫辉：《关于中国传统心理学思想研究的几个问题》，《心理学探新》1996年第3期。

[2] 参阅杨鑫辉下述论著：1)《中国心理学史研究简介》，《中国哲学年鉴》（1984年），中国大百科全书出版社1985年版。2)《中国心理学史研究的历史和现状》，《心理科学通论》1984年第4期。3)《中国心理学史研究的新进展》，《心理学报》1988年第1期。4) 燕国材主编：《中国古代心理学思想史》第13章，台湾远流出版事业股份有限公司1999年版。

划分为三个阶段，即第一阶段（1921—1949），当时的中国心理学主要是引进西方心理学，向西方学习，少数学者初步认识到我国古代也有丰富的心理学思想，自发地做了一点研究。第二阶段（1950—1976），当时主要是学习苏联心理学，更由于"文化大革命""左"的思潮冲击，也未重视对祖国心理学遗产的研究。第三阶段（1977—1994），将中国传统心理学思想遗产的挖掘、整理和研究工作，当作建立我国心理学体系的必要组成部分，以辩证唯物论与历史唯物论为指导的思想更加明确，进行了全国范围的有组织的协作研究，取得了一系研究成果，创建了中国心理学史学科，填补了世界心理学史的一个重要空白。1996年我们又提出："现在看来，应当补充第四个阶段（1995—），即在对传统心理学思想的系统理论研究不断深化的同时，出现了对传统心理学思想的科学性所进行的某些实证研究，开始了将中国心理学史与外国心理学史冶于一炉的《心理学通史》的编写，研究队伍的范围，从大陆学者进一步扩大到港台地区的学者，等等。以上四个阶段可以进一步概括为两个时期：前一个时期，包括第一、第二两个阶段，是一个缺乏明确指导思想的，自发、分散、零星探讨的时期。后一个时期，包括第三、第四两个阶段，是一个有明确指导思想的，自觉、合作、系统研究的时期。"[1]

那么，中国心理学史研究的新阶段有些什么特点呢？这些特点的内涵给我们的研究工作的影响是什么？归纳起来有如下方面。

一、新的研究方法

国内心理学者原先对中国心理学史研究的指导思想和基本原则论述较多，20世纪90年代初期才探讨具体的研究方法，提出了四种主要方法，即归类排比法、史料考证法、纵横比较法、系统分析法，并且认为："它们是研究原则的具体体现，是挖掘整理有关史料文献的直接手段，对于

---

[1] 杨鑫辉：《关于中国传统心理学思想研究的几个问题》，《心理学探新》1996年第3期。

学习和研究者，尤其对于一门新开拓学科不可不认真探讨。"[1]近十多年来我们曾对历届研究生提出，希望有人对中国古代的智力测验，如七巧板、九连环等作量化研究，并与西方心理测验中的有关测验作对比研究。1995年10月在山东曲阜召开的"首届传统文化与心理卫生学术研讨会"和1996年5月在上海召开的"国际中医心理学研讨会"上，有的医学工作者报告用动物实验探讨、验证《黄帝内经》上说的"怒伤肝"、"喜伤心"、"思伤脾"、"忧伤肺"、"恐伤肾"问题。有人发表了有关"五音对五脏"的心理生理的实验报告，有博士生以"五态人格的量化研究"做学位论文。这些情况对我们原先的想法起了催化剂的作用，从而明确将它概括为"实证检验法"，或称"实验验证法"。这是一种用现代实验、实证来验证古代心理学思想的科学性的方法。同时，还出现了计量研究法，即采用计量、统计手段对某些古代心理学思想进行量的研究的方法。[2]尽管实证检验法和计量研究法只适用于研究中国心理学史的部分问题，但必须看到，它们对研究中国传统心理学思想在方法上是一个突破，在研究的深度、科学性和中国化意义等方面都将产生重要作用。

　　另一个值得提出的研究方法是"义理诠释"法。这个方法虽是整理、研究古籍文献的重要传统方法，但用在研究中国心理学史方面也是笔者最近明确提出来的，以有助于发古代心理学思想之精微。此研究方法及其意义将在方法论一章中详述。

二、新的编纂方式

　　中国心理学史的编纂方式，原先是参照中国哲学史等学科的纵向编写体例，即按历史发展顺序分期，梳理重要思想家或重要著作的心理学思想，以历史顺序为经线，以人物或著作为中心进行论述的。高觉敷教授主编的《中国心理学史》，燕国材教授所著《先秦心理思想研究》、《汉

---

[1]杨鑫辉著:《中国心理学思想史》,江西教育出版社1994年版,第26页。
[2]参阅王米渠等:《中医心理学计量与比较研究》,上海中医学院出版社1993年版。

魏六朝心理思想研究》、《唐宋心理思想研究》、《明清心理思想研究》等便是其代表。随着研究的不断深入，考虑到纵向编写体例虽有利于掌握著名人物和重要著作，把握发展进程，但是不易把握某个心理问题或某种心理学思想理论观点的整体。于是出现了横向编写体例，即按心理学思想的范畴、专题、分支论述问题，或说打破时间顺序，以心理问题为中心进行归纳分析。杨鑫辉教授的《中国心理学史研究》一书里的"范畴、专题研究"部分已开先河，而他1994年出版的《中国心理学思想史》更明显地是采取此种编纂方式的。后来，燕国材教授主编的《中国古代心理学思想史》，则主要是按范畴编写的。

值得注意的是，已经出版的《心理学通史》第一卷《中国古代心理学思想史》，采取的是纵横交错的编纂方式。作为"通史"的一卷，它是按历史进程顺序划分时期和开展论述的，为了使重要的心理学思想理论问题凸现出来，它又是按专题和范畴归纳分析的，形成了一种纵横交错的编写体例。我们将编纂方式的更新与增多看成是中国心理学史研究新阶段的特点之一，这是因为：问题研究的广泛与深入，促进了新的编纂方式的出现，而更多的编纂方式又会促进研究的更加深入。

三、新的研究视野

以心理学视角整理研究古代心理学思想是最根本的研究视野，它要求我们用现代心理学科的概念和理论体系为框架或参照系，挖掘、整理、研究散见在各种古代文献里的心理学思想。中国心理学史学科的几位主要开创者都是非常强调这个基本点的。否则，中国心理学史的研究便无法与现代心理科学沟通，便无法进行中外学术交流，便无法更好地古为今用。从这个基本点出发，已经取得国内外心理学界瞩目的系列研究成果，为大家所公认，并且形成了一门学科。

曾有人认为，以现代心理学为参照系是"外在逻辑"原则，主张依据"内在逻辑"原则进行研究。其实这个问题在出版我国第一部《中国心理学史》时，高觉敷教授便在"绪论"最后一段提出："心理学与其他科学一样也有其相对独立性，有其本身发展的内在逻辑。……心理学史对心理学思想发展的内在逻辑和外部的社会历史条件要内外兼顾。"[1]当然，这样提出问题的进一步探讨，则有利于进一步拓宽研究视野，这集中地反映在葛鲁嘉的《心理文化论要》一书的文化学研究视角，认为："在此之前的中国古代心理学史的研究却没有揭示出中国哲学心理学的鲜明的整体特点和典型的文化色彩。"车文博教授在该书的序里更明确指出该书的观点是："它力求突破西方心理学的科学观的限制，设计一个更为宏观的文化历史框架。"[2]最近杨中芳博士也发表了相近或类似的观点，她说："在帮助建立本土心理学知识体系方面，心理学史工作者必须放弃以现代西方心理学范畴为依据，抽离以理论为框架的惯性思维，直接去寻求中国自身古代心理学的范畴，并探讨其历代发展进程。这个工作要从上古时期开始，寻求对'心'这个概念的理解以及其与'身'、'情'、'理'、'志'等概念之间的内在联系及关系，从而恢复中国人心理学知识体系的原貌，然后再去看看这一体系之改变轨迹。"[3]

我们认为，提出新研究视野是值得欢迎的好事，说明有更多的同道在关心中国心理学史学科的建设，多种视野将使这个领域的研究更加宽广。但也必须指出两点：第一，从当前的成熟情况来看，以现代心理学为参照系（当然不是生搬硬套）来研究古代心理学思想是最基本的研究视角；而且它不排斥别的视角的探讨。第二，不论哪一种视角的研究，都必须"一以贯之"，能用它的理论观点去挖掘、整理古代的心理学思想，取得一系列国内外心理学界都认同的研究成果，而不只是停留于一种观点的提出。

四、新的内容扩展

新的内容扩展是中国心理学史研究新阶段的另一个特点。随着研究工作的不断进展，该学科的知识体系在不断丰富和完善，现在已经问世

---

[1] 高觉敷主编：《中国心理学史》，人民教育出版社1986年版，第26页。

[2] 葛鲁嘉著：《心理文化论要》，辽宁师范大学出版社1995年版，第177页。

[3] 燕国材主编：《中国古代心理学思想史》，台湾远流出版事业股份有限公司1999年版，第10页。

或即将问世的成果，至少可以归纳为下述五类：第一，作为基础研究工作的论文集。第二，作为全面系统成果的断代史和"通史"式著作。第三，作为细化研究的人物、专题或分支论著。第四，作为研究与学习工具的资料汇编和辞书。第五，作为专门理论层面研究的"史论"著作。兹择其要者列述如下：

1.系列论文专集。潘菽、高觉敷主编的《中国古代心理学思想研究》（1983年），是我国第一部集体的中国心理学史集论，第一部个人专集是杨鑫辉的《中国心理学史研究》（1990年），随后是朱永新的《心灵的轨迹》（1993年）。

2.系统学术著作。作为学科创建标志的第一部《中国心理学史》（1996年），由高觉敷主编，潘菽任顾问，燕国材、杨鑫辉为副主编。第一部断代中国心理学史是燕国材的《先秦心理思想研究》（1981年），随后他又著有《汉魏六朝心理思想研究》（1984年）、《唐宋心理思想研究》（1987年）、《明清心理思想研究》（1988年）。最早作为国家教委教材的则是杨鑫辉的《心理学简史》"第一编中国心理学史"（1985年）。后来的系统著作有赵莉如的《中国现代心理学的起源和发展》（1992年），杨鑫辉率先采用横向研究法著述的《中国心理学思想史》（1994），燕国材主编的《中国心理学史》（1996年），燕国材的《中国古代心理学思想史》（1999年），还有杨鑫辉主编《心理学通史》第一、二卷（2000年）。

3.专题分支论著。最早的专题研究是潘菽《心理学简札》有关中国古代心理学思想的评论条目（1984年）。分支著作有朱智贤、林崇德的《儿童心理学史》第五编中国儿童心理学史（1988年），燕国材、朱永新的《现代视野内的中国教育心理观》（1991年），刘伟林的《中国文艺心理学史》（1989年）。中医心理学方面比较多，有朱文锋主编《中医心理学原旨》（1987年），王米渠的《中国古代医学心理原史》（1987年），王米渠、黄信景的《中医心理学计量与比较研究》（1993年）等。

4.资料汇编与辞书。这里说的资料汇编是指研究整理过，而非一般性原始材料。主要有燕国材主编，杨鑫辉、朱永新副主编的《中国心理学史资料选编》共四卷（1989年，1990年，1990年，1992年），在《中国心理科学》一书中,赵莉如、许其端撰稿的《中国近现代心理学史研究》,燕国材撰稿的《中国古代心理学思想史研究》（1997年）。主要辞书有高觉敷主编的《中国大百科全书》心理学卷·心理学史分册（1985年），燕国材主编、朱永新、杨鑫辉副主编《心理学大辞典》中国心理学史分卷《心理大辞典》中国心理学史分卷。

5.学科"史论"著作。这是站在更高理论层面,对中国心理学史学科内容体系和方法学等方面的专门论著,《中国心理学史论》即是。

五、新的学术影响

随着研究的不断深入和成果的日益增多，中国心理学史的学术影响也在扩大。首先表现为它对心理学中国化或本土化的影响在扩大。该学科的创建者们，开始就明确地认识到："对我国古代思想家关于心理学的光辉见解的整理阐述，这是建立我国心理学体系的一项必要的研究工作。"[1]后来，港台地区的心理学家们取得了共识，他们也认为："在中国人的学术传统中，最重要的是古代学者有关历代的中国人的心理与行为的观念、思想及理论。借助古代中国学者的心理思想，较易创造能适当反映华人社会文化因素的概念、理论及方法。"[2]可以肯定，它在建设有中国特色的心理学理论体系中的作用必将日益扩大。

其次，中国心理学史的影响已逐步渗透到现在心理学各分支学的专著与教材中。无论是普通心理学、教育心理学、发展心理学、医学心理学、社会心理学、管理心理学、文艺心理学，以至心理测量学等，都不同程度地吸收和反映了一些我国古代光辉的心理学思想。正如香港大学高尚仁教授主编的《心理学新论》中所说："我们也重视心理学术的承传性思想及其价值，所以重点介绍中国古代心理学思想的重要贡献，并把一些

---

[1]潘菽：《论心理学基本理论问题的研究》，《心理学报》1980年第1期。
[2]杨国枢主编：《本土心理学的开展》，台湾桂冠图书公司1994年版，第38页。

与现代心理学的观点或结论相符的历代思想，以语录方式，在各章中列出，作为提示读者和帮助思考之用。"[1]

再次，中国心理学思想研究的成果，在哲学、教育学、社会学、文化学、文艺学、伦理学等学科中也开始有些反映。尤其值得注意的是它们在相互交叉和互相渗透，而中国心理学史有其自身特有的视角和层面的作用。

最后是在国际心理学界的影响日益扩大。在我国第一部《中国心理学史》（1986年）问世之前，美国著名心理学史家Brozek教授就曾这样评介说：这是"以研究从孔子到现在的原始材料为基础，全面论述中国心理学史的著作……像这样的科研项目在世界文献中还没有先例。我们深盼这一巨著的英文版亦能问世。"（*Study of the History of psychology Around the world*）1987年笔者便应邀到加拿大西安大略大学作中国心理学史讲学。以后在国际华人心理学家学术研讨会（1992年，1995年，1997年）、亚非心理学大会（1992年）、亚太心理学大会（1995年）、国际中医心理学研讨会（1996年）等国际性学术会议上，都有一些中国心理学史学者出席报告论文并受到好评。从学术交流中得知，美国、日本、苏俄、韩国等也都有学者研究中国传统心理学思想。

六、新的教学层次

中国心理学史研究的深化和国内外学术影响的扩大，要求有一支一定数量和较高水平的研究队伍。1986年以后，上海师范大学、江西师范大学、河北师范大学、苏州大学先后招收了中国心理学史的硕士生。最近几年，南京师范大学和吉林大学已经培养多名中国心理学史博士。这种情况说明，后继研究人才正向高层次化发展，它与整个心理学人才培养的高层次化趋势是一致的。

为什么会出现人才培养的高层次化呢？首先是由于中国传统心理学思想研究的特点与难度决定的。它要求研究者不仅要掌握现代心理学理

---

[1] 高尚仁主编：《心理学新论》，商务印书馆香港有限公司1996年版。

论知识，而且要有驾驭古代文献的古汉语知识和文献学知识，还要有哲学史、思想史等相关学科的知识。其次，中国心理学史的研究正在向纵深发展，要在前人研究成果的基础上有新的突破和创建，研究者必须具备更高的素养才能达到。最后，要使中国心理学史在国内外心理学界及其他学术界发挥更大的影响与作用，必须有一批高层次研究人员，有较多的更有影响的论著。比如说将中国心理学史著作翻译成外文，已是国际学术交流和进一步走向世界的迫切需要，这就要求有较高的专业外语水平。

新的研究成果促进培养人才的教学高层次化，而培养出高层人才又将促进学科的更深入发展，两者是相辅相成的。

第二节　何谓中国心理学史论

这一节的主题是界定中国心理学史论的内涵。先从"史论"的一般概念谈起，再说什么是中国心理学史论，最后将心理学思想理论的历史与心理学思想史的理论区别开来，目的仍在于弄清何谓中国心理学史论。

一、关于"史论"的一般概念

"史论"原指一种文体名。据《辞海》说：南朝萧统编选了一部自先秦至梁的诗文辞赋选集叫《文选》，其中列有"史论"一门，原指作史者在"本纪"、"列传"之后评述所记事件和人物的文字。后来凡是关于历史事件和人物的论文，也称为"史论"。历代执政者都重视历史并给予评论，皆由于"治天下者以史为鉴，治郡国者以志为鉴"的古训。唐太宗命魏征等用30年时间，修成了《梁书》、《陈书》、《北齐书》、《周书》、《隋书》、《晋书》、《北史》和《南史》等8部史书，并且亲自为《晋书》宣帝（司马懿）、武帝（司马炎）二纪和陆机、王羲之二传写了史论。一代伟人毛泽东酷爱读史，前几年以原貌影印出版了毛泽东评点过的《二十四史》，这些评点也可视为史论。毛泽东读《二十四史》不仅写下了许多批语，而且更大量的是画有圈、杠、点等各种符号。"……作为一个伟大政治家的'点'，是带着他的思想、观点和理解的，应该说这是具有毛泽东特色的'点'……毛泽东在读《二十四史》时写的批语不是一般意义上的眉批，更多的是联系中外历史上先人先说和现实，加上自己的独立思考，进行分析、综合，然后评论、引申，借以阐述自己的见解。"[1]一代伟人评说千秋功过，是我们专史、学史和治史的典范。

有的书名或篇名中有"史论"字眼，但不完全是上述意义上的"史论"。我们以为周谷城先生著的《中国社会史论》一书便是例证。该书总序说："《中国社会史论》是我三十年代写的三本书修正后重编的名称。原来的三本书是新生命书店出版的，称《中国社会之结构》，《中国社会之变化》，《中国社会之现状》。现经修订，统称《中国社会史论》，分为三篇：上篇，《社会结构篇》；中篇，《社会变化篇》；下篇，《社会现状篇》。"[2]从该书内容可知在总体说，书名的意思是"中国社会史"论，即论有关"中国社会史"的问题，因而"史"字跟"论"字不是连成一个词的，是"论"字提前的含义。正如笔者曾撰写《现代大教育观论》一书，意即"论""现代大教育观"这一新颖的教育理论观点。

总之，现在关于"史论"的一般概念，是关于历史事件和人物的论文、论著。而作为"中国心理学"这门学科的"史论"则有更进一步含义。

二、什么是"中国心理学史论"

前面已经提到，中国心理学史论的提出，曾受到西方心理学史论的启示。但是《西方心理学史论》一书的编著者，并未对"史论"作出明

---

[1]周留树：《伟人评说千秋功过——谈〈毛泽东评点二十四史〉的整理出版》，《光明日报》1997年9月9日，第5版。

[2]周谷城著：《中国社会史论·总序》，齐鲁书社1988年版。

确的界定,其含义未有文字表述。但我们从该书的三篇内容可以概括得出,西方心理学史论,主要是论述西方心理学史的方法论和编纂学问题,其专题研究可视为例证。我们认为,如果就"史论"的概念来说,当然还可以包括西方心理学史的文献论和学史论等内容。进一步,我们可以对西方心理学史论作如下界定,即西方心理学史论是关于西方心理学发展历史的总论或基本理论,是怎样研究西方心理学史的理论性论述。

那么什么是中国心理学史论呢?需要先正读后界定。首先我们要弄清它的读法是中国心理学"史论",而非中国心理学史"论"。后者实则泛"论"中国心理学史,只有前者的读法才是中国心理学这门学科的"史论"。其次就可以这样界定:"中国心理学史论"是中国心理学这门学科的发展历史的总论或基本理论,是怎样研究中国心理学史的理论性论述。我们这样界定有如下根据:

1.它跟我国原先的"史论"一词有相通处

前面我们已经简述"史论"一词的出处,本义为在"本纪"、"列传"之后评述所记事件和人物的文字,后引申为关于历史事件和人物的论文。中国心理学史论则涉及怎样研究历代思想家的心理学思想,或某些著作文献的心理学思想,当然与关于历史事件和人物的论文是相近而相通的,故沿用之再赋予新义。

2.它跟区分史学理论与历史理论相通

就一般历史学讲,"把史学理论与历史理论有意识地区分开来,是20世纪80年代以来史学理论研究取得成绩的显著标志。以前,人们只重视历史理论,而忽视史学理论。更准确地说,在历史理论方面,也只是重视历史唯物主义理论,忽视了一般意义上的历史哲学"[1]。我们同样应区别心理学思想理论的历史与心理学思想理论史的理论,它跟区分史学理论与历史理论,也有某些相近而相通之处。

---

[1] 仲伟民、周雁:《史学理论研究任重而道远》,《光明日报》1997年12月9日,第5版。

3.它跟西方心理学史论相匹配

已经问世的《西方心理学史论》，包括西方心理学史的方法论，编纂学和专题研究，是怎样研究西方心理学史的理论层面的论述，是西方心理学史研究领域的知识体系的重要构成部分。与此相对应和匹配，中国心理学史论，是怎样研究中国心理学史的理论层面的论述，是中国心理学史研究领域的知识体系的重要构成部分。中、西心理学史论的研究，将促进中、西心理学史学科的更好发展。可以说，心理学史论与心理学史这两个方面的研究，是相互联系、相互促进、共同发展的。

4.它的名称与它的内容相符合

战国时公孙龙主张"审其名实,慎其所谓"，认为"夫名，实谓也。知此之非此也，知此之不在此也，则不谓也"[1]。实决定名，名必须符合实。这已为后人所认同和遵循。以此原则观之，中国心理学史论的命名，与它包含的中国心理学史的方法论、范畴论、专题论、体系论、文献论、学史论是相符的。因为这些内容是怎样研究中国心理学史的理论问题，而非前人心理学思想的本身，这两者虽有联系却是不同的，故以"中国心理学史论"与"中国心理学史"分别称谓，是名实相符、慎其所谓的。

三、区分心理学思想理论的历史与心理学思想理论史学的理论

真正把握中国心理学史论的内涵，就必须区分心理学思想理论的历史与心理学思想理论史学的理论。前面界定中国心理学史论时，提出它跟区分史学理论与历史理论相通，已经涉及这个问题,现在作进一步讨论。

1.相通并非相同

史学理论与历史理论的区分，主要在于前者是关于学科自身的理论探讨，即历史认识论和历史哲学方面的问题，主要是研究者主体方面的研究;后者是历史发展本身的理论探讨，即反映历史发展这个客观的研究。而中国心理学史只是一门学科专业史，而非社会发展历史的通史，仅仅

---

[1] 公孙龙:《名实论》。

是历史洪流中的一股小小的水流，当然不能等同或相同。历史洪流跟其中一股小水流，在一同向前流动中自然又是相通的。所以我们说，区分心理学思想理论史学与心理学思想理论的历史，跟区分史学理论与历史理论是相通的。

2.区分史论与史学

众所周知，历史是指一切事物发展的过程，包括自然史和人类史。史学是研究和阐明人类社会发展过程的学科，也就是怎样记载和阐述历史的学问，或称历史学。据《辞海》："史学的研究对象甚为广泛，举凡人类社会发展史和世界各国、各民族的历史，从远古到现代都可以综合地、分期地或分类地研究。概述史学一般原理和研究方法的史学概论，研究史学本身之发展的史学史，研究史料及其运用方法的史料学，等等，均可包括在史学范围之内。"[1] 很显然，"史论"是"史学"的一部分，它包括史学概论、史学史、史料史等。就中国心理学史这门学科专业史来说，方法论、范畴论、专题论、体系论就是它的史学概论，文献论就是它的史料史，学史论就是它的史学史。

3.注重研究者主体

研究历史必有每个研究者的历史观点，也就是历史观。从根本上讲，有唯心历史观和唯物历史观；持不同的历史观，将得出不同的历史结论与评价。事实证明，只有唯物史观才能真正揭示历史发展的规律性，我们必须坚持唯物史观来研究中国心理学思想史。具体说来，史论研究要特别注重研究者主体的素质，这是对历史认识主体的研究。因为研究者的政治立场、哲学观点、知识基础、气质性格，对历史事件、人物、思想的研究道路、方法和价值判断都将发生重要影响。国外有的理论心理学著作，也注意到了个人学术、生活道路对其理论倾向的影响。他们通过一种《理论倾向调查表》对心理学家进行调查研究，"结果反映出广泛的个人变量与专业变量的相互关系。如信仰、理论倾向、生活经历、态度、

[1]《辞海》（中），上海辞书出版社1979年版，第1658页。

个性，及这些详尽证据中的专业身份，所有这些资料都有助于说明心理学理论倾向的个人渊源。"[1]中国心理学史论的学习与研究，有助于提高中国心理学史研究者的主体素质的认识，自觉地坚持正确的方法论，努力具备扎实的理论知识和严谨的治学风格。

第三节　中国心理学史论的内容体系

内容是一切事物内在要素的总和，体系是若干有关事物或思想理论相互联系相互制约而构成的一个整体。只有把握了某类事物或思想理论的内容体系，才算真正认识和掌握了它们。因此，我们要认识和掌握中国心理学史论这门分支学科，就必须把握中国心理学史论的内容体系。兹就内容体系及其内部相互关系两个方面加以论述。

一、内容体系

前面已经提到，就一般的历史学来说，历史学概论、史料史和史学史，可以归之为"史论"的范围之内。"西方心理学史论"只包括方法论、编纂学和专题研究。我们从研究中国心理学史的实际出发，同时参照上述两种界定意见，认为"中国心理学史论"的内容体系应由六个相关部分组成。

1.价值论

这里不是经济领域的商品价值论，而是指的研究中国心理学史的积极意义和作用，这也是建立学科首先要解决的问题。价值论成立了，其他各论才有存在的必要。

---

[1]（美）理查德·W·科思著，陈昌文译：《心理学家——个人和理论的道路》，四川人民出版社1988年版。

在中国心理学史学科的建立过程中，老一辈心理学家都论述过研究中国心理学史尤其是研究中国古代心理学思想史的现实意义。归纳起来主要有六点：能促进中国特色的心理学的建设；能丰富世界心理学思想的宝库；是弘扬民族优秀文化的一项爱国主义大事；可以丰富心理学的教学内容；可以促进心理学的科研工作；能学习古人严谨治学、追求真理的精神。

为了消除人们对研究中国心理学价值所抱的怀疑态度，不少研究者又在重新审视当前形势下研究中国心理学史的现实意义。这就是：能弥补西方心理学思想的不足；能为中国心理科学提供强有力的根基；有助于揭示中国人心理的深层内涵。此外，讨论了要改变高校心理学课程设置中心理学史的尴尬地位。

2.方法论

中国心理学史的方法论，是指研究中国心理学史的根本方法。中国心理学史研究里，既有心理学研究，又有史学研究，还有哲学研究。其中心理学研究和史学研究的必要性是显而易见、其理自明的。既然是"心理学"的历史，当然要研究心理学的问题。它包括：从历史的角度，以现代心理学为参照来整理古代心理学思想，研究现代心理科学的问题。既然是心理学的"历史"，当然要研究与它有关的史学问题，包括中国心理学思想的文献学和学史学。为什么还有哲学研究呢？一方面由于心理学从哲学母体中分化出来后仍与哲学有其联系；另一方面由于需要站在哲学的理论高度来看待心理学和史学方面的问题。

由上可知，中国心理学史的方法论涉及的内容是多方面多层次的。我们可以把它概括为"一导三维多元"的方法学，即坚持一个指导思想，遵循多维研究原则，采用多种研究方法。所谓坚持一个指导思想，就是坚持辩证唯物论与历史唯物论，用唯物的、辩证的、历史的观点作指导来研究中国心理学思想史。所谓多维研究原则，就是通过三个维度构建正确、全面的研究原则，即以心理实质为主线的对象维度；以现代心理学概念和体系为参照的框架维度；以科学历史主义为准则的评价维度。

所谓多种研究方法，主要包括研究中国心理学思想史的归类排比法、史料考证法、义理诠释法、纵横比较法、实证检验法、系统分析法以及计量研究法等。

中国心理学史的方法论，是一套系统分层次的方法学。它反映了中国心理学史研究中，包括心理学研究、史学研究、哲学研究的全面需要；同时要求完整地、综合地运用方法论中的原则和具体方法。

3.范畴论

范畴是各个知识领域中最基本的概念。《尚书·洪范》中有"洪范九畴"一语。据南宋蔡沈解释："洪范九畴，治天下之大法，其类有九。"[1] 基本概念既有"洪"（大）意，又各成其类。因而后人将源出希腊文 Kategoria（指示、证明）的范畴，译为"范畴"。列宁曾经指出："范畴是区分过程中的一些小阶段，是帮助我们认识和掌握自然现象之网的网上纽结。"[2] 范畴是人们在社会实践中概括出来的科学成果，反过来又成为人们进一步认识事物和指导实践的方法。我们必须建立这种既唯物又辩证的中国心理学史的范畴论。

随着中国心理学史研究的不断深入，少数学者概括古代心理学思想的基本范畴，形成了一套不同于西方心理学的范畴体系，并且进一步探讨了中国古代心理学思想范畴跟西方现代心理学概念的对应关系或相近关系。1981年，杨鑫辉抓住心理实质并反映历史发展主线情况，提出基本理论范畴为：先秦的人性说，汉晋的形神说，唐代的佛性说，宋明的性理说，清代的脑髓说。此后，潘菽兼顾心理实质与心理过程，提出八个基本范畴；高觉敷以人为中心阐述主要关系，提五对范畴；燕国材着重心理过程、特性，并更注意与现代心理学对应，提出八对范畴。"这些范畴的提出，对于研究中国古代心理学思想起到了提纲挈领的作用，帮助研究者掌握了古代心理学思想这张网上的纽结。"[3] 详细内容待另章

---

[1]（南宋）蔡沈：《书集传》。

[2]《列宁全集》第38卷，人民出版社1983年版，第90页。

[3] 杨鑫辉：《中国古代心理学思想史的研究史》，参见燕国材主编《中国古代心理学思想史》，台湾远流出版事业股份有限公司1999年版，第330页。

论述。

4.专题论

中国心理学史的专题论，是指关于怎样进行中国心理学史专题研究的论述。专题研究既包括对中国心理学史上的某一问题所作的专门研究，也包括对某一人物、某一著作、某一流派或某一时期的心理学思想所作的专门研究。按照不同标准，可以将中国心理学史专题研究的种类概括为多种类型，如单一角度的按人物分，按著作分，按学科分，按狭义的专题分，按时期分；还可以综合两个或两个以上的角度，像"先秦社会心理思想"、"隋唐道教的养生心理思想"之类。

回顾中国心理学史专题研究的历史，分析其现状，展望其前景，尤其对现有专题研究情况作出数据统计和典型剖析，于后来者的研究大有裨益，可以使中国心理学史的研究更加全面和深入。至于怎样选择中国心理学史的专题研究，可以综合考虑几条原则，即必要性与可能性相结合、理论与应用相结合、专业方向性与兴趣相结合、课题项目与会议主题相结合等。

5.体系论

体系论是指对中国心理学史著作的体系问题的专门而有系统的研究，评价中国心理学史著作不同类型体系的优缺点，探讨中国心理学史著作体系的历史、现状与前瞻等问题。由于编写线索不同，其体系也多种多样。按单一线索的体系主要有：以时间为纲的体系，以专题为纲的体系，以范畴为纲的体系，以分支学科为纲的体系，以人物为纲的体系。用这些线索来编写心理学思想史各有利弊，所以又有按两种或两种以上线索来编纂的混合体系。

我们在编写第一部中国心理学史国家统编教科书时，就明确而较全面地探讨过体系问题。从已问世的著作看，主要采用了五种体系结构：①按历史时期分人头的体系，如高觉敷主编的《中国心理学史》。②以分支学科为纲的体系，如燕国材、朱永新合著的《现代视野内的中国教育心理观》。③将专题、范畴和分支学科结合又按历史顺序论述的体系，如杨鑫辉著的《中国心理学思想史》。④以范畴为主的体系，如燕国材主编的《中国古代心理学思想史》。⑤按历史时期分专题，如杨鑫辉主编的《心理学通史》第一卷中国古代心理学思想史、第二卷中国近现代心理学史。为了学科的发展和适应社会需要，体系问题还需要前瞻性探讨。

6. 文献论

文献原指典籍与宿贤，现在专指具有历史价值的图书文物资料，亦指与某一学科有关的重要图书资料。中国心理学思想史的文献，即有关古代心理学思想的资料典籍，包括散见的文字和专篇、专著，也就是中国心理学史的史料（史料如同矿藏，必须善于开发和筛淘，才能批沙见金、写出好的历史论著来，这就需要运用史料的文献学）。研究文献的训诂、版本、校勘等的学问，则称为文献学。古代文献的内容体系，由经、史、子、集四部分组成，也就是《新唐书·艺文志一》所说："列经、史、子、集四库。"掌握文献的工具书有字典和词典、类书和百科全书、年鉴和手册、书目和索引、表谱和图录等。要读懂和掌握古文献的思想内容，必须运用训诂学的知识。近代学者刘师培称："训诂之学与翻译之学同，所以以此字释彼字耳。"为了找到最好的文献版本进行研究，必须利用各种提要书目、知见书目、题跋鉴赏书目等来查找版本情况，甚至涉及不同版本和有关资料的校勘。

中国心理学史的文献资料是进行中国心理学史研究的基础，没有充分的史料是无法进行深入的历史研究的。编写第一部《中国心理学史》时，就是先挖掘整理有关人物或专著的资料，然后再撰写有关论文的，在学术研讨会上，论文作者同时提交有关的资料汇编。后来还专门编写了一套四卷本的《中国心理学史资料选编》，供学习和研究者参考。《中国古代心理学思想研究》一书，附录中国古代心理学思想论文总索引，汇编了中国心理学会成立60年间有关这方面的论著目录。工具书方面，《中国大百科全书》心理学史分册列有43条中国心理学史条目，《心理学大辞典》更列有中国心理学史分卷。从当前发展情况看，还可建立中国心理学史信息库（电子版）；原先出版的《资料选编》由于有些偏重儒家等原因，也应补充续编。

7.学史论

历史学有一个史学史的分支，它是研究和阐述史学本身发生、发展、演变过程的学科。它随着文字、历史记载、史书编纂的产生而产生，其基本任务是总结史学成果，研究史学发展的规律，对于促进史学的发展有重要作用。中国心理学史的学史论，研究和阐述中国心理学史学科的发生、发展和演变的历史，总结其研究成果，指明本学科的发展趋势。这种心理学专业史学史，对本专业史的研究也是必需的和有重要作用的。我们认为，中国心理学史的学史论应贯彻下列原则：第一，要遵循客观真实的原则，即必须完全真实地反映研究史发展的实际情况。第二，掌握第一手资料原则，即必须充分占有原始资料，以事实资料为依据论述问题。这也是论从史出、史论结合的史学原则所要求的。第三，公正评价原则，即必须用历史唯物的观点，公正秉笔评价人物及其心理学思想。第四，揭示规律性原则，即必须探索学科史研究中发现的规律，以有利于学科的进一步发展。

中国心理学的史学史已引起有些学者的重视，取得了一些成果。主要有杨鑫辉的《中国心理学史研究简介》[1]（1984年）、《中国心理学史研究的历史和现状》[2]（1984年）、《中国心理学史研究的新进展》[3]（1988年）、《学史·现状与前瞻》[4]（1994年）、《中国古代心理学思想史的研究史》[5]（1999年）等；燕国材的《中国古代心理思想的成就和研究现状》[6]（1987年）；朱永新的《十年来中国心理学史研究的进展与反思》[7]（1993年）等。

---

［1］载《中国哲学年鉴》（1984）。

［2］刊《心理科学通讯》1984年第4期。

［3］刊《心理学报》1988年第1期。

［4］见《中国心理学思想史》第7章，江西教育出版社1994年版。

［5］见《中国古代心理学思想史》第13章，远流出版有限公司1999年版。

［6］刊《上海师范大学学报》1987年第4期。

［7］见《心灵的轨迹》，对外贸易教育出版社1993年版。

二、相互关系

中国心理学史论的体系，即它六个组成部分相互联系构成一个总体。它的各个部分相互作用，共同揭示其内部的、本质的、必然的联系。因此，用"史论"来指导和操作中国心理学史研究时，要综合运用各组成部分提供的基本理论和具体研究方法。那么，中国心理学史论各部分之间的相互关系是怎样的呢？

首先，它们之间是并列关系。即指中国心理学史论的体系，由方法论、范畴论、专题论、体系论、文献论、学史论六部分并列构成，各自有其特定内涵，互相不可替代。弄清这种关系，有助于我们从总体上把握中国心理学史论，避免遗漏或忽视某个方面内容的研究，避免认识上的以偏概全。从知识体系上讲，它们的构成是全面完整的。

其次，可以进一步归类看它们之间的关系。本章第二节已经提到，中国心理学史的方法论、范畴论、专题论、体系论是它的史学概论，着重阐述中国心理学史研究的一般原理、方法和内容系统。文献论是中国心理学史的史料史，着重研究心理学思想史料的搜集、整理、分析和运用。学史论是中国心理学史的史学史，即研究中国心理学史这门学科本身产生和发展的历史。这样看来，可以理解为中国心理学史论由它的史学概论、文献论和学史论组成。史学概论指明原理方法，文献论帮助提供史料，学史论反映研究的历史。

再次，其中有些部分是递进扩展的关系，即范畴论、专题论和体系论三者之间的关系。范畴是知识的基本概念，任何一门学科都是由一定的范畴体系构成的。因此，中国心理学思想史的研究中，最基本的是心理学思想范畴的研究。进一步可以某一人物、某一著作或某一个专门主题的心理学思想专题进行研究，而这些研究又肯定包括基本心理学思想范畴的研究。再进一步扩展，即建立在范畴、专题研究的基础上，进行更加广泛和全面系统的研究，这就是体系研究的问题。

最后，必须看到方法论对其他五论的指导关系。方法论包括研究指导思想、研究原则和研究方法系统，只有正确的方法论才能保证研究的正确方向性，这是治学（当然包括治史）的关键问题。一方面，心理学思想的范畴、专题、体系、文献和学史的研究，都是在一定的方法论指导下进行的；另一方面，史论包含的六个部分都用"论"而不用"学"或"史"，也意在强调其理论层面研究，即研究方法的理论和怎样研究范畴的理论，研究专题的理论，研究体系的理论，研究文献资料的理论，研究学科历史的理论。总之，中国心理学史论，是怎样研究中国心理学史这门学科的基本理论。

第四节　研究中国心理学史论的意义

对于任何一门学科，人们都会问：为什么要研究与学习它？这就是它的意义问题。研究中国心理学史论有什么意义呢？回答的线索是：先考察历史与现实的关系，再考察中国心理学史的价值，最后才能认识到中国心理学史论的意义。

一、认识心理科学无古不成今

在人类历史的长河中，过去的今是今天的古，现在的今是未来的古，今要变成古，无古不成今。因此，认识中国文化的发展，也不能割断历史看现在，因为现实文化是历史文化的发展。正如江泽民同志指出的："现实中国是历史中国的发展。中国是一个有五千年文明历史的国家，从历史文化来了解和认识中国，是一个重要的视角。"[1] 这一思想观点，对于我们认识心理科学和心理学历史很有帮助。这就是：世界和中国的文化无古不成今，世界和中国的心理学也无古不成今，从心理学史了解和认识当代的心理科学也是一个重要的视角。

---

[1] 江泽民：《1997年11月在美国哈佛大学的演讲》。

国内外心理学家都论述过，心理学史的研究有助于解决当前的现实问题。彭格拉茨说："一种历史的图景揭示了问题的来龙去脉和反复的热烈争论，从而使问题更加明了。不仅如此，历史还提供了一些观点可借以补充当前的研究，讨论了相反的解决办法。总之，历史不但阐明一个学科的基本问题的起源，还有助于澄清问题，明辨是非。因此，历史是基本研究的一个必要的部分。"[1] 高觉敷教授更概括地指出："心理学虽仅在百余年前挤入自然科学之列，但几千年前的哲学家都已对人的心理现象和活动提出了种种看法和学说。所以，我们不但要懂得心理学的今天，还要懂得心理学的昨天；懂得了心理学的昨天，才可以更深刻地懂得心理学的今天。"[2] 我们可以补充地说：懂得心理学的昨天和今天，还可预见心理学的明天。

就中国心理学的现实与历史来说也是如此。中国心理学的发展历史是复杂的，归纳起来有两条线索：一是中国古代心理学思想传统；一是西方近现代心理学的传入。中国古代虽然有丰富的心理学思想，但是并未直接形成为一门独立的科学心理学。我国近现代心理学是接受西方心理学以后才逐步形成和发展起来的，或者说是以西方心理学的引入传播作为中介发展起来的。在编写我国第一部《中国心理学史》、处理古代心理学思想与现代心理科学的关系问题方面，高觉敷教授提出："我国古代心理学思想虽不就是心理学，但与心理学有千丝万缕的联系。波林的《实验心理学史》有好几章论述笛卡儿和洛克等人哲学心理学思想，认为这些思想是实验心理学的源流之一。"[3] 很显然，中国古代的哲学心理学思想和古代心理实验与测验的萌芽，也是中国现代心理学的源流之一。至于怎样将中国心理学史的古代与现代连贯起来，潘菽教授是这样说的："等到我们把我国古代心理学思想中可贵可取的部分都吸收到我国自己的心理学中来，成为我国心理学的一部分骨架和血肉的时候，我国心理学史

[1] 转引自《高觉敷心理学文集》，江苏教育出版社1986年版，第493页。
[2] 高觉敷：《有关心理学史的几个问题》，载《外国心理学》1981年第1期。
[3] 高觉敷主编：《中国心理学史》，人民教育出版社1986年版，第2页。

的前后两部分就更连贯起来了。"[1]

研究和学习中国心理学史论，则有助于我们认识心理科学无古不成今，从而重视中国心理学史的知识在发展现代中国心理学里的作用。

二、光大祖国心理学思想遗产

中华民族是具有璀璨历史的民族，又是具有尊史、学史和治史传统的民族。唐代历史学家刘知几说："史之为用，其利甚博，乃生人之急务，为国家之要道。"[2]强调学史用史是育人和治国之要务，当然也是治学之要务。在战火纷飞的抗日战争时期，毛泽东同志就指出："学习我们的历史遗产，用马克思主义的方法给以批判的总结，是我们学习的另一任务。我们这个民族有数千年的历史，有它的特点，有它的许多珍贵品。"[3]和平建设年代更应尊史、学史和治史。江泽民同志在省部级主要领导干部金融研究班结业式的讲话中强调说："一个民族不善于从历史继承和发展本民族和世界其他民族创造的优秀文明成果，就不可能屹立于世界民族之林。"[4]如果我们的视线收缩到中国心理学思想方面的文化遗产，就应当继承和光大祖国的心理学思想。

首先，研究中国心理学思想史及史论，对建立有中国特色心理学体系具有本土化意义。中国心理学的本土化，也就是心理学的中国化，越来越多的人已经取得共识。心理学中国化的主要途径有三条：一是坚持以辩证唯物论为指导，批判吸取外来的心理学理论与方法，使其变为中国心理学的有机的组成部分；二是广泛地研究现实中国人的心理与行为，获取我国自己的心理学实验材料和调查材料；三是系统发掘和整理我国古代优秀的心理学思想遗产，吸取其精华，使之成为现代心理学知识体系的有机组成部分。我们认为，心理学的本土化或中国化，说到底是要

---

[1]高觉敷主编:《中国心理学史》，人民教育出版社1986年版，第2页。

[2]（唐）刘知几:《史通·史官建置》。

[3]《毛泽东选集》第二卷，人民出版社1967年版，第499页。

[4]转引自田居俭:《论学史》，《光明日报》1999年2月8日第2版。

将国外的心理学理论植根在自己国家的土壤上，因为人的心理活动规律除了有共性的一面外，其心理活动内容与表现方式跟社会文化背景又密不可分而有差异性的一面。人们的思维方式、行为规范、价值观念、风俗习惯等，都不可避免地受到传统文化的渗透与影响。很显然，研究中国心理学思想史与史论，对建立中国心理学体系本土化的意义是毋庸置疑的。

其次，中国优秀的传统心理学思想，具有丰富世界心理学宝库的国际性意义。中国心理学史的研究与学科的建立，填补了世界心理学史的一项重要的空白。国际心理学界已经公认中国古代是世界心理学思想的重要发源地之一。美国著名心理学史家墨菲在《历史的回顾》一文中说："纪元前500年，中国的老子和孔子，印度的《奥义书》，从南意大利到小亚细亚许多城邦的希腊思想家等,在哲学和心理学方面都有惊人的兴起。"[1]前苏联著名心理学史家姆·格·雅罗舍夫斯基在《国外心理学的发展与现状》一书中，将"古代东方的心理学思想"列为第一章，其中对中国作了比较具体的专门介绍。另一方面，中国古代心理学思想直接影响了西方心理学家，也是不争的事实。例如，达尔文在《物种起源》一书中谈到选择原理时，就指出中国古代一部百科全书式的书已有明确记述（指北魏贾思勰的《齐民要术》）。中国古籍多次记载的"左手画圆,右手画方"的注意分配实验，被西方心理学家弗朗兹（Franz）、高尔顿（Gardon）等所采纳（见 *Psychology Work Book* 一书）。人本主义心理学的创始人马斯洛（A. H. Maslow）在如何对待人的本性上，也直接吸取了中国道家的观点——"无为而治"和"任其自然"。

最后，光大祖国心理学思想遗产，具有弘扬民族优秀文化传统的教育性意义。它是一项爱国主义事业，第一部系统的《中国心理学史》是由我国学者自己完成的(20世纪40年代中期,日本学者黑田亮写过一本《中

---

[1]G·墨菲·J柯瓦奇著，林方、王景和译：《近代的心理学历史导引》（下册），商务印书馆1982年版，第799页。

国心理思想史》，但仅限于古代部分，我国学者1999年才见到此书，过去并未对我国发生影响）。这与著名建筑家梁思成等，偿还了"《中国建筑史》要由中国人来写"的夙愿的心情是一样的。研究中国心理学思想史的教育性意义，还在于可以学习古代学者探求真理、严谨治学的精神，从而也有助于用这种精神学习和研究现代心理学。

三、掌握研究心理学史的指针

前面我们已经明确，中国心理学史论是中国心理学史研究的理论层面，它探讨怎样研究中国心理学史。很显然，这些理论对研究中国心理学史具有指针意义。史论的指针性作用主要表现在：

1.认识学科意义

史论将帮助研究与学习者进一步认识中国心理学史学科的意义。它是建立有中国特色的心理学体系的必要组成部分，是弘扬民族优秀文化传统的体现，也是为了学术之传承。前两方面有关部分已有论述，这里只着重学术传承的意义。没有张耀翔的《中国心理学史略》等前期的初步探索，就不会有今天对中国心理学史的系统研究；没有后来者再去研究，今天的成果就不会继续发展，中国的传统心理学思想就得不到发扬。所以，我们对这门学科的研究是为了中国心理学思想的学术传承。别的学科也是如此，比如说，中国数学史学科的奠基人李俨和钱宝琮都著有《中国算学史》、《中国数学史》等专著，最近中国科学院自然科学史研究所的博士生导师郭书春，主编《李俨钱宝琮科学史全集》就是中国数学的学术传承。正是治科技史与思想史者，皆为学术之传承，开拓者不易，张扬者亦难得。

2.掌握学科体系

只有掌握一门学科的内容体系，才能把握它的整体，在研究工作中才不致只见树木不见森林。中国心理学史论的重要内容就在于阐述这门学科的体系，从研究指导思想、原则、方法的方法论，到掌握学科基石或"网结"的范畴论，从专题研究到系统研究，从学科的文献资料研究到学科史发展的研究，都作了详细论述。"史论"不仅让我们了解每个组成部分的问题，而且要认识各个部分的相互联系与关系。

3.建立思想观点

毛泽东同志曾经指出："感性认识的材料积累多了，就会产生一个飞跃，变成了理性认识，这就是思想。"[1]研究中国心理学史，不能停留在掌握一大堆史料上，必须建立正确的思想观点去统帅这些史料而成为史学。一个成熟的研究工作者，必须逐步建立自己的学术思想观点，不能只做史料的搬运者，而要做有头脑、有灵魂的学者。史论则引导研究者与学习者，多进行理论思考来建立自己的学术思想观点。

4.解决方法问题

这里指的是史论将帮助研究和学习者，探索恰当的研究方法去研究中国心理学史，采用适当的编纂方式去撰写中国心理学史。科学的进展是同研究方法的进展密切相关的，在某种意义上说，科学的突破首先是研究方法的突破。中国心理学的史学研究，除了研究方法问题外，还有编纂方法问题。纵向式、横向式、纵横交错式的研究与编纂方法的不断产生，扩展和深化了中国心理学史的研究，就是有力的证明；在中国历史编纂中，从左丘明《左传》的编年体到司马迁《史记》的纪传体，都促进了史学的发展也可作为佐证。

---

[1]《毛泽东著作选读》（甲种本），人民出版社1965年版，第383页。

第二章　中国心理学史的价值论

1. 研究中国古代心理学思想史是钻故纸堆吗?

2. 在心理学成为一门独立科学已有100多年历史的今天再来研究中国心理学史,有什么现实意义呢?

3. 在我国的心理学课程体系中,心理学史为什么处于不尴不尬的地位?

第一节　已往研究的概述与简评

任何一门学科之所以能够成为一门独立的学科,一定有其存在的价值所在。那么,在心理学成为一门独立科学已有100多年历史的今天,再来研究中国心理学史[1],其现实意义何在? 综观潘菽等老一辈心理学家对这个问题的论述,当时大家一般认为,研究中国心理学史尤其是中国古

---

[1] 说明:由于中国近现代心理科学主要是通过移植西方心理学才建立和发展起来的(关于这一点,在本章的下文有更详细的论述),故而目前我国心理学史工作者研究中国心理学史时,一般都将主要精力放在研究中国古代心理学思想史上。从某种程度上讲,论述"研究中国心理学史的现实意义"这一问题实质就是要论述"研究中国古代心理学思想史的现实意义"这一问题,考虑到此事实,本文所讲的"研究中国心理学史的现实意义"实就等同于"研究中国古代心理学思想的现实意义"。

代心理学思想史，其现实意义至少有以下六点。

一、能促进中国特色的心理学的建设

大家知道，我国近现代心理学主要是通过移植西方心理学才建立和发展起来的，这造成在新中国成立前的几十年中，我国心理学几乎完全照搬西方的心理学，言必称希腊，言必称欧美。建国后学习前苏联的心理学，学习巴甫洛夫学说，虽起过一定的积极作用，但又出现了完全拒绝西方心理学成果的偏向，仍缺少我国自己的创新，缺少自己的特色。这就使得我国的一些心理学工作者，在其研究中存在着将中国人当作美国人、德国人或英国人来研究的倾向，这种研究既难以较准确地反映中国人心理与行为的规律，更难以揭示出中国人心理的深层内涵；还使中国的心理学研究缺乏自己的特色，只能亦步亦趋地跟着外国心理学（主要是西方心理学）走，造成中国心理学在世界心理学中扮演了一个无足轻重的角色。

幸运的是，与此同时，也有极少数心理学家自觉或不自觉地认识到，中国心理学要想摆脱依附于西方或前苏联心理学的状况，取得长足的进步，要想使中国的心理学能更好地为中国的国情服务，就必须走自己的道路，就必须加强研究中国心理学史。其中最具代表性的人物就是潘菽教授。早在1937年，潘菽就发表了《把应用心理学应用于中国》一文。在该文中，潘菽教授主张："我们所要讲的心理学，不能把它当作一种超然的东西，不能把它和实际社会脱离关系。换句话讲，我们不能把德国的或美国的或其他国家的心理学尽量搬了来就算完事。我们必须研究我们自己所要研究的问题。研究心理学的理论方面应该如此，研究心理学的应用方面更应该如此。"[1] 在1939年，潘菽又发表了《学术中国化问题的发端》一文（该文收入《潘菽心理学文选》时，将题目改为《学术中

---

[1] 潘菽：《把应用心理学应用到中国》，载《潘菽心理学文选》，江苏教育出版社1987年版，第24页。

国化问题刍议》，引者注）。在该文中，潘菽教授对学术中国化问题进行
了较为系统、全面的探讨，这从此文四个部分的标题就可看出。此文共
分四部分，其标题依次是：为什么要中国化、怎样叫作中国化、如何中
国化和对于旧学术怎样办。[1] 既然学术要中国化，不言而喻，心理学——
学术的一种——当然也要中国化了。可见，潘菽很早就注意到心理学研
究要走中国自己的道路，不过当时还未明确地认识到，为了使心理学走
中国自己的道路，就必须加强中国心理学史的研究。

　　而在1964年开始写"心理学简札"有关中国心理学史的词条时，潘
菽就已明确地将研究中国心理学史看作是为"建立我国具有自己特色的、
适合于社会主义现代化建设要求的心理学而有所努力的"。这从潘菽为该
书所作的自序中就可看出。潘菽说，《心理学简札》"是从1964年下半年
开始的"，"直到1982年才争取时间把第十册写完以告一段落。所有条文
都是经过反复修改的，少的两三次，一般三四次，多的五六次，以至全
文重写。"而关于《心理学简札》的写作目的，潘菽曾说："《心理学简札》
的写作是为了对心理学的科学性的提高，为了建立我国具有自己特色的、
适合于社会主义现代化建设要求的心理学而有所努力的。"[2] 此思想在其
1983年的一篇文章里得到了明确阐述，在该文中潘菽说："我们要研究我
国古代的心理学思想是为了'古为今用'，是为了有助于建立我国能为社
会主义现代化建设很好地服务的具有我国自己的特点的科学心理学。这
样，我们所要挖掘并加以发扬的我国古代心理学思想必须是能为我们所
需要的科学心理学所用，能纳入到我们所要建立的科学心理学体系中去，
因而构成我们所需要的科学心理学的有机部分或基本看法。因此……我
们并不是单纯为了古代心理学思想而研究古代心理学思想，尤其不能是
不分青红皂白地包揽一切的所谓心理学思想。"[3] 在这段话中，潘菽明确

---

　　[1] 参见潘菽：《学术中国化问题刍议》，载《潘菽心理学文选》，江苏教育出版社1987年版，
第37—52页。

　　[2] 潘菽著：《心理学简札》（上），人民教育出版社1983年版，第5—7页。

　　[3] 潘菽：《中国古代心理学思想刍议》，载《心理学报》1984年第2期，第103—112页。

提出：我们要研究我国古代的心理学思想"是为了有助于建立我国能为社会主义现代化建设很好地服务的具有我国自己的特点的科学心理学"。具体做法是"古为今用"，即从中国古代心理学思想中挖掘那些"能纳入于我们所要建立的科学心理体系中去，因而构成我们所需要的科学心理学的有机部分或基本看法"。潘菽又曾说："为了改造现有的心理学，以建立适合我国社会主义现代化建设要求的心理学，必须好好挖掘我国古代心理学思想这个宝藏。这个宝藏有丰富而可贵的蕴藏。其中有些蕴藏，从初步的考察来看，是十分宝贵的，是世界上其他地方所没有的，可以用来构成我国自己所需要的科学心理学的体系的重要骨架部分，如人贵论、形神论、性习论、天人论、知行论、情二端论、节欲论、唯物论的认识论传统等（其中天人论、节欲论是根据高觉敷先生所提意见增加的。——作者注）。但这个宝藏也夹杂着一些泥沙杂质以及不科学的成分，需要加以批判地分析、鉴别拣选以达到'古为今用'。毫无疑问，这些从我国古代的心理学思想中挖掘而来的材料，将构成我国将要建成的心理学中很重要的一部分，也将构成我国将要建立起来的自己的心理学体系中最有特色的一部分。"[1]可见，潘菽之所以重视研究中国心理学史尤其是中国古代心理学思想史，是由于他看到了这种研究能促进中国特色的心理学的建设。

潘菽的这一思想为其后很多学者所继承。如燕国材认为，研究中国心理学史能为建立中国心理学或使心理学中国化助一臂之力。因为，中国是一个有几千年历史的文明古国，也是一个具有优越的社会主义制度的大国，因此，我国的心理学必须摆脱对前苏联和西方的依赖性，完全走自己的独立发展之路。而要建立中国的心理学或使心理学中国化，就必须研究中国古代心理学思想史。这是由于，在理论观点方面，我国古代无论在心身关系或心物关系上，在人性问题或才性问题上，在知情实

---

[1]潘菽:《加紧改造心理学，为全面开创社会主义现代化建设的新局面服务（摘要）》，载《潘菽心理学文选》，江苏教育出版社1987年版，第417—423页。

质或志意实质上，都有某些独特的看法，可以丰富我国心理学的理论观点。在体系结构方面，可以吸收我国古代的某些心理学思想，甚至某些概念术语。在具体材料方面，几乎心理学的每章每节都可以引用我国古代心理学思想的材料加以论证和说明。[1]杨鑫辉在论述研究中国心理学史的现实意义时，将"建立有中国特色的心理学体系的必要工作"作为研究中国心理学史的首要意义，限于篇幅，此处就不赘述了。[2]综上所述可知，能促进中国特色的心理学的建设，是研究中国心理学史的首要价值之所在。

二、能丰富世界心理学思想的宝库

众所周知，由于近现代心理科学主要是在西方文化背景下产生和发展起来的，这使得过去的心理学史几乎完全是一部西方心理学史，东方的心理学思想基本上没有得到反映。以往我国心理学家出国访问，常常遇到外国心理学同行提出的一个问题："你们有悠久的文化传统，历史上有优秀的哲学家，那么你们的心理学吸收了哪些中国古代的和近代的哲学思想，诸如孔夫子和毛泽东的思想？"[3]要想对这一问题作一令人满意的回答，就必须先研究中国心理学史。

直至20世纪70年代初，美国心理学家墨非才正确指出，中国和印度与希腊一样同是世界心理学思想的最早策源地。前苏联心理学史家姆·格·雅罗夫斯基差不多在同一时期，于《国外心理学的发展与现状》一书中，将"古代东方的心理学思想"列为第一章，指出古代巴比伦、埃及、中国、印度、希腊都对人的心理生活进行了研究，它们探索的基本方向都相同，有的学说东方可能出现得更早。[4]我国心理学界则在老一辈心理学家潘菽和高觉敷等人的带领下，通过十余年的集体努力，对中国心

---

[1] 燕国材著：《汉魏六朝心理思想研究》，湖南人民出版社1984年版，第13—15页。
[2] 参见杨鑫辉著：《中国心理学思想史》，江西教育出版社1994年版，第12页。
[3] 荆其诚：《英国、法国的心理学概况》，载《心理学报》1981年第4期。
[4] 参见［前苏联］姆·格·雅罗夫斯基、勒·伊·安齐费罗娃著，王玉琴等译：《国外心理学的发展与现状》第一章，人民教育出版社1982年版。

理学思想遗产进行了系统的挖掘、整理和研究，用大量的事实证明了中国的确是世界心理学最早、最重要的策源地之一，并新开拓了一个心理学分支——中国心理学史。中国心理学思想史的研究工作填补了世界心理学史的一项重要空白，丰富了世界心理学思想的宝库，日益为国内外心理学界所瞩目。国际心理学界对中国古代心理学思想很感兴趣，或邀请讲学、参加学术会议交流，或进行通信联系交流资料。因此，研究中国心理学思想史的另一个重要现实意义就在于，它能丰富世界心理学思想的宝库。[1]

三、是弘扬民族优秀文化的一项爱国主义事业

早在1981年出版的专著中，燕国材就指出，研究中国古代心理学思想史的意义之一就是，可以提高我们的爱国主义和民族自豪感。[2]此观点一直为燕国材所坚持，在其1998年出版的新著《中国心理学史》一书中也收录了此观点。在该书中燕国材阐述道，我国心理学思想虽然有几千年的悠久历史，但作为科学形态的心理学却与此历史无关，而纯粹是从西方传播来的。这就给很多国人造成这样一种印象：中国没有什么心理学思想，心理学是"舶来品"。中国的心理学似乎"命里注定"只能跟着人家后面走。但经过对中国心理学史特别是中国古代心理学思想史的研究之后，却使国人产生了另一种印象：一方面，中国古代的心理学思想确实是丰富多彩的，可以与外国历史上的心理学思想争奇斗妍；另一方面，中国心理学史中有不少有价值的理论观点和事实材料，可以构成中国科学心理学发展的民族土壤。不难看出，只要我们认真研究，把那些"吉光片羽"发掘出来，对于提高爱国主义精神与民族自信心、自豪感是会大有裨益的。[3]

---

[1]杨鑫辉著：《中国心理学思想史》，江西教育出版社1994年版，第14—15页。
[2]燕国材著：《先秦心理思想研究》，湖南人民出版社1981年版，第6页。
[3]燕国材著：《中国心理学史》，浙江教育出版社1998年版，第9页。

四、可以丰富心理学的教学内容

燕国材在其1981年出版的专著中也提出，可以丰富心理学的教学内容，是研究中国心理学史的价值之一。[1]燕国材也一直坚信研究中国心理学史具有此种现实意义，于是，在历经十余年之后，燕国材在其1998年出版的新著《中国心理学史》一书中复述了此观点。燕国材认为，长时期来，以大陆说，中国心理学的教学内容中，只是一味地讲授外国的，中国自己的基本上没有。这种不正常的现象，必须予以改变。我们认为，今后在心理学的教学中，既要介绍西方的，也要尽可能充实中国心理学史特别是中国古代心理学思想史的内容。只要认真去做，这是完全可以办到的。而且，如此讲授心理学，就会使学生有亲切感，从而促进其学习兴趣，提高其学习效果。所以，研究中国心理学史有助于丰富心理学的教学内容。[2]

五、可以促进心理学的科研工作

燕国材在其1981年出版的专著中还提出，之所以要研究中国心理学史，还在于它可以促进心理学的科研工作。[3]此观点也一直为燕国材所坚持，只是在历经十余年之后，燕国材在其1998年出版的新著《中国心理学史》一书中对它作了较详细的阐述。他说，长时期来，中国心理学的研究工作，基本上都是在外国心理学所提供的理论概念和事实材料之中兜圈子，使研究者的思路和眼界受到很大的局限。现在开辟了中国心理学史这一新的研究领域，就可以有不少的课题供我们进行研究。不仅如此，我们在研究中，还可以从中国心理学史的某些理论观点和事实材料出发来考虑问题，从而使眼界得到扩展，思路得到启发。甚至我国古代思想家的某些观点和主张，给我们提供了不少的研究课题；近现代心理学家的一些研究领域，为我们的研究工作开辟了新的天地。我们深信，

---

[1][3]燕国材著：《先秦心理思想研究》，湖南人民出版社1981年版，第6页。

[2]燕国材著：《中国心理学史》，浙江教育出版社1998年版，第9页。

随着对中国心理学史研究的不断深入，心理学的研究课题会不断扩大，其研究质量也会不断提高。因此，研究中国心理学史有助于促进心理学的科研工作。[1]

六、能学习古人严谨治学、追求真理的精神

杨鑫辉认为，在研究中国心理学史的过程中，除了能攫取古代心理学思想的精华，掌握心理学思想发展的规律，还可以学到古代学者探索真理、严谨治学的精神，从而也有助于用这种精神学习和研究现代心理学。这后一方面的意义往往被一些人所忽视，这是不科学的。如果说心理学思想的精华是一种真理，那么古代心理学者提炼出这些思想就是探求真理的过程，而"对真理的追求要比对真理的占有更为可贵"（爱因斯坦语）。[2]因此，研究中国心理学史的意义还在于：能学习古人严谨治学、追求真理的精神。

应该说，上述六点意义的提出，为当时中国心理学史的研究指明了方向，使大家的研究有了明确的目的，从而对于当时及其后一段时间内中国心理学史研究的发展起到了积极的推动作用。但是，随着中国心理学史研究的深入发展，现在再回过头来看就会发现，关于研究中国心理学史的现实意义仅提上述六点是不够的。因为，经过潘菽和高觉敷等老一辈心理学家的集体努力，中国心理学史的研究现已取得了较丰硕的成绩，如"中国心理学史"学科已宣告建立了；已发表或出版了一系列有关中国心理学史的研究论文、教材、专著和资料选编；已建立和发展了中国心理学史的国际学术关系，等等。[3]在这六点意义中，"能丰富世界心理学思想的宝库"、"是弘扬民族优秀文化的一项爱国主义事业"、"有助于丰富心理学的教学内容"和"有助于促进心理学的科研工作"等意

---

[1]燕国材著：《中国心理学史》，浙江教育出版社1998年版，第10页。
[2]杨鑫辉著：《中国心理学思想史》，江西教育出版社1994年版，第17页。
[3]参见杨鑫辉著：《中国心理学思想史》，江西教育出版社1994年版，第267—273页。

义现已基本实现；"能学习古人严谨治学、追求真理的精神"这一意义并不具特色，换句话说，人们可通过其他多种途径（如阅读古代科学家的故事）而不必通过研究中国心理学史来做到这一点。"能促进中国特色的心理学的建设"这一意义的提出应该说最有价值，潘菽等老一辈心理学家能从建立有中国特色心理学的高度来重视中国心理学史的研究是难能可贵的，这一见解随着时间的推移将越来越证明是富有远见卓识的，但遗憾的是，现在一些中国心理学史的研究成果由于未能很好地贯彻古为今用的原则，大多只具有历史的价值，对建立有中国特色的心理学的贡献是非常有限的。

基于上述现实，现有人开始对研究中国心理学史的现实意义抱怀疑态度。如有人认为，研究中国心理学史"仅在于按西方科学心理学的标准来切割和筛淘我国古代思想家的思想，仅在于为从西方引入的科学心理学提供某些经典的例证和历史的证明"；[1]也有人认为，研究中国心理学史只是一种钻故纸堆的事情，于当代我国心理学的发展无任何意义；还有人甚至认为，中国没有什么心理学思想，要研究心理学史，就不如只研究外国主要是西方心理学史算了，等等。面对人们提出的这种质疑，每一个从事中国心理学史研究的工作者都不能不重新思考中国心理学史的现实价值问题，这导致对中国心理学史自身价值作新的探索，成为现阶段中国心理学史研究的最新发展动向之一。那么，除了上述六点意义之外，研究中国心理学史还有什么重要的现实意义呢？这就是本章第二部分所要探讨的问题。

———————

　[1]葛鲁嘉著:《心理文化论要——中西心理学传统文化解析》,辽宁师范大学出版社1995年版,第266页。

第二节　对研究中国心理学史之价值的新探索

如上所述，为了消除人们对研究中国心理学史价值所抱的怀疑态度，现在有很多研究者都在力图重新审视在当前形势下研究中国心理学史的现实意义问题。如杨鑫辉曾说："至于心理学史的重要性，可以借用一句古话：观今宜鉴古，无古不成今。任何一门学科都有其发生发展的历史过程，都按一定的发展规律前进，要发展心理学事业必须研究心理学史。正如著名心理学史家高觉敷教授在《有关心理学史的几个问题》一文中所指出的：'心理学虽仅在百余年前挤入自然科学之列，但几千年前的哲学家都已对人的心理现象和活动提出了种种看法和学说。所以我们不但要懂得心理学的今天，还要懂得心理学的昨天；懂得了心理学的昨天，才可以更深刻地懂得心理学的今天。'我们还可以补充一句：懂得了心理学的昨天和今天，才可以正确地预见和迈向心理学的明天。我们研究心理学史决不是钻心理学的故纸堆，而是站在今天研究过去，展现未来，古为今用，洋为中用。很显然，把研究心理学史看成钻故纸堆、开倒车，完全是一种误解和偏见。"[1]也有人讲，既然黑格尔曾说过，研究哲学史，实也是研究哲学。同样地，我们也可讲，研究心理学史，实也是研究心理学。因为昨天的心理学，实为今天的心理学史；今天的心理学，也就是明天的心理学史。还有人提出，既然很多外国史学家都说，研究史学有助于培养人们的理论思维和历史思维，那么我们也可以讲，研究中国心理学史也可锻炼人们的理论思维和历史思维，等等。我们认为，对于研究中国心理学史的现实意义的这些看法不能说没有道理，但由于这些意义都是一些"通则式的"，没有独特性和针对性，故而其说服力不强的缺陷也是很明显的。

那么，在当前形势下研究中国心理学史到底具有什么独特性的现实

---

［1］杨鑫辉主编：《心理学探新论丛》（第1辑），南京师范大学出版社1998年版，第2页。

意义？换句话说，有没有什么东西非得只有通过研究中国心理学史尤其是研究中国古代心理学思想史才能达到呢？若没有，又何必再去"劳民伤财"去研究中国心理学史呢？对于这一问题的答案是肯定的。我们认为，在当前形势下研究中国心理学史，其重要的现实价值除了上述几方面外，还有着三个更为重要的现实意义。[1]

一、能弥补西方心理学思想的不足

众所周知，现代心理学主要是在西方心理学思想基础上演变而来的，因而现代心理学无论在研究主题上，还是在研究方法上，都深受西方心理学思想的影响。而在西方，由于占主导地位的是主客二分的思想文化传统，而这一思想文化传统又使得西方的思想文化有重认识与自然之研究、重现象与实在之分、重推理与分析的方法、真理之追求和重功利等传统。[2]反映到西方心理学思想领域，也就造成了西方一贯有重视心理学的科学主义研究视角的传统，于是，导致西方心理学思想有两大特色：一是从研究主题上看，偏重于自然科学倾向的心理学思想——如认识心理学思想（含感觉、知觉、记忆、思维和想象等）——一贯受到西方学者的重视，因为这些思想多与认识问题密切相关，也较适宜于用推理和分析的方法进行研究；二是从研究方法上看，西方学者一贯较推崇实验方法或带有实验性质的方法（准实验法），这又导致生理心理学思想和实验心理学思想在西方心理学思想中较为发达。这也是为什么西方近现代心理学较为重视感觉、知觉、记忆、思维和想象等的研究，并且其主流地位一直由实验心理学所占据的根源所在。当然，这并不是说，在西方思想学领域，就没有人从心理学的人文主义视角来研究心理学问题，而只是说在西方心理学思想传统中，占主导地位的是从心理学的科学主义

---

[1] 汪凤炎：《新论研究中国古代心理学思想的现实意义》，载《江西师大学报》（哲社版），1999年第1期，第36—41页。

[2] 张世英著：《天人之际——中西哲学的困惑与选择》，人民出版社1995年版，第160—162页。

视角来研究心理学问题，这也正是西方心理学思想的特色所在。

正由于西方心理学思想有重视从心理学的科学主义视角来研究心理问题的传统，再加上近现代科学所取得的巨大成功，使很多西方学者相信，科学所依靠的、原只能应用于那种可精确观察和测量对象的方法，也可用于研究诸如人的信仰、情感和人际关系等难以精确化和数量化的问题。[1]从而导致近现代西方心理学非常强调实验法的重要性，以至于当年的行为主义者，为了保证其方法的客观性和有效性，不惜抛弃意识，而将行为作为心理学的研究对象，使心理学成为一门研究行为的科学长达半个世纪之久，其结果是引发了行为主义的危机，导致人本主义心理学和认知心理学的兴起。前者认为行为主义的上述做法无异于将小孩和脏水一起抛弃了，[2]后者则重新恢复了对高级心理过程的研究，打破了行为主义禁止研究意识的禁区。[3]而用实验法来研究社会心理学，又导致1970年代以后美国的社会心理学也发生了一场危机。[4]并且，由于重视实验法，使得现代西方心理学有重视实证研究而忽视理论研究的倾向，进而导致现代西方心理学界出现了对实验心理学的反思。[5]

在西方主流心理学发生这么多变故之际，一些西方心理学家开始反思西方主流心理学的不足之处及其产生的历史根源和解决的方法。他们不约而同地将目光转向了东方这块古老而又神奇的土地，企图从东方的智慧中汲取灵感，导致对东方心理学思想的日益关注，成为现代西方心理学的最新发展动向之一。[6]

在这种历史背景下，当前中国心理学思想史的研究者，若能从中国

[1]〔英〕阿伦·布洛克著，董乐山译：《西方人文主义传统》，三联书店1997年版，第250页。

[2]高觉敷主编：《西方心理学的新进展》，人民教育出版社1987年版，第399页。

[3]叶浩生主编：《西方心理学的历史与体系》，人民教育出版社1998年版，第497、625页。

[4]全国十三所高校《社会心理学》编写组编：《社会心理学》，南开大学出版社1990年版。第30页。

[5]〔英〕保罗·凯林著，郑伟建译：《心理学的大曝光——皇帝的新装》，中国人民大学出版社1992年版。

[6]汪凤炎：《述评现代西方心理学的三个新动向》，载《江西师大学报》(哲社版)1997年第3期，第80—83页。

古代心理学思想中挖掘出一些心理学思想，以弥补西方心理学思想的不足，那就能充分体现出研究中国古代心理学思想的现实意义，而不仅仅是历史意义；并且，对促进世界心理学的发展也将大有裨益。假若中西心理学思想毫无区别，或者说，中国古代心理学思想毫无特色可言，那就没有必要花费这么多人力物力去研究中国古代心理学思想了。

那么，中国古代心理学思想到底有无特色可言？答案是肯定的，即有特色。并且，这个特色也要从中国的思想文化传统说起，即与西方占主导地位是主客二分的思想文化传统相比，在中国，占主导地位的是天人合一的思想文化传统，由这一思想文化传统又产生了其他几种传统：重人生与精神的探讨、重本末与源流的区分、重直觉与体悟的方法、重道德与善的追求和重义轻利等。[1]反映到中国古代心理学思想领域，中国一贯有重视心理学的人文主义研究视角的传统，这就导致中国古代心理学思想也有两大特色：一是从研究主题上看，中国古代学者主要研究偏重于社会科学性质的心理学思想，如中国古人关于社会心理学思想（包括理想人格、人际关系、人情和面子等）、教育心理学思想（含品德心理学思想）、文艺心理学思想和养生心理学思想等的论述，显得较为深刻而系统；二是从研究方法上看，中国古人较为推崇直觉和体悟的方法。当然，我们也不否认，中国古代也有人主张从心理学的科学主义视角来研究心理学问题，如王充就主张研究要做到"唯实事"、"重效验"，并明确提出了效验法，用以研究太阳错觉和某些感知规律，所得出的研究结果也可与西方对月亮错觉的实验相媲美。[2]不过，这种研究视角在中国古代并不占主流地位。

由此可见，中国古代心理学思想与西方心理学思想各有特色，优势互补。那么，中国古代心理学思想能在哪些方面弥补西方心理学思想的不足呢？据现有的研究，大致有以下三个方面：

[1] 张世英著：《天人之际——中西哲学的困惑与选择》，人民出版社1995年版，第160—162页。

[2] 高觉敷：《王充对太阳错觉的研究》，载潘菽主编：《中国古代心理学思想研究》，江西人民出版社1983年版，第202—204页。

第一，可以弥补西方某些基本理论研究的不足。大家知道，西方心理学思想对于人与物（指除人以外的其他万物）、心与身、知与行和遗传与环境等基本理论问题的看法，均存有明显的不足：将人等同于机器或一般动物、身心混乱、遗传决定论和环境决定论的争论不休以及在知行问题上偏执一端。而对于上述基本理论问题，中国古代心理学思想则作了较合理的回答,这就是提出了"天地万物人为贵"的人贵论、"形质神用"的唯物主义身心一元论、"习与性成"的性习论和知行统一的知行论等理论。由此可见，西方某些基本理论的不足之处，完全可以用中国古代心理学思想中所蕴藏的相应基本理论来弥补。比如,坚持中国古代的人贵论,对于改变西方主流心理学将人等同于机器或一般动物的传统，就大有益处；又如，坚持中国古代唯物主义思想家所主张的形神论、性习论和知行论等基本理论观点，就能较好地改变西方心理学直至现代仍存在身心混乱、遗传决定论和环境决定论的争论以及在知行问题上偏执一端的毛病。[1] 故而通过研究中国古代心理学思想，吸收中国古代心理学思想的精华，就能弥补西方心理学思想中某些基本理论的不足。

第二，可以弥补西方心理卫生思想的相对不足。由于西医过去主要以生物医学模式为其基础，导致西医一贯有以下两个特点：重视治疗，轻视预防;重视致病和治病的生理因素，轻视致病和治病的心理社会因素。这种医学模式尽管曾对人类作出过很大的贡献，但自身也存在一定的局限性，即由于轻视预防和心理社会因素在致病与治病中的作用，导致西方心理卫生思想的相对不足。而中国古人一贯讲究心理养生之道（精神修炼），提倡未病先治，要求人与自然和谐相处，主张以静制躁、无为而治等，使得中国古代的心理卫生思想特别丰富，从而可弥补西方心理卫生思想的相对不足。事实上，罗杰斯就坦诚承认，他的患者中心疗法是受了老子无为而治思想的启发；并且，一些从事超个人心理学研究的西方心理学家，也从中国古代的心理卫生思想中发现了一些放松身心、调

---

[1] 潘菽：《中国古代心理学思想刍议》，载《心理学报》1984年第2期，第103—112页。

整情绪和锻炼意志的方法。[1]

第三，可以弥补西方思维方式的不足。众所周知，中西方的思维方式也存在着明显的差异：西方传统思维方式的主要特点是强调主客体相分离、相对立，提倡理性分析思维和喜用机械决定论的整体思维，等等。而中国传统思维方式的主要特点是强调主体与客体、人与自然的和谐统一；就其基本模式及其方法而言，是经验综合型的整体思维的辩证思维；就其基本程序和定势而言，则是意向性直觉、意象思维和主体内向思维；提倡对感性经验作抽象的整体把握，而不是对经验事实作具体概念分析；提倡一种有机循环论的整体思维，等等。[2]这两种思维方式应用于心理学研究，应该说各有优缺点：西方主客二分式的思维方式，尽管对西方偏重于自然科学倾向的心理学思想的发展与心理学的独立和心理学研究的精确化及科学化均起到了一定的促进作用，但它也有不足之处，即易将人（主体）与人（主体）的关系降为人（主体）与物（客体）的关系，这易导致在心理学研究"人性"的丧失，曾风靡西方心理学界长达半个世纪之久的行为主义，在其研究中一直将人等同于小白鼠或机器，不能不说与这种思维方式有一定的关系。中国天人合一式的传统思维方式，尽管易将人（主体）与人（主体）的关系类推到人（主体）与物（客体）的关系上，从而不利于心理学研究的精确化和科学化，导致中国古代的生理心理学思想和实验心理学思想的相对贫乏；但这种思维方式也有长处，即对偏重于社会科学倾向的心理学思想的发展是有利的。由此可见，西方思维方式的不足之处，恰恰是中国传统思维方式的长处所在，故而通过研究中国古代心理学思想，吸收中国传统思维方式中的精华，就能弥补西方思维方式的不足。假若果真能如此，或许就能造就兼具中国思维方式和西方思维方式之长的心理学家，这样，也就或许能把目前的科学主义传统的心理学与人文主义传统的心理学统一起来，这将是世界的

---

[1]叶浩生主编：《西方心理学的历史与体系》，人民教育出版社1998年版，第497、625页。
[2]蒙培元著：《中国哲学的主体思维》，人民出版社1993年版，第183—196页。

心理学发展之大幸！

可见，能弥补西方心理学思想的不足，是当今研究中国古代心理学思想所具有的第一个重要的现实意义。

二、能为中国心理科学提供强有力的根基

大家知道，在中国，科学心理学主要是通过移植西方心理学的途径才建立和发展起来的。换句话说，中国的科学心理学并不是由中国古代心理学思想自然演变而来的，这就造成中国近现代心理科学与中国古代心理学思想之间存在着明显的断层。关于这一点，在中国心理学界已基本成为共识。由于这个断层的存在，"使得在编写《中国心理学史》时，编写组首先遇到的一个问题是，怎样将前后两部分（指中国古代心理学思想史与中国近现代心理科学史两部分，引者注）联系起来，统一起来"[1]。因此，潘菽先生主张开展"建立有中国特色的心理学"研究，[2]杨国枢教授也提倡开展"中国人的本土心理学"研究。[3]他们二人的提法虽有异，具体做法上也有一定的差别，但有一点则是共同的，即都想建立符合中国国情的心理学体系，[4]以弥合中国古代心理学思想与中国近现代心理科学之间的这一断层，使中国的心理科学真正扎扎实实地植根于中国的社会政治经济文化历史的土壤之中。换句话说，他们都想将中国的近现代心理科学与中国古代的心理学思想联系起来，并融为一体。由此可见，在现阶段研究中国古代心理学思想，其另一个重要的现实意义，就是要能为中国心理科学提供强有力的根基。

那么，怎样才能使中国古代心理学思想的研究，起到为中国现代心

---

[1]高觉敷主编：《中国心理学史》，人民教育出版社1985年版，第1页。

[2]潘菽：《建立有中国特色的心理学》，载《文汇报》1983年1月10日。

[3]杨国枢：《我们为什么要建立中国人的本土心理学》，载《本土心理学研究》1993年第1期，第16—88页。

[4]汪凤炎：《论"建立有中国特色的心理学"与"中国人的本土心理学"研究取向的异同》，载《赣南师范学院学报》（社科版）1997年第1期，第68—72页。

理科学提供强有力根基的作用呢？这里关键的问题是要找到二者的结合点所在。结合点一旦找到，断层问题也就能解决了。

大家知道，物理学和化学等自然科学，由于其研究对象受社会政治经济文化历史因素的影响较小，故而物理学和化学等自然科学基本上是没有国界的。同理，由于偏重于自然科学倾向的心理学问题，如心理的生理机制问题等所受社会政治经济文化历史因素的影响也较小，故而对偏重于自然科学倾向心理学问题的研究，也具有较大的普同性，即这些心理学研究，多是研究人类心理的共性问题，因此，当中国心理学研究者在移植外国这方面的研究成果时，较少发生"排异"反应。但是，偏重于社会科学倾向的心理学问题，如人际交往、成就动机、自我效能感等人的高级心理，则往往深受个体所在国家或地区的社会政治经济文化历史因素的影响，故而中国学者在移植外国学者关于这方面的研究成果时，往往发生"排异"反应。因此，要找中国古代心理学思想与中国心理科学之间的结合点，只能从中国古人对偏重于社会科学倾向的心理问题的研究上找，否则就会发生方向性的错误。

而通过前文分析可知，与西方心理学思想相比，中国古代心理学思想的主要价值恰恰体现在对偏重于社会科学倾向的心理问题的研究上。具体地讲，主要体现在对社会心理、教育心理、文艺心理、军事心理和养生心理等的研究上，因为这些领域受社会政治经济文化历史因素影响较大，并较适合于从心理学的人文主义视角来进行研究。事实上也确是如此。中国古人在这些领域中提出了一些精辟的见解，即使将这些见解与现代心理学研究成果相比，也毫不逊色。如中国古人关于人的心理社会化所提出的渐染说和童心失说，关于人的心理个性化所提出的"阴阳五行"差异说和"习与性成"差异说，[1]关于知行问题所提出的生理—心理—自然—社会的整体养生模式等，至今仍具有一定的科学价值。至于中国古人在偏重于自然科学倾向心理问题的研究上尽管也提出过一些宝

---

[1]杨鑫辉著：《中国心理学思想史》，江西教育出版社1994年版，第187—198页。

贵的看法，但其价值只具有历史上的意义，无法与现代西方生理心理学和实验心理学的研究成果相媲美。如直至清代末期才由王清任提出的"脑髓说"，尽管被梁启超誉为"诚中国医界之极大胆的革命论"[1]，但若与今天西方心理学对脑的研究成果相比，其价值是非常有限的。正如高觉敷所说："我国虽有刘智、王清任的关于心理器官的'脑髓说'，但其所涉及的内容比不上欧洲十九世纪生理心理学的丰富，而其科学性也远不相及。"[2]

这样，就可将中国古代心理学思想与中国近现代心理科学的结合点定在偏重于社会科学的心理学领域上，即广义的社会心理学（含管理心理学和司法心理学）、教育心理学、文艺心理学、军事心理学和养生心理学等上面。在辩证唯物主义和历史唯物主义的指导下，通过整理中国古代学者关于这方面的研究成果，并适当加以实证的检验，再借鉴近现代中国学者和外国学者在这方面的研究成果，是一定能建立起具有中国特色的社会心理学、教育心理学、文艺心理学、军事心理学和养生心理学等分支心理学体系的；然后又借鉴中国学者和外国学者在偏重于自然科学倾向的心理学领域所取得的研究成果，是一定能最终建立起有中国特色的心理学体系的。

可见，在现阶段研究中国古代心理学思想的第二个现实意义就在于，它能为中国现代心理科学提供强有力的根基。

三、有助于揭示中国人心理的深层内涵

大家都承认，中华民族作为一个有几千年文明历史的古老民族，其心理特质不是在短时间内所能形成和发展起来的，而是几千年中国文化的结晶。换句话说，当代中国人的心理与行为，无不带有深深的民族烙印，是中国几千年社会政治经济文化历史发展的产物。因此，如果仅从当代

---

[1] 梁启超著：《中国近三百年学术史》。
[2] 高觉敷主编：《中国心理学史》，人民教育出版社1985年版，第2页。

中国人的心理与行为入手来研究中国人的心理，难免会"断章取义"、"只见树木，不见森林"，极易造成研究上的偏差。如以往对中国国民性的若干研究，尽管也得出了一些在今天看来仍具有较强说服力的结论，但也有很多研究停留在非常肤浅和过于具体的层面上，罗列了大量现象，离中国人心理的本质特征还有一段很大的距离，导致很多研究结论彼此矛盾、缺乏一致性。据沙莲香对71位学者有关中国民族性的观点所作的一个统计表明，一致性最高的观点也只有24.4%的学者认同，而一致性最低的观点仅有5.2%的学者认同。[1]像这类研究，是难以揭示出中国人心理深层内涵的。

而中国古代心理学思想是在漫长的中国社会政治经济文化历史演变中形成和发展起来的，不仅时间跨度大，从先秦时期一直到1840年，涵盖了中国人心理特质形成和发展变化的绝大多数时间，更重要的是，它是植根于中国社会政治经济文化历史土壤的心理学思想，符合中国人的哲学传统和思维习惯，能真正反映中国人心理发生、发展及变化的规律；并且，中国古代心理学思想中所蕴藏的许多理论观点，都是历代对中国传统文化历史了解甚深的大思想家或教育家等人，在深入研究中国人心理与行为的基础上提出来的，这些理论观点，大都从不同程度、不同侧面反映出中国人心理发展变化的规律，只要对它们加以提炼，就能将这些理论观点整理出来，这对于我们了解今天中国人的心理规律也是很有启发意义的。再者，由于中国古代心理学思想是中国土生土长的，尽管其中有些内容反映了人类文化共性，但多数内容都是与西方心理学思想有区别的，这些思想最能反映出中国社会政治经济文化历史因素对中国人心理与行为的影响，而且，中国古代心理学思想自成体系，有自己的范畴、理论和概念等，故而通过挖掘中国古代心理学思想，最易发现中西方人心理的差异所在，从而有利于研究者根据中国国情来修改外国心理学研究者提出的理论或创立新的理论，这样，也就能提高理论观点的

---

[1] 李庆善著：《中国人新论——从民谚看民心》，中国社会科学出版社1996年版，第25—27页。

科学性。因此，当代中国心理学研究者在研究中国人的心理时，若能从挖掘与整理中国古代心理学思想入手，则是从纵贯的历史观点来研究当代中国人心理的最好手段，并且能综观各个历史阶段内中国人心理的形成与当时的社会政治经济文化历史间的具体关系。在此基础上再从事中国人的心理发展规律的研究，就是使研究成果既有广度，又有深度，从而能揭示出中国人心理发展的规律和线索，并根据这些规律和线索预测未来中国人心理发展的大致趋势。一句话，就能把中国人心理的深层内涵挖掘出来。

可见，当代研究中国古代心理学思想的第三个重要的现实意义是，有助于揭示中国人心理的深层内涵。

第三节　心理学史课程地位探讨

有人提出，为什么文学史或哲学史在其学科中占据重要位置，数学史或化学史在其学科中所占分量却不大，心理学史则处在不尴不尬的位置呢？

对于这一问题，我们的看法是，这是由于其学科性质所决定的。文学或哲学等社会学科或人文学科所探讨的主要是一种社会思想或人文思想，社会思想或人文思想的变迁并不是按照"进化论"的方式进行的，换句话说，不能说今天的文学思想或哲学思想等社会科学思想或人文科学思想就一定比古代相应的社会科学思想或人文科学思想"高明"。昨天的社会科学思想或人文科学思想与今天的社会科学思想或人文思想相比，它们犹如平地上的一座座山峰，各自都可达到某一个高度，都具有自身的某种特色与价值，可说是"横看成岭侧成峰，远近高低各不同"。因此，在文学与哲学等"纯"社会学科或人文学科领域,学术思想的演变(请注意,因"发展"一词含有进化论色彩,故此处不用,而用进化论色彩较少的"演变"一词）多是一种"累积"的过程，就像地球是由不同的地层所构成的一样，各"地层"在研究"地球"时都具有相应的价值，不能说越老或越下面的"地层"其价值就越小，而越新或越上面的地层其价值就越大。不但如此，有时更是恰恰相反，即越老的或越下面的地层其价值反而超过了越新或越上面地层的价值。这样，社会学科和人文学科的学者一般都较看重继承的问题，重视对过去思想遗产的挖掘与研究。其目的不仅仅是为了考察某种思想的历史演变过程，或仅仅为了便于从中吸取某种经验与教训，以免犯一些历史上曾经犯过的错误，更重要的是，想将历史上的某些值得今人借鉴的理论、思想或观点挖掘整理出来以做到古为今用，因为这份珍贵遗产不但具有一定的历史价值，更具有重要的现实价值，对于其相应的社会学科或人文学科今天的发展以及今天的现实生活的贡献都是非常巨大的。故而相应地，其学科史的价值在其学科中所占的分量就会很重。

化学或数学等"纯"自然学科研究的主要是一种自然科学思想，是一种科学（狭义的）与技术。科学与技术一般是按照"进化论"的方式前进的，换句话说，今天的科学与技术一般都会比昨天的科学与技术来得先进。因此，在化学与数学等"纯"自然科学领域，学者重视的是不断的创新精神，以便不断地超越前人，推动科学与技术不断向前发展。这正如梁漱溟所说："科学求公例原则，要大家公认证实的，所以前人所有的今人都有得，其所贵便在新发明，而一步一步脚踏实地，逐步前进，当然今胜于古。"[1] 于是，在化学或数学等自然科学中，虽也有而且应该有人去研究化学史或数学史等自然科学的学科史，但其目的一般是为了考察某种思想的历史发展过程，以便从中吸取某种经验与教训，以免犯一些历史上曾经发生过的错误，而想从历史中去找出某种灵感的机会是不多的。并且，在当今社会，科学与技术的发展可说是日新月异，比如就计算机硬件而言，前几年286年机型还很风靡，才过去五六年的时间，

---

[1] 梁漱溟著：《东西文化及其哲学》，商务印书馆1999年版，第35页。

今天已普遍用上了"奔4"的机型，286的机型早已成"明日黄花"。就办公自动化软件而言，则从风靡 Windows95 到流行 Windows98 再到如今时髦的 Windows2000，前后也就几年的时间。在这种科学与技术发展日新月异的时代里，过去的科学与技术除了具有一定的历史价值外，对于今天科学与技术的发展以及今天的现实生活的贡献都是非常有限的。故而相应地，其学科史的价值在其学科中所占的分量就不会很重。

心理学由于其研究的对象是人的心理与行为，此种"东西"既不是"纯"自然的，也不是"纯"社会的，而是自然与社会的"合金"，这导致心理学是一门介于自然科学与社会科学之间的学科。对于偏重于自然科学领域研究的心理学工作者如认知心理学工作者或生理心理学工作者而言，他们关心的是如何运用先进的现代科学技术和方法来研究人的认知加工过程或心理的生理机制问题，而这方面的研究从古代心理学思想史中所受到的帮助是有限的，因为无论是中国还是外国，相对于今天的科学与技术而言，古代的科学与技术一般多是相当落后的，故而偏重于自然科学领域研究的心理学工作者一般不太注重心理学史的研究。这样，假若某个大学（如现在的北京大学）或科学研究机构（如现在的中国科学院心理所）主要是研究偏重于自然科学领域的心理现象，它们一般是不会重视心理学史这门课程的。

而对于偏重于社会科学领域研究的心理学工作者如社会心理学工作者或理论心理学和心理学史工作者而言，则较为重视心理学史的研究。其中，理论心理学和心理学史工作者重视心理学史的研究是无须多言的，因为这是他们的"本职工作"。其他偏重于社会科学领域研究的心理学工作者为什么一般也会重视心理学史研究的呢？其道理和上述文艺工作者或哲学工作者重视文艺史或哲学史的研究的缘由是类似的，即偏重于社会科学领域研究的心理学工作者所探讨的也主要是一种社会心理学思想（广义的），社会心理学思想的变迁也不是按照"进化论"的方式进行的，换句话说，不能说今天的社会心理学思想就一定比古代社会心理学思想"高明"。比如就现在已有的中国古代心理学思想史的研究成果看，古人提出的"人为万物之灵"的人贵论、"形质神用"的唯物主义的身心一元论和习与性成说等在今天的现代心理学中仍有其应有的位置。因此，为了做到古为今用，他们一般都会重视心理学史的科研和教学工作。这样，假若某个大学（如现在的南京师范大学）或科学研究机构（如现在的中国社会科学院）主要研究偏重于社会科学领域的心理现象，他们一般就会重视心理学史这门课程的。

不过，在当今的中国心理学界，由于现在偏重于自然科学领域的心理学研究占主流地位，受其影响，在一些高校的心理学课程设置中，心理学史就成为一个或有或无的课程，处于不尴不尬的地位。

第三章　中国心理学史的方法论

1. 你想了解中国心理学史方法论研究的进展吗?
2. 应当怎样贯彻辩证唯物论与历史唯物论来研究中国心理学史?
3. 何谓中国心理学史研究的"一导三维多元"方法学?

前一章讨论了中国心理学史的价值论也就是研究意义问题，接着就是怎样研究也就是研究的方法论问题。前者解决研究的目的与作用，后者解决研究的方向、途径与方法。研究中国心理学史，只有懂得为何而为，如何而为，才能真正有所作为。本章在阐述中国心理学史方法论研究概述的基础上，着重论述作者探索出来的中国心理学史研究的"一导三维多元"方法学。

第一节　中国心理学史方法论研究概述

一、方法论是研究的指针

方法论是指研究一门学科的根本指导思想和基本原则，扩而言之，将所采用的研究方式、方法包括在内，一般又称作方法学。方法论对于任何一门科学的发展都具有根本性意义，对中国心理学史也是如此。老一辈心理学家从亲身体会和理论层面上都很重视这个问题，把它看作是一种研究的指导方针，对后来者很有帮助。

早在20世纪50年代中期，当时国内心理学界与历史和哲学界开始有人从事中国心理学历史遗产研究的初步探讨，曹日昌教授在阅读几篇有关心理学历史遗产的论文稿件当中，便敏锐地发现研究方法的重要性。为此，他专门撰写了《中国心理学历史遗产的研究方法》一文，论述了有关方法论问题。他一方面高兴地指出：中国心理学历史遗产的研究，"虽然刚在开端，但'涓涓之水可成江河'，这方面的研究，不久定可大规模地开展起来的"；另一方面又说："但都还有一些值得商榷的地方……现在仅就一般的研究方法问题，提出几点意见，以就正于从事心理学历史遗产问题研究的诸同志。"[1]从现有资料看来，这是最早探讨中国心理学史方法论的专门文章，非常难能可贵。

潘菽教授一贯重视心理学的方法论问题，1985年发表了《辩证唯物论心理学的方法论》的长篇论文，认为："一门科学的方法论从根本上来说，就是这门科学研究最高的或原则性的指导思想。一门科学的这种指导思想就是要指明这门科学为什么要研究，研究的领域和范围，而尤其重要的是怎样去研究。"[2]就一般方法论而言，不外乎唯物论的方法论、唯心论的方法论和二元论的方法论。科学的方法论有其共同性和特殊性，而且在最高原则的共同性之外，还可以有次一级的共同性，不同科学还可有各自特殊的次一级的原则。中国心理学史这门心理学史的分支学科，也有它的研究方法论，他在致作者的多次信函中，非常强调中国心理学史的研究者一定要重视方法论，曾经明确指出："方法论是很重要的，忽视了它就将受到自然惩罚。即花了气力做工作而结果却不好，甚至很不好。""最根本的问题也是方法论问题，即指导思想问题。不重视方法论

[1]曹日昌：《中国心理学历史遗产的研究方法问题》，《心理学通讯》1954年第5期。
[2]潘菽：《辩证唯物论心理学的方法论》，《心理学探新》1985年第1、2期。

问题，理论研究不好，应用也研究不好。"我们在实际研究工作中，必须克服那种忽视方法论或不能运用正确的方法的倾向，使之不走弯路或少走弯路，取得有意义有价值的研究成果。

必须指出，学习和认识科学方法论只是问题的一个方面，将掌握的科学方法论运用于实际研究工作之中，是更重要的另一个方面。在审阅某些中国心理学史论文，特别是年轻研究生的论文时，常会发现作者的论述与他宣称的方法论观点并不一致，甚至相左。究其原因，往往是没有真正形成科学方法论的观点，因而不能贯彻到实际研究活动中去。读书是学习，使用也是学习。中国心理学史的研究工作者，一方面要从前人的著作里学习方法论的理论，另一方面要在实际学习、研究里运用科学的方法论，掌握科学的方法论。学习与运用是相辅相成的。

二、方法论研究的进展

正如中国心理学史学科的建立与发展的过程有其阶段性一样，中国心理学史方法论的研究进展也有它的阶段性。而且整个学科本身研究的深入，与方法论研究的深入是相互关联、相互促进的。因此，考察中国心理学史方法论的研究进展，必须了解中国心理学史特别是中国古代心理学思想史研究的发展阶段。大家知道，对中国心理学思想遗产的零星探索，可以追溯到20世纪20年代。从20年代至40年代的初步探索多是个人分散进行的，缺乏自觉的和正确的指导思想，更未见有关于这方面的方法论研究文章。50年代至70年代中期这个阶段，虽然研究工作有些停滞，但是毕竟中国科学院心理研究所在工作规划中，已将发掘祖国的心理学遗产列为研究心理学史的重点，并且发表有专门论述研究方法的论文。至于70年代以后到今天是中国心理学史正式建立学科并获得发展的阶段，中国心理学思想史及其方法论的研究都有长足的发展。鉴于这个历史实际情况，我们对中国心理学史方法论研究进展的考察便从20世纪50年代开始。

纵观20世纪50年代以来的半个世纪，学者们对中国心理学史方法论的研究的自觉性不断提高，其研究的理论层面不断深化，研究的方法途径不断具体和具有操作性。总的说来，开始主要是作为一种历史学方法论的研究，进一步则主要是中国心理学史方法论基础的研究，最后才发展成为中国心理学史方法学的研究。

（一）中国心理学史的历史学方法论研究

前面已经提到的曹日昌教授的《中国心理学历史遗产的研究方法问题》，便属于一种历史学方法的研究。为什么这样认定呢？该文开宗明义引证毛泽东同志的话，要学习我国的历史遗产，必须用马克思主义的方法给以批判的总结，而后导引出研究中国心理学历史遗产也应如此。这里将心理学史作为历史学的一个专业史分支，并且要求用一般历史学的原则方法来指导研究。为此，文章提出了三条明确的原则意见：第一，"历史的研究必须是批判的。历史的研究，不能仅是诠释，虽然诠释的工作是必要的。我们对于历史上学术思想的研究，必须是批判的。就是分析这种思想中……哪些是我们应当继承和发扬的，哪是今天我们必须扬弃的。"[1] 提出要把握进步性、科学性、人民性的标准来继承与扬弃，批评一篇关于荀子心理学思想的文章评价太高。第二，"历史的研究必须是历史唯物主义的。……我们要用历史唯物主义的观点、方法，研究历史上一种有关心理学的思想、理论，就要分析这种思想、理论所由产生的社会条件，找出它是反映什么样的社会存在的。"[2] 并且批评一篇关于名家论思维的文章一字未提其产生的社会时代背景和当时所起的作用。第三，"历史的研究必须与现实任务相结合。……中国心理学当前的最重要的任务，无疑地是辩证唯物主义的心理学的建立。心理学历史遗产的研究也就应当围绕这个任务来进行，那就是研究我国历史上有关心理学的学术思想、理论中的辩证法的成分与唯物主义的传统。"[2] 提出了一些当时亟待解决的心理学问题。

虽然从专门学科的角度看，这种作为一般历史学方法论的研究，尚

［1］［2］［3］曹日昌：《中国心理学历史遗产的研究方法问题》，《心理学通讯》1954年第5期。

需突出它的特殊性的一面，有待更深入的探讨，但在中国心理学史学科尚未正式建立的前期阶段，就能专门撰文研究它的方法论问题是很有见地和宝贵的。要特别指出的是，该文最后一段话对当前的中国心理学史研究仍具有现实指导意义。文章写道："我国心理学的历史遗产的研究是我国科学心理学的建立工作中一个很重要的部分，心理学界必须分出一部分的力量（也必须仅是一部分的力量）来从事这一方面的工作，在这一工作中心理学界必须争取历史工作者和哲学工作者的协助，没有他们的合作，我们的工作是会更困难的。我们应当充分认识到这一工作的艰巨性。从事这一工作必须具有：（1）马克思列宁主义的理论修养。（2）科学心理学的理论与实验训练。（3）阅读与理解古代典籍的能力。"曹日昌教授是当时中国心理学界主要领导者和组织者之一，将中国心理学史的研究提到是建设我国科学心理学的组成工作的高度，建议心理学史工作者与历史学和哲学工作者通力合作搞研究，指明从事这一工作的人必备三个基本条件，都非常切中要害，应为大家所记取。

（二）中国心理学史方法论理论基础研究

潘菽教授曾经提出："由于方法论的薄弱，传统心理学对于自己应有的特殊之点欠缺考虑，因此往往不加细辨而借用别的科学的观点、概念、术语、模式、方法等来研究或说明自己的问题。"[1]中国心理学史的方法论，较之历史学和心理学等学科的方法论，也有其特殊性的一方面。人们对中国心理学史研究的不断深入，已不满足于一般历史学的方法论研究，而着力加强了中国心理学史方法论理论基础研究。70年代末期以后，以潘菽、高觉敷两教授为代表的一批研究工作者都在这方面作了努力，并取得了共识，最集中的反映是高觉敷教授1984年在中国心理学史第二次会议上所作的一次讲话：编写中国心理学史应如何贯彻辩证唯物主义、历史唯物主义。

---

[1] 潘菽：《辩证唯物论心理学的方法论》，见《潘菽心理学文选》，江苏教育出版社1987年版，第525页。

高觉敷教授认为，这个原则性问题谁都能讲，但如何贯彻这个原则就不是那么容易。对此他提出了四点意见与看法。第一，贯彻辩证唯物主义并不是排斥研究唯心主义心理学思想。新中国成立初期，他曾认为辩证唯物主义心理学史应当只讲唯物主义心理学思想，对唯心主义心理学思想避而不谈。后来根据《共产党宣言》说的"到目前为止的一切社会的历史都是阶级斗争的历史"，提出："一部心理学思想史就应当是唯物主义心理学思想和唯心主义心理学思想斗争的历史，如何能对唯心主义心理学思想家弃之若遗、置之不理呢？"[1]关于这个问题当时展开了讨论。潘菽教授也认为，唯物主义心理学思想家是"富矿"，而唯心主义心理学思想家是"贫矿"。很显然挖掘祖国心理学思想遗产是包括这两个方面的。后来反映在我国第一部《中国心理学史》里的是，以唯物论心理学思想家为主，也收入了重要的唯心论心理学思想家。第二，"对我国古代唯物主义心理学思想家的评价要有分寸，不要肆意拔高。"[2]指出有的同志认为某一古代思想家是唯物主义者，就从现代唯物主义的概念或"模子"出发，把古代的朴素唯物主义者美化为现代的辩证唯物主义者了。第三，"对于我国古代的唯心主义的心理学思想家也不要全盘否定，对于具体的人要作具体的分析。"例如评价孟子、朱熹、王守仁的心理学思想要作具体分析，批判他们的唯心主义世界观时，不要否定他们在教育心理方面的思想遗产。第四，是贯彻历史唯物主义的问题。"我们对于我国古代心理学思想和思想家的论述也应注意分析其有关的社会历史条件。"[3]例如，对颜习斋心理学思想的评论，不仅要叙述其哲学心理学思想，还要研究他这种思想的渊源。他崇尚实学，反对宋明理学，是针对于明末达官贵人只讲读书明理、不懂兵刑钱谷的社会时弊的。当然重视社会历史条件的同时，也要注意学术思想的内部矛盾。指出："心理学历史编纂学要内

---

[1]高觉敷:《编写中国心理学史如何贯彻辩证唯物主义、历史唯物主义》，见《高觉敷心理学文选》，江苏教育出版社1986年版，第562页。

[2][3]高觉敷:《编写中国心理学史如何贯彻辩证唯物主义、历史唯物主义》，见《高觉敷心理学文选》，江苏教育出版社1986年版，第512—513页。

外兼顾，既不忽视心理学思想发展的内部逻辑、内部矛盾，也不能忽视心理学思想发展的外部条件。"这种内外逻辑结合的观点，实际上对后来的青年同志强调按内部逻辑建立中国心理学史体系是一种预先的回答。

有关中国心理学史方法论理论基础的研究，较之从一般历史学方法论的研究，前进了一大步。它更能体现中国心理学史的学科特殊性，对中国心理学史的深入研究解决了一些重要理论问题，从而促进了学科的向前发展。但是这种方法论理论基础的研究，尚未深入到研究中国心理学史的一些反映学科特殊性的具体研究方法，这又引起了有关方法学的探讨。

（三）中国心理学史方法学的研究

关于中国心理学史方法学的研究，开展得早而且较系统的代表是燕国材和杨鑫辉两人。这里只集中介绍燕国材教授有关这个问题的观点，对于杨鑫辉的有关论述留待下一节介绍。

燕国材教授1981年出版的《先秦心理思想研究》、1984年出版的《汉魏六朝心理思想研究》和1988年出版的《明清心理思想研究》三部著作开头部分，对研究中国心理学史的指导思想、原则和方法都有所论述，已经突破了方法论理论基础而扩展到方法学的范围。在第一本书里，着重提出了研究"心理史"有其特殊性的两个方法：第一是纵断研究法，就是以著名人物或重要著作为中心，按照历史进程的顺序，依次地进行分析探讨。第二是横断研究法，就是以专门的心理问题为中心，打破历史进程的顺序，不顾人物和著作的先后，一个一个问题进行分析探讨。文中还提到了更为重要的古今对照研究法，即按照现代心理学体系去分析、整理中国古代的零碎不全的心理学思想。在论述这些方法、途径之前，只是点明了一下指导思想的问题，因此并不能算是完全的方法学的研究，而主要是编纂学的范畴。燕国材教授关于中国心理学史方法学研究的观点，集中地反映在《汉魏六朝心理思想研究》一书的"怎样研究中国古代心理思想史"一节中，包括了指导思想、原则和方法。关于指导思想，他明确地说："我们认为，用马列主义、毛泽东思想作为研究中国古代心理思想史的指导思想，就是要把辩证唯物主义作为它的方法论基础。……只有这样，我们才会用唯物的辩证的观点，亦即客观的观点、联系的观点、发展的观点、系统的观点、整体的观点和具体性的观点，去看待中国古代的各种心理学思想，从而客观地、系统地和全面地去把握它的发展规律及其特点。"[1] 根据上述指导思想提出三条应遵守的研究原则：（1）实事求是原则。"这一原则的具体要求是：既不要因人兴言，也不要因人废言；既不要拔高古人，也不要苛求古人。"[2]（2）古为今用的原则。"我们贯彻这一原则时，既不能为古而古，也不能改古合今。为古而古，就会食古不化，拘于一隅，甚至把自己和别人引向后看；改古合今，就会恣意妄为，'各取所需'，从而对古人的心理思想采取唯心主义的态度。"[3]（3）思想阐发与文字考辨相结合的原则。这是鉴于中国心理学思想史的研究，要依据各种古代文献，因而必须作些文字考辨工作，正确阐发其思想。依据指导思想和原则，又提出了两个主要研究方法。一是纵横解剖研究法，它由纵向研究和横断研究两种方法结合而成。二是系统比较法，包括中国的古同外国的古相比较，中国的古同外国的今相比较，中国的古同中国的古相比较，中国的古同中国的今相比较。

在《明清心理思想研究》中，燕国材教授认为，他"考虑的方法论体系是：三种价值——三大领域——五种方法——一个模式"[4]。所谓三种价值，即对古代心理学思想的评价首先是科学价值为最高层次，现实价值为中间层次，历史价值为最低层次。如何判断某种心理学思想的三种价值，需要放在相应的三大领域中去，即科学领域、现实领域、历史领域。他提出的五种研究方法是：历史地考察，科学地分析，现实地判断，自觉地选择，积极地建构。所谓一个模式就是："总上三个方面的论述，可以把研究中国古代心理思想史的方法论，归结为如下的一个模式：

---

[1] 燕国材：《汉魏六朝心理思想研究》，湖南人民出版社1984年版，第17—18页。

[2] 燕国材：《汉魏六朝心理思想研究》，湖南人民出版社1984年版，第18页。

[3] 燕国材：《汉魏六朝心理思想研究》，湖南人民出版社1984年版，第19页。

[4] 燕国材：《明清心理思想研究》，湖南人民出版社1988年版，第25页。

历史地考察（置于历史领域，判断其历史价值）——科学地分析（置于科学领域，判断其科学价值）——现实地判断（置于现实领域，判断其现实价值）——自觉地选择（根据三大价值决定取舍）——积极地建构（建立有中国特色的心理学）。"[1]需要指出的是,燕国材教授于1996年在台湾出版的《中国心理学史》里，除综述以上思想外，又补充了中国心理学史研究的三个具体方法，即资料整理法、纵横解剖法、系统比较法。

以上中国心理学史研究方法学的思想，不仅贯穿于燕国材教授研究中国心理学史的论著之中，而且对于整个中国心理学史的研究工作给他人以重要帮助，对这门学科的创建作出了积极的贡献。其中关于一个模式的概括更是研究实践的总结和理论层面的提升，非常难能可贵。

第二节 "一导三维多元"的方法学

在中国心理学史学科的创建过程中，大家都很重视方法论，因为它是方法学中最基本、最核心的部分。随着学科的深入研究，方法学的问题也被推进到更深层的研究，两方面是相辅相成的。尤其在对外开放、市场经济国际化的新形势下，史学、社会科学在方法学问题上都出现过迷惘与困境，主要是方法论基础与多维原则、多元方法的关系。我们认为，史学界有一种意见对我们很有借鉴意义，这就是："拨开史学规范方面的迷惘，我以为根本之法在于正确把握'一导多元'。所谓'一导'，就是在史学研究中以马克思主义为指导。所谓'多元'就是多方吸取和运用传统史学和现代社会科学的研究方法。中国现代史学的成长之路表明，不讲'一导'、只讲'多元'，史学就会汗漫而迷惘；只讲'一导'、不讲'多

---

[1] 燕国材：《明清心理思想研究》，湖南人民出版社1988年版，第30—31页。

元'，史学就会孤僻而偏枯。"[1]在这种意见的启发下，我将自己20余年来在中国心理学史研究实践中探索出的方法学方面的问题，归纳、概括、提升为"一导三维多元"的方法学体系，即坚持一个指导思想，遵循多维研究原则，采用多种研究方法，并遵此进行中国心理学史的研究与著述，指导年轻研究者。并认为，只有在方法学上有所突破和创造，中国心理学史的研究也才会取得更深入的新成果。

一、坚持一个指导思想

中外心理学发展的历史告诉我们，无论哪一个国家或地区，哪一个历史时期，任何一个学派，任何一位心理学家，都自觉或不自觉地受到某种哲学思想的影响。恩格斯曾经指出："不管自然科学家采取什么样的态度，他们还是得受哲学的支配。"[2]自然科学家尚且如此，作为自然科学与社会科学二重性学科的心理学家（包括心理学史家）更是这样。中外哲学思想流派众多，最终都可以归之于两大营垒，即唯物主义哲学思想和唯心主义哲学思想。从某种意义上说，一部中国心理学思想史，也反映出唯物主义心理学思想与唯心主义心理学思想的斗争与交叉的发展，其中也包含着两者兼而有之的各种二元论心理学思想。为了保证研究中国心理学史的思想方向的正确性和学科内容的科学性，我们必须坚持以辩证唯物论与历史唯物论作为研究方法的理论基础，这是一个根本性的指导思想。

怎样才能正确地贯彻这个根本性的指导思想呢？学术界已有许多讨论。我的总体看法是："以辩证唯物论与历史唯物论为指导思想，是要运用其立场、观点、方法来研究中国历史上发生的各种心理学思想，还它们以历史的本来面目，给它们以科学的评价；而不是简单地给各种心理学思想贴上唯物论或唯心论的标签，给古代学者戴上唯物论心理学思

---

[1] 刘学照：《走出困境，把握机遇》，《光明日报》1997年4月22日第5版。
[2] 恩格斯：《自然辩证法》，人民出版社1971年版，第187页。

想家或唯心论心理学思想家的帽子。"[1]更具体地说,还要注意下述几点:第一,辩证唯物论与历史唯物论是在不断发展和不断丰富的,要注意吸收现代科学的新成果,不能停滞地、僵化地看待过去的某个论点,也不能因此而放弃辩证唯物论史观的基本原理的指导。第二,无论是唯物论学者的心理学思想还是唯心论学者的心理学思想,都可以而且应该去研究,问题的关键是用什么观点去研究它们。比如说佛学的哲学观点是唯心的,而佛教的心理学思想却具有深层性、精细性和独特性,值得挖掘、整理、研究与评论。第三,在评价古代学者的心理学思想时,应当看到他们的学术成就与世界观既有相联系的一面,又有相区别的另一面。既不以人废言,又不以言废人。对二元论心理学思想家的心理学思想更应如此。第四,放在历史环境下,采取面面观的慎重态度。分析某种心理学思想的材料与观点时,必须历史地具体问题具体分析,更不能用现代的科学水平去苛求古人,当然也不应该任意地拔高古人。总之,只有用唯物的、辩证的、历史的、发展的观点作指导来研究中国心理学思想史,才能客观地、全面地、系统地把握它的发展脉络和规律,并给以科学的评价。

二、遵循多维研究原则

研究中国心理学史的总指导思想,还必须遵循一些基本原则才能真正得到贯彻。在创建中国心理学史学科之初,面对这个新的研究领域,我曾经在《研究中国心理学史刍议》[2]一文中,构建了几条原则,通过近20年的研究实践,证明是可行的。对问题的研究可以是单维度的,也可以是多维度的,只有多维度地考虑问题,才能全面地认识和解决问题。1983年发表该文时提的是四条原则,即"抓住心理的实质这条主线","以现代心理学概念为框架"、"联系历史条件研究心理学思想"、"采用比较法,历史地进行评价"。为了更为准确和概括,后来不断有些修改,到

---

[1] 杨鑫辉著:《中国心理学思想史》,江西教育出版社1994年版,第20页。
[2] 杨鑫辉:《研究中国心理学史刍议》,载《心理学报》1983年第3期。

1994年出版《中国心理学思想史》一书时，表述为下面三条原则："以心理实质为主线原则"、"古今参照、古为今用原则"、"科学的历史主义原则"。最近作出的最后表述是，中国心理学思想史的基本研究原则，可以通过三个维度去构建，即对象维度——以心理实质为主线的原则；框架维度——以现代心理学概念和体系为参照的原则；评价维度——科学历史主义的原则。

1.对象维度——以心理实质为主线的原则

中国心理学思想史的研究对象是心理学思想，它虽然跟哲学思想、教育思想、医学思想等等密切联系而又有别于它们。中国古代有无心理学思想，不是以有无"心理"或"心理学"的名词为依据的。正像欧洲16世纪以前没有"心理学"这个学名，但那时的欧洲还是有心理学思想。中国古代的"人性"、"心性"、"性理"之学等，就是中国古代的心理学思想。然而，人的心理现象、心理活动是极为丰富多彩、复杂万状的，而被恩格斯誉为"地球上最美的花朵"。中国古代的人性、心性、性理等中的心理学思想，既涉及知、情、意心理过程，也涉及性格、才能等心理个性特征，还涉及心理学各个分支学科的心理学思想。这一切方面的心理学思想，都反映着对心理思想实质的认识理解，因此，只有掌握心理实质这把钥匙，才能打开心理之宫的大门，从而真正看清楚弄明白这些"最美的花朵"。

把握心理实质这条主线，对我们的研究工作有什么作用呢？首先，抓住心理实质这条主线，就可以用这条线把各种心理学思想的"珠子"串起来，从而挖掘出某种心理学思想的本质特征，也才能正确地评价心理学思想的最基本的理论观点。其次，能帮助研究者把握中国心理学思想发展的主要脉络。"中国古代的心理学思想史，基本上是一块未被开垦的处女地，单就关于心理的实质的基本理论来讲，就是非常丰富的，例如先秦的人性说、汉晋的形神说、唐代的佛性说、宋明的性理说、清代的脑髓说等，都是需要整理、研究与评论的。"[1]这"五说"有助于我们把

---

[1] 杨鑫辉：《必须用辩证法指导我国心理学的发展》，《心理科学通讯》1982年第3期。

握各个历史时期的主要心理学思想的基本理论。最后，抓住心理实质这条主线，就能把握古代心理学思想的基本范畴和基本理论。中国古代心理学有一套不同于西方心理学的范畴，并且独立发展成为具有特色的体系，进而形成了中国心理学思想史上许多不同的心理学思想理论。例如，关于人性的好坏，有性善说、性恶说、善恶混说、无善无不善说；心理特性的形成与发展，有善端说、气禀说、性伪说、渐染说；人的认识与行为的关系，有知先行后说、行先知后说、知行合一说、知行兼举说；怎样对待人的欲望，有无欲说、去欲说、寡欲说、节欲说、导欲说，等等。

必须指出，抓住心理实质这条主线，不仅不是不去研究具体领域的心理学思想，只停留在哲学心理学思想的层面上，而且正是要从心理实质入手去扩展和深化各种心理学思想专题、分支领域的研究。

2.框架维度——以现代心理学概念和体系为参照的原则

中国古代的心理学思想是散见在浩若烟海的古籍之中的。只有用现代心理学概念和体系为参照去整理心理学思想遗产，才能在极为丰富的古代学者的思想里，挖掘出属于心理学方面的思想，保证心理学思想史的科学性，也才能更好地贯彻"古为今用"的精神，发挥其中的实用性功能。"……讲心理学史必须讲的是一种科学史而不是哲学史或别的什么史，并因而所论述的必须是有关心理而又合乎科学的或具有科学性的思想即心理学思想而不仅仅是有关心理的思想。"[1] 很显然，这里说的科学史角度实则心理科学的科学史，与"以现代心理学概念和体系为参照的原则"，其本质内核是一致的。

必须指出，古今参照，以现代心理学概念和体系为框架，既不是牵强附会的硬套，也不排斥同时使用我国古代的某些仍富有科学性的概念。在这里，保证概念的科学性和体现我国古代心理学思想史范畴的独特性是可以统一的。例如，我们可以从神形关系和心物关系，去研究历代心理学思想家关于心理的实质的观点。神形关系即心身关系，可与现代心

---

[1] 高觉敷主编：《中国心理学史》，人民教育出版社1986年版，第4页。

理学中"心理是脑的机能"相对照来研究；心物关系即心理与客观事物的关系，可与现代心理学中"心理是客观现实的反映"相对照来研究。其他如知虑、感悟、才智、性情、志意、欲求、禀赋、习染等概念至今仍富科学性，它们跟现代心理学中的感知、思维、灵感、顿悟、才能、智力、情感、性格、意志、需要、素质、环境、教育、学习等是相近的或相应的概念。它们之间的联系，也正说明现代心理科学与中国古代心理学思想，其发展是有共同内在逻辑的。

尹玉清、郭斯萍几位年轻心理学工作者曾经称上述这条原则是"科学论原则"，并有持否定态度的倾向，从而提出应从文化学的角度去研究中国古代的心理学思想，或者提出应从人文主义视角去研究中国古代的心理学思想。我们一开始就支持有多种视角的研究，如哲学的、文化学的、人学的不同视角的研究，它们对扩展和深化研究工作是有促进意义的。但也同时指出，必须"一以贯之"，用一种视角的观点做出一系列的研究成果。后来葛鲁嘉出版了《心理文化论要——中西心理学传统文化解析》，则从文化的、人文的视角阐述了传统心理学思想的具体问题。正如车文博教授在该书序言中所指出的："葛鲁嘉所写的这部学术专著……力图突破西方心理学的科学观的限制，设计一个更为宏观的文化框架。"[1]

我们认为，在心理学已经发展成为一门独立科学的今天，科学心理学居于主流地位，研究中国心理学史遵循以现代心理学概念和体系为参照的原则是毋庸置疑的。整理、研究古代心理学思想史，是一件沙里淘金的艰巨工作。现代心理学概念和体系的参照框架，便是这种淘金的工具。同时我们也主张多种视角结合的研究，将科学精神与人文精神结合起来。

3.评价维度——科学历史主义的原则

历史评价在史学中占有重要位置，在中国心理学思想史的研究里也是这样。研究工作中的评价维度应该坚持科学的历史主义原则。恩格斯说："思想、观念、意识的产生最初是直接与人们的物质活动，与人们的

［1］葛鲁嘉：《心理文化论要——中西心理学传统文化解析》，辽宁师范大学出版社1995年版。

物质交往，与现实生活的语言交织在一起的。观念、思维、人们的精神交往还是人们物质关系的直接产物。"[1]任何一种心理学思想的形成和发展，也都是一定社会历史条件的产物。它们不仅有其历史发展的内在思想渊源，而且还有产生它们的一定社会政治、经济基础。因此，我们应当将古代心理学思想放在一定的时空条件下去考察与研究，不以今日之要求为准则而进行历史的分析与评价。对于历史上任何一种心理学思想，既要作纵向的历时性考察，又要进行横向的共时性研究，这样才能正确地进行分析与评价。

科学的历史主义原则，认为不能孤立地研究某种心理学思想，要求在一定的历史条件下，考察产生某种心理学思想的政治经济基础，科学技术状况的影响，哲学思想和心理学思想的渊源等各个方面。试以南北朝范缜的心理学思想为例，他的"形神相即"与"形质神用"的形神观，在论述身心关系即心理与生理关系方面，是至今仍闪耀唯物论光辉的理论观点。其哲学思想是源于先秦两汉以来的无神论。为什么会产生神灭论，这有其深刻的社会历史根源，即南朝齐梁之际，佛教极盛，佛寺和僧众大增，社会劳动力减少，人民负担加重，造成了严重的社会经济危机，这就是产生范缜神灭论的政治经济基础。至于范缜认为"是非之虑，心器所主"，把心脏视为思维、心理的器官，则是当时科学技术水平发展不高的局限所致。上述这样做综合考察，我们就能比较全面而恰当地评价范缜的心理学思想。

科学的历史主义原则，还要求我们不能以今天的科学标准苛求古人，而应考察某种心理学思想在文化科学发展长河中的历史作用与地位。例如，古代的人贵论认为"人，动物之尤者也"，并且谈及草木、禽兽、人或植类、动类、人。这种观点很显然含有朴素的生物进化论思想，并且将人的心理与动物心理区别开来了。当然那时还不懂得从猿到人的进化论和劳动创造世界的科学事实。因此，我们应当而且只能从历史发展的

---

[1]《马克思恩格斯选集》第1卷，人民出版社1972年版，第30页。

角度肯定上述思想的历史价值和科学价值。又例如，《韩非子·功名篇》讲到的"左手画圆，右手画方"的"实验"，被不少古文献转引和发挥，它比西方的分心实验要早2000年，但它只是现代实验心理学注意分配实验的雏形。应当说，古代不可能有现代科学实验水平所要求的心理实验与测验，但却有心理实验与测验的萌芽。因此，我们既不能抹煞它的历史价值，又不能夸大其科学作用，而只能还它的历史面目，给予恰当的历史评价。

三、采用多元研究方法

关于中国心理学思想的具体研究方法，20世纪80年代讨论得很少，没有或缺乏明确的具体论述。当时主要谈指导思想和研究原则，简要地论及了比较法和分析法。随着研究工作的深入，90年代初本人提出了四种具体研究方法，后来又补充归纳为六种主要方法。在实际研究工作中，这些方法往往是几种一同使用的。中国心理学史的具体研究方法，是研究原则的具体体现，是挖掘、整理有关史料文献的直接手段，对于研究者和学习者都非常重要。

1.归类排比法

这是指将零散的心理学思想观点或事实材料分类归纳，然后按问题及其时间顺序进行排比叙述的方法。中国心理学思想史有一套独具特色的范畴体系，并且可以归类为各种专题、分支。因此，首先是按范畴进行归类。例如，关于心理学思想基本理论方面，可以归类为天人、人贵、人性、形神、心物、性习等范畴。心理过程方面，可以归类为知虑、知行、情欲、志意等范畴。心理特征方面，可以归类为质性、性品、才性、才智等范畴。其次，参照现代心理学的体系框架，我们又可以将范畴归类的材料，纳入有关的分支、专题归类编排。例如，可以归类为一些心理学分支学科：教育心理学思想、社会心理学思想、军事心理学思想、医学心理学思想，等等；也可以归类为心理学思想专题：心理学基本理论观点、知虑心理学思想、情欲心理学思想、才性心理学思想，等等。

2.史料考证法

考证又称考据，是研究历史的重要方法之一。它是根据历史事实的考核和例证的归纳，提供可信的材料，作出一定结论的方法，对古籍和史料的整理起过较大的作用。中国心理学思想史的研究，也需要采用史料考证法来研究某些问题，以增强其信度，只要避免那种对细枝末节的烦琐考据，这个方法还是有其作用的。中国心理学思想史研究的考证法主要包括三个方面：一是含义考证。例如明代王廷相说："心理贵涵蓄，久之可以会通。"（《慎言·潜心篇》）从这句话的前后语意可以判断，这里的"心理"一词与现在的"心理"概念是相同的。但是有些古文献中出现的"心理"二字连用其含义就需要考证才会有正确答案。例如，张耀翔1940年在《中国心理学发展史略》一文中有如下一段论述："'心理学'三字在中国古籍上似从未在一处排列过。就是'心理'二字相连的时候也很少。陶潜诗：'养色含精气，粲然有心理'，或是这二字的最早联缀。但陶之所谓'心理'，未必和现在的解释相同。王守仁也接连用过'心理'二字，他说：'心即理，心理是一个。'这种用法显与吾人用法两样。"[1]上述说法一直为后来的论者所援引和承认。但是据我们联系程朱理学中的"天理"和陆王心学"本心"的考证，认为"王守仁的'心理是一个'中的'心理'是指人的本心和天理，的确与我们现在所说的'心理'完全不同。"[2]然而，依据《陶渊明集》有关注释本对'养色含精气，粲然有心理'的字义解释，我们认为："诗句的大意是：好好保养自己身体的神色与津液，保持鲜明的性情与神理。这里的'心理'是指'性情'和'神理'。前一句说身体方面属于生理范畴，后一句说精神方面属于心理范畴，其前后联系正透露出生理方面是心理方面的基础。可见，陶渊明所使用的'心理'一词的含义与我们现在说的心理的含义基本相同。"[3]二是溯源考证，

---

［1］张耀翔著：《心理学文集》，上海人民出版社1983年版，第201页。

［2］姚懿巧、杨鑫辉：《"心理"一词发微》，《心理学理论与应用研究》，江西科学技术出版社1995年版，第12页。

［3］姚懿巧、杨鑫辉：《"心理"一词发微》，《心理学理论与应用研究》，江西科学技术出版社1995年版，第12—13页。

即对某一心理学思想观点追溯它的源头。例如，北齐刘昼《新论》里"左手画方，右手画圆"的分心实验，不仅可以上溯到汉代王充的《论衡·书解篇》和董仲舒的《春秋繁露·天道无二》，而且最后可以追溯到先秦韩非的《功名篇》。三是比较考证，即通过比较研究进行考证，而得出更为恰当的结论。例如，对诸葛亮"知人之道有七焉"的评价，通过比较考证发现：一方面是三国鼎立，选拔察举人才这种社会需要条件下产生的，可用同时期刘劭的《人物志》为佐证；另一方面，诸葛亮的知人七法，又脱胎于先秦或汉初的《六韬》一书的"知有八征"，但实际运用是他人所不及的。

3. 义理诠释法

义理诠释是整理、研究古籍文献的重要传统方法。历史上十三经注疏、四书五经注疏释义等就是用的此种方法，它包括对字句的疏注、解析和对文献义理的解释、阐发。尤其对义理的阐释，能发掘古代文献所蕴含思想的深度，甚至能借以发挥今人的思想倾向。例如，王安石的《三经新义》便是以此法阐发其变法思想的。正因为对注释的看法与态度不同，又产生了"我注十三经"和"十三经注我"的说法。中国心理学思想史的研究，也必须和适合采用义理诠释法来挖掘和整理古代学者的心理学思想，探索其微言要旨。已出版的中国心理学思想史论著对某人或某种心理学思想的阐发，《中国心理学史资料选编》对有关资料的注释，就是义理诠释法。还必须指出，在挖掘古代心理学思想的现实积极价值时，不只要诠释还要进行转换。（所谓转换，是指在符合形式逻辑规则前提下，一个符号或命题可被另一个符号或命题替换。）比如说，经过诠释与转换，我们提出中国传统心理学思想的贡献和积极价值，可以表现为下列主要方面：独特的心理学思想范畴体系，哲理说与生物本体说的结合，能融合科学精神和人文精神。以道德为核心的道德人格，向智慧理性和审美方向发展，能建构起适合新时代的新型人格模式。普通心理思想与应用心理思想的并行发展的阐发，将推进心理学为现实社会生活服务。古代心理实验与测验思想的发扬，能与西方心理科学相互沟通，有助于加强我国心理学的现代化。

顺便说一下，释义学是研究哲学、社会科学、历史学（当然包括专门史学）等的主要方法。马克思哲学从某种意义上说是马克思创立的一种独特的理解——释义的理论，他指出："不是从观念出发来解释实践，而是从物质实践出发来解释观念的东西。"（《德意志意识形态》）所以有人称之为"实践释义学"。从现代心理学理论来说，法国拉康结构主义精神分析学采用的就是解释学方法论，他对弗洛伊德精神分析学说的解释，不是简单的回归性解读，而是一种新的发展。这样看来，采用义理诠释法研究中国心理学思想史，更是顺理成章的事。

4. 纵横比较法

这是指的对古代心理学思想进行历史评价时，采用古今中外纵横交错比较的方法。比较是确定事物异同关系的思维过程和方法，有比较才有鉴别。英国学者李约瑟编著的《中国科学技术史》，就是主要采用比较法来评价中国古代科学技术的历史价值和科学价值的。这值得我们借鉴来研究中国古代心理学思想史。早在20世纪80年代初，本人在有关论文中就认为："心理学思想史的比较研究法，既包括国内外前后的心理学思想家的纵的比较，也包括与国内外同时期人物（或问题）的横的比较。这是一种纵横交错的比较法。"[1] 燕国材教授在其著作中称这种比较法为"系统比较研究法"[2]，并且认为这是古今中外的联系对比，可以分为下面四种情况：一是中国的古同国外的古相比较；二是中国的古同国外的今相比较；三是中国的古同中国的古相比较；四是中国的古同中国的今相比较。两个人的提法是名异而实同，而且都视比较法为研究中国心理学思想史的重要方法。

下面试举两例说明。高觉敷教授关于王充的太阳错觉的研究，正是引用了许尔（E. Schur）的月亮错觉的研究以资比较，从而肯定"王充在

[1] 杨鑫辉：《研究中国心理学史刍议》，《心理学报》1983年第3期。
[2] 参阅燕国材著：《汉魏六朝心理思想研究》，湖南人民出版社1984年版，第21—23页。

一千八百年前就对这种错觉进行了研究，这确实难能可贵，值得我们自豪的"。同时指出其"解释则是错误的"。又例如，我国清代医学家王清任创立的"脑髓说"，为中国近代唯物论生理心理学奠定了科学基础，对世界生理心理学也是一个重大贡献。这个结论也是采用纵横比较法得出来的。王清任在《医林改错》中提出"灵机、记性在脑不在心"的"脑髓说"，比起《黄帝内经》的"头者精明之府"和《本草纲目》"脑为元神之府"，大大前进了一步，从而我们可以断定，他在我国脑髓说中的重要地位。王清任的《医林改错》于1830年刊行问世，比俄国生理学家谢切诺夫的《脑的反射》（1863年）早几十年。王清任对中风病人口眼歪斜的长期观察，发现"凡病左半身不遂者，歪斜多半在右，病右半身不遂者，歪斜多半在左"，并且认为人的经络上行头部时左右交叉。现代神经学也已证明有所谓"锥体交叉"。这也都使我们清楚地看到，王清任的"脑髓说"在世界生理心理学中的历史地位。当然，我们在运用纵横比较法时，要防止简单的类比和牵强附会，也不能孤立地使用甚至视为唯一的研究方法。

5.实证检验法

这是采用现代科学实验、实证来验证古代心理学思想的科学性的方法。由于科学技术发展水平的限制，古代的许多心理学思想大都是社会生活实践经验的总结概括以及在此基础上思辨的结晶。因而现在看来似乎仍然正确，但又缺乏充分的根据。为了检验某些古代心理学思想理论的科学性，就有必要运用现代科学实验的方法或实证的方法去证实。十多年来，我曾对历届研究生提出，希望有人对中国古代的智力测验，尤其是对七巧板、九连环等作量化研究，并跟西方心理测验中有的测验作对比研究，以为这更能适合中国人的心理与行为。但是一直无人去做，或者浅尝辄止，近几年情况有新的进展，中医心理学思想研究运用了实验实证法。1995年10月在山东曲阜召开的首届传统文化与心理卫生学术研讨会，1996年5月在上海召开的国际中医心理学研讨会，都有人报告用动物做实验来探讨、验证《黄帝内经》上说的"怒伤肝"、"喜伤心"、

"思伤脾"、"忧伤肺"和"恐伤肾"问题，并推断对人也是如此。1996年《心理学探新》发表了《有关"五音对五脏"的心理生理的实验报告》。[1] 他们采用"电脑经络探测系统仪"，测查与五脏相对应的经络、穴位在静息状态和发音状态下信息值的变化。虽然是50多人的小样本实验，但已初步证明五音和五脏之间存在着心理生理上相关联的密切关系，五音对五脏的对应性，五行、经络理论的相关性，以及声音表象的作用问题。1997年湖南中医学院的博士学位论文答辩，题目是：《"内经"人格心理思想探讨及五态人格的量化研究》。该文不仅系统地提出了中医理论体系中的人格理论思想，对《内经》中有关人格动力、人格结构、人格类型进行了挖掘、整理，尤其拟订了七个方面作为"五态之人"的组成部分编制成量表，对"五态人格"作了定量化研究、得出了相应的结论，五态人格的某些方面可与西方的人格量表作比较。这都是方法有所突破的可喜现象。

我们也曾经指出："并不是赞成对古代心理学思想中的一切问题都采用实证研究。即使是在现代心理学研究中也不能把实证研究作为唯一的方法。人及其心理既有自然性的一面又具社会性的一面，它是一个统一的整体，是一个活生生的人的心理与行为的整体，必须既吸取自然科学的方法，又吸取社会科学的方法作综合研究，所以思辨的、内省的方法也是同样重要的。然而必须承认现在出现的实证研究方法，对研究中国传统心理学思想在方法上是一个突破，在研究的深度、科学性和本土化意义等方面都将产生重要作用。我们应当以满腔的热情和集中一定力量去探讨。"[2]

6.系统分析法

这是指对中国心理学思想史这个系统内的一些基本问题，通过逻辑思维推理分析和综合归纳，从而得出正确结论的方法。中国古代心理学的基本理论问题，古代心理学思想家的评价问题等，大都需要采用系统

---

[1]李璞民、石立军等：《有关"五音对五脏"的心理生理的实验报告》，《心理学探新》1996年第3期。

[2]杨鑫辉：《关于中国传统心理学思想研究的几个问题》，《心理学探新》1996年第3期。

分析法。试简析一例。大量资料表明，中国古代不仅有极丰富的哲学心理学思想，而且已有生理心理和心理实验与测验的萌芽。那么，为什么中国古代的心理学思想没有直接发展成为实验心理科学呢？这必须从多方面考察进行系统分析。首先，单纯的哲学心理学思想不能直接导致心理科学的发生，只有采用实验科学手段，才能使心理学成为一门实验科学。实验心理学最先在德国诞生就是证明。正是由于19世纪的德国，不仅哲学心理学思想很发达，同时生理学和物理学也很发达。而我国近代的实验生理学等科学并不发达。其次，我们可以进一步分析我国近代实验生理学等科学不发达的原因。尽管在《黄帝内经》里已有许多解剖、生理与生理心理的知识，但是由于封建礼教的束缚，视人体解剖与生理实验为大逆不道，导致了我国古代和近代解剖学和实验生理科学的不发达。而像清代的王清任不仅作过动物解剖，而且对病儿尸体和刑场尸体进行解剖研究的人是很少有的。再次，在中国的传统思维方式中，相对而言，比较重视意象思维而轻视严密的逻辑思维，比较重视理论的演绎而轻视实验的归纳法。尽管各种思维方式都是必要的，都帮助人类创造了灿烂的文明，但缺乏严密形式逻辑体系会影响形成科学假说体系，影响向实验科学的发展。在进行以上分析的同时也必须看到，中国古代丰富多彩的心理学思想，虽未能形成为一门独立的科学心理学，但为我们今天建立自己的科学心理学提供了大量的宝贵资料，也为世界心理学思想宝库作出了贡献。

除了上述六种主要研究方法外，还有其他的方法，比如说计量研究法。这是指采用计量、统计手段对某些古代心理学思想进行量的研究的方法。此方法的设计是：将医家或医著的医学心理学思想分为理论、文献、临床三个部分，各部分又分若干细目，根据其贡献大小计分，然后作出评价。[1] 此种方法对于了解中国医学心理学思想的发展概况有所帮助，但是其计量评分缺乏信度和效度。

---

[1] 参见王米渠著：《中国古代医学心理学》，贵州人民出版社1988年版；王米渠、黄信勇著：《中医心理学计量与比较研究》，上海中医学院出版社1993年版。

第四章　中国心理学史的范畴论

1.何谓"范畴"，它对于研究中国心理学史有什么意义？

2.你知道已有的范畴论研究吗？应如何评价它们？

3.建构范畴体系应遵循哪些指导原则？

4.你对中国心理学史的范畴体系有新的思考吗？

范畴论即对范畴的论述与研究，范畴是知识领域中最基本概念，任何一门学科均是由一定的范畴体系构成的，因此，它理所当然地成为中国心理学史论（包括中国心理学史的方法论、范畴论、专题论、体系论四个组成部分）中最基础的研究。范畴论研究的深度、广度直接影响到专题论、体系论研究的深入，进而制约着整个中国心理学史论的理论深度，故而范畴论对于中国心理学史的整体研究，对于中国心理学史今后的发展起着至关重要的作用。我们必须对已有范畴研究成果进行仔细的梳理、剖析，择其优劣，制定出筛选、确定范畴的理论依据、指导原则，并在一个基本确定的理论依据下，重构中国心理学史的范畴体系。

第一节　范畴与中国心理学史论

一、范畴的概念

首先，我们应对什么是范畴有个准确的了解、把握。什么是范畴呢？范畴是个翻译名词，是 category 的汉译，范畴二字取自《尚书·洪范》中"无乃赐禹洪范九畴"，即是九类基本原则。在哲学史上，古希腊亚里士多德最早对范畴作了系统的研究，把它看作是对客观事物的不同方面进行分析归类而得出的基本概念。他在《范畴篇》中提出实体、数量、性质、关系、地点、时间、姿态、状况、活动、遭受等十个范畴。中国古代哲学中所谓"名"，即指概念，它亦有范畴之义。《墨经》将名分成三类：达名、类名、私名，其中达名即是最广泛的范畴。对中国心理学史范畴做深入研究之前，必须明确以下几个问题：

1.首先要弄清概念与范畴的关系。概念与范畴都是人类理性思维的逻辑的形式，按照一般理解，概念是对某类事物的性质和关系的反映，而范畴则是反映事物的本质属性和普遍联系的基本概念，故范畴高于概念，一个范畴往往包含着一个具有内在联系的概念系统。但类的大小是相对的，某类事物的性质和关系也主要是指这类事物的本质属性和普遍联系，所以一般概念与基本概念只是比较而言，概念与范畴之间并没有绝对界限。因此，在中国心理学史的范畴论中，范畴与概念不作严格区分，统而论之。

2.必须把范畴与范式区分开。在心理学中范畴与范式是一对极为重要的概念。我们不妨先谈谈心理学中的范式。范式（paradigm）是科学哲学家库恩的科学革命的结构理论中的一个关键概念，在《科学革命的结构》一书中，库恩阐述了他的科学"范式"理论。在这一理论中，尽管范式是一个关键的概念，但库恩却从没有对它作出规定性的、简明扼要的解释。而是在不同的意义上使用范式这一概念。有人统计，在《科学革命的结构》一书中，库恩对范式的概念作出了二十余种解释；有时他把范式看成是科学家所共有的信念，有时他把范式又看成是科学家共同的研究倾向，或理论、定律、模型、准则、方法，甚至研究工具和仪器。但一般说来，范式的基本含义有两个方面：第一，从心理方面来说，范式是科学群体的共同态度和信念，是从事某一学科的科学家所共同分享的立场和观点。第二，从心理方法论上来说，范式是科学群体所公认的"理论模型"或"研究框架"，如"哥白尼的太阳中心说"是古典天文学时期天文学家的范式，"牛顿力学"是古典物理学时期物理学家的范式，"相对论"则是现代物理学家的范式。这些"范式"都是由特定时期从事这一科学的科学家所公认的理论框架所构成的。库恩认为，范式的形成是科学成熟的标志，任何一门学科只有具备了稳定的范式，才能称之为规范科学。于是有许多学者根据库恩的范式理论来衡量心理学，结果众说不一，但主要有四种观点：①心理学确实存在范式，心理学亦曾有革命的范式衍变过程。②有的学者认为，虽然至今尚未在心理学中形成统一的范式，但认知心理学将会成为心理学的科学范式。③许多学者持怀疑态度，认为库恩的范式理论可能不适合心理学，因为心理学的研究对象是人的心理，因而不像物理学、化学等规范科学的研究对象是比较确定的客观自然现象，人的心理具有不确定性。④有学者认为心理学不存在范式，最多只有一些如库恩所谓"类范式似的东西"，即范畴（prescription），它同样对心理学研究起指导作用，规范心理学家的思维方式，这主要是美国心理学史家沃特森（Watson, R. I.）的论点。

"范畴"（prescription）一词也可译为规定、规范和法规等。它是心理学家所采用的一种态度或价值观，这种态度和价值观决定着他对心理学基本问题的解释，使他的行为自觉地与范畴所规定的原则相一致。例如，量的研究或数量化是心理学的一个基本范畴，当持这一范畴的心理学家面临一个心理学的问题时，他会不假思索地去尝试把他的研究数量化，而不愿考虑这个问题是否适合数量化。

范畴与范式是一对既有联系又有区别的概念。从它们的联系方面来说，它们都是一种态度或信念，也都是一种具有导向性的理论框架。所不同的是，范式在某个特定的历史时期只有一个，而范畴却可以有多个；就使用的范围来说，范式是某一学科的科学家所公认的，而范畴则是某个学派甚至学派内的某个群体所信奉的，其范畴明显小于范式；就表现形式来说，范畴，总是有它的对立面，往往以对立的形式呈现，如理性与非理性、中枢论与外周论等等。[1] 我们认为更重要的一点区别是，物理学、化学等自然科学存在范式，而心理学目前只存在范畴。

以上介绍的范式与范畴是西方心理学历史中一对相互联系的概念，具体到中国心理学史的范畴论研究中，我们还必须进一步探讨这个问题，因为西方心理学史中的的"范畴"（prescription）与中国心理学史中所用的"范畴"（category）仍是两个相区别的概念。西方心理学中的范畴即是规范、法则，是心理学家所采用的一种态度和价值观。美国心理学史家沃特森认为，心理学内部存在着十八对主要范畴，如决定论与非决定论、经验论与唯理论、机械论与活力论等。[2] 其特征是范畴之间总存在对立面，两者常常有激烈争斗，且对立双方相互转化。中国心理学史的范畴则是一种分类法则，它是按照心理实质、心理活动过程、个性心理这三个心理学中最基本的内容来进行分类的。中西心理学史范畴的差异是两种心理学体系差异的突出体现，这一差异在下文中还将详述。

3. 必须弄清范畴与体系的关系。唯物辩证法认为，范畴在反映客观世界的整体性和内在联系的一定体系中存在，范畴的本质即表现在构成它的各个要素之间的关系结构中。诸种范畴之间存在着内在联系，众多范畴彼此相关，于是构成一定的体系。体系又有不同的层次。有一家的范畴体系，有一个学派的范畴体系，有一个时代的范畴体系，有长期通贯的综合范畴体系。历史上每一个建立哲学体系的思想家，总要提出许多基本命题，其中包括一些或许多概念、范畴。这些概念、范畴构成一个体系，就是一家的范畴体系。

---

[1][2] 叶浩生著:《论心理学的范式与范畴》,《南京师范大学学报》1997年第2期,第67—71页。

范畴只有在相互联系中，才能在不同的结构层次上反映作为系统和整体的客观现实并克服抽象化的片面性。不论是哪个学科领域，所有的范畴都不是彼此孤立的，范畴与范畴之间总是互相关联形成一个又一个体系的。有的范畴可以按照它们产生出现的时间顺序排列出来，形成一个历史的体系；有的范畴则是按照本末大小的层次予以组合，形成一个逻辑的体系。因而研究范畴就不可能脱离体系，范畴只有在体系中才是有意义的，体系失去了范畴就根本不存在。既然如此人们会问，范畴论要讲范畴体系，那么与体系论不是冲突了吗？体系论固然少不了对范畴的解说，研究某一学派的体系，就必须涉及其代表性范畴；而研究众多范畴又必须放在一定的体系中论述。二者之间的确有所重叠，但它们的研究侧重点是相异的：范畴论研究的是组成这一体系的各范畴本身，体系论研究的是组合排列众多范畴的结构框架。由此看来，本书的范畴研究必定会涉及相应的体系，但只突出对体系中的范畴论述，关于体系形成、构建、与他体系的区别则不在本论范围。

二、范畴论对中国心理学史论的研究意义

在了解了关于范畴的概念、定义之后，我们要探讨的下一个问题是范畴对于研究中国心理学史的意义是什么？范畴论在中国心理学史论中处于怎样的地位？

我们知道一门学科是否真正成熟，至少可以有三个衡量指标：一是否确立了专门研究对象；二是否形成专门研究者群体并积累了相当的研究成果；最后一点，也是最重要的，即是看其是否已经建立了特有的范畴体系。因为范畴是进行理论思维的普遍逻辑形式，如恩格斯所说，"要思维就必须有逻辑范畴"，从事任何科学研究都必须运用范畴去概括所研究对象的本质、特性及其发展规律。而且范畴必然是特有的，因为范畴是一种分类也是一种规约，不同的研究对象，其分类方式也是不同的，如生物学按照谱系的界、门、纲、目、科、属、种分类，而心理学则按照心理过程的认知、情感、意志和个性心理等来分类，因而不同的学科

会有不同的分类。范畴作为一种规范,表现在它制约着研究者的思考方式,并因此联合所有使用相同或相近术语的研究者形成研究者的共同体。可见,范畴是一门学科的建立的基石,也是衡量一门学科成熟与否的标志之一。而这种基石、标志对于中国心理学史这门新兴学科的意义就显得更为重大。

这一重大意义首先来自中国心理学史这一学科的特殊性。一方面,中国心理学史作为中国心理学的学科专门史,它应属于历史学的范畴。由于历史学是历时态而非共时态的,因而其研究对象的确定性大受影响,比如中国古代心理学史中某些年代久远的事件、人物由于没有记载或者由于文献的佚失或被埋于地下而难以确证。这样一种不够确定的研究对象是不可能进行实证的,而只能采用考据或思辨的研究方法。另一方面,中国古代不存在科学的心理学,只有散见于经史子集浩瀚典籍中的心理学思想,心理学思想又是一种前科学的知识形态,它只有经过现代的转换——通过一定的参照框架,对其进行规范的整理挖掘与诠释,才能纳入到我们今天所用的规范系统的知识体系,才是科学的。而这种现代的转换(包括挖掘、整理、诠释)的最初也是最关键阶段,就是要梳理出一套与现代科学的理论框架(由概念与范畴构成的体系)基本对应的中国心理学史的范畴体系,比如知虑与感知的对应,志意与动机的对应,情欲与情感、需要的对应,智能与智力、能力的对应,等等。有了一套公认的、确定的范畴体系才能得到学术界的承认,才能获得中国心理学史的身分自足。

其次,一门学科的确立与自足不仅是通过找到与别人的共通之处,更表现在自身的个性与特色上。中国心理学史不能仅仅满足于现有的一套与西方现代心理学基本对应的范畴体系,而有成为西方心理学理论框架的中国式例证之嫌,更应该突出在中华传统文化背景中养就的中国人特有的范畴体系,用以说明中国人特有的心理现象与行为规律,而这也正是我们建立中国心理学史这一学科的最终目的。而这一目的的达成与实现首先要在中西心理学范畴体系的对比中寻得。通过两种范畴体系的对比，我们才能发现中国心理学中特有的范畴体系，因而特殊范畴成为中国心理学史区别于西方心理学史的标志，而由这些特殊范畴构成的特有体系也正是中国心理学史的特色与灵魂所在。如天人合一中的"人性说"，又如情欲范畴中的"情二端说"、性习范畴中的"习与性成说"等（范畴内容的详细论述见下文）。

最后，范畴作为"认识世界过程中的一些小阶段"，"认识和掌握自然现象之网上的网上纽结"，[1]从它的变化发展中可见到中国古人对于某个心理问题认识的思维历程，进而成为中国心理学史各个派别、各个时代心理观的结晶，以便于今人对这一心理问题的研究有所借鉴，并从中预测推理这一问题的最理想答案。如对于心理实质的认识，经历了由先秦的"人性说"、汉晋的"形神说"、唐代的"佛性说"、宋明的"性理说"、清代的"脑髓说"。从这些关于心理实质的范畴更迭中，我们看到了中国古人对心理实质的认识经历了一个由"哲理"说向生理心理迈进的过程，而贯穿中国心理学史发展始终的"习与性成说"则表明中国古人对心理实质的认识是一种较为辩证的、科学的观点，他看到了人的心理的先天遗传与后天环境（教育）的辩证组成，这一心理观对于现代心理学探索人的心理的发展实质、动力具有极大的现实意义。

正是由于范畴作为中国心理学史学科合理性获得的基石和中国心理学史个性与特色的标志，以及人们对于心理问题探索的思维轨迹与结晶，它对于这一学科的重大意义与重要地位就极为明了了，故而本人再三强调："只有抓住基本范畴，才能较全面地了解和认识中国古代的心理学思想，并使之系统化、理论化。"[2]

---

[1]《列宁全集》第38卷，人民出版社1983年版，第90页。

[2]杨鑫辉著：《中国心理学思想史》，江西教育出版社1994年版，第234页。

第二节　范畴研究的回顾与评价

一、对已有范畴的回顾

正是由于认识到范畴对于中国心理学史学科发展的重要意义，在本学科建立之初，就有一批学者不约而同相继提出了各自的范畴说。我们知道范畴问题是在研究中国古代心理学思想的过程中逐步提出来的，20世纪80年代初期在这一领域中产生了一批富有影响的研究成果。尽管早期研究者对范畴的称谓不一，如有的言"学说"，有的言"特征"，有的言"范畴"，但这似乎并不影响中国的心理学工作者在浩如烟海的中国古籍中挖掘、整理中国古代心理学思想的一些基本范畴。于是出现了五对范畴说、七对范畴说、八对范畴说等数量不一、内涵也不尽相同的范畴理论。这些理论观点各具特色，同时又相互补充、相互借鉴，使范畴的研究日趋成熟。以下我们不妨看看具体的范畴学说。

（一）五对范畴说

1985年，高觉敷教授提出五对基本范畴，即天人论、人禽论、形神论、性习论和知行论，于同年出版的《中国心理学史》绪论中，他把这五对范畴称为"中国古代心理学思想的基本特点"。首先是天人论，它是指人与大自然的关系，"天"即自然，孔子就说："天何言哉？四时行焉，百物生焉，天何言哉？"[1]高觉敷认为，在我国古代的心理思想中，天人论呈现出两种对立的倾向：神学或唯心的天道观和自然的天道观。前者以孔子、孟子、董仲舒等人为代表，认为天是有意志的神，它不仅主宰着人的生死富贵和国家的兴亡，而且是万物的本源。后者以荀况、王充和刘禹锡等人为代表，主张人定胜天，事在人为，天是受人控制的，人间的灾难是自然界的反常现象。上述两种天人观的斗争一直延续至唐代。

---

[1]《论语·阳货》。

刘禹锡针对韩愈的"贵与贱，祸与福存乎天"的观点，提出了"天与人交相胜，还相用"的科学论断。高觉敷指出，自然天道观是人掌握了科学知识，明了了自然规律的必然结果，它作为我国古代心理学思想中的宝贵遗产被历代发扬光大。

人禽论即探讨人与禽兽或人与动物的关系。在这一问题上，我国古代思想家的观点异乎寻常地一致，基本上持一种"人为贵"或"人为万物之灵"的鲜明立场。他们不仅主张"人为贵"，而且从不同角度分析了人如何区别于动物。孟子从道德哲学出发，认为人之所以异于禽兽，在于人无不具有恻隐之心、羞恶之心、恭敬之心和是非之心这四端。宋代的程颐、明代的王夫之等人，以本能和学习作为区别人与动物的标准。他们认为，动物只凭本能行事，而人的本能活动往往不及动物，但人通过后天的学习却能远远超过动物，从而证明了学习对人的重要性。到了清代，由于受到近代科学发展的影响，思想家们已能从语言的角度来区分人禽的差异，即"所以能著灵者于语言声音著之"，"以其能言耳"（谭嗣同语）。

总之，人贵论是一个有着重要意义的范畴。西方心理学中出现的把人仅仅看作动物而忽视人的社会性，或者把人等同于一部复杂的机器等观点，是不能对人作出科学了解的。因此，尽管上述论断并非完全科学，而且也不尽系统，但相对于西方心理学中的庸俗进化论而言，却有其先进的一面。当然，对人贵论也要作历史的分析。我国古代思想家不懂得从猿变人的进化论和劳动创造世界的科学事实，更不懂得人和动物的区别是由劳动引起的。然而，我们不能要求古人提供我们现代所要求的解释。

形神论即心身论，是说明心与身、心理与生理的关系问题的理论。它是心理学基本理论的根本性问题。形神论认为心理由一定结构的身体所派生，是唯物主义的观点；认为"心具而形生"是唯心主义的观点；将心与身看作两个独立的实体，则是二元论的观点。心理学如果不能正确地解决这个问题，要走上科学的道路是不可能的。在西方心理学中身心关系一直是争论不休的问题，我国古代的形神论对这一问题早已有明确的答案。早在两千多年前，荀况提出的"形具而神生"的观点，确立了形为第一性、神为第二性的古代唯物主义的形神观。王充继承其观点，向有神论者发出了"形之不存，神将焉附"的质问。范缜从唯物主义的角度进一步阐明形是神的基础，神随着形的消失而消亡，他在《神灭论》中说："神即形也，形即神也；是以形存则神存，形谢则神灭。"他的观点极好地阐述了精神与形体的体用关系。

由此可见，在长期纠缠不清的心身问题上，我国古代唯物主义的形神论相对于西方心理学中的身心二元论和唯心主义身心观是有进步性的。

性习论可理解为现代心理学中的遗传与环境的关系。孔子的"性相近也，习相远也"的命题，确立了性习对立统一的范畴。孟子从先验论的性善论出发，指出性之所以相近，乃因为人性皆善。荀子则从"人性恶"出发，认为任其发展就会积恶愈深。习相远则归因后天的学习和习染。尽管孟子和荀子对人性的观点不同，但都肯定了习对性的影响，因而都重视学习。孟子企图教导人们通过学习保存并发展其善，荀子则主张通过学习纠正和改造其恶。明代王廷相认为后天的学习胜过先天之性；王夫之则发展了"习与性成"的光辉思想，他说："习与性成者，习成而性与成也。"[1]

遗传与环境的问题，在传统心理学上，一直是纠缠不清和争论不休的。有所谓遗传决定论，也有所谓环境决定论。然而，在我国古代的"习与性成"的理论中，这个问题却获得了较圆满的科学解决。这种解决的主要途径就在于确认所谓"性"（心理机制）有两种，一是由生长而来的生成的性，也可称为生性；一是人出生以后由学习而来的习成的性，可称为习性。人的心理中生性只有很少，而习性则是大量的，且其发展的可能性在实际上是无限的。可见，我国古代的思想家在遗传与环境的问题上，更重视环境和教育对人的心理的作用。另一方面，我们也应看到由于历史的局限性，这个理论未能强调主体在形成个性中的作用。

---

[1]《尚书引义》，第63页。

知行论是我国古代心理学思想中的一对重要范畴。知即感知，行即行动。《尚书·商书》中说的"非知之艰，行之惟艰"是最早关于知行问题的论述。知行论与心理学的认识与意向的关系问题有密切联系。西方的传统心理学对这个问题重视不够，我国古代心理学思想对知行关系进行过热烈的讨论和争论，因而这方面的见解也表现为一个发展过程。知与行孰先孰后，孰重孰轻？对二者关系的不同看法分别导致了唯心主义和唯物主义的知行观。唯心主义的知行观上承老子，下至宋代的程朱陆王。老子主张"不行而知"、"不为而成"。二程及朱熹所谓的理是先验地存在于人的心中。高觉敷教授评价他们的格物致知论为"不是变革客观的事物以求知，而是穷（格）封建时代人际关系之理以行事"[1]。唯物主义的知行观与此颉颃而行。荀子率先提出了重视闻见知行的唯物主义的知行观。他说："不闻不若闻之，闻之不若见之，见之不若知之，知之不若行之，学至于行之而止矣。行之，明也。"[2]王充加以阐发，并强调了学以致用、知而能行的原则。王廷相重视行，强调"履事"、"习事"和"实历"的作用，反对知识能力的先验论观点。王夫之的知行理论更接近辩证法，他在《尚书引义·说命》中以"知非先行非后，行有余力而求知"的知行观批驳了朱熹等人的论调。

我本人从20世纪80年代初期就开始关注范畴问题，从时间上看应是最早。早在1981年我在撰写的《必须用辩证法指导我国心理学的发展》中就提出了五对范畴说。这五对范畴说从心理实质的角度来分析和认识各个历史时期的主要心理学思想理论，并归纳出了五种关于心理实质的基本理论，它们分别是：先秦的人性说、汉晋的形神说、唐代的佛性说、宋明的性理说和清代的脑髓说。燕国材教授对此的评价为："这里虽未明言范畴，亦未加阐释，但其所说的人性、形神、佛性、脑髓等，却颇有范畴的意味。"[3]其实此后不久，在一篇题为《中国心理学史研究的新进展》

---

[1] 高觉敷著：《中国心理学史》，人民出版社1988年版，第12页。

[2]《荀子·儒效》，第94页。

[3] 林仲贤主编：《中国心理学》，吉林教育出版社1997年版，第309页。

（1987）的文章中，我就将其明确为基本范畴问题，并在1994年出版的专著《中国心理学思想史》一书中，单列一章，系统阐述了上述五对基本范畴，并稍作改动，将唐代的佛性说改称为隋唐的佛性说。这五对范畴以心理实质问题为纲，以历史线索为序，同时以富有代表性的历史时期为论述的重点。

从五对范畴的内容看，"先秦的人性说"着重探讨了从先秦肇始的人性观问题，即人的本性是什么，人性又是怎样发展变化的。其中以孟子的善端说和荀子的性伪说为代表。前者主张人先验地具有"恻隐"、"羞恶"、"辞让"、"是非"四个善端，故人性可发展为善。后者主张人的生性、自然本性是恶的，而善性是由环境、教育的影响形成的，即"化性起伪"论。由此可见，古代思想家在探讨人性问题时也涉及性与习的关系。汉晋的形神说在时间上强调汉晋，只因为汉晋时期的形神关系论战最为激烈，并使形神说的思想达到高峰。其实，这五对范畴的命名都是以此思想为指导的。形神说是从形体与精神（即身心）的关系入手探索心理的实质，同时涉及心物关系和心理与生理的关系。

此外，隋唐的"佛性说"和宋明的"性理说"仍然是针对人性问题，只不过前者探讨的是佛教的人性论，后者把人性、人心和天理联系了起来，从本体论的角度探讨人性的始因。程朱理学把"理"视为主宰万物、不以人的意志为转移的最高原则，陆王心学则把"心"（或本心、吾心）视为最高范畴，得出"宇宙便是吾心，吾心即是宇宙"的唯心主义命题。当然，性理说不只有唯心的一面。以张载、王廷相、王夫之等人为代表的唯物论气一元论者，主张"理在气中"，不承认有超越物质的"理"，理只能在气之中，理随气变化。

上述人性、形神观主要从伦理学或哲学的层面来探讨心理的本质，并未达到科学的心理学水平。清代明确提出的脑髓说，从生理的角度探讨了心理的物质本体，从而使心理的实质问题日臻完善。脑髓说的确立并非一日之功，它是在与脏器说的长期争论中，随着科学知识的日益丰富才确立其主导地位的。关于心理的生理机制，我国古代先有脏器说，后有心脏说。前者如《黄帝内经》中云："人有五脏，化五气。以生喜怒悲忧恐。"隋唐医学家孙思邈认为，精神魂魄意藏于五脏，心主神，肾主精，肝主魂，肺主魄，脾主意。先秦时期的荀子明确提出，耳、目、鼻、口等人类自然具有的器官，具有不能互相代替的感知职能，而且由心来主宰着感觉器官，即"心居中虚，以治五官，夫是之谓天君"[1]。《黄帝内经》基本上主张"心脏说"，把心脏看作心理的器官。但对于脑的功能也稍有论述，并为后来的脑髓说奠定了基础，其中的论述有："诸髓者，皆属于脑"，"脑为髓之海"，"头者精明之府"。"精明"指眼睛，显然把感觉器官的活动与脑联系了起来。12世纪金代医学家张洁古明确指出，人的视觉、听觉、嗅觉等都是脑的功能活动。到了明代，脑髓说逐渐占据主导地位。明代名医李时珍在《本草纲目》中提出"脑为元神之府"；清代的刘智全面地论述了大脑的功能，突破了哲学思辨的理论认识层次；王清任则以解剖生理为基础进行了系统的论述，正式提出"脑髓说"。脑髓说确认人脑是人的心理的器官，此学说不仅为中国古代唯物论心理学思想提供了自然科学的论证，而且在世界脑科学和心理学发展史上留下了光辉的一页。

从上述分析可见，高觉敷教授和我本人虽然都主张五种范畴说，但二人的侧重点是不同的。我的范畴侧重于围绕心理的实质问题，并按时间顺序来拎取基本的范畴；而高觉敷教授则参照古代哲学范畴，从我国古代丰富的心理学思想中抓住了五对出现频率较高的范畴。这五对范畴，有涉及心理实质问题的，如天人论、人禽论、形神论、性习论，也有涉及心理活动的，如知行论。

1983年我在所著的《心理学简史》中又提出新的五论说，这五说分别是：人贵论、形神论、性习论、知行论、情欲论。我的新五论说是在潘菽教授的八对范畴说（详见下文）的基础上提出的。如人贵论就是综合了天人论的思想在里面，因为天人关系中人的地位是最重要的，情欲论是综合情二端论和节欲论的，中国古代往往将情感与欲望、需要联系

---

[1]《荀子·天论》，第223页。

起来论述。

（二）八对范畴说

1983年，高觉敷教授和潘菽教授二人合作撰文，提出了八对范畴，即：人贵论、天人论、形神论、性习论、知行论、情二端论、节欲论、唯物论的认识论传统。潘菽教授一直非常重视中国心理学史的范畴研究，他指出，中国古代的心理学思想是在自己特有的基本范畴基础上，进而形成了许多心理思想理论。他认为，中国古代的心理学思想表现出许多值得重视的"光辉特征"，如人贵论，形神论，性习论，知行论，唯物论的认识论传统。1983年在与高觉敷教授合作发表的一篇论文中，将其扩充为八大特征，即把六情论改为情二端论，又补充了天人论和节欲论。我和燕国材教授一致认为，这八种"光辉特征"实质上就是八大范畴。

这八对范畴中只有情二端论、节欲论和唯物认识论是前面未曾涉及的，其中的人贵论是人禽论的另一称谓而已。故前面已有介绍的不再重复。

情二端论是关于情绪分类的重要学说。在对于情绪的分类问题上，中国古代有六情论和七情论之说。前者如喜、怒、哀、乐、爱、恶六种；后者如喜、怒、忧、思、悲、恐、惊等。中国古代文献上说："喜生于好，怒生于恶………好物乐也，恶物衰也。"不管是六情论还是七情论，情的根本形式不外乎两种，即爱（好）和恶，称为情的两大端。潘菽教授指出，中国古代文献强调人有好恶两种基本的情，其他的情都是好恶的变式，故称之为"情二端论"。我将上述所引《左传》中有关与情感的论述画成图示，[1]与冯特的"情感三维说"进行比较，可以更形象地看出两种理论思想在情感两极性方面的相似之处。从此图中我们可以作这样的解说，情二端中的"好"、"恶"是欲望（需要），是产生喜、怒、哀、乐情感的基础。就情感与需要的关系说，这与现代心理学的情感理论相似。情二端论说明了情绪的两极性。这一独特见解与西方心理学中冯特划分的情感的三维性有异曲同工之妙。

---

[1] 杨鑫辉著：《中国心理学史研究》，江西高校出版社1990年版，第49页。

节欲论所探求的是欲求或欲望，最早论述欲求的种类与层次的，当首推《管子》，它将欲求分为生理欲求与社会欲求两大类，前者是后者的基础："仓廪实而知礼节，衣食足而知荣辱。"还将之细分为四组两两相反相对的欲求，即"忧劳"——"佚乐"，"贫贱"——"富贵"，"危坠"——"存安"，"灭绝"——"生育"。而节欲论只是中国古代众多关于欲望理论（如去欲、无欲、寡欲）中的一支。潘菽教授所谓的节欲论主要说明的是，人类的欲求是天然就有的，不能无欲或去欲，而只能节制在合理的限度之内。

潘菽教授特别强调我国古代心理思想中的唯物认识论传统。他在一篇文章中说："纵观我国两千多年的思想史；在认识论问题方面，唯物论的传统一直是绵延不绝的。对科学的心理学思想有所贡献的人大都是唯物论者或有唯物论倾向的人。"[1]在他看来，正是唯物论思想家的科学思想使我国古代的心理学思想放射出了灿烂的光辉。在我国几千年的悠久历史中，唯物论思想传统是颇具生命力的，但是唯心论者对心理学思想的贡献也不应抹杀。

潘菽教授还对"主客论"有过详细的阐述。主客论所对应的正是心物论，即心理与客观事物的关系：心理是由形体自行产生的，还是由客观事物作用于形体而产生的。潘菽教授分别对墨子、荀子、张载、王廷相、王夫之和戴震等人的观点加以考察，指出，在我国古代的唯物主义思想家那里，均承认有了形体之后，还必须与外物相接、相合、相逼、相交、相感，才能产生认识、产生心理。

在此还应指出，尽管高觉敷教授、潘菽教授均提出"知行论"这一范畴，但后者对知行关系的论述更为详尽一些。潘菽教授总结认为，在知行关系上，有荀子的知行统一说、董仲舒的知先行后说、朱熹的知行相须说、王守仁的知行合一说、王廷相的知行兼举说及王夫之的知易行难说等等。概括起来看，中国古代心理学思想史对于知行问题有以下三点认识：（1）知

---

[1]潘菽、高觉敷：《组织起来，挖掘我国心理学思想宝藏》，《心理学报》1983年第2期。

和行在本质上是不同的，各有各的作用，不能混用。（2）知和行又是不可分离的，即是一种"常相须"或"相资互用"的关系。（3）知和行的关系是矛盾统一的关系，其中行是矛盾的主要方面。[1]实际上，燕国材教授也曾明确提出中国古代心理学思想的八对主要范畴分别为：形与神、心与物、知与虑、藏与壹、情与欲、志与意、智与能、质与性。早在撰写《先秦心理思想研究》（1981）等系列著作时，燕国材教授就已使用这些范畴，尽管当时他并未明言范畴。这些范畴的正式提出是在1984年的一次会议上。1988年他又将上述八对范畴归纳为七个方面：心身（形神）、心物、知虑（含藏与壹）、情欲、志意、智能、质性、性习。这七对（或八对）范畴构成中国古代普通心理学思想体系的框架。这其中有不少范畴前文做了详尽论述，以下我们仅就尚未论及的范畴加以说明。燕国材教授1996年在台湾出版的《中国心理学史》一书中又提出了新的范畴说，新的范畴说共有七对，它们分别是形与神、心与物、知与虑、藏与壹、情与欲、智与能、性与习。与前面提出的范畴说相比，将志意、质性剔除之后新的范畴更简练，集中地突出中国心理学史范畴的精华与特色。

　　首先是心物观。它所探讨的是心理与物质或心理与客观事物的关系。在前面几位研究者那里，心物问题通常是在形神关系中附带说明的。潘菽教授于1985年提出的"主客论"实质上也是探讨心物关系。燕国材教授则首次明确地把"心与物"作为中国古代心理学思想的八大范畴之一。在心物关系上也存在两条路线。荀子、张载、戴震、王夫之等人代表唯物主义的路线，隋唐佛学和朱熹、王阳明等人则是唯心主义的代表。荀子的"精合感应"的命题奠定了唯物主义心物观的基础。这个命题的基本内涵是：人的心理活动是"物感"和"人应"的统一，没有"物感"和"人应"，心理不会由形体自然产生。因此，"感应"一词较好地处理了主体与客体、能动性和受动性的关系。成书于唐宋之际的《关尹子》提出的"物我交心生"的命题，进一步阐明了心理活动乃是客观性与主

---

[1]《中国大百科全书·心理学卷》，中国大百科全书出版社1991年版，第554页。

观性的统一。宋代张载提出的"人本无心，因物为心"的论断肯定了客观事物是人的心理的源泉，同时承认，因为外界环境千差万别从而决定了人们心理的个别差异，即所谓"心所以万殊者，感万物为不一也"。明清之际的戴震提出，客观事物的规律"在物不在我"，口、耳、目、心等器官都具有"自具之能"，即具有反映客观事物的能力，客观事物与有"自具之能"的口、耳、目、心相互作用，才能产生心理活动。王廷相、王夫之等人也都提出了必须有外物作用于形体的心理器官才能产生心理的心物观。隋唐佛学所谓"心识"产生"外境"，朱熹的"以心观物"则物之理得，承认"心主宰身"，王守仁的"无心则无身"，都是在错误的形神观的基础上导出了错误的心物观。

知虑论是中国古代关于认识过程的基本观点。知指感知，虑指思维。中国古代思想家对知、虑问题的论述不仅全面而且深刻，其中许多观点可与现代心理学中的论述相媲美。他们对感知与思维关系的论述，对感知规律的见解，对错觉的验证和分类，都是非常科学的。燕国材和杨鑫辉教授认为，《尚书·洪范》篇首先对知与虑加以划分，认为目明耳聪属感知，睿思属思维。明代王守仁区分"见闻知思"及王夫之区分的"客感"与"知见"两个阶段，都是对认识过程的阶段性划分。比如，"客感"是耳目闻见之类的感知，属于感性认识阶段；"知见"是在见闻基础上"通过思维而成立的，属于理性认识阶段。清代学者戴震还以君臣关系为喻，指出："耳目鼻口之官，臣道也；心之官，君道也。臣效其能而君正其可否。"[1]即感知为思维提供感性材料，思维则对感知加以检验，以确定其正确与否。此外，在具体问题上，《淮南子》和《论衡》两部著作都对感知规律有较系统的论述。燕国材教授曾把《淮南子》中的错觉规律归纳为五种：大小错觉、形状错觉、时间错觉、由惧怕情绪引起的错觉和醉酒乱神引起的错觉。

情欲论是指情感和欲望方面的心理学理论，它包括上述的情二端论

---

[1]《孟子字义疏证》卷上，第272页。

和节欲论的思想。中国古代思想家往往把情欲并提，如"欲者，情之应也"[1]，就是用情来解释欲的。这一思想符合现代心理学中情感与需要密切相关的观点。

藏与壹是知虑范畴下的一个很重要的子范畴。燕国材教授和曾立格、罗忠恕等人都对荀子的"虚、壹、静"的心理学意义作过考察。在荀子那里，虚与藏、壹与两、动与静是相统一的。虚与巩固记忆的问题有关，壹与集中注意的问题有关，静与冷静思考有关。

可见，现代心理认识过程中的感知、记忆、注意、思维等活动在中国古代心理学思想中均已有比较全面和科学的论述，尤其是一些独创的、深邃的见解对于今天的我们仍有极大的借鉴意义。

志意论是中国古代思想家关于意志问题的理论。燕国材教授提出的这一范畴不仅对中国古代的志意理论进行了总结，而且进一步考察了二者的区别与联系。早在先秦，荀子把志与意作为统一的意志过程，与知虑和血气并列。宋以后的思想家倾向于将志意分论，主张志是一种心向，是心理活动的主宰；意则以情欲为基础，是"心之所发"（朱熹语）。因而，志即目的，意是动机，志是公开的，意是私下的，这就是由张载提出、朱熹继承的"志公意私"观。孟子的志气观阐明了意志与情感的关系；墨家的志敢论、志功观和志行论分别说了意志与勇敢、动机与效果和意志与行动的关系；另外，能动观则强调意志的调节功能与能动作用。燕国材教授在综合考察中国古代思想家的有关论述之后，提出了一种富有特色的志意观点即"三心观"。他认为，意志过程可划分为决心、信心和恒心三个阶段，并认为这一观点相对现代心理学的意志过程的决定、执行两阶段来说更具合理性。

智能观所论述的是关于现代心理学的智力和能力问题。燕国材教授明确地把智与能作为中国古代心理学思想的八大范畴之一，同时肯定地指出，我国古代思想家关于智能相对独立的观点，是中国古代心理学思

---

[1]《荀子·正名篇》，第322—323页。

想的一项主要成就和贡献。通过对荀子、王充、王安石、王夫之等人的智能观的考察，燕国材教授对于中国古代心理学思想中的智力和能力问题分别作了比较全面和系统的概括。就智力而言，考察分析了五个方面：（1）智力与知识的区别和联系；（2）智与能的区别和联系；（3）智与学的关系；（4）智力与人才；（5）智力的个别差异。就能力而言，作了如下概括：（1）智与能。以王夫之的智能心理学思想为例，说明智与能互为基础和条件，互相促进、互相转化、共同提高；（2）能与才。以孟子、荀子、朱熹等人的有关心理学思想为例，阐明才有才质和才能两种含义，前者是体，后者是用，亦即才能是在才质的基础上发展起来的；（3）能与学。强调人的能力是通过后天的学习而获得的；（4）能力与技能；（5）能力的个别差异。[1]

　　除了上述范畴之外，燕国材教授对中国古代个性心理学思想的总结，亦可作为一大范畴。从个性心理的角度对中国古代心理学思想进行探索研究的除了我本人之外，还有燕国材和卢长桂、王米渠等人。他们主要对《黄帝内经》中的"阴阳五行"气质类型和李贽的"物情不齐"的个性理论进行了挖掘和整理。研究者们认为，《黄帝内经》运用阴阳五行学说，将人的气质分为五类并推演为二十五种人。这五种类型分别是太阴、少阴、太阳、少阳、阴阳和平五种类型，书中对五种类型的人在内外倾向性、反应性及待人处事的一贯性等方面的心理状态，都有清楚的描述。我本人对李贽的个性理论作了深入的研究，提出，李贽以事物作比较，把人的个性品格归纳为八种类型，称之为"八物"。此外，我在研究中还发现，李贽当时已看到了个性心理的社会化过程，注意到了社会心理对个性心理的深刻影响。燕国材教授则认为，李贽提出的"物情不齐"说，实质上就是他的个性心理思想的依据。他将李贽的"八物"即个性品质的八种类型列成一表，分别阐明了其特征。此外，对于"习与性成"的个性说和性品等级的个性说，上述研究者也有不同程度的考证。

---

[1] 林仲贤主编：《中国心理科学》，吉林教育出版社1997年版，第320页。

此外，学术界的研究者还补充一些新的范畴，如名与实、常与变、群与己、公与私。在港台地区一些学者的影响下，人们对诸如人情、面子、权力、情结等范畴展开了研究。

二、对已有范畴的评价

从以上的论述中可知，众多范畴说是从不同角度、按各自标准归纳出来的，它们相互交错地综合运用于中国心理学史研究中。在学科建立之初，这种多方出击、特色各异的交错式范畴说对于更广泛地开拓这一研究领域起着至关重要的作用，也成为引导后学不断前行的便捷途径。我们看看这些范畴说的特点：我本人提出的五对范畴说是中国心理学史中出现时间最早且富有特色的一种，它紧紧围绕心理实质这个心理学中最基本的问题来组织范畴，且按照历史发展顺序来排列五个范畴，这种范畴说既把握了心理问题的重心，又展示了心理学思想发展的脉络，使之具有理论上的延伸与递进。另外，新五说亦在前人的基础上，以突出中国心理学思想史的特色为选择依据，对前人范畴进行提炼，如将人贵论与天人论合二为一。潘菽教授与高觉敷教授的范畴说则基本囊括了心理学所要探讨的几个基本问题：心理与物质、心理与生理、心理与环境、认知与行为、情感、需要等方面，更突出的一点是将西方心理学所忽视的东西纳入进来，显示了中国心理学史的特色，如天人论、人贵论、人禽论，即是挖掘出中国古人心理学思想中人性与天道的统一，人类心理的独特性，以及对人类心理是高级机能的强调的理论。燕国材教授的范畴说则基本上以西方心理学为参照，归纳出一套与之相对应的范畴说，这是一个基本完整的范畴体系，有力证明了中国心理学史的范畴体系的规范性、科学性。港台地区学者补充的范畴说一方面扩大了范畴研究范围，即从普通心理学的范畴研究延展至社会心理学领域；另一方面突出了中国人特有的心理现象，且对当代中国人当下的心理给予极大关注。

在充分肯定以上范畴说的同时，我们不得不承认，这些大多是学科建立之初的草创之说，仍然存在着认识上、表述上的局限与不足。具体表现为：

（1）尚未形成对基本范畴的统一认识，范畴的命名、数量也不统一。虽然从已发表的论文和出版的著作看，不仅几种范畴的提出者，各自在著作中体现了这些思想，而且所有研究者都在互相采用有关范畴进行研究，发挥了互补作用，但是，范畴作为思维规范，同时也是对研究对象进行梳理、归类和诠释的工具，对同样的思想材料，如果采用不同的范畴去看就会有不同的结论。所以，形成对范畴的统一认识是很必要的。

（2）范畴划分准则各异，相互之间有脱节，缺少一个一以贯之严密逻辑结构。如潘菽教授的八对范畴中，"唯物论的认识论传统"恐怕不好称之为范畴，因为中国心理学思想史不乏唯心主义思想家的观点、论述，以唯物论统而概括之是不全面的。而剩下的七对范畴，如人贵、天人是一个层次的，形神、性习是一个层次的，而知行、情二端、节欲论又是另一层次的。这样的范畴体系显得层次不清，逻辑结构极为松散。我本人五说中的人性说、佛性说、性理说可归到人性这一个范畴中，虽各个历史时期提法不一，但其实质内容是一致的。而形神说则是对人性说的具体解说，因而它只能是人性说范畴的子范畴，不应与人性说并列。脑髓说更是对形神说的进一步推进，它应是形神说下的一个子范畴，故将这三个有明显层次序列的范畴并举亦不妥。燕国材教授的"八说"亦存在以上的不足。另外，杨鑫辉教授的"五范畴说"围绕人的心理实质问题，遵循历史发展的脉络展开了纵向的动态的讨论；燕国材教授的八对对偶范畴论却是从现代心理学关于个体心理现象分类的维度所进行的横向的静态的考察。但是迄今尚未有将纵横和动静统合起来形成系统的范畴体系。

（3）某些范畴的区分度不强。如"天人（论）"和"唯物论的认识"（或"主客论"）两个范畴尚有非心理学范畴之嫌，这里的"天人（论）"和"唯物论的认识论"（或"主客论"）两个范畴均借自哲学（或为中国古代哲学，或为现代西方哲学），考察潘、高二老的有关该两个范畴的论述，基本上没有脱离哲学的藩篱。范畴具有特定性，一般说来，它只对一定群体的研究者产生规范与制约作用。虽然范畴也可以借用，但在借用之时必须说明在特定范畴领域中的特定含义。如天人论必须是作为与人性论相对应的范畴出现。

（4）必须分清基本范畴与一般范畴的区别。一些学者补充了诸如名与实、常与变、群与己、公与私以及人性、面子等，但这些范畴均不属于基本范畴，它们要么只能算作下属的子范畴，如名与实只是探讨认知过程的知与虑范畴的次级范畴，要么仅属于社会心理学范畴，如群与己、人情、面子等。这里还必须进一步说明的是，本文仅探讨中国心理学史的基本范畴，即是以普通心理学（探讨心理的一般规律）为框架确立的基本范畴，故而本范畴体系不包括心理学的分支范畴。如属于社会心理学范畴的"和为贵"、"交相利"、"同人心"等；又如属于文艺心理学的"感物"、"神思"、"体味"、"虚静"等。各个心理学分支都可以分别建立各自的一套范畴体系，但要将所有范畴包容一体，建立一个包罗万象的中国心理学史范畴体系是不切实际的。

总而言之，以上的范畴各说是从不同角度、按各自标准归纳出来的，它们相互交错地综合运用于中国心理学思想史研究中。在学科建立之初，这种多方出击的交错型范畴说对于更广更深开拓这一研究领域，起到了至关重要的作用，也成为引导后学不断前行的便捷途径。系统研究中国心理史（包括中国心理学思想史）至今已20年历史，目前它正处于进一步深化的阶段，因而在总结前辈成果的基础上，重新构建一个逻辑严密的范畴体系确为势在必行。

第三节　范畴体系建构的原则

在上文有关范畴与体系的论述中，我们看到孤立地研究一个个范畴的意义不大，只有将之放在一定的体系中才能使范畴得到真正的意义。因此，研究范畴并不是把它们统统搜罗起来，来一个大杂烩然后挨个做阐述，而是首先确定一个遴选范畴的理论依据、指导原则，并将入选的范畴组合起来成为一个体系。那么范畴体系建构必须遵循怎样的原则呢？我们认为主要有以下几个方面：

1.规范性原则

所谓规范性原则即中国心理学史范畴必须以现代心理学为理论框架。这是一个由传统与现代连接的问题，也是中国心理学史范畴研究的第一个大课题。众所周知，要使中国心理学史（尤其中国古代心理学思想史）成为一门学科，就必须采取严格的逻辑思维方式进行研究，然而这种逻辑思维方式与中国古代提出和运用这些范畴所采用的直觉思维、意象思维方式存在冲突。因而有学者指出，中国古代采用的这种思维方式，其要害之处在于缺乏思维的充分发展这一环节。它的优点是整体性、系统性、辩证性，但却是立足于直观性、类比性的基础上，因而只能是朴素的辩证思维。而扬弃这种朴素的辩证思维，只能是它的否定方面——知性思维。而要加强思维的形式化、逻辑化、确定性、定量性、程式化、模式化因素，就必须将西方规范的知识体系作为比照，如此才能明确知晓我们自己的理论思想能否合乎科学的规范的体系要求。关于以现代心理学体系为框架和参照系，我的看法是必须坚持以现代心理学体系为构建框架，否则就不能厘定出真正的中国心理学思想范畴。这个问题在学科建立之初即被提出且强调过，但时至今日仍有一些学者对此持不同意见，认为中国心理学思想史这一学科应以自身的内在逻辑结构来建构，这里必然包括范畴体系的建构。如葛鲁嘉教授在《心理文化概要——中西心理学传统跨文化解析》中就提出了一个"大心理学观"，主张抛弃西方心理学的体系，重新垒建独立的中国心理学体系。心理学本土化的中坚香港大学杨中芳博士则在论述中国心理学史研究可为本土心理研究提供帮助时，就明确指出："先把中国传统心理学知识体系，不以西方现代心理学为参照点，仅按其内在逻辑加以整理和分析。然后本土学者可以根据这个基础来发展现代中国人的心理知识体系。"[1]众所周知，中国古代文化本是哲

---

[1]燕国材主编：《中国古代心理学思想史》，台湾远流出版事业股份有限公司1999年版，第9页。

学、伦理学、心理学、美学等多种思想的混合体，难辨你我，如果完全弃除所谓的外在逻辑框架——现代心理学体系，那么整理出来的东西究竟为何物，就难有评判标准，人们又如何得以确认这就是中国的心理学呢？如葛鲁嘉教授的《心理文化概要》一书第三部分"本土心理学——中国的心理学传统"中的"天道"、"天命"、"心"、"性"、"理"与中国哲学史范畴又有何异？通过现代心理学体系的转换，使古老的思想为今天的我们所用，在这一点上，我们的前辈学者做了极好的典范，他们的范畴无一例外地参照了现代心理学体系，或以心理学实质为纲，或以心理活动为据。故而我们重建范畴体系仍应保留这一好的传统。

在中国心理学史规范化、科学化的过程中，有一个不容忽视的环节，那就是中国心理学史的翻译及传播问题。要使中国心理学史尽快走上规范化、科学化的道路，就必须加强与西方心理学的交流，而交流的首要步骤即是翻译，这包括西方心理学的汉译及中国心理学史的英译（英语是使用最广泛的外国语）。对于前者这个问题早已得到解决，而对后者而言还未能起步。因为，虽然有一些西方学者受到中国传统典籍中一些心理学思想影响，如马斯洛从老子那里更深透地领会了"高峰体验"。荣格的原型理论就是汲取了中国传统文化精华，包括《易经》、《道德经》、汉传佛教和藏传佛教。国际"爱诺斯基金会"主席利策玛博士花了近20年心血将《易经》译成英文，并加上心理学的分析与评注，但这些仅仅算是点面的介绍，还未能有一部系统的中国心理学思想史英译本完整面世，所以目前很需要有这么一本由中国学者独立研究的中国心理学史的英译本。而中国心理学史的英译又主要是中国心理学史基本范畴的英译，前文已说过由于中国心理学史范畴体系自身的独特性，使得它的英译具有相当难度，它要求翻译者必须同时对心理学、中国传统哲学、英语有精熟的掌握、运用，否则就会适得其反。这方面是有证可察的，赵璧如教授就曾因认知（recognition）与认识（cognition）的汉译未能如实表达原义而造成混淆，前后多次撰文论述澄清这一问题。[1]汉译如此，英译则更有误译的可能。中国文化博大精深，要准确把握其精髓，尤其是准确把握其中蕴涵的心理学思想更是难上加难。比如，中国古代心理学思想史中常出现的"心"字，如果仅将之译成心理恐怕相差甚远。因为在中国古代心理学思想中，"心"有多层含义。一可作心脏解，如"心者，生之平，神之变也"（《黄帝内经·素问·灵兰秘典论》）。二可作大脑解，如"心也者，灵之舍也"（《管子·心术》）。三可作所有的心理内容、心理状态解，如"总包万虑谓之心"（《礼记·大学疏》）。还可作对万事万物对宇宙至理的认识解，如"其复见天地之心乎"（《易经·复卦》）。加之一些中国古代心理学思想中特有的心理活动、心理体验，很难用西方心理学的某个概念范畴来囊括，因而在英译中可能会费很大劲来解释中国心理学中一个简简单单的概念、范畴，比如"化性起伪"的英译为 The transformation of human nature from evil to good，"形具神生"可译为 As the body takes from the spirit become alive，"性本情用"说则可译为 The theory of human nature being are posed state of the mind and affection, an activated state of the mind，像这样的范畴只能做繁杂的直译才能体现原义。况且一些中国心理学中特有的心理活动、心理体验在西方心理学中根本找不到相应的词来对译，如禅宗中"般若"在英文中甚至在整个欧洲语言中都没有与之相对的词汇，因为欧洲人没有与般若相当的特殊体验。般若是指一个人在他最基本的感觉中感受到事物之无限整体时产生的体验。从心理学上讲，即此时有限的自我突破了它自身的局限，使自己涉入包容万有、有限与无限的统一中。因此，对于这种概念，我们只能采取音译方式，再对其展开详细解说。

2. 延续性原则

所谓延续原则，即这些范畴必须在中国心理学史（尤其是中国古代

---

[1]参阅赵璧如:《再论如何理解心理学与哲学的关系——五论用"认知"取代"认识"的问题》，《社会心理科学》1996年第3期，第1—15页。

心理学思想史）的每一个主要的发展阶段上有相应的研究和论述。范畴作为人类思维的一些小阶段，并不是任意确定的。范畴代表的是人类思维的共同规律，因而它具有超越时代的延续性，也就是说，古人的思维与今人的思维在本质上并没有不可逾越的鸿沟，而是一致和相通的。英国现代哲学家怀特海（A. N. Whitehead）曾说，"一部西方哲学史不过是对柏拉图的注脚"，意即西方后世哲学界所探讨的问题都是在早期哲学家如柏拉图、亚里士多德等所提出的基本范畴之中的。考察中国思想史，我们也会发现，后世思想界所论及的问题也大多未能超越先秦思想家们所确立的范畴系统。这并不是说先秦思想家比后代人更高明，而是表明范畴的延续性。具体到中国古代心理学思想，我们会发现中国古代心理学思想的众多范畴在各个历史时期都有所论述，并贯穿始终。比如，人性论范畴，从先秦以至清代，历代思想家都进行了讨论。孔子首倡对人性问题的研究，孟子、荀子分别从先验预成性和后天渐成性两个角度予以了讨论；汉代董仲舒、杨雄、王充和荀悦等从阴阳变化的角度讨论了人性结构中的性情合一性以及人性的品级特征；魏晋何晏、王弼、向秀、郭象等人强调对人性的心性本体的考察；隋唐时代，中国本土人性理论与佛教佛性理论相融合，展开了对人性与佛性相互关系的探讨；宋明理学是中国文化思想的一次最为完整、系统的总结，张载、朱熹、二程、陆九渊和王阳明分别以气、理、心等概念对人性进行统合，将人性论发展到了前所未有的形而上高度；清代的王夫之、颜元、戴震等思想家在批判宋明理学之空谈心性、荒疏社会实践的同时，提出从现实人生角度解决人性问题，而刘智、王清任等则受到初步传入中国的西方实证思想的影响开始关注人性的生理机能。总之，人性问题是中国古代心理学思想的各个发展时期都着重论述的问题，而人性论范畴却早在先秦时期就已基本确立，因而，人性论范畴是符合延续性原则的。其他的如形神论、情欲论、性习论、知行论等范畴也都具有历史发展和思维展开的一致性，于是这些都成为研究中国古代心理学史的基本范畴。

在论述延续性原则时，我们还应注意到一点，即中国心理学史范畴的词语形成问题。任何概念范畴的形式都是词语，而中国古代心理学思想史的词语具有特殊性。即中国古代汉语的特殊性，古汉语通常以单纯词为主，复合词的词素间关系灵活多变，可合可分。比如在中国古代心理学思想史中，"性"是一个关键的范畴，作为一个单纯词，它包含的蕴义很广，如人性论是关于人的所有身心问题的总论。而由"性"延伸出的"人性说"、"佛性说"、"性理说"分别是先秦、唐代、宋明时期关于心理实质的范畴，因而他们属于延续性较高的范畴。而同样是由"性"延伸出来的"性情"、"才性"、"性习"就不符合延续性原则，它们中"性情"属于心理内容的情感范畴，"才性"属于气质、个性、能力范畴，而"性习"则属于心理实质范畴。因此，在组合范畴体系时务必注意这些范畴间的延续性。

3.系统性原则

所谓系统性原则，即中国心理学史范畴与范畴之间可相互沟通形成一个系统。西方人习惯缜密的推理性思维，热衷于追根求源一层层剥离事物，从现象到本质抽绎出一系列理论范畴。东方人则喜好情感体验的思维方式，他们常常用三言两语就把他的整个思想表达完毕。因此，有些人认为中国古人感悟点评式的理论思想不成体系、没有完整系统。这种意见初看起来颇似有理，然而中国人的点滴感悟似乎并不比西方人蔚然壮观的庞大体系更易吃透、把握。事实上，千百年来无数代学人孜孜以求、探索不止的正是这些点滴感悟。可见，看似零散、随意的感悟必有其内在、隐匿的体系托附。中国传统学科中的众多范畴没有严格统一的内涵、外延，使每个人对它的解释有极大的灵活性、开放性，但也正因为如此，才使得范畴与范畴之间可相互贯通、相互释义。而范畴与范畴之间的沟通互释就形成了一个个网络、系统。中国心理学史范畴亦是如此，这些范畴看似散乱，但由于彼此间开放、贯通，它们又成为了一个网络系统，比如"人性论"作为元范畴（成为元范畴的原由将在最后一部分评述）。中国心理学史中儒、道、释各家各派的众多思想家均对此有过评说，尽管这些评说是不成体系的，但由于"人性论"范畴的开放性特征，使之辐射到心理现象的各个领域。首先在"性与习"这个范畴中从心理实质这个层面对"人性论"进行了展开、深入；其次通过"性与情"这个范畴，"人性论"又深入到心理活动过程各个层面；再次，通过"质与性"、"才与性"等范畴，"人性论"又在个性心理层面得到阐述、探讨。通过三个不同层面的范畴，"人性论"元范畴的探讨被纳入到一个网络系统中进行。另外，"质与性"与"智与能"则通过"才与性"、"才与智"、"才与能"被统一到一个网络系统中。而这种范畴间彼此贯通是符合人的心理活动的实质与规律的。

4.独特性原则

所谓独特性原则包含以下三层意思：首先中国心理学史范畴要与其他相邻学科范畴相区别。如前所说，中国古代并没有真正科学意义上的心理学，所谓心理学思想均是散见于传统哲学、政治学、历史学、伦理学、教育学、医学、美学、军事学、逻辑学、宗教等著作之中的。这一现象与中国古代文化思想自身的特点息息相关，正如刘长林先生所认为的,中国传统文化思想具有整合系统的特性,[1]它本身就是一个相互融合、界限模糊的整体，学科分化自然是晚近之事，这就使得有关中国古代文化思想的研究所遇到的首要问题是，必须界定不同学科之间的范畴。同样，在中国古代心理学思想的研究中，当我们说某一范畴是心理学范畴的时候，它也可能是其他学科的范畴。所以，在考察具有整体融合性的中国古代文化思想史上的某一范畴是否为心理学的范畴时，衡量的根本标准是看它所揭示的是否是人的心理发展的规律。这里就涉及了对心理学学科本身的定义问题，只有这个问题明确了，我们所考察的范畴是否符合心理发展规律的问题也就明确了。一般的心理学定义是心理学是一门研究人的心理现象及其规律的科学，这个定义是许多大学教科书绪论的第一句话，然后罗列心理过程、个性心理、心理状态，等等。严格说来，这个定义和这种罗列并没有将心理学与其他学科相独立。我们知道，

---

[1] 刘长林著:《中国系统思维》,中国社会科学出版社1997年版，第7—8页。

以心理（精神）现象或心理（精神）现象的某一类型为主要探讨对象的学科是相当多的，如哲学、美学、逻辑学、语言学等。遍观西方心理学界对心理学的形形色色的描述与定义，似乎很难准确界定究竟何谓心理学，但在这些各式各样的界定中所包含的一个基本含义，即心理学研究的是心理现象自身内在的结构和其发生发展的过程与机制（或关系），而不仅仅是关于心理现象的一般性描述，这就是心理学与其他学科相区别的根本点，也就是人的心理发展的规律性。以此作为衡量中国古代思想中的心理学范畴，问题就变得一目了然了。如中国古代哲学和许多其他学科理论都探讨阴阳五行的问题，但只有阴阳五行与人的生长、性情和行为相联系，说明其相互关系的"阴阳感应论"和"五行性情论"才成为心理学的研究范畴；又如孟子说人性善，荀子说人性恶，哲学、伦理学、逻辑学都以这个材料作为考察的对象，但只有孟子阐述人的先天特性之结构的"四端说"和荀子论人的社会化转化过程的"性伪说"才是心理学的研究内容；再如古代思想中有相当多的地方论述了人的性情问题，论说性与情两者孰善孰恶的论述是伦理学的内容，而谈论如何由内在的性转变为外在情的思想（即论性、情之间的转变机制）则是心理学的对象。我曾举例说："物质与精神、存在与意识是哲学的基本范畴，神与形、心与物则属于古代心理学思想的范畴。感情和理性认识的哲学中的认识论问题，知、虑、感、思、壹、藏等则属于心理学思想的范畴。性恶性善等人性论认识是哲学思想，善端说和性伪说则属于心理学思想。'因材施材'是教育思想，作为因材施教理论基础的差异心理的论述则属于心理学思想。"[1] 这样，就易于划清心理学思想与其他学科思想之间的界限。

其次，中国心理学史内部各范畴之间也要能够相互具有区别性。一个范畴所论述的对象不为另一个范畴所包容。虽然人的心理现象是一个整体，很难分割开来考察，但是为了研究方便，在综合认识的前提下进行范畴的分析也是必要的，这已是一个共识。只是分割范畴时要注意范

---

[1] 杨鑫辉著：《中国心理学思想史》，江西教育出版社1994年版，第9页。

畴之间的相互独立。例如，"人性论"是对人的身心问题的总论述，而"形与神"、"心与物"、"性与习"、"情与欲"、"知与行"、"质与性"、"智与能"等则是"人性论"的逻辑展开，其中，"形与神"主要论述人的身体、生理结构与心理功能之间的关系，说明身、心的相互作用机理；"心与物"主要论述人的心理产生与外在客观事物之间的相互关系；"性习论"主要论述先天禀性与后天习性对于人的心理形成与发展的影响与作用；"情欲论"主要论述人的情感、欲望和动机等意向活动间的相互关系；"知行论"主要论述知识与能力的相互关系以及知识经验与行为活动的相互作用等。

最后，中国心理学史范畴必须突出自身的特色所在。众所周知，中国心理学史范畴是从哲学范畴中分化出来的，而这一分化、筛选的标准与参照即是西方现代心理学，故而中国心理学史范畴与西方心理学基本上是可能对应的。但我们不能仅仅满足于用中国心理学史作为西方心理学研究的例证，我们必须拿出真正属于自己的东西。这一行动的理论根据在于，孕育中西心理学的哲学思想是两个对比鲜明的文化体系，因而中国心理学与西方心理学在分享一致性的同时，肯定存在着根本差异。正因为如此，中国心理学史研究成为了建设有中国特色心理学体系中的重要途径，成为了心理学本土化研究道路上的主力军。

当然，突出中国心理学史范畴的个性与特色的研究工作也确实是一项难度较大的工作，因而我们可以分解成以下两个步骤来做：首先，从历史本身出发，中国心理学思想史确实围绕着对心理实质、心理活动、个性心理等几大块内容的探讨，但这些思想必须按照现代人心理学体系来界定、厘清，直至确定出一套范畴体系；然后将这些范畴体系纳入中国传统文化的大背景中，在体系与背景的不断对比、调整过程中，即可发现二者之间既有共通之外，亦有分别之点。在此不妨举一实例以证之。心与物是中国心理学史中一对十分重要的范畴，我们首先以现代心理学为参照，将之确定为主体与客体、心理与客观事物之间的关系。中国心理学史中的心与物与西方心理学中的心物关系基本一致的是，他们均认为心理是对客观事物的主观能动的反映；客观事物是心理产生的物质基础。然而，如果仅仅理解至此还不够，因为这还不能揭示中国心理学思想中心与物的真正内涵——在肯定心物统一的基础上突出心的主导地位，因而也就不能解释为何中国人在进行艺术创造时总要强调"言，心声也，书，心画也"（《扬子法言·问神》）。如果我们将心与物放在以天人合一为核心的文化背景中，问题则可迎刃而解。因为天人合一、阴阳五行的观念经过长期积淀已逐渐形成了中国人特有的一种心理机制，即他们将艺术活动看成是天道的体现，而由于天人合一的关系，天道必须经过人性（核心是"心"）这一中介来传递，如此天道才能最终落实到艺术作品（"物"）上，所以，自然就形成心居主、物居次的结论。

5.现实性原则

所谓现实性原则，即中国心理学史范畴可以对当今的理论建设和现实人生具有启发和指导意义。历来史学研究的一条基本原则是"古为今用，以古喻今"，我国古代史学家称之为"讽"或"刺"，也就是说研究是为了使古代思想在现代社会仍然发挥作用。通过几十年的治学经历，我也总结出自己的研史心得，认为研究心理学史的真谛是：治史之意不在古，论古之旨却在今；通古变今，昭示明天。研究中国心理学史范畴同样可在现代社会发挥作用，我们认为这个作用可体现为以下两个方面：一是对现代心理学理论具有启发作用。通过挖掘和阐释古代范畴，为建构中国特色心理学理论体系服务是我们研究中国心理学史的根本目标。潘菽教授曾经说过："我国古代思想家关于心理学的光辉见解的整理阐述，这是建立我国心理学体系的一项必要的研究工作。"[1]的确，中国特色心理学体系是一个建构过程，这就必然包括心理学的"中国化"或"本土化"过程。那么，在这个建构过程中，考察古代心理学的范畴无疑将是首要且主要的部分。这种启发作用具体体现在以下几个方面：首先，作为植根于中国社会文化历史背影中土生土长的心理学范畴最能揭示中国人的深层心理特质，它有助于本土化心理学真正把握中国人心理与行为规律，

---

[1] 潘菽:《论心理学基本理论问题的研究》,《心理学报》1980年第1期。

有助于本土化心理学研究在广度及深度上提高。其次，中国心理学史范畴有着自身的特色与个性，在与西方心理学相对比时容易发现西方心理学理论中的不足，并可在此基础上对旧的理论进行修改、补正。这样不仅增强了本土化心理学研究者的信心，而且确实推动了心理学理论的完善、成熟。最后，由于中国心理学史范畴体系中蕴含了众多有价值的思想理论，如习与性成说、阴阳五行说、物情不齐说等范畴中的丰富个性理论，对于形成建立自己的理论模式具有重要意义。二是对现实人生的指导作用。关于这一点我们有一假设，即古代人虽然生活于与现代人很不相同的条件下，但古今人们在精神方面所面临的基本问题是一致的，因为精神、心灵等问题至今都是一个未能解决的难题。在此，我们以具体实例为证。如中国古人认为，个体心理发展是呈开放状态且不间断向前发展的。"心"字在古代有生长发育之义，比如"习与性成"说表明个体心理不只是先天之性，而是天生之性受到社会环境的习染而发生改变，也即是说，人之初始性是接近、相似的，由于各人后天所"习"不同，心理会随之产生变化。因此，可见人的心理不是固定不变，而是可以不断变化发展的。"日生日成"说则更为直接地阐述了心理发展的连续性。它说明在人的整个生命活动中，无时无刻不在日新其性，因此，心理是一个动态变化，且每时每刻都在发展的过程。正因为认识到心理发展是一个"习与性成"、"日生日成"的过程，中国古人倍加关注个体的终身教育，所以从孔子的"少而不学，长无能也，老而不教，死无思也"[1]，到宋代程颐的"古人这个学是终身事，果能颠沛造次必于是，岂有不得道理"[2]，直到清代颜元的"习两三次，终不与我一，总不如时习方能有得；习与性成，方是乾乾不息"[3]，中国古人关于人的心理发展观及终身教育观对于当今社会中少儿智力开发、成人教育等现实均有一定指导、借鉴意义。

［1］［3］燕国材、杨鑫辉等合编：《中国心理学史资料选编》，人民出版社1989年版，第12、13页。
［2］顾树森著：《中国古代教育思想家语录专编》，上海教育出版社1983年版，第101页。

第四节　范畴体系的再建

明了中国心理学史范畴体系建构的理论依据与指导原则，我们就应尝试遵循这些原则，在前辈学者已有的基础上重新建构新的中国心理学史范畴体系。已有的范畴体系我们在"范畴体系的回顾及评价"中已做了详尽的论述，在此，将详细介绍我的三位博士生在学习中国心理学史论课程时所做的几个范畴体系建构研究。

王国芳在《中国心理学思想史的范畴研究》[1]一文中提出了新的范畴体系。以下是她所给出的范畴体系表。

范畴体系表

出发点	基本范畴	次级范畴或含义
从心理实质出发	①人性论	①人与自然、人与其他动物的关系，包括天人论、人禽论、人贵论、佛性说、性理说。
	②形神论	②身心、心物关系，包括心物观、主客论。
	③性习论	③先天的遗传因素与后天的环境、学习等因素的关系。
	④脑髓说	④心理的生理机制。
从心理活动出发	①知行论	①认识与行为的关系，重在说明认识过程，包括知虑论、藏与壹、智与能。
	②情欲论	②情感与欲望的理论，包括六情论、七情论、情二端论、节欲论等。
	③志意论	③关于意志过程的理论，包括志公意私论、志敢论、志功观、志行论、志气观、能动观等。

[1]《心理学探新》1999年第1辑。

出发点	基本范畴	次级范畴或含义
从个性心理出发	①阴阳五行气质类型说 ②性品等级的个性说 ③物情不齐个性说 ④习与性成个性说	①从阴阳人格特质出发探讨人的气质类型。 ②对个性品质进行的等级划分，如智愚两类人，勇怯两类人，以志意的多寡划分的庸人、中人、君子和圣人四类人等，以及刘劭的才性说（能力与性格的关系）。 ③以个性的个别差异为据进行的个性品格的分类，主要包括李贽的"八物"说。 ④探讨遗传、环境和教育对个性的影响，包括荀子的"化性起伪"论和王夫之的"性日生日成"论等。

由表可知，此范畴体系是以现代心理学体系为框架构建的，即按照心理实质、心理活动、个性心理几大块来排列这些基本范畴。如此一来，所有零散的范畴被整理为一个有序的体系。另外，这里还区分了基本范畴与次级范畴。这样像知与虑、藏与壹、智与能等子范畴就可归入作为基本范畴的知行论。但这一范畴体系也存在着明显的缺陷与不足，如天人论比人性论的内涵更大，故而前者不能作为后者的子范畴。同理，脑髓说应作为形神论的子范畴，而不能成为一个与之并列的基本范畴。

刘华在《中国古代心理学史范畴研究原则论》一文中将中国古代思想史所涉及的心理学范畴组合成四级结构的体系：

（1）一级范畴为元范畴，即古代心理学的起点与心理学的最终归结——人性论；

（2）二级范畴构成一个经纬系统。以时代发展为经，以各时代之具有代表性或思想家们之论述最集中的范畴为标志。有先秦的人性论、汉和魏晋的形神论、隋唐的心佛论、宋明的理性论、清代的器性论；纬线系列为人的意识的序列展开，有人贵论、形神论、性习论、情欲论、自我论、知行论、生死论。该级范畴基本上是将杨鑫辉教授和燕国材教授所提出的范畴进行了综合而有所改变。该级范畴均标之以"论"。

（3）三级范畴为一、二级范畴的衍生范畴，为经纬交叉的结果，某一范畴既属于某一或某几个时代的共同认识，又属于心理展开序列上的某一范畴，如"天人说"、"人禽说"在经线系列上属于古代思想发展史的几个时期，但在纬线系列上则归入"人贵论"范畴；"智能说"在经线系列上也属于多个时期，但在纬线系列则列入"知行论"范畴；"脑髓说"主要是清代的"器性论"范畴与"形神论"范畴相交叉的产物等。三级范畴中的某些范畴并不完全符合上列各条原则。该级范畴均标之以"说"，由于数量较大，故不列出。

（4）四级范畴为准范畴。所谓准范畴，是指某些思想家独特的概念、术语而大多数思想家不一定认同的那些论题，如庄子的"坐忘"、"心斋"，《关尹子》的"心无时"、"心无方"等。该级范畴名称均用古代思想家本人的说法。

应该看到这一范畴体系有不少新见。首先，他将整个范畴体系分为多级结构基本上是符合中国心理学思想史范畴体系自身逻辑结构的，即是一个从大到小，从元范畴到基本范畴，再到众多次级范畴的逻辑结构。其次，不论从现代心理学的本质内涵、西方心理学的发展趋势，还是中国心理学思想史研究的汇聚点来看，将人性论作为元范畴都是恰当的。另外，以经纬交合的方式组合范畴体系，可使之具有动静兼顾的立体形态。

然而这个体系也存在不少问题。比如，所谓二级范畴经纬系统的逻辑构成存在问题。范畴发展的时代序列与人的意识的展开序列之间不能构成经纬系列。再如，二级范畴纬线系列的诸多范畴，像人贵论、形神论、性习论、情欲论、自我论、知行论、生死论没有处于同一逻辑层次，因而并不能构成一个纬线系列。故而由一、二级范畴所衍生的三级范畴自然难以成立。最后的所谓准范畴，即某些思想家独特的概念、术语就更不属于基本范畴之列了。

彭彦琴则在总结前几位研究成果的基础上提出了一个相对完善的范畴体系。具体如图所示：

```
┌ 天道
│ （人贵论） ┌ 形与神（脑髓说）
│          ├ 心与物（精合感应说等）
│          └ 性与习（习与性成说等）
│
├ 知与虑（知与行）→ ┌ 知（藏与壹）
│                  └ 虑（言与意）
│
├ 情与欲 → ┌ 情（情二端说、七情、六情说等）
│          └ 欲（节欲说等）
│
└ 志与意（三心观、志功说、志行说等）

┌ 质与性（阴阳五行说、物情不齐说、习与性成说、性品等级说等）
├ 才（才与性、才与智、才与能等）
├ 智与能
└ 人性
```

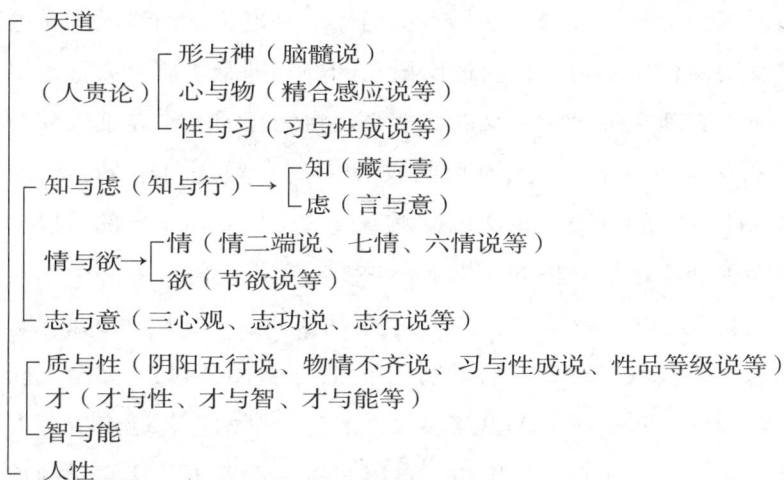

关于这个图示我们要做几点详细解说：

（1）任何一个范畴体系均有其逻辑起点，即构成这一范畴体系的支点，这一支点我们亦可称之为元范畴。所有的范畴均从元范畴处生发开来，且又都是对元范畴所揭示的本质的论证说明。在中国心理学思想史的范畴体系中，我们将人性定为元范畴，其理由有三：①现代心理学被认为是一门科学的原因在于，它采用的是科学研究的方法，但与其他科学相比，心理学总是处于落后的地位。问题的关键在于研究对象的不同，心理学研究的是人性，其他科学则研究物性，人性与物性的区别造成了心理学与其他科学的重大差异，正是人性这一独特的研究对象赋予心理学特有的本质。因此，今天人们越来越倾向于心理学与将心理学定义为"研究人性的科学"[1]。著名的心理学家黎黑就说过："在建立科学之前，神话对宇宙进行过描写和解释。自然事件的传说是未来的物理学，对人性的传说则是未来的心理学。"[2]可见，人性在心理学中举足轻重的分量。②以人性研究为出发点的西方心理学发展至今已从各个不同的角度对人性有了不同程度的揭示，其成就自不待言。但这里却出现了问题，即心理学

---

[1]张春兴著：《现代心理学》，上海人民出版社1995年版，第1页。

[2][美]托马斯·H·黎黑著，刘恩久等译：《心理学史》，上海译文出版社1990年版，第38页。

越向前发展越远离人性这个初始点。当然，这也是崇尚科学主义的西方心理学发展历程中不可能回避的阶段与问题，即为了研究人性，揭示其规律，西方心理学唯科学主义的特性必定将之导向越来越细琐繁杂的实验验证之路，以至于各种实验研究的成果丰硕，但彼此间却难以沟通统合，甚至有面临分裂的危机。在认识过程整合—分析—再整合的阶段中，西方心理学正处于这个分析的极端上，它要实现再度整合就必须回到对人性的关注上。所以，保罗·凯琳在《皇帝的新装——心理学大曝光》中呼吁心理研究应该恢复对人性的重视。当然，此时的回归已完全不同于最初的整合阶段，而是在一个更高层次上的整合，站在新起点上对人性的再探讨。③中国古代心理学思想一直以来将人性置于一切问题的首要位置。我们知道，作为中国心理学思想之母体的中国哲学有一个最大的特点，即不论是讲本体论、认识论均要落到人性之上。讲天道是为探求人道（人性），讲格物致知则强调"心外无物"、"心外无理"。同样，中国古代心理学思想涉及的人的心理的先天遗传与后天环境的关系问题，心理的形成与功能，人格的现实性与理想性，人生的价值与终极关怀问题等，即所谓心性之学其实质就是人性的研究。可见，不论从心理学的本质内涵，西方心理学的发展趋势，抑或中国心理学思想研究的汇聚焦点来看，人性都应作为元范畴。需要补充的是，本文对人性的强调并非是要退回到形而上的哲学冥想。心理学最初就是从人性的哲学研究中脱胎而来，随着心理科学的独立，心理学为获得自己独立的身份，极力突出了分析式的科学实验与实证研究，最终使得完整的人性消失在林林总总的微型实验中。心理学的"科学"的个性由此确立，但发展到后来，真正成熟的心理学不再一味强调"科学"的个性，而更应展示出其本质内涵的完整丰富。心理学唯有对人性作整体的研究才是全面充分的，也才是真正科学的。

（2）确定了人性这个元范畴，再来具体看看在这个元范畴基础上建构的范畴体系。此体系参照心理学的范畴分类，具体分为三大块：第一部分是关于心理实质的三对范畴，包括形与神、心与物、性与习。形与神即中国古代关于心理与生理的关系问题，相当于现代心理学中的身心问题。荀子的"形具神生"对身心问题做了简要而深刻的回答，范缜的"形质神用"则明确了身心的体用关系。尤其是王清任的脑髓说，更为具体地阐明了心理是人脑的机能，将形神观从哲理思辨的层次推进到生理心理的科学领域，故而脑髓说可作为形与神的子范畴。心与物即关于心理与物质、心理与客观性的统一，精合感应说则极好地说明了这一观点。性与习则是关于心理的先天遗传与后天环境的关系问题。习与性成说在肯定先天遗传的基础上，更偏重于环境、教育对心理的影响作用。第二部分是探讨心理活动过程的三对范畴，包括知与虑、情与欲、志与意。知与虑即关于认识过程的观点，认为认识过程是由感性认识的感知和理性认识的思维阶段构成。其中藏与壹是与知相关的子范畴，即说明感知与记忆、注意的关系；言与意是与虑相关的子范畴，即说明思维与语言的关系。而知与行又是和知与虑相并列的范畴，是关于心理（认识）与行为之间的关系。但为避免重复,故知与行作为一个附属范畴不单独列出。情与欲即关于情感、需要的观点。情欲对举表明了情感是在需要的基础上产生的，揭示了两者密切关联。志与意则是关于意志、动机、目的方面的观点。将志意、知虑、血气（情欲）三者并列，这与现代心理学心理过程的知、情、意三分法是一致的，同时这里又特别强调了意与志既有联系又有区别，并分别从意志与动机（志意说）、意志与行动（志行说）、动机与效果（志功说）之间的关系详细阐述。第三部分是涉及个性心理的两对范畴，包括质与性、智与能。质与性即探讨个体的气质、个性的问题。阴阳五行说、物情不齐说、性品等级说均强调了气质、个性的差异和等级性，这三说均是子范畴。智与能即探讨智力与能力的问题。这里涉及智力与能力的相互促进、转化的关系，智力的个别差异问题，能力、智力与"才"的关系。这里应指出才与性、才与智、才与能均是和质与性、智与能并列的范畴，但为免重复不单独列出。同时，我们还可以发现，通过"才"使得质与性、智与能二对范畴贯通一气，表明了中国古代学者早就关注了智力因素与非智力因素之间的关联，"才"被作为一个联结点标列于范畴体系中。

顺带提一下范畴的形式问题。任何事物均是矛盾的,都有矛盾的双方。对任何事物的认识亦不是单一、孤立地进行,而是从正反两方面,对立统一的认识、考察它。故而反映事物本质联系的范畴也应是成对的。在我们重建的范畴体系中即采取成对的形式,即便是作为元范畴的人性亦非孤立独存,如人性与天道、脑髓说与心器说等。

(3)以上这些具体范畴基本上可在现代心理学体系中找到相对应的范畴,这说明中西方所揭示的心理规律有共通之处,但我们不能因此而忽略两者之间的差异,如情与欲范畴中的子范畴情二端说,它将众多的情感分类以好、恶二极来统而括之,使原本繁杂的情感类型清晰了然,且更突出了情感与需要(好、恶)之间的关系,即情感的积极、消极状态取决于需要是否满足。燕国材教授提出的三心观点亦是志与意的子范畴,他将意志过程分为决心—信心—恒心的三阶段,并认为可取代现代意志过程的决定—执行二阶段观。

上述差异体现的正是重建的范畴体系的理论特色。

首先,中国心理学思想史范畴体系具有极强的稳定性。这可与西方心理学范畴作一比较。一般人们认为西方心理学没有统一范式,但有类似于范式的东西,这就是范畴,在第一节中已经讲到,西方心理学中的范畴(prescription)又可译为规范、法则等,是心理学家所采取的一种态度和价值观,这种态度或价值观决定着他对心理学基本问题的解释。美国心理学史家沃特森认为,心理学内存在着十八对主要范畴,如决定论与非决定论、经验论与唯理论、机械论与活力论等。其特征是范畴之间总存在对立面,两者常常有激烈争斗,且对立双方相互转化。目前心理学四分五裂难以统一的局面正是由于缺乏统一的范式,即是由于范畴的排他性、多样性所造成的。比较而言中国心理学思想史的范畴(category)则是一种分类法则,所以当其按照心理实质、心理活动过程、个性心理这三个心理学中最基本的内容来进行分类时,就具有稳定性。比如形与神、知与虑、质与性等一些最基本、最重要的范畴均贯穿了中国心理学思想史发展始终，不论哪家哪派均围绕这些范畴表述自己的心理学思想，且整个范畴之间环环相扣、相互依存，根本不存在彼此的攻击、排斥。中国心理学思想史范畴的这种贯通性、普遍性、互持性保证了这一体系的稳定。

其次，以人性为元范畴的中国心理学思想史范畴体系是以天人合一为其理论基础的。[1]中国古代第一个完备的人性——孟子性善说即是遵循天人合一原则构建的。他认为天道与人性是等同的，人之不学而知而能的"良知"、"良能"皆是天道在人性上的反映；反之，从人性亦可推回天道，《孟子·尽心》上即有"知其性，则知天理矣"。天人合一人性论的最高代表王阳明则干脆认为："性一而已，自其形体谓之天，主宰谓之帝，流行也谓之命，赋于人也谓之性，主于身也谓之心。"[2]确实，传统文化中不论哪种人性观皆有一共同特点——它们都承认人性是天道的体现，人性乃"天之所与"，乃禀受天道而成。天道本为生生不息、循环不已的自然规律，由于天人相通、二合为一，则人类社会的发展，道德的提高，人格的升华，均要适应天道的发展，天人同步的。并且古人常赋予天道更多的道德意义，人性也就有了更多的道德意义。人性的道德意义，即人的社会性特质，乃是人的心理区别于他物的本质所在。之所以要在天道与人性这对范畴中纳入人贵论这一范畴，是基于这样的考虑，与天道对应的不仅是人性还有物性，动物也有心理活动，但由于人性具有道德性，即人的社会特质，使得人性与物性有了本质区别，而中国心理学思想关注的恰恰是这一点。因此，建立在天人合一理论基础上的中国心理学思想史范畴体系一开始就从人性这个心理学的基点出发，而人性并非孤立独存，它按照主客不分、天人合一的模式，与天道遥相呼应，且最终又落到人性这个元范畴上。这样，才使得中国心理学思想史研究

---

[1]关于天人合一乃中国传统内核的论述，可参阅：詹万生著《中国传统人生哲学》，中国工人出版社1996年版，第113—120页；朱立元著《天人合一：中华审美文化之魂》，上海文艺出版社1998年版，第3—4页。

[2]《传习录上》。

有了稳定的归宿，始终关注人自身。总之，天道与人性这对范畴赋予了中国心理学思想史范畴体系鲜明的个性。而西方心理学范畴体系则缺少一个根本的、统一的哲学理论基础，心理学各个分支、各个派别朝着各自方向向前发展。且由于西方心理学一直以来承续了西方主客二分的思维模式，推崇科学主义，致使其研究迷失于数不尽的精密实验中，失去了对现实人自身的关注。

从以上的详尽介绍中我们可以看到，中国心理学史范畴体系具有极强的生命力和延展性，它不仅具有参照价值，而且具有自我生长的能力。因此我们可以设想，现代心理学范畴体系如能将西方心理学研究中那些自下而上（实验研究）的经验成果，与自上而下（以天人合一为背景以人性为基础）的中国心理学思想史范畴体系相结合，则既可使中国心理学思想史研究得到实证的检验，又可补充西方心理学在某些理论上的欠缺，更有助于它找到回归之路。实现两者在更高层次上的融汇，这就是中国心理学思想史范畴体系的最终价值所在。中国心理学思想史是一个开放的体系，因此还有待于我们将此范畴体系不断更新完善。

第五章　中国心理学史的专题论

1.什么是"中国心理学史的专题论"？什么是"中国心理学史的专题研究"？你知道它们之间的区别吗？

2.你知道中国心理学史的专题研究有哪些种类吗？

3.你了解中国心理学史专题研究之未来发展趋势可能是怎样的？

第一节　中国心理学史专题论概述

一、中国心理学史的专题论之定义与意义

（一）定义

名正则言顺。要撰写"中国心理学史的专题论"，首先就必须弄清什么是"中国心理学史的专题论"，这是不言而喻的。

何谓"中国心理学史的专题论"？我们认为，中国心理学史的专题论，其含义是指关于中国心理学史的专题的有系统的知识。要准确把握住这个定义，必须抓住三个关键词：一是"中国心理学史"，即它是研究中国心理学史上的问题，而不是研究西方心理学史或整个心理学科或别的学

科的问题。二是"专题",即它只研究中国心理学史的专题问题,而不是对中国心理学史上的所有问题进行研究。三是"有系统的知识",即它不是对中国心理学史专题问题的零散知识。

根据上述定义可知,中国心理学史的专题论的任务主要是,对中国心理学史的专题问题进行专门而系统的研究。具体地讲,它主要探讨以下三个方面的问题:

第一,中国心理学史专题研究之定义与种类;

第二,中国心理学史专题研究之历史、现状与前瞻;

第三,选择中国心理学史专题研究的基本原则。

(二)意义

探讨中国心理学史的专题论有什么意义呢?其主要意义就在于:通过中国心理学史的专题论,可以了解中国心理学史专题研究的历史与现状,进而可了解现有中国心理学史专题研究的特点与薄弱环节及未来努力的方向,从而对未来的中国心理学史的专题研究具有指导作用。例如,假若一个研究者将要申请一个有关中国心理学史专题研究的课题,通常需要先做课题论证,其中主要工作之一就是,需要将与此课题有关的现有资料作一文献综述,以了解其研究的现状,一般来说,这项工作是一个颇费时间和精力的事情;但是,借助于中国心理学史专题论中的"中国心理学史专题研究的历史与现状"(详见下文相关部分),则可使研究者很容易从宏观上了解此课题所涉及的专题的目前研究状况,从而可节省大量的时间与精力。又如,研究者在选择专题研究前,若能先看一下中国心理学史的专题论,则能很快了解到中国心理学史的专题研究存在哪些薄弱环节,从而能很快地找研究的突破口。

二、中国心理学史专题研究之定义与种类

(一)中国心理学史专题研究之定义

既然中国心理学史专题论的任务主要是对中国心理学史的专题问题进行专门而系统的研究,那么首先就要弄清楚何为"中国心理学史的专

题研究"。而要弄清什么是"中国心理学史的专题研究",又需先弄清什么是"专题",何谓"专题"。据《现代汉语词典》解释:专题指专门研究或讨论的题目。[1]由此类推可知,从广义上讲,凡是就中国心理学史上的某一题目所作的专门研究,都可说是中国心理学史的专题研究。因此,广义的中国心理学史的专题研究,既包括对中国心理学史上的某一问题所作的专门研究,也包括对中国心理学史上的某一人物、某一著作、某一流派或某一时期的心理学思想所作的专门研究。由于广义的中国心理学史的专题研究这一概念的外延较大,于是,有时也用狭义上的中国心理学史的专题研究这一概念。何谓狭义的中国心理学史专题研究呢?我们认为,所谓狭义的中国心理学史专题研究,仅是指对中国心理学史上的某一问题所进行的专门研究。

因为中国心理学史专题研究之概念有广、狭之分,所以,诸如杨鑫辉的"释梦心理思想"之类的研究成果,[2]当然属于一种专题研究(狭义的中国心理学史的专题研究),因为这类研究成果是通过对中国心理学史上的某一问题——如"梦"这一问题——所做专门研究的基础上而取得的;而像燕国材的《评〈淮南子〉的心理思想》[3]之类的研究成果,也属于一种中国心理学史的专题研究(广义的中国心理学史的专题研究)。不过,需要指出的是,本书所讲的中国心理学史的专题研究,除了特别指出的外,均指广义的中国心理学史的专题研究。

(二)中国心理学史专题研究的种类

既然本书主要采用广义的中国心理学史的专题研究之定义,故而其可包含多种形式的专题研究。因此,按不同的标准划分,可将中国心理学史的专题研究划分为不同的种类。粗略地讲,可将中国心理学史的专题研究概括为以下几种:

1.按人物分。即以人物为专题,对其心理学思想进行专门的研究。

---

[1]《现代汉语词典》,商务印书馆1983年第2版,第1518页。

[2] 杨鑫辉著:《中国心理学思想史》,江西教育出版社1994年版,第178—185页。

[3] 燕国材著:《汉魏六朝心理思想研究》,湖南人民出版社1984年版,第43—64、231—242页。

如《试论孔子的心理学思想》[1]和《孙思邈的医学心理思想》[2]等文就属于按人物进行的专题研究。这类专题研究的优点是，使人对某一人物的心理学思想有一个总括的了解，并且，由于每一个人物的心理学思想均可看作一个单独的体系，这样，既便于单个研究者进行较系统的研究，也便于多个研究者通过分工的方式搞合作研究，因此，这类专题研究形式在中国心理学思想史的开创阶段经常采用。这类专题研究的缺点是，由于只是就某一人物本身的心理学思想进行研究，有时难以看出其心理学思想的历史渊源及在历史上的地位；再者，有些人物（如荀子或庄子）的心理学思想非常丰富，研究者若以人物为专题进行研究，有时难以"吃透"。

2.按著作分。即以著作为专题，对其中所蕴涵的心理学思想进行专门的研究。如《〈学记〉心理学思想初探》[3]和《〈刘子新论〉的心理思想》[4]等文就属于按著作进行的专题研究。这类专题研究的优点是，使人对某一部著作的心理学思想有一个较系统的了解；并且，当某一著作很难确定其作者时（在中国的古籍中，这是常有的事情），更适宜用此类专题形式进行研究。这类专题研究的缺点是，它是一种静态的研究，难以看出所研究著作中的心理学思想的动态发展脉络；并且，由于有些著作蕴藏的思想非常深奥（像《老子》）或复杂多样（像《内经》），要将其主要的心理学思想都挖掘出来，有时也有相当的难度。

3.按学科分。即以现代心理学的分支学科为参照，对中国心理学史上相应的思想进行专门的研究，如"社会心理学思想"[5]和"教育心理学思想"[6]等文就属于此类专题研究。这类专题研究的最大优点是，由于它一般是采取纵向研究策略，故易看出所研究专题的动态发展关系，也较易看出所研究专题的历史意义和现实意义，还易与外国同类心理学

[1][3]杨鑫辉著：《中国心理学史研究》，江西高校出版社1990年版，第102—112、179—189页。
[2]燕国材著：《唐宋心理思想研究》，湖南人民出版社1987年版，第45—56页。
[4]燕国材著：《汉魏六朝心理思想研究》，湖南人民出版社1984年版，第43—64、231—242页。
[5][6]杨鑫辉著：《中国心理学思想史》，江西教育出版社1994年版，第187—208、208—221页。

思想进行比较研究，以发现中国心理学思想自身的优点与不足。这类专题研究的缺点是，此类研究较难做，研究者需要有相当的知识和洞察全局的能力，否则较难理清其中的发展线索，也容易写成"流水账"或"以点概面"，有时还有牵强附会之嫌。

4.按狭义的专题分。即对中国心理学史上的某一问题所作的专门研究。如"知虑心理思想"[1]和"中国古代释梦心理学思想"[2]等文就属于此类专题研究。这类专题研究的优点是，能看出所研究的专题的动态发展关系，并且，由于是就某一问题所作的专门研究，故而一般较易提高研究的深度。其缺点是，这类研究一般涉及的面较大，故较难做，需要以大量的人物类专题研究和著作类专题研究为基础。

5.按流派分。即以儒、道、医和兵家等诸宗派为专题，对其心理学思想进行专门的研究。这类专题研究的优点是，能将某一流派的心理学思想作动态而全面的表述；其缺点是，由于每一派别（如儒家）的思想大都是多种多样的，其思想往往涉及多方面的心理学思想（如儒家的思想体系中包含有教育心理学思想、社会心理学思想、心理实验与测量思想等），故而要将某一派别的心理学思想全部挖掘出来，是有相当的难度的，因此，如果对某一流派的思想缺乏全面而深刻的了解，是很难做好这类研究的。正由于此，目前还没有出现这类的专题研究。不过，准流派式的专题研究还是有的，如《隋唐道教的心理思想述评》[3]就属此类。

6.按时期分。即以某一时期为专题，对该时期内的心理学思想进行专门的研究。这类专题研究的优点是，能将某一时期的心理学思想作系统而全面的表述，从而易看出某一时期心理学思想的发展脉络与特色，也易看到某一时期内不同思想家在心理学思想观点上的相互关系；其缺点是，由于每一时期（如先秦时期）的思想大都是丰富多彩的，其思想也往往涉及多方面的心理学思想（如先秦时期的心理学思想中几乎涵盖

---

[1] 杨鑫辉著：《中国心理学思想史》，江西教育出版社1994年版，第129—146页。

[2] 汪凤炎：《论中国古代释梦心理学思想》，载《南京师范大学学报》（社科版）1997年第3期。

[3] 参见燕国材著：《唐宋心理思想研究》，湖南人民出版社1987年版，第121—130页。

了后世心理学的所有分支学科），故而要将某一时期的心理学思想全部挖掘出来，也是有相当的难度的，因此，如果对某一时期的思想缺乏全面而深刻的了解，这类研究也是很难做的。正由于此，目前也尚未出现真正的以时期为专题所做的研究。

上述划分，均是从单一角度出发的。由于从单一角度进行划分，使得多数类型的专题具有"内涵小而外延大"的特点，即因为专题的内涵太小，故而其包含有太多的内容。这使得研究者基于多方面的缘由（或时间有限，或精力不足，或受知识面限制，或受财力的制约等），往往研究起来感觉到力不从心。如若以"儒家的心理学思想"为题，对它作一专题研究，则由于儒家的思想在内容上非常广博，涉及心理学中多分支学科的思想；在时间上贯穿古今，绵延长达几千年，像这样一个大题目，或许耗费一个乃至于一群人一生的精力，也未必能将它研究透彻。为了避免诸如此类的困难，较好的解决办法之一，就是将划分专题的视角由单一化向多样化转变，即综合其中两个或两个以上的角度进行专题划分。这样做的结果是，使得专题的内涵扩大而外延缩小，研究者可从容处理，易提高研究的深度。如将时期和狭义的专题相结合，就成为一种新的专题研究类型，像《先秦社会心理思想管窥》[1]一文就属此类：由于在时间上作了限定，即只研究先秦时期；在内容上也作出了限定，即只研究社会心理学思想，这就使得这一专题在内涵上比"先秦心理学思想"或"社会心理学思想"要大得多，而在外延上则比后二者要小得多，故而研究者就较为容易处理了。

由于综合两个或两个以上角度进行专题划分有如此好处，故而随着中国心理学史研究的逐步深入，专题研究的视角也逐渐多样化，即专题研究类型逐步从过去的"内涵小外延大"的方向向"内涵大外延小"的方向发展。当然；这也不是说专题类型融合越多视角越好。将人物、著作、学科、狭义的专题和时期等常用的六种角度进行不同的排列组合，从理

---

[1] 燕良轼：《先秦社会心理思想管窥》，载《心理学报》1997年第2期。

论上讲，可以得出优缺点各异的多种专题研究类型。不过，从实际上看，专题类型的种类则要比理论上的数字小得多。这是因为，有些排列组合在理论上是行得通的，但在实际上却是显得并无必要或重复。比如，从理论上讲，将人物、时期和学科组合在一起所得的专题类型与将人物和学科组合在一起的专题类型是不同的，而在实际上，"先秦老子的社会心理学思想"和"老子的社会心理学思想"在含义上是完全一样的，并且，后者比前者来得更简洁，即前者中的"先秦"二字并无必要。

第二节　专题研究之历史、现状与前瞻

一、中国心理学史专题研究之历史

众所周知，在中国，心理学作为一门独立科学是19世纪末从西方传入的，故而中华心理学会于1921年成立之后，心理学界的主要精力在于传播西方心理学，不过，也有少数研究者看到了中国传统文化典籍中蕴涵有丰富的心理学思想，并身体力行地做了一些有关中国心理学史的专题研究。根据现有资料，从1921年至1949年的28年中，各种报刊只发表18篇中国心理学史方面的文章，[1]这其中所包含的专题研究类型归纳起来主要有以下几种：

1.人物式专题研究。如余家菊著《荀子心理学》一文。该文从十六个方面论述了荀子的心理学思想：[1]环境影响精神；[2]专一；[3]治气养心；[4]诚；[5]习与性；[6]人所一同；[7]知之作用；[8]欲与礼；

---

[1] 杨鑫辉著：《中国心理学思想史》，江西教育出版社1994年版，第263页。

[9]形与心与术；[10]性与情；[11]同欲异知；[12]礼乐；[13]虚壹静；[14]心之自动；[15]心之选择；[16]错觉。[1]

2.学科式专题研究。如程俊英著《汉魏时代之心理测验》一文。程俊英在该文中认为，心理测验"古代开其端倪：《尧典》纳于大麓，烈风雷雨弗迷,恐怖心之试验也。《左传》晋悼公兄之辨菽麦,常识之试验也。'观其所由，察其所安'，孔氏之心理测验也。'他人有心，余忖度之'，孟氏之心理测验也。"然后，该文对《大戴礼记·观人七十二》、《人物志·八观第九》、《心书·知人性第三》、《新论·专学第六》和《孔子集语》、《论衡·本性篇》、《颜氏家训·风操篇》、《说苑·修文篇》、《孔子家语·儒行篇》和《法言·问神篇》中的心理测验思想作了初步整理,并得出结论："诵汉魏诸儒名著，知其对于心学一门，较周秦研究，愈加精密，其所施检查人心之方法，亦颇有独到之处。谓心理测验发明于汉魏时代，并非无因。"[2]国外也有学者认为："心理能力测验的运用可追溯到中国的公元前2200年,那时的中国人就用它来作为选拔优秀人才以担任官员的方法。"[3]

3.流派式专题研究。如梁启超著《佛教心理学浅测》一文就属此类,该文开了探讨佛教心理学思想之先河。[4]

4.狭义的专题式研究。如卢可封著《中国的催眠术》一文就属此类。[5]

二、中国心理学史专题研究之现状

由于新中国成立之初期心理学界将主要精力放在改造心理学与学习苏联心理学上，其后在"十年内乱"时期心理学受到"左"的思想的干

---

[1]参见余家菊著:《荀子心理学》,载张耀翔主编《心理杂志选存》,中华书局1934年2月再版,第603—609页。

[2]参见程俊英《汉魏时代之心理测验》,载张耀翔主编《心理杂志选存》,中华书局1934年2月再版，第723—730页。

[3]原文为："The use of tests of mental abilities can be traced as far back as 2200 B.C.,when the Chinese used them to identify talented individuals to serve as civil servants(Fox,1981). 见 Lester Sdorow(1990):PSYCHOLOGY—THE INSTRUCTION"。

[4]梁启超：《佛教心理学浅测》。

[5]卢可封：《中国的催眠术》。

扰与冲击，心理学界对挖掘中国古代心理学思想也没有引起应有的重视。自1979年燕国材和杨永明各自发表了一篇号角性的文章，[1]尤其是潘菽和高觉敷两人以他们的崇高学术地位，于1983年联名在《心理学报》上发表题为《组织起来，挖掘我国古代心理学思想的宝藏》[2]的文章以来，通过潘菽等老一辈心理学家十几年的集体努力，有关中国心理学史的专题研究已取得了丰硕的成绩。为了使读者对中国心理学史专题研究之现状有一个直观的了解，下面以现有中国心理学史的十几部具有代表性的著作为主要依据，特制订出八个图表进行具体的说明。

以潘菽为顾问，高觉敷任主编，由人民教育出版社1986年出版的《中国心理学史》，是中国心理学界乃至于世界心理学界中的第一部专论中国心理学史的较系统的著作，其专题的分布情况如表一所示：

表一

	人物（个）	著作（部）	狭义的专题(个)	合计
	先秦	3	2	3	8
	秦汉至唐	8	1	0	9
中国心理学史	宋明清	13	1	0	14
	近现代	22	0	1	23
	合计	46	4	4	54
百分比（%）		85	7.5	7.5	100

资料来源：此表数据是笔者根据《中国心理学史》（高觉敷主编，人民教育出版社1985年版）所统计而得出的。

从表一可知，《中国心理学史》一书的专题研究中，人物类专题研究

---

[1]参见二文：一是燕国材著《关于"中国古代心理思想史"研究的几个问题》,载《上海师大学报》（哲社版）1979年第1期，第160—167页；二是杨永明等著《应当重视中国古代心理学遗产的研究》，载《陕西师大学报》（哲社版）1979年第3期，第73—77页。

[2]潘菽、高觉敷：《组织起来，挖掘我国古代心理学思想的宝藏》,载《心理学报》1983年第2期，第138—143页。

总计有46人，占全书专题总数的85％；著作类专题研究和狭义的专题研究各为4个，各占全书专题总数的7.5％。由此可见，该书主要是以人物为专题（兼以著作和流派为专题）对中国心理学史第一次作了较系统的阐述。

若将《中国心理学史》一书的古代部分单独列出来，其专题研究的情况又是怎样的呢？下面请看表二：

表二

		儒	道	医	墨	法	兵	释	其他	合计	百分比（％）
中国心理学史（古代部分）	人物（个）	19	0	1	0	0	0	0	4*	24	82.8
	著作（部）	2	0	0	0	0	0	0	0	2	6.9
	专题（个）	0	1	0	1	1	0	0	0	3	10.3
	合计	21	1	1	1	1	0	0	4	29	100
	百分比（％）	72.3	3.5	3.5	3.5	3.5	0	0	13.7	100	

*这四个人物分别是刘劭、刘昼、范缜和刘智。
资料来源：同表一。

从表二可知，《中国心理学史》古代部分的专题研究中，对儒家的专题研究总计21个，占全部专题研究的72.3％；对道、医、墨和法等家的专题研究各只有1个，分别占全部专题研究的3.5％；属于其他类的专题研究总计4个，占全部专题研究的13.7％；对释、兵两家的专题研究则为0。由此可见，该书的古代部分主要是以儒家的心理学思想研究为主，兼论道、医、墨和法等家的心理学思想。

我们再以燕国材主编的四卷本《中国心理学史资料选编》为例来加以说明中国心理学史专题研究资料的情况，该套资料选编是中国心理学界乃至于世界心理学界中的第一套关于中国心理学史的资料选编，其专题研究资料的分布情况如表三所示：

表三

		人物（个）	著作（部）	流派（个）	合计
中国心理学史资料选编	第一卷（1988年第1版）	7	8	1（墨家）	16
	第二卷（1990年第1版）	15	7	1（魏晋玄家）	23
	第三卷（1989年第1版）	23	2	1（金元四大家）	26
	第四卷（1990年第1版）	28	0	0	28
	合计	73	17	3	93
	百分比（%）	78.5	18.3	3.2	100

资料来源：此表数据是笔者根据《中国心理学史资料选编》（燕国材主编，人民教育出版社出版）第一至四卷所统计而得出的。

从表三可知，四卷本的《中国心理学史资料选编》中，人物类专题研究资料总计有73个，占专题研究资料总数的78.5%；著作类专题研究资料为17个，占专题研究资料总数的18.3%；流派类专题研究资料为3个，占专题研究资料总数的3.2%。由此可见，该套资料主要是以人物类专题研究资料为主，兼以著作类专题研究资料和流派类专题研究资料为辅的。

若将《中国心理学史资料选编》第一至三卷单独列出来，其专题研究资料的分布情况如表四所示：

表四

		儒	道（含道教）	释	医	兵	杂	墨	法	纵横家	其他
中国心理学史资料选编	人物（个）	35	3	0	3	0	0	0	1	1	2
	著作（部）	3	2	0	1	5	1	0	1	0	4
	专题（个）	0	1	0	1	0	0	1	0	0	0
	合计	38	6	0	5	5	1	1	2	1	6
	百分比（%）	58.5	9.3	0	7.7	7.7	1.5	1.5	3	1.5	9.3

资料来源：同表三。

从表四可知，《中国心理学史资料选编》第一至第三卷（即中国心理学史的古代部分）的专题研究资料中，属于儒家的专题研究资料总计38个，占全部专题研究资料的58.5％；属于道家的专题研究资料只有6个，占全部专题研究资料的9.3％；属于医、兵两家的专题研究资料各为5个，分别占全部专题研究资料的7.7％；属于法家的专题研究资料为2个，占全部专题研究资料的3％；属于墨家、纵横家和杂家的专题研究资料各只有1个，分别占全部专题研究资料的1.5％；属于其他类的专题研究资料总计6个，占全部专题研究资料的9.3％；属于释家的专题研究资料仍为0。由此可见，该套资料选编的古代部分仍主要是以儒家的心理学思想资料为主，兼论道、医、墨、兵、法和杂等家的心理学思想资料。

我们把潘菽所著的《心理学简札》一书中关于中国心理学史的研究单独列出来，其专题研究的情况又是怎样的呢？请看表五：

表五

		人物（个）*	狭义的专题（个）	合计	百分比（％）
心理学简札	古代	16	6	22	95.7
	近代	1	0	1	4.3
	合计	17	6	23	100
百分比（％）		73.9	26.1	100	

*说明：这17个人物中，属于儒家的有15人，属于名家的1人（即公孙龙），属于其他的1人（即范缜）。

资料来源：此表数据是笔者根据《心理学简札》（潘菽著，人民教育出版社1984年版）所统计而得出的。

从表五可知，《心理学简札》一书有关中国心理学史的专题研究中，对古代人物和狭义专题的研究有22个，占全部专题研究的95.7％；对近代的专题研究只有1个，占全部专题研究的4.3％。可见，潘菽对中国心理学史的专题研究也呈现出偏重于古代心理学思想研究的特色。潘菽在该书中对中国心理学史的全部专题研究中，人物类专题研究共有17个，占全部专题研究的73.9％；而狭义的专题研究只有6个，占全部专题研究的26.1％，可见，潘菽有关中国心理学史的专题研究也侧重于人物式的专题研究。进一步讲，在这17个人中，儒家占了15人，名家和属于其它类的各占1人，又可知潘菽重点在对于儒家心理学思想的研究。

《心理学简札》一书尽管正式出版的时间是1984年，但从潘菽为该书写的《自序》[1]中可知，书稿是于1964年至1976年间陆续写成的。而潘菽在80年代力倡要从建立有中国特色心理学角度来研究中国古代心理学思想，再加上潘菽本人在中国心理学界享有崇高之声誉，因此，随后在中国心理学界大规模开展的中国心理学思想之研究，是不可能不受潘菽本人研究中国心理学思想"套路"的影响的。《心理学简札》一书在有关中国心理学思想之研究中呈现出来的特点与前面几部著作研究中国心理学思想的著作呈现出类似的特点，并不是一种巧合，而是具有继承性，即前面几部著作均受到了潘菽思想之影响。

我们又以燕国材所著的《先秦心理思想研究》、《汉魏六朝心理思想研究》、《唐宋心理思想研究》和《明清心理思想研究》等四书为例，分析其专题研究的情况，如表六所示：

表六

	人物（个）	著作（部）	狭义的专题（个）	合计
先秦心理思想研究	3*（或8）**	7（或8）	1（或6）	11（或22）
汉魏六朝心理思想研究	11（或26）	5（或7）	0	16（或33）
唐宋心理思想研究	20（或29）	2（或4）	1（或2）	23（或35）
明清心理思想研究	19（或28）	1	0（或2）	20（或31）
合计	53（或91）	15（或20）	2（或10）	70（或121）
百分比（%）	75.7（或75.2）	21.4（或16.5）	2.9（或8.3）	100

*未用括号的数字表示该数字只是根据著作的正文中出现的人物、著作或狭义的专题而统计出来的。

---

[1] 参见潘菽：《心理学简札》（上），《自序》，人民教育出版社1984年版。

　　**括号内的数字表示该数字是根据著作的正文和札记中出现的人物、著作或狭义的专题而统计出来的。

　　资料来源：此表数据是笔者根据《先秦心理思想研究》、《汉魏六朝心理思想研究》、《唐宋心理思想研究》和《明清心理思想研究》（燕国材著，湖南人民出版社出版）所统计而得出的。

　　从表六可知，燕国材关于中国心理学史的专题研究中，对人物的专题研究总计53（或91）个，占全部专题研究的75.7%（或75.2%）；对著作的专题研究总计是15（或20）个，占全部专题研究的21.4%（或16.7%）；对狭义的专题研究为2（或10）个，占全部专题研究的2.9%（或8.3%）。由此可见，燕国材对中国心理学史的研究，也主要是以人物式专题研究为主，兼以著作类专题研究和狭义的专题研究为辅。

　　若进一步研究，则会发现，燕国材上述四书的专题研究也主要是以儒家的心理学思想研究为主，然后兼论道、医、墨和法等家的心理学思想。如表七所示：

　　表七

	先秦心理思想研究	汉魏六朝心理思想研究	唐宋心理思想研究	明清心理思想研究	合计	百分比（%）
儒家	5	15	25	22	67	55.7
道家	3	7	3	0	13	10.8
佛家	0	3（札记）	1（札记）	0	4	3.2
医家	4	0	1	1	6	4.8
兵家	4	0	1	2	7	5.7
法家	1	0	0	0	1	0.8
墨家	1	0	0	0	1	0.8
其他	4	8	4	6	22	18.2
合计	22	33	35	31	121	100

　　*此表数字是根据燕国材上述四部著作的正文和札记中出现的人物、著作或狭义的专题而统计出来的。

由表七可知，在燕国材的专题研究中，对儒家的专题研究总计67个，占全部专题研究的55.7%；对道家的专题研究总计13个，占全部专题研究的10.8%；对佛家的专题研究总计4个（均是以札记的形式出现的），占全部专题研究的3.2%；对医家的专题研究总计6个，占全部专题研究的4.8%；对兵家的专题研究总计7个，占全部专题研究的5.7%；对法和墨两家的专题研究总计各为1个，分别占全部专题研究的0.8%；属于其他类的专题研究总计22个，占全部专题研究的18.2%。

最后，我们以杨鑫辉所著的《中国心理学史研究》和《中国心理学思想史》等两书为例，分析其专题研究的情况又如何呢？如表八所示：

表八

	中国心理学史研究	中国心理学思想史	合计
人物	10（古代7人，全为儒家；现代3人）	0	10
著作	3（儒家1部，道家1部，其他1部，即《管子》）	0	3
专题	5	18*	23
合计	18	18	36

*包括第三章"心理实质探索"的5个专题、第四章"心理实验与测验追源"的2个专题、第五章"普通心理学思想"的5个专题和第六章"应用心理学思想"的6个专题。

资料来源：此表数据是笔者根据《中国心理学史研究》（杨鑫辉著，江西高校出版社1990年版）和《中国心理学思想史》（杨鑫辉著，江西教育出版社1994年版）两书统计出来的。

从表八可知，杨鑫辉的《中国心理学史研究》一书的专题研究中，对人物的专题研究总计10个，对狭义的专题研究有5个，而对著作的专题研究只有3个，可见，在该书中，杨鑫辉也是以人物式专题研究为主的；并且，在10个人物中，古代部分占7人，全为儒家；现代部分占3人（即潘菽、陈鹤琴和朱希亮），又可见他也是以儒家的心理学思想研究为主的，不过，对于中国现代著名心理学家的心理学思想的研究也给予了一定的重视。而在《中国心理学思想史》一书的专题研究中，无人物类和著作类的专题研究，属于狭义的专题研究则有18个，可见，在该书中，杨鑫辉则转向以狭义的专题式研究为主了。这也表明：随着时间的推移，杨鑫辉所做的中国心理学史的专题研究在思路上也发生了较大转变，即由过去的侧重于人物式和著作式专题研究转向以狭义的专题式研究为主了，而这种转变又带来了中国心理学史专题研究深度的加强。

另外，由王甦等主编的《中国心理科学》一书，对新中国成立以来的中国心理科学事业作了一次总结，当然也包括了对中国心理学史这一分支学科研究成果的总结。其中，对于近代中国心理学史研究成果的总结，体现在由赵莉如与许其端合著的《中国近代心理学史研究》[1]中。《中国近代心理学史研究》的目录如下：

引言

一、中国近代思想家的心理学思想研究（龚自珍、王筠、谭嗣同、梁启超、孙中山和蔡元培）

二、外国心理学的传入与传播的研究（1.早期心理学译、著的调查研究；2."第一部汉译心理学书"的问题；3."第一部汉文写的西洋心理学书"的问题；4.日本对西方心理学传入中国起的桥梁作用的研究；5.汉译"心理学"名称的演变及最早使用的研究；6.王国维及其心理学译书的研究；7.早期苏联心理学的介绍与传播的研究；8.西方心理学史和心理学派别的介绍与影响的研究）

三、中国现代心理学的建立与发展的研究（1.我国第一个心理学实验室和第一本大学心理学教本问题；2.我国第一个心理学系和主要高等学校的心理学系；3.我国第一个心理学研究所和心理学研究机构；4.最早的中华心理学会和抗日战争前与新中国成立后的中国心理学会；5.我国最早的心理学杂志和各时期的心理学刊物；6.新中国建立前我国一些心理学家的研究工作）

结束语。

---

[1] 参见赵莉如、许其端：《中国心理学史研究》，载《中国心理科学》，王甦等主编，吉林教育出版社1997年版，第278—304页。

从这一目录可知，对于中国近代思想家的心理学思想研究，主要是采用了人物式的专题研究，并且，主要研究了龚自珍、王筠、谭嗣同、梁启超、孙中山和蔡元培等人的心理学思想；对于外国心理学的传入与传播的研究，则采用了狭义的专题研究的形式（即采取以问题为主的研究策略），主要研究了早期心理学译、著的问题，"第一部汉译心理学书"的问题，"第一部汉文写的西洋心理学书"的问题，日本对西方心理学传入中国起的桥梁作用的问题，汉译"心理学"名称的演变及最早使用的问题，关于王国维及其心理学译书的问题，早期苏联心理学的介绍与传播的问题和西方心理学史和心理学派别的介绍与影响的问题；对于中国现代心理学的建立与发展的研究，也采用了狭义的专题研究的形式，即对我国第一个心理学实验室和第一本大学心理学教本问题，我国第一个心理学系和主要高等学校的心理学系的问题，我国第一个心理学研究所和心理学研究机构问题，最早的中华心理学会和抗日战争前与新中国成立后的中国心理学会问题，我国最早的心理学杂志和各时期的心理学刊物问题和新中国建立前我国一些心理学家的研究工作问题进行了研究。需要指出的是，由于《中国近代心理学史研究》在时间上只限于"近代"，故而没有对当代心理学家如潘菽、高觉敷和朱智贤等的心理学思想进行总结。

《中国心理科学》对于中国古代心理学思想史研究成果的总结，则体现在由燕国材著的《中国古代心理思想史研究》[1]中，其目录如下：

概述

一、基本理论问题研究

二、普通心理思想研究

三、教育心理思想研究

四、医学心理思想研究

五、军事心理思想研究

---

[1] 参见燕国材《中国古代心理学思想史研究》，载《中国心理科学》，王甦等主编，吉林教育出版社1997年版，第305—359页。

六、文艺心理思想研究

七、社会心理思想研究

八、儿童心理思想研究

九、梦的心理思想研究

结束语

从这一目录中可知，从第二至第七部分共6个部分主要是以学科为标准所作的专题研究，第八、九两个部分是以某一问题（即狭义的专题）为标准所作的专题研究。

综上所述可知，现有的中国心理学史的专题研究，呈现出以下几个特点：第一，从类型上看，侧重于做人物式专题研究；第二，从流派上看，侧重于对儒家心理学思想的研究；第三，从时间上看，偏重于对古代心理学思想的研究；第四，从雅俗性上看，侧重于对有较高学术地位的人物和学术性较强的著作的心理学思想研究；第五，从知名度上看，对名气较大的人物或著作的心理学思想研究较多。

而从质量上看，中国心理学史专题研究则呈现以下几个特点：第一，偏重于材料的初步研究，而缺乏必要的理论概括；第二，偏重于演绎分析（定性分析），缺乏必要的实证研究；第三，偏重于对专题的独立分析，属于比较研究的专题研究较少；第四，现有中国心理学史的专题研究成果，主要是具有历史上的意义，即能证明中国是世界上最早的心理策源地之一和能丰富世界心理学思想的宝库等，但现实意义不很强，即不能使人看到它对当代心理科学的发展有何贡献。

由于中国心理学专题研究存在上述特点，又使得现有中国心理学史的专题研究存在以下几个薄弱环节：

第一，从流派上看，对道家（含道教）心理学思想研究甚少，对释家的心理学思想研究更是微乎其微，这与中国传统文化是儒、道、释三位一体的特点极不相符；

第二，从时间上看，对西周以前、唐代、元代和近现代的心理学思想研究不够，使得至今对于中国心理学思想的起源、盛唐文化对唐代心理学有什么影响、近现代中国的心理科学的产生情况等问题仍是知之甚少；

第三，从专题类型上看，以问题为中心的专题研究（狭义的专题研究）和古今中外比较式的专题研究不多，从而影响了专题研究的深度；

第四，从研究方法上看，研究方法的多样性不够，在现有的中国心理学史的专题研究中，属于实证型研究的较少；

第五，从雅俗性上看，对一些流传甚广的通俗著作（如《三字经》和《千字文》之类的童蒙教材）的心理学思想研究较少；

第六，从知名度上看，对名气较小的地方思想家或著作的心理学思想研究不多；

第七，从研究意义上看，现有中国心理学史的专题研究成果在挖掘中国传统心理学思想的现实意义方面做得不够，使得很多研究只是为古而古，不能做到古为今用。

简言之，现有中国心理学史的专题研究较之以往的专题研究，虽然在数量上和质量上都取得了一定程度的提高，从而促成了"中国心理学史"学科的成立，但是也应指出，现有中国心理学史的专题研究在研究内容的深刻性、研究方法的多样性和研究成果的实效性等方面均存在着差强人意之处，这又制约了中国心理学史学科的进一步发展。

（三）中国心理学史专题研究之前瞻

展望中国心理学史专题研究的未来，我们认为，中国心理学史专题研究应努力加强以下几个方面：

第一，进一步扩大专题研究的范围。具体地讲：一是，将来的研究者要加强对道家（含道教）和释家的心理学思想的研究，以使中国心理学史的研究成果与中国传统文化是儒、道、释三位一体的特点相一致。二是，加强对西周以前的心理学思想的研究，以弄清中国心理学思想的起源及其处于萌芽时的状况；加强对唐代的心理学思想的研究，以弄清盛唐文化与唐代心理学思想发展之间的关系；加强对元代的心理学思想的研究，以弄清处于承上启下阶段的元代的心理学思想的发展状况；加强对近现代的心理学思想的研究，以弄清近现代中国心理科学是怎样建立的和建立初期的发展情况以及中国古代心理学思想与近现代中国心理科学之间的关系等问题。三是，适当加强对一些流传甚广的通俗著作的心理学思想的研究。四是，适当加强对名气较小的地方思想家或著作的心理学思想的研究。

第二，要努力演化专题研究的内容。措施主要有：一要努力开展以问题为中心的专题研究（狭义的专题研究）和古今中外比较式的专题研究，以提高中国心理学史专题研究的深度。二要善于从零散的材料中做必要的理论概括，以一定理论统摄有关材料，而不能像以往的研究那样仅是材料的初步搜集与分析，却无必要的理论概括，显得较为零散，说服力不强。

第三，要大胆采用新的具体研究方法。随着中国心理学史专题研究的进一步深化，将来用于中国心理学史专题研究的具体方法也将进一步呈现出多样化的趋势，因此，研究者们要更加自觉地根据具体研究情况而确定相应的具体研究方法，这对于满足中国心理学史专题研究的不同需要和提高中国心理学史专题研究的深度和科学性等方面，都会起到一定的推动作用。同时，为了提高中国心理学史专题研究的科学性，在将来的专题研究中，要适当多做些属于验证型的专题研究。对于某些适合用实证手段进行研究的专题，要努力采用实证手段以验证之。当然，也需指出，就使用范围而言，实证检验法只适用于研究中国心理学史的某些专题，故采用时应谨慎，以免产生一些消极影响。

第四，要加强研究那些至今仍有现实意义的专题，即对于中国心理学史的研究，不能为古而古，而必须做到古为今用。换句话说，所做的专题研究，不仅仅在中国心理学史上具有历史意义，而且能对当代中国心理科学乃至于世界心理科学的发展都具有相当的促进作用。

总之，在将来的中国心理学史的专题研究中，只要研究者们继续持之以恒地钻研，并适当加强合作研究，是一定能将现在中国心理学史专题研究中存在的某些薄弱环节进一步加强的。事实上，最近两年关于中国心理学史的某些专题研究成果，在加强上述薄弱环节方面已经初见端倪。如杨鑫辉的《蔡元培在中国现代心理学史上的先驱地位与贡献》[1]一文就加强了对蔡元培的研究；燕国材《"心理"正名》和杨鑫辉等的《唯识心法之认识结构论》[2]一文则加深了对"心理"一词的研究；汪凤炎的《试论〈坛经〉的养生心理学思想》[3]一文，加强了对禅宗和唯识宗心理学思想的研究；郑红和胡青的《刘壎的"悟"论思想探析》一文，则加强了对元代心理学思想的研究等。

第三节　怎样选择专题研究

在具体的中国心理学史的专题研究中，怎样来选择适当的专题呢？我们认为，在选择专题时应综合考虑以下几个原则。

一、必要性与可能性相结合

在选择中国心理学史的某一专题时，首先应坚持必要性与可能性相结合的原则。所谓"必要性"，简单地讲，就是指所要研究的专题要有一定的价值或意义。具体地讲，从性质上看，此价值或意义可以是理论上的，也可是实践上的，或两者兼而有之；既无理论上的价值或意义，也无实践上的价值或意义的专题是不值得研究的。从数量上看，此价值或意义要有一定的分量，并且是，分量越大，越值得研究。若虽有价值，但价

---

[1] 参见杨鑫辉《蔡元培在中国现代心理学史上的先驱地位与贡献》，载《心理科学》1998年第4期。

[2]《心理学探新》1999年第3期，第3—7页。

[3] 汪凤炎：《试论〈坛经〉的养生心理学思想》，载《心理学探新论丛》，杨鑫辉主编，南京师范大学出版社1998年版。

值或意义过小，则也不值得研究，即使研究出来，价值或意义也不会很大。所谓"可能性"，简单地说，就是研究者完成专题研究的概率。因为完成一项专题研究是需要一定的条件的，这些条件归纳起来主要有两方面：一是主观方面的条件，它包括研究者已有的专业基础、知识面、身体健康状况、观察力、勤奋程度、兴趣和创新精神等方面；二是客观方面的条件，它包括已有的研究基础、文献资料、经费、专题本身的难度系数、科研时间等。研究者在选择某一专题研究之前，应对这诸多因素作一综合的估价，以确定完成某一专题研究的可能性。研究者在选择某一专题时，既不可好大喜功，也不可畏难而退，而是要量力而行。假若某一专题本身很有价值或意义，值得研究，但考虑到自身情况，感觉到一人无力单独完成之，则可适当选择一定的合作人员以进行之；若某一专题虽有很大价值或意义，但在目前的状况下尚缺乏完成它的起码的必要条件，则宁可暂时不做，或暂做些铺垫性的工作，也不能急于求成；换句话说，不能一味地只考虑到专题的必要性，而忽略完成它的可能性。在这方面，潘菽和高觉敷等老一辈心理学家的严谨治学精神，值得我们学习。1985年他们在组织编写我国第一部《中国心理学史》时，大凡当时尚不成熟的中国心理学史的专题研究成果，一般均不放入《中国心理学史》一书中，这样做，尽管使得我国第一部《中国心理学史》在内容上缺少了诸如兵家和佛家等的心理学思想，但却保证了该书的权威性。

二、理论与应用相结合

在选择中国心理学史的专题时，也应坚持理论与应用相结合的原则。即在选择有关中国心理学史的专题时，要重视选题的现实意义，使之对当前的心理科学研究和实际应用都要起到一定的借鉴作用；换句话说，所研究的专题，既要有一定的理论高度，又要有一定的应用价值，只有这样，才能促进中国心理学史自身的发展。因为我们研究中国心理学史的目的，不是为古而古，而是为了"古为今用"；再者，"科学的发展，就科学本身说，是理论与实践的辩证运动，理论与实践缺一不可"[1]。当然，在贯彻这一原则时，并不是一定要求每个专题都要对半开不可，而应具体问题具体分析。有的专题可以理论色彩浓一点，而有的专题应用性则可强一些。但从总体上看，在选择中国心理学史的专题时则应坚持理论与应用相结合的原则，不可偏执一方。

三、专业方向性与兴趣相结合

在选择中国心理学史的专题时，还应兼顾专业方向性与兴趣，最好做到专业方向性与兴趣相结合。所谓"专业方向性"，是指研究的专题最好应在自己所研究的专业领域之内，这样就能为专题研究提供必要的专业基础。所谓"兴趣"即所研究的专题应是自己所喜爱的话题，这样才能为专题研究提供强有力的动力。因为学术研究，大都需要一定的时间和精力，若所研究的专题是研究者所不喜欢的话题，是很难保证研究者自始至终以最佳状况对待它的，有时甚至会让研究者产生某种程度的厌倦感，从而影响专题研究的质量。因此，在选择专题时，要适当坚持专业方向性与兴趣相结合的原则。所选择的专题若能做到既是自己专业范围之内的，又是自己所喜欢的，这就做到了专业方向性与兴趣的结合。当然，有时为了学术研究的需要，在选择专题时，还是应以专业方向性为主的，不能一味凭自己的喜好来选择专题的类型。还有一种情况，假若研究者自身既具有较扎实的专业知识，知识面又较开阔，兴趣也颇广，在这种前提下，研究者的专业方向性就带有一定的弹性，故而也可适当选择一些自己喜爱的、带有交叉学科性质的中国心理学史的专题去做，这也并不违背此原则。

四、课题项目与会议主题相结合

另外，有机会主持或参与任何一种类型的课题研究或任何级别的学

---

[1]［美］查普林、克拉威克著，林方译：《心理学的体系与理论》，商务印书馆1983年版。

术会议的研究者，也可以结合所做课题或所参加学术会议的主题来选择专题研究，做到专题研究和课题与会议相结合，这有时也不失为一个选择专题的好办法。因为，假若研究者本人主持或参与某一课题，一般都会掌握一些与此课题有关的材料和知识，这就为选择与此课题有关的专题打下了必要的基础，在此基础上再做相关的专题研究，一般会取得事半功倍的效果。就学术会议而言，一般都有一个主题，并且这个主题多半是此学术圈内人士最近颇为关注的热门话题或前沿话题，研究者（尤其是初涉某一领域的研究者）若能联系学术会议主题来选择专题种类，一般来讲，更易把握本专业的时代发展"脉搏"，从而不至于迷失方向。

第六章　中国心理学史的体系论

1.从理论上讲，中国心理学史著作一般可以采用哪些体系？每种体系的优缺点是什么？

2.现有中国心理学史著作主要采用了哪几种体系？

3.未来中国心理学史著作的体系应朝哪几个方向努力？为什么？

第一节　中国心理学史的体系论概述

（一）中国心理学史体系论的定义

何谓中国心理学史的体系论？顾名思义，它指对中国心理学史著作的体系问题作一较专门而系统的研究。因此，评价中国心理学史著作不同类型体系的优缺点和探讨中国心理学史著作体系的历史、现状与前瞻等问题，就是本章的主旨之所在。

（二）中国心理学史著作体系的类型

综观世界各国的心理学史著作，由于编写线索的不同，其体系也是多种多样的：有的以事件为纲，有的以编年为纲，有的以国别为纲，有的以事件、国别和编年混合为纲，等等。中国心理学史主要是研究中国心理科学萌芽、产生和发展变化的学科，因此，从理论上讲，有关中国心理学史之著作的体系可以有以下两大类方式：

1.按单一线索进行撰写的体系

这又可细分为以下几种：

（1）以时间为纲的体系，即按时间的先后顺序，将不同时期的心理学思想逐一整理出来。此种体系类似于中国历史上的编年体史书的体系。它的优点是：从纵的方向看，极易看出某种心理学思想的演变过程及其变化规律；从横的方向看，将同时期人物或著作的心理学思想放在一起进行阐述，又易揭示出他（它）们之间的相互关系。它的缺点是：由于某种心理学思想的产生、发展和式微多不是在同一时期之内完成的，而往往要经历数年或数十年乃至数百年，若以时间为线索撰写心理学历史，易将某一心理学思想的完整发展变化过程分散在不同的时间段内进行探讨，并与其他一些不相干的思想混杂在一起，使人较难看出某种心理学思想本身的完整发展过程。

（2）以专题为纲的体系，即以专题为线索，将中国心理学思想史上的不同专题逐一整理出来。此种体系类似于中国历史上的纪事本末体史书的体系。它的优点是：较易保持专题自身的完整性，使人能较清楚地看出某种心理学思想产生、发展及其变化的完整过程。它的缺点是：①较难做，必须以大量的人物研究和著作研究为基础之后方可做此种事情；②专题与专题之间多没有什么必然的联系。每一专题就只论述一种心理学思想，只见"部分"而不见"全体"，让人难以看出中国心理学史的全貌。

（3）以范畴为纲的体系，即以范畴为线索，将中国心理学思想史上的不同范畴逐一整理出来。此种体系也类似于中国历史上的纪事本末体史书的体系。它的优点是：较易保持某个范畴自身的完整性，使人能较清楚地看出某个范畴产生、发展及其变化的完整过程。它的缺点是：①较难做，必须以大量的人物研究、著作研究和专题研究为基础，只有在积累了大量的材料之后才可做范畴研究；②范畴与范畴之间也多没有什么必然的联系。每一范畴也只论述一种心理学思想,同样是只见"部分"而不见"全体"，也难以让人看出中国心理学史的全貌。

（4）以分支学科为纲的体系，即以分支学科为线索，写成诸如社会心理学思想、教育心理学思想、医学心理学思想等专著。此种体系实际上与中国历史上的纪事本末体史书的体系是相通的。它的优点是：较易保持某一学科心理学思想产生、发展及其变化的完整过程。它的缺点是：①较难做，必须以大量的人物研究、著作研究、专题研究和范畴研究为基础之后方可做此种研究；②某一分支学科与另一分支学科之间也多没有什么必然的联系。每一分支学科就只论述一种心理学思想，还是只见"树木"而不见"森林"，还是难以让人看出中国心理学史的全貌。

（5）以人物为纲的体系，即以人物所处年代的先后顺序为线索，将中国历史上历代著名学者的心理学思想逐一挖掘整理出来。此种体系类似于中国历史上的纪传体史书的体系。它的优点是：①易于看出某个人物心理学思想的全貌。②在某种学科还仅处于初期发展阶段时，若想写该学科的通史，则最宜采用以人物为线索的撰写体例。因这种体例既便于分工合作；也适宜于单个人进行独撰。综鉴中国哲学史或中国思想通史等与中国心理学史相关的分支学科，在它们发展的初期阶段，也多是采用此种体系来撰写其相应的通史式著作的。它的缺点是：①不易看出某种心理学思想的来龙去脉。②若某个人物的心理学思想特别丰富，有时则难以作深入的研究。③由于中国秦汉之后学者的思想中普遍存在继承多而创新少的特点，即秦汉之后学者的很多思想多是继承了先秦学者的思想，属于自己提出的创新性见解较少。这样，若以人物为线索来写中国心理学通史，则越往后写越易出现雷同现象。④易将某一完整的事情分散在不同的人物之中去阐述，从而易破坏中国心理学思想史自身的统一性；或将某一完整的事情分作两次或多次来叙述，从而易造成重复。如朱熹和陆九渊二人就"尊德性"与"道问学"问题发生的争论，本来是一件事情，但是，若按此体系来写，则势必将此事分在两人中进行论述，这就易破坏历史自身的统一性；或先在论朱熹时讲到，再在论陆九渊时又讲到，这就又易产生重复之嫌。

2.按两种或两种以上线索进行撰写的体系

即综合上述两个或两个以上线索为纲而形成的体系。如以范畴、专题和分支学科混合为纲而形成的体系，或既按历史顺序，又按范畴、专题、人物结合而形成的体系，等等。此种体系的优点是：①便于灵活处理史料；②易使内容丰富多彩，从而较易避免呆板体系结构的产生。此种体系结构的缺点是：由于是按多种线索来组织史料的，用得不好，易使整部著作显得零乱，有开"杂货店"之嫌。

第二节　体系论研究的历史与现状

一、有关中国心理学史体系问题研究的历史

关于中国心理学思想史的体系问题，过去虽较少受到从事中国心理学史研究的学者的重视，但也还是有一些学者有意或无意地论述过此问题。

潘菽曾说："在大量的文献资料面前如何下手呢？如果采取分工协作的方式，如何分工呢？显然，比较自然并方便的方式还是以一个一个思想家或一部一部书为单位来分工挖掘比较好，如有人负责研究荀况的心理学思想，有人负责研究《管子》一书中的心理学思想，等等。"[1]这段话的本意虽是探讨如何分工以研究中国心理学史的，但从中可看出，潘菽主张以人物和著作为线索来组织编写一部中国心理学史。事实上，1985年由人民教育出版社出版的、以潘菽为顾问、由高觉敷主编的中国心理学历史上第一部供综合大学和高等师范院校心理学专业使用的教材《中国心理学史》一书就是采用了此种体系，这将在下文详细论述，此处就不赘述了。

---

[1] 参见潘菽著：《心理学简札》（下），人民教育出版社1984年版，第400页。

　　杨鑫辉较早较明确地论述过中国心理学史著作的体系问题，早在1983年撰写的《草拟中国心理学史编写大纲的初步意见》一文中他就曾主张：中国心理学史的撰写，在体系上要做到："1.采用分期史的方式编写。将中国心理学史划分为先秦，秦汉至唐，宋明清，近现代四个时期。2.在体例上，分时期按心理学思想家、学派与人物、专篇相结合的方法排列，以求大体统一，又允许存在差异。3.在采用分期史写法的同时，兼顾不同时期我国古代心理学思想的特有范畴（特征）。绪论和每个心理学思想家介绍要注意贯彻。4.中国古代主要是哲学心理学思想，也有生理心理、心理实验与心理测验的萌芽，编写中要全面反映。5.中国近现代心理学要特别重视资料的搜集。西方心理学的传入要从中国心理学史的角度去写。6.中国古代的军事心理学思想、医学心理学思想、文艺心理学思想等分支找出代表性论著、专篇，分别列在该论著、专著产生的时期去写，为反映其思想的渊源与发展，可列一节'意义与影响'。7.每编的概述应包括下列内容：交代历史背景，即政治经济状况、哲学思想、科学发展情况等，理出这个时期心理学思想发展的脉络以及前后的衔接，简介其他未列专章专节的心理学思想家和专篇。8.中国心理学史的编写力求图文并茂，古代心理学思想家插画像，近代部分要搜集心理学书刊版本、心理学会活动和著名心理学家照片等。"[1]杨鑫辉又说："综观世界各国的心理学史著作，其体例是纷纭的，编写线索各不相同。有的以事件为线索，有的以国别为线索，有的则是编年、纪事、纪传和国别等相混杂。中国心理学思想史当然也可以按照不同的体例和线索去编写。例如，按人头年代先后写历代著名心理学思想家，按历史时期搞先秦或宋明心理学思想的断代研究著述，按分支写社会心理学思想、医学心理学思想专著等。但是，不管按哪条线索或哪种体例去研究，去编写，都应当把握心理的实质这条主线。"[2]

---

　　[1] 参见杨鑫辉著：《中国心理学史研究》，江西高校出版社1990年版，第15—16页。
　　[2] 参见杨鑫辉著：《中国心理学思想史》，江西教育出版社1994年版，第21页。

　　许其端在对杨鑫辉所著《中国心理学思想史》的书评中也曾探讨过体例问题。他说："杨鑫辉教授的《中国心理学思想史》一书，以科学的方法论为指导，用全新的体系，朝着这个方向做了十分可贵的探索工作。……如何编写历史？中国古代有纪传体与编年体之争，争论的焦点就是写历史如何既做到分门别类、系统深入的阐述，又不打乱历史发展的顺序。上述两种体例是难以做到两全其美的。杨著在处理这一问题上就颇工心计，既以现代心理学分类为纲，又以问题为目，并按照历史顺序钩玄提要地予以阐述，做到眉目与脉络俱很清晰，加上头两章总论的理论导向，及末后一章的中国心理学史研究的历史、现状与前瞻，全书逻辑体系严谨，自成体系，不愧为中国心理学史研究上一部不可多得的力作。"[1]

　　燕国材曾说："对于中国古代心理学思想史的研究，一般有两种研究方法：一是纵向研究。即以著名人物或著作为中心，按照历史进行的顺序，依次进行分析探讨；一是横向研究。即以专门的心理问题为中心，打破历史进程的顺序，不顾人物和著作的先后，一个一个问题进行分析探讨。综观80年代以来出版的有关著作，基本上都是采取纵向的研究法，如燕国材教授的《先秦心理思想研究》、《汉魏六朝心理思想研究》、《唐宋心理思想研究》、《明清心理思想研究》等便是；仅有杨鑫辉教授的专著《中国心理学思想史》一书采取了横向研究法，但就其兼通心理学思想来说，只有一章，内容较少。……"[2]这段话虽是就研究中国古代心理学思想史的方法而言的，但实际上也可看作是燕国材对已有中国心理学史著作体系的一种简要的评价性看法。

　　综上所述可看出，过去学者对中国心理学史著作体系的研究从总体上看是颇为薄弱的，多未从自觉的角度去较系统地阐述中国心理学史著作的体系问题，而是在论述编写某部中国心理学史著作的体例问题或在

---

　　[1]许其端：《钩玄提要　纲举目张——评〈中国心理学思想史〉》，载《江西师大学报》（哲社版）1996年第1期。

　　[2]燕国材主编：《中国古代心理学思想史》，台湾远流出版事业股份有限公司1999年版，第11页。

对某部中国心理学史著作的书评或前言中有意或无意地论及中国心理学史的著作体系，也多只停留在经验的总结上，未进一步有目的、较系统地分析各种体系结构的优缺点所在，也未对现有中国心理学史著作体系作一具体的评介和总结，对于中国心理学史著作体系的未来努力方向也多未深究。因此，正如本章前文所说，本章的写作主旨就是试图完成这项工作，这也是本章的写作价值之所在。

二、中国心理学史著作体系的现状

综观已有的有关中国心理学史研究的著作，主要采用以下五种体系结构：

1.按历史时期分人头的体系

即按照从古至今的历史顺序，选择各个时期的重要思想家和著作的心理学思想进行挖掘与整理。在已出版的中国心理学史著作中，多数著作都主要是采用了这一种体系结构。如燕国材著的《先秦心理思想研究》、《汉魏六朝心理思想研究》、《唐宋心理思想研究》、《明清心理思想研究》和《中国心理学史》等五部著作和高觉敷主编的《中国心理学史》等书都是按此体系结构写成的。限于篇幅，这里仅以高觉敷主编的《中国心理学史》一书来加以说明，该书以潘菽为顾问，高觉敷任主编，由人民教育出版社1986年出版，它是中国心理学界乃至于世界心理学界中的第一部专论中国心理学史的较系统的著作，其目录如下：

假如对照本章前文"中国心理学史著作体系的类型",可知此种体系相当于上文所讲的以人物为纲的体系。故而我们对于这种体系结构的优缺点的看法,这里就不多讲了,只再补充两点:

一是,从上述目录可知,《中国心理学史》一书在体系结构上前后有所不一致:中国古代心理学思想史部分(即自第一编至第三编)主要是以人物为纲的体系,而中国近现代心理学史部分(即第四编)则主要是以专题为纲的体系。由于本书第四编所占分量不多,并且,在撰写每一专题时,基本上仍是落实到人头上去写,故此书仍可看作基本上(或主要)是以人物为纲的体系,但从中暴露出此书在体系结构上小有缺陷。分析其产生的原由，一方面，这或许是由于中国心理学史自身的独特性所引起的。大家知道，中国的科学心理学主要是通过移植西方心理学的途径才建立和发展起来的。换句话说，中国的科学心理学并不是由中国古代心理学思想自然演变而来的，这就造成中国近现代心理科学与中国古代心理学思想之间存在着明显的断层。由于这个断层的存在，"使得在编写《中国心理学史》时，编写组首先遇到的一个问题是，怎样将前后两部分（指中国古代心理学思想史与中国近现代心理科学史两部分，引者注）联系起来，统一起来"[1]。另一方面，由于这部著作是中国心理学史界乃至于世界心理学界中的第一部专论中国心理学史的较系统的著作，没有什么先例可循，再加上当时整个中国心理学史研究都还只处于起步阶段，对于此断层问题研究者还未来得及作深入的分析，就忙于编写中国心理学史著作。由于两方面的原由的存在，导致了此书在体系结构上的不一致。

二是，许其端对这种体系也曾作过一番颇为中肯的评价："进入80年代以来，我国心理学工作者在国家教委和心理学会的组织与支持下，开始了有组织的对中国心理学史思想宝藏的全面挖掘工作，并相继出版了多部中国心理学史著作，从而填补了国际心理学史中国这一块的空白。综观这些著作的共同特点，多是以人物（或著作）的心理学思想为中心，按历史分时期归纳编写而成的，这种编写体例对于了解每个历史时期代表人物（著作）的主要心理学思想是有益的，这也是初期研究必须走的路程。但是，历史文化思想不是单摆复搁层积起来的，它具有继承和发展的关系，理清其间的内外关系，是把中国心理学史的研究引向深入所必需的。"[2]

2.以分支学科为纲的体系

此种体系的著作可以燕国材和朱永新合著的《现代视野内的中国教育心理观》一书来加以说明，该书的目录如下：

---

[1] 高觉敷主编：《中国心理学史》，人民教育出版社1986年版，第1页。

[2] 许其端：《钩玄提要 纲举目张——评〈中国心理学思想史〉》，载《江西师大学报》（哲社版）1996年第1期。

绪论

 一、中国古代教育心理思想发展简史

 二、中国古代教育心理思想发展的基本特点

 三、中国古代教育心理思想的主要成就和贡献

第一章　中国古代教育心理思想的基本理论

 一、生知说和学知说

 二、内求说与外铄说

 三、气禀论与性习论

第二章　中国古代的学习心理思想

 一、学习的意义

 二、学习过程的实质

 三、学习过程的阶段

 四、学习过程的心理条件

 五、学习的原则和方法

第三章　中国古代的德育心理思想

 一、德育的意义

 二、德育的过程

 三、德育的原则和方法

第四章　中国古代的差异心理思想

 一、个别差异的基本涵义

 二、智力和能力的个别差异

 三、气质和性格的个别差异

第五章　中国古代的教师心理思想

 一、教师的作用

 二、教师的心理品质

 三、师生关系

 四、教师对学生心理的了解与鉴定

第六章　中国古代的心理测验思想

一、心理测验的意义

二、心理测验的一般方法

三、心理测验的具体方法

［附录］中国近现代教育心理学的形成与发展

一、近代教育心理学的形成

二、现代教育心理学的发展

三、现代教育心理学的主要成就[1]

对照本章前文"中国心理学史著作体系的类型"，可知此书的体系主要是一种按分支学科的线索来组织内容的体系。从该书目录可知，由于本书是在较为严格地对照现代教育心理学体系结构的基础上来研究中国古代教育心理学思想的，因此，仅从体系结构上看，该书是颇为严谨的；当然，也正由于此，使得读者难以从本书的体系结构上看出中国古代教育心理学思想的特色所在，这或许是该书在体系结构上的一点小小的不足之处，这就应了一句古话："成也萧何，败也萧何。"

3.将专题、范畴和分支学科结合起来又按历史顺序论述的体系

杨鑫辉著的《中国心理学思想史》就是此种体系著作的代表作之一。在该书中，全书以时间的先后次序为纵向线索；而在组织各章内容时，第一章、第二章、第四章、第五章和第七章的内容主要是一种专题研究；第三章"心理实质的探索"实是一种范畴研究；第六章"应用心理学思想"则主要是按分支学科进行撰写的，这从该书的目录中就可看出来：

序

第一章　对象、意义与方法论

第一节　中国心理学思想史的对象

第二节　中国心理学思想史的意义

第三节　中国心理学思想史的方法论

---

[1]燕国材、朱永新著:《现代视野内的中国教育心理观》,上海教育出版社1991年版,第1—2页。

第七章　学史、现状与前瞻

第一节　中国心理学史研究的历史

第二节　中国心理学史研究的现状

第三节　中国心理学史研究的前瞻

后记[1]

对照本章前文"中国心理学史著作体系的类型",可知此书的体系主要是按多种线索来组织内容的体系。

4.以范畴为主要线索的体系

燕国材主编的《中国心理学思想史》一书就是用的这种体系,该书目录如下:

序

前言

第一章　心理学思想的起源

第二章　心理学思想的形神观

第三章　心理学思想的心物观

第四章　心理学思想的人贵论与天人论

第五章　知虑心理思想

第六章　情欲心理思想

第七章　志意心理思想

第八章　智能心理思想

第九章　非智力心理思想

第十章　性习心理学思想

第十一章　人格心理学思想

第十二章　梦的心理学思想

---

[1]杨鑫辉著:《中国心理学思想史》,江西教育出版社1994年版,第1—2页。

第十三章　中国古代心理学思想史的研究史[1]

对于该书的体系，主编燕国材自己曾有一个评价："本书是按照公认的心理学思想的七对范畴来编写的。这七对范畴是：形与神、心与物、天与人、知与虑、情与欲、智与能、性与习。这七对范畴构成了中国古代心理学思想史的基本体系结构，从而使其与中国古代哲学思想史区别开。""由这不难看出，本书的内容相当丰富，体系结构也相当严谨而合乎逻辑。"[2]从燕国材的这一"自我评价"中也可看出，此书的确主要是以范畴为线索来组织内容体系的。当然，中国古代心理学思想史的范畴体系是否真的就是这些，我们认为还值得进一步进行探讨。如本书未将知与行这一对范畴放进去，就是一例证。至于我们对于此种体系的评价，已在上文"中国心理学史著作的类型"中有了交代，为免重复之嫌，此处就不再讲了。

5.按历史时期分专题的体系

此种体系的中国心理学史著作可以杨鑫辉主编的《心理学通史》中的第一卷《中国古代心理学思想史》和第二卷《中国近现代心理学史》为代表来加以说明。《心理学通史》全套共五卷，除第一、二卷是写中国心理学史外，其余三卷都是写外国心理学史的，即第三卷写外国心理学思想史，第四卷写外国心理学流派（上）和第五卷写外国心理是学流派（下），整套丛书于2000年由山东教育出版社出版。其中第一、二卷的目录如下（因本章是论述中国心理学史著作的体系问题，故《心理学通史》第三至五卷的体系问题本章就不探讨了）：

《中国古代心理学思想史》（《心理学通史》第一卷）的目录

总论

绪论

　　一、以心理学思想为研究对象

____

[1]燕国材主编：《中国古代心理学思想史》，台湾远流出版事业股份有限公司1999年版。

[2]燕国材主编：《中国古代心理学思想史》，台湾远流出版事业股份有限公司1999年版，第12页。

第六节　军事心理学思想

结语

一、精华贡献

二、基本特色

三、趋势前瞻

后记[1]

《中国近现代心理学史》(《心理学通史》第二卷)的目录

绪论

一、中国近现代心理学史研究的对象与意义

二、中国近现代心理学史的研究原则

三、中国近现代心理学的发展脉络

第一编　中国近代心理学

第一章　中国近代心理学启蒙时期

第一节　西方心理学思想的早期传入

第二节　中国近代心理学思想

第二章　中国近代心理学发端时期

第一节　西方心理学的初步传播

第二节　西方心理学的间接传播

第二编　中国现代心理学

第三章　中国现代心理学创立时期（上）

第一节　中国现代心理学的先驱

第二节　中国现代心理学的建立

第三节　对西方心理学流派的广泛传播

第四章　中国现代心理学创立时期（下）

第一节　对苏俄心理学的初步介绍

第二节　中国心理学创立时期的主要研究

---

[1] 杨鑫辉主编：《心理学通史》第一卷，山东教育出版社2000年版，第1—3页。

对照本章前文"中国心理学史著作体系的类型"，可知此种体系类似于上文所说的以专题为纲的体系，对于这种体系结构的优缺点，我们在上文中已有阐述，这里就不多讲了，只再补充几点：一是，对于该套丛书的体系问题，主编杨鑫辉自己曾作过一简要评价，认为这是将中国心理学史与外国心理学史熔为一炉的体系结构。[2]可见，这是将过去的通史式体系结构进一步扩大的结果，即过去的中国心理学史著作如高觉敷主编的《中国心理学史》一书尽管也是一种通史式体系结构，不过它只是将中国古代心理学思想与中国近现代心理科学熔为一炉进行研究。当然，现在看来，此套丛书尽管从内容上看包括了中外心理学史，但还不能称作真正的熔中外心理学史于一炉的心理学史著作，因它们还是将中国心理学史与外国心理学史分开在不同的卷次中进行阐述的。二是，只要将《中国古代心理学思想史》一书与杨鑫辉所著的《中国心理学思想史》一书稍加对比就会发现，在体系结构上，前书的体系只不过是将后书的体系作了通史式的延伸而已。

---

[1] 杨鑫辉主编：《心理学通史》第二卷，山东教育出版社2000年版，第1—2页。

[2] 杨鑫辉著：《关于中国传统心理学思想研究的几个问题》，载《心理学探新》1996年第3期，第20—24页。

此外，还有中西混合式体系，即将中国心理学史和西方心理学史同时并行编写，赵莉如等汇编的《心理学史》，限于篇幅，此处就不多讲了。

第三节　体系论研究之趋势和前瞻

为了促进中国心理学史的研究更好地向前发展，就著作的体系结构而言，我们认为，将来的中国心理学史著作，除了继续使用上述几种体系结构外，研究者们应朝着以下两个方向去努力：

一是应撰写一部真正意义上的融中外心理学思想于一体的心理学史著作。尽管现代的心理科学主要是在西方文化背景下产生和发展起来的，但是也不可否认，有很多材料表明，西方有很多著名的学者——如莱布尼兹、荣格、马斯洛、罗杰斯等——都曾受到过中国传统文化的影响，而他们本人或是对西方的文化思想有巨大影响的人物（如莱布尼兹等），或是著名的心理学家（如荣格、马斯洛、罗杰斯等），这就导致在心理学的产生与发展过程中，也曾或多或少地受到了中国传统文化思想的影响。中国心理学史工作者的任务之一就是，应在广泛收集史料和深入分析史料的基础上，将这种内在关系揭示出来，以得出某些让人信服的结论，从而编写出一套真正意义上的将中国心理学思想史与外国心理学思想史融为一体的心理学史著作，以提高中国心理学史研究在世界心理学界中的地位与声誉。

二是多采用以某一专题（广义的）为纲的体系。因现在中国心理学史研究的方向之一是朝着纵深方向发展，为了适应这一发展潮流，研究者应就某一专题——或某一人物，如孔子；或某一部著作，如《吕氏春秋》；或某一个问题，如"情"；或某一个分支学科，如中国传统社会心理学思想，等等——作深入的研究。如采用中外比较法进行研究，并在此基础上，写出一部以某一专题为线索的高质量的著作，必将能提高中国心理学史的研究深度，增强中国心理学史学科的生命力。

第七章　中国心理学史的文献论

1.什么是训诂、版本和校勘？

2.试评《中国心理学史资料选编》的作用、内容、体制。

3.《中国心理科学》是怎样反映中国心理学史研究的？

第一节　文献与文献学

一、文献的概念与分类

文献学是指研究文献的训诂、版本、校勘等的学问。文献原指典籍与宿贤。《论语·八佾》中曾论到："夏礼吾能言之，杞不足征也；殷礼吾能言之，宋不足征也；文献不足故也。足，则吾能征之矣。"朱熹对这段话解释道："文，典籍也；献，贤也。"在现代，文献专门指具有历史价值的图书文物资料，也指那些与某一学科有关的主要图书资料。像有关中国古代心理学思想的资料典籍，包括那些散见的文字和一些专篇专著，即那些中国心理学史的史料，就是中国心理学思想史的文献。

1.古代文献包括经、史、子、集四种。在《新唐书·艺文志一》中，就提出"列经、史、子、集四库"。汉代把《诗》、《书》、《易》、《礼》、《春秋》称为五经。唐代则称《周礼》《礼记》《仪礼》《公羊传》《谷梁传》《左传》与《诗》、《书》、《易》共同称为九经。到唐文宗时期，由于篆刻石经的缘故，又将《孝经》、《论语》、《尔雅》列入经部范畴。到宋代，又将《孟子》也列入经部，总共十三部经，统称十三经。

史是指史书，中国古代代表性的史书即为二十四史。二十四史是指清朝以前的《史记》、《汉书》、《后汉书》、三国志、晋书、宋书、南齐书、梁书、陈书、魏书、北齐书、周书、隋书、南史、北史、旧唐书、新唐书、旧五代史、新五代史、宋史、辽史、金史、元史、明史。加上新元史成为二十五史。

子，是指先秦百家著作。诸子集成上部16人20部书，下部10人10部书。汉魏南北朝以后的书不再称为子，之所以把汉魏南北朝作为下限，是因为当时的文风犹存"诸子之遗风余韵"。

集是指诗文作品。四库全书荟要把唐宋元明清的诗文著作都列入集部。

中国心理学史的资料主要散见在部分经书内，集中在诸子和部分文集之中。当然，还必须注意一些类书和笔记、杂记，其中也有不少心理学思想，遗漏了这些文献，中国心理学史的文献资料就难以全面。

2.文献工具书

现代文献工具书有很多种,常用的包括字典和词典、类书和百科全书、年鉴和手册、书目和索引、表谱以及图书等种类。

3.训诂、版本和校勘

训诂又称"训故"、"诂训"、"故训"，是指解释古书中词句的意义。细分之，即用通俗的话来解释词义叫"训"；用当代的话来解释古代的词语或方言叫"诂"。也有人认为"训故"、"训诂"就是训释古书中的古字故言。

版本，指一种书由于多次书写、印刷形成的不同本子，即书籍制作的各种特征。包括书写、印刷形式、年代、版次、字体、行款、纸墨、装订，内容增删修改，以及流传过程中形成的记录，如藏书、印记、题议、批校等。版本学则是研究版本特征、差异，鉴别真伪优劣的学问。一般来说，我们研究的文献应取其善本，当然，孤本又另有其价值。

校勘，又称校订，指同一书籍，同不同版本和有关资料或译书的原文相互校对，以勘比其文字篇章的异同，订正错误。如《光明日报》1997年8月30日报道：《毛泽东评点〈智囊〉》线装本已影印出版，专家对此书进行了整理、校勘。又如《尚书文字合编》是顾颉刚和顾廷龙两位学者历时半个世纪，搜集国内外所存各种版本进行校勘、整理、编撰而成，为今后研究作出了重要贡献。

二、检索工具举要 [1]

1.工具书概述

工具书是以特定的编排方式和检索方法，为人们迅速提供某方面的基本知识或资料线索，专供查阅的特定类型的图书。

汉语词语内容丰富庞大，从起源发展至今已经有几十万条。图书典籍从先秦至清朝两千多年间共有181700多种。新中国成立后，前30年出版图书30万种。

2.工具书的特点

工具书和一般的书籍不同，由于它的目的是让人们能够迅速获得某方面的一些基本知识和资料，因此，它必须具有几个方面的特征，才能符合人们对工具书的要求。首先，它必须具有编制目的的查考性。工具书主要是让人们参阅资料、查考知识的，所以在编排工具书时，其查考性的目的必须非常明确。其次，工具书的内容材料必须具有概括性。工具书是作为资料供读者查阅的，其信息量必须大，在有限的篇幅里要包括尽可能多的内容，因此，其内容就必须具有概括性，从而体现出工具书的特色和价值。最后，工具书的材料编排必须体现易检性原则。由于

---

[1] 参阅武汉大学图书馆编：《中文工具书使用法》，商务印书馆1983年版。

工具书主要是供读者查阅知识、资料用的，如果编排繁复、不易查阅，即便内容再丰富，也会失去工具书的价值。

3.工具书的类型

划分工具书的类型有不同的标准，按其内容分，可把工具书分为社会科学和科学技术类；按照时代分则可以分成古代和现代类；按照语言文字分，则可以分为中文和外文类；按形式分，则有书籍、期刊和单幅图片；按功用分，有字典、词典、百科全书、类书、年鉴、手册、书目、索引、文摘、表谱、图录等。

字典和词典，有《说文解字》（10516字）;《康熙字典》（47035字）;《中华大字典》（48000字）;《辞源》收录单词万余个、复词十余万个;《辞海》收录词条十万多。

百科全书是以词典形式编排的大型工具书，有详细的叙述和说明，并附参考书目，分综合性和专业性两种。如《英国百科全书》、《世界大百科词典》（日本）、《科学与技术百科全书》（美国）、《中国大百科全书》等。

类书是我国古代百科全书式的资料汇编工具书，收录古书中的史实典故、名物制度、诗赋文章、丽词骈语等，按类或按韵编排，以便寻检和征引。

我国古代比较著名的类书有：（魏）刘劭、王象等编撰的《皇览》，这是我国第一部类书。隋唐类书有较大发展，如虞世南编的《北堂书钞》、欧阳询等编的《艺文类聚》等。宋代类书空前发展，有《太平御览》、《册府元龟》、《太平广记》、《文苑英华》等四大类书。明代类书又有新发展，出现了我国最大一部类书《永乐大典》（大都失散）。清代类书极盛，有我国现存最大类书《古今图书集成》。自魏至清一千多年间，据历代艺文志、经籍志录约的有六七百种，现存二百多种。

宋代李昉、扈蒙等奉敕编纂《太平御览》1000卷约500万字，共55部、4558类，分类细密。直接引用古代至唐的文献资料，以经、子、史、集为序，所引书2579种，引书比较完整，多整篇整段引用且多用未考证史传。

明代解缙、姚广孝等奉敕编纂《永乐大典》，参编者达2169人，全书22937卷，毁于明清之际，未刊用，只有一套副本。乾隆时点查，散佚2400多卷，后来八国联军焚毁、盗卖、劫走，所剩无几。现存800卷左右。原书汇集宋元以前典籍七八千种，包括经、史、子、集、佛经、道藏、医书、方志、平话、戏曲、小说、工技、农艺等珍贵资料。

清代陈梦雷原编、蒋廷锡奉敕校补的《古今图书集成》，可谓是集古书之大成，包括政治、经济、军事、文化、教育、文学、艺术、哲学、宗教、历史、地理以及天文、气象、地质、矿产、农业、牧业、渔业、手工业、工程技术、数学等资料，保存明代文史资料特别多，西方传入的一些科学技术知识也有反映。全书一万卷，一亿六千多万字，分为历象、方舆、明伦、博物、理学、经济六个汇编。每一汇编分若干典，共三十二典。典下再分部，总计6109部。这是一部参考价值很大的类书，常为国内外科学工作者所使用。

政书是专门记载典章制度的工具书，具有制度史、文化史和学术史的性质。政书好像专科性类书，但政书不像类书那样只摘录材料、述而不作，而是把史料加以组织熔炼，成为一体。

最早的政书是唐代刘秩的《政典》，后来杜佑扩补而成《通典》。此后，宋代的郑樵编了《通志》，元朝的马端临编了《文献通考》。这三部书，后人统称为"三通"。清代修了《清通典》、《清通志》、《清文献通考》，后又编《续通典》、《续通志》、《续文献通考》，加起来合称"九通"。清末刘锦藻又编《清朝续文献通考》，成了"十通"。"十通"是政书的主流，除此之外，还有"会要"、"会典"，都属于政书的范畴，只是"会要"一般是私编，而"会典"一般是官修。

年鉴，包括年刊、年报等，是汇报一年内的重要时事文献和统计资料并按年度出版的连续出版物。年鉴的编撰始于欧洲，英文称YEARBOOK。我国《宋史·艺文志》著录有《年鉴》一卷（刘玄），用来解释名称偶尔相同的书籍，并不像今天的年鉴。在我国，直到近代才开始有年鉴出现。

手册是汇集某一方面常需查考的文献资料的工具书，其名称很多，有指南、便览、要览、一览、宝鉴、必备、大全等。手册在我国历史悠久，如在敦煌石窟里发现有公元9—10世纪的《随身宝》、公元15—16世纪的《万事不求人》等。

书目是图书目录的简称。索引，又称"通检""备检"等，英文为INDEX。我国在一千九百多年前的汉代已出现书目。如汉代刘向编的《别录》，只可惜已经遗失；另有刘歆编的《七略》，也已经残缺。东汉班固根据刘向父子的成果，将《七略》删改为《汉书·艺文志》。实际上，早在《宋史·艺文志》中就著录有《群书备检》一书，这其实就是经、史、子、集若干书篇的总汇。

表谱包括年表、历表和其他历史表谱。年表、历表是查考历史年、月、日的工具书。年表查考历史年代和大事；历表是查考和换算不同历法年、月、日的工具书。尤其是在进行中西比较的研究时，查对中西历是很重要的。

我国周代的"牒记"（记载帝王年代和事迹）是年表的雏形。《史记》中有"十二诸侯年表"、"六国年表"等。在历表中，有晋朝杜预编的《春秋长历》、宋代刘曦叟编的《长历》。近代由陈垣编的《中西回史日历》于1926年初版，1962年又重新增补，是我国历表中的巨著。

图录包括地图、历史图谱、文物和人物图录，是一种以图形解释历史文物和事物形象的工具书。最早有周代的《山海图》；后有元代的《舆地图》；清代有《西清古鉴》，是一本有关文物的图录。我国现代有郑振铎编的《中国历史参考图谱》等。而对于中国心理学史的文献资料来说，其图录太少，这不能不说是一个遗憾。

4.工具书的使用

（1）冷僻的字的查找，常使用《康熙字典》和《中华大字典》。例如，"炝"读"细"。1623年意大利艾儒略著译《性学觕述》，"觕"同"粗"。"翌"字查"新字典"下注"莫卜切"读"木"。

（2）词语的查找，现代汉语查《辞海》,古汉语可查《辞源》《尔雅》《词诠》等。例：《尚书》"敢有恒舞于宫，酣歌于室，时谓巫风"。按后来的意义"宫殿"则读不通。查《尔雅·释宫》："宫谓之室，室谓之宫"。《疏》："士人皆有宫称也。至秦汉以来，乃定为至尊所居之称。"文言虚字可查《文言虚词》。

（3）文句出处查找。利用《辞海》和类书找出线索可查得出处，实在查不到就得检阅原著。佚文可从经史子集中查证，尤应注意古人的笔证、杂录及名著的评、注、疏。

（4）年、月、日查找。年号和年代可查《中国历史纪年表》；中国历换算可查《中西回史日历》；日干支换算可查《公元干支纪日速查盘》等。

（5）历史人物的查找。可查《中国人名大辞典》的人名、字号、别名，还有谥号、避讳、行状、笔名也需注意查阅有关工具书。古代人物传记资料可查史书列传，宋元明的《学案》等，还有方志传记、族谱等。

（6）法规制度的查找。古代典章制度除查《辞海》外，可查《历代官制兵制科举制常识》。查其沿革，则需查《十通》、类书和"正史"等。

工具书是读书治学的工具和传播思想文化的工具，被称为"案头顾问"、"良师益友"、"知识宝库的钥匙"、"书海之指南"等。清朝金榜曾赞道："不通汉艺文志，不可以读天下书。艺文志者，学问之眉目，著述之门户也。"

三、古籍版本要义

1. 版本的概念与意义

图书版本指图书的各种本子。雕版称为"版"，所谓"本"即是"册"，也就是书本。吴则虞在《版本通论》中说："雕刻版行，镂椠之木称'版'，抚印之文称'本'。"宋朝的沈括在《梦溪笔谈》第五十八卷中说："版印书籍，唐人尚未盛为之，自冯瀛王始印《五经》，以后典籍皆为版本。"

我国古代书籍有简、牍、策之分。简是战国至魏晋时代的书写材料。削成狭长的竹片叫简，木片则叫札或牍。后世称公文为文牍，称书札为尺牍。简、牍统称为简。稍宽的长方形木片叫方。若干简编缀在一起叫策（册）。"策，简也。"（郑玄）汉代所用的诏书、律令就是长3尺的简，经书则长2.4尺，民间用简长1尺。

2.古籍版本的类别

古籍版本主要有刻本、写本和活字本三种类型。另有复刻本（又称翻刻本、重刻本）、写刻本（按照手书字刻印）、套印本（颜色套印、圈点）、批刻本等。

（1）刻本是指木版雕刻印本。我国现存最早的木刻字本是唐咸通九年即公元868年刻本的《金刚经》，至今已有1100多年。

刻本按照刻印者系统来分，可以分成官刻本、私刻本和坊刻本。官刻本中也有分类，有国子监（五代以后）的"监本"且以经书为主。地方官府有书院刻本（主要是宋元代），皇室内府的内府本、经厂本（明代）、殿本（清代武英殿刻本），明代藩府刻的藩刻本。清代同治以后，各省设立官书局，称"官书局本"或"局本"。

私刻本包括个人、家族和家塾的刻本。另外，还有一些以书籍为营业的坊刻本，即表明书坊、书林、书籍铺、经籍铺、书棚的刻本。坊刻本的内容常有漏误，主要是印考试用书和民间通俗用书。

刻本按刊刻地域分，主要有浙本、闽本、蜀本，对这三种版本的评价一般是"今天下印书，以杭州为上，蜀本次之，福建最下"[1]。这些与地区文化发达或是否盛产木材、纸张等有很大关系。

其他印刻书籍较为著名的地方还有宋代的江苏、江西等，金代的平水（今山西临汾）、元代的大都。明清时期，印刻业几乎遍布全国，如北京、南京、苏州、常熟、无锡、杭州、嘉兴、徽州、南昌、建阳、武昌、长沙等地。

（2）写本是指用手写成书的本子。它包括：

写本，如某些档册、谱牒、地图便是。

稿本，是指著作者自己的底本，又可以分为手稿本和清稿本。

影抄本，又称影写本，按照原有的字体行款照样摹写而成。

---

[1]《石林燕语》卷8。

抄本，根据底本（不论写本或刻本）传录而成的副本。

（3）活字本

活字本包括泥活字本、木活字本和铜活字本。泥活字本是由北宋毕昇在北宋庆历年间（1041—1048）发明的；木活字本在元代出现，元王桢曾写过《造字印书法》，1298年，曾用木活字印刷过《旌德县志》；铜活字本多为明清印本。卷帙最多的是雍正年间内府铜活字印本《今古图书集成》，共10000卷，5020册。

3.鉴别版本的方法和意义

鉴别版本是为了更好地典藏、保管和查阅，便于使用准确的文献。这是图书管理的需要，也是严谨治学的需要。

鉴别版本有许多方法，主要有：

（1）考察图书本身的记载与特征：这些特征包括书名页，即封皮之后题有书名的一页，又称封面，有的题有著考、出版号和出版时间等；牌记，即书牌，是出版人对一书出版的记载注明刻书年月、地点、刻号姓名、堂号、刊刻过程及刻者自我介绍等；序跋，也就是现在书籍的前言、后记；字体，字体是有时代风格特征的，宋元明代中叶常为楷书。北宋刻本字体较刚劲硬整，南宋以后刻本字体渐趋圆润。明代成化、弘治以前多为楷体，正德之后字体渐趋方整。万历时衍变成笔画横细竖粗的字；避讳，陈垣先生著有《史讳举例》（1962年中华书局）可查；刻工，宋代附刻工姓名的较多，明代刻本较少，清刻本更少；行款，即书页版面的行数和字数。

（2）考察图书流传过程中留下来的记录与特征：批校，名家批校本有参考价值；题跋，是指藏书者和借阅、鉴赏者所写的题记；藏章，可分官印和私人藏书印两大类。

（3）利用工具书鉴别古籍版本：书目著作，可先查《四库全书总目》以初步了解此书作者传略、内容和昔时版本情况。总目不收佛经、道经、野史、笔记、戏曲、通俗小说、民间文学、民间日常用书。故又可查《四库未收书目提要》和《清代禁毁书目》等；书影图谱，藏辑的古籍中书影图谱（有的是单页）为学习识别古籍版本提供了方便。

（4）分辨古籍不同的制版、工艺：活字体不如刻字体的字迹固定、整齐，有时排字有横排，墨迹也会轻重不同。写本比刻本的字迹较流利、生动；刻本字体更规整定型；墨迹朱色、蓝色为最初印本，墨色带紫为其后印本，字迹锋甚失缺者为较晚印本。铅印本字形为宋体、仿宋、黑体、楷体等，用油墨；木刻用水墨；铅印本较木刻本的纸背呈凹凸痕迹；石印本纸面平整无压痕等。不同时代的纸张也各具特点。不同时代的装帧也有所不同。

4.古籍版本的查找

按出版年代、所属学科利用馆藏书目查找版本情况。

（1）利用各种解题（提要）书目、知见书目、题跋鉴赏书目等，来查考古籍版本的源流、存佚和优劣。

提要书目如《四库全书总目提要》、《四库未收书目提要》、《文献通考·经籍考》等。

知见书目如《遂初堂书目》、《邵亭知见传本书目》等编版本；杨立诚编的《四库目略》兼内容和版本两个方面。

题跋鉴赏书目如《士礼居藏书题跋记》、《荛圃藏书题跋识》等。

此处还有各种善本书目和张心澂的《伪书通考》等。

（2）利用《辞海》和索引进一步查考。

四、训诂学提要 [1]

1.训诂学

训诂学是研究我国古代语言和文字的意义的一种专门学术，或称"古语义学"。文字有形、音、义，形、音属于文字学的范畴，而义则属于训诂学的范畴。

秦汉时期，只有"训故"的称谓，而且训故与经学（经学是训释和阐述儒家经典之学。其起源可追溯到子夏和荀子。汉代经学成为正统。魏晋南北朝时期受玄学、佛教影响，出现比"注"更详细的义疏。到宋代，

---

[1] 参阅齐佩瑢著：《训诂学概论》，中华书局1984年版。

发展为理学。"五四"以后，经学逐渐终结）、小学（汉代称文字学为小学，隋唐以后扩为文字学、训故学、音韵学之总称）简直是三位一体。那时，研究经学、古学或小学的学者，只是为了讲解古书而去训释古籍中的古字故言，以阐发古圣贤的微言大义，更没有训故的学理解释。（汉人通常将诂写作故，诂是语言，故是古旧。诂、故、古三字只有小别，章句文字也是训故之一支。）

2.训诂的种类

训诂学大致包括训诂学概论、古代语沿革考和现代方言学三部分。[1]概论总论训诂学的源流、要义和方法；沿革则依据古籍，探寻历代文语蝉蜕的轨迹；而现代方言学则研究现代方言的流变，专门以字义为主。

3.训诂的意义

训诂学对研究古学有重大意义，可以说"训诂是治古学的唯一门径"。清代戴东原曾说："经之至者道也，所以明道者其词也，所以成词者，未有能外小学文字者也，由文字以通乎语言，由语言以通乎古圣贤之心志，譬之适堂坛之，必循此阶而不可以躐等。"[2]胡适之也谈道："至于治古书之法，无论治经治子，要皆当以校勘训诂之法为初步。校勘已审，然后本子可读；本子可读，然后训诂可明；训诂明，然后义理可定。"[3]（校勘，又称"校雠"、"校订"，指同一书，用不同的版本资料或译书的原文相互核对，比勘其文字篇章异同，以订正错误）

4.训诂的工具

训诂的工具多种多样，概括来说，可归结如下：训诂学须以声韵学为机枢；以文字学为辅翼；以文法学为利器；以校勘学为前提；以语言学为基础。[4]语音学既指声韵学，也指历史语音学；语义学则指训诂学（古代语义学）；语法学，指文法学（古代语法学）。文字学、语音学、语义

［1］沈兼士：《研究文字字形和义的几个方法》。

［2］《古经解钩沉序》。

［3］胡适：《文存》二集卷一，《论墨学》。

［4］《齐书》，第34—37页。

学分别反映字的形、音、义，共同构成语言文字学。这些学科作为构成训诂的工具，它们之间的关系是密不可分的。

5.训诂的原则

训诂犹如翻译，必须贯彻"以易晓释难识，以已知解未知，以常见译罕见，以直言易曲语"的原则。

翻译的方式主要有:（1）以今语释古语。如予、我、台、吾、余、朕等。（2）以意义相近的词释之。如《尔雅》中:"悠、伤、尤,思也。"又"怀、惟、虑、愿、念，思也。"（3）以狭义释广义。例《论语》:"君子学道则爱人。"子注:"道谓礼乐也。"《乐记》:"君子乐得其道。"〈注〉道谓仁义也。"《论语》"苟子之不欲"中，欲是指多情欲;《孟子》:"养心莫善于寡欲。"此处的欲是指利欲。（4）以今字释古字。《毛传》中有例:"憩，息也。具，俱也。嗋，合也。"

6.训诂的方法

训诂的方法大致分成两类，一是通过词形来探求词义，这其中又包括以字形求义，即"以形索义"和以语音求义，即"因声求义"；二是从词义本身的规律中来探求词义，这主要是指"比较互证"的办法。[1]下面就三个具体的方法作简要的介绍:

（1）以形索义：这种方法必须在本字、本义、笔意三个条件具备的条件下，才能使用。而且，必须和"因声求义"和"比较互证"两种方法结合，且要注意避免望形训义的情况出现。

（2）因声求义:同根词音同或音近,意义也密切相关。例:"原"、"源"、"泉"与"兀"、"元"有可索寻的意义关系。也有一些同音词相同而意义无关。例;新旧之"新"从"斤"本指析柴:新鲜之"新"字应作"汛"（本有其字的假借），"汛"指用水洗洁。"物"字（正作"勿"）本为州里的旗，是以颜色作标志，训"色"、"物色"连成词，训"选择"《左传》"物土之宜而为之利"即是。（本物其字的假借）

---

［1］陆宗达、王宁著:《训诂学方法论》，中国社会科学出版社1983年版。

（3）比较互证：通过词与词之间意义关系和多义词诸义项意义关系的对比、比较互证，以确定该词的意义。如"行"，正反两形相对，像人的左右腿，本义行走。《论语》："行有余力则以学文"中"行"训行为、实践活动。《史记·司马相如列传》："为鼓一再行。"行者，乐曲。还有作行列、行业、处所等解释。故对"行"必须比较互证。

第二节 《中国心理学史资料选编》[1]

一、总述

作为中国心理学史的文献资料，《中国心理学史资料选编》无疑是一部重要文献资料，它清晰明了的体例和丰富的内容为中国心理学史的研究提供了重要的参考，是中国心理学史学科中很有价值的文献参考资料。

1. 选编目的：《中国心理学史资料选编》既是《中国心理学史》的教学参考资料，又为进一步研究中国心理学史提供资料与线索。当时是受国家教委委托编写的，填补了中国心理学史研究在这方面的空白。

2. 选编内容：全书共分四卷，第一卷（先秦部分），含人物和著作材料共13篇；第二卷（汉至唐部分），18篇材料；第三卷24篇材料；第四卷是近现代部分，介绍了28位学者共68篇材料。总计四卷共123篇材料（如第4卷以人头计算则为83篇）。古代三卷内容均包括基本观点、普通心理思想和应用心理思想。古代总计3842条，节选近现代68篇著作，另外还有附录3篇。

3. 选编的体例：其一是总说明，包括传略、哲学观点、心理学思想

---

[1] 本节介绍燕国材主编，杨鑫辉、朱永新副主编的《中国心理学史资料选编》（全4卷），人民教育出版社1988—1990年版。

主要论点，以及所引书籍和资料条数。其二是专题说明，将摘录资料按专题排列，专题前说明主要阐述其基本论点并标明词条数。其三是原始资料摘要，根据第一手资料摘录，不作繁琐考证与校勘，但注明出处。但第四卷非语录式，摘编较长些。其四是注释，1—3卷古代部分，一般不引用古人的"注疏"来代替"注释"，要求尽量从心理学思想角度释义。第4卷因是现代语，故不注释。

二、第一卷

这部书主要编选了先秦时期重要思想家关于心理学思想的言论和重要著作，由13篇材料组成。前面8篇是8个人物的心理学思想，后列5项著作，同样介绍其心理学思想。

1.孔子：包括基本观点、差异、学习、德育、教师心理思想五个部分。共摘录资料207条。基本观点摘录资料25条，集中反映了孔子教育心理思想的基本观点，即性习论、学知论、差异观和发展观。差异心理思想摘录资料15条，阐明了孔子提出的差异心理思想：智力差异中的个别差异和上知、中人、下愚三种智力类型。另外，还提出了性格差异，同时对能力、志向、学习态度、学习专长等各方面的个别差异都作了描述与考查。德育心理思想部分摘录资料69条，主要是关于品德培养和品德形成过程的论述。孔子把品德教育放在首位，认为品德是根本的，在培养品德方面，孔子的一些基本原则和方法都列入其中，如因材施教、启发诱导、以身作则、改过迁善、表扬批评、主观努力等。教师心理思想部分的52条摘录资料阐述了三个方面的问题，即关于教师的心理品质、师生关系和对学生心理的了解。

本篇共摘录资料207条，大部分选自杨伯峻著的《论语译注》（中华书局1980年印刷版）。

2.墨家：这部分同样包括基本观点部分，另外还有知虑、情意、学习、社会心理思想部分。共摘录资料65条，均选自张纯一著的《墨子集解》（世界书局1937年版）。

基本观点摘录资料2条，反映了墨家的形神论，即形神二元论的观点。

知虑心理思想摘录资料32条，对人的感知活动（知）、思维活动（虑）和对思维与语言的关系作了较全面的论述。另外，还论述了人的卧、梦、觉三个阶段中知的情况。情欲心理思想摘录资料21条，体现了墨家关于情欲和意志的心理学思想。墨家在情欲心理方面的最大贡献在于明确提出了情感的动力说、损益说、利害说和誉诽说，并对恐惧心理现象作了精辟论述。在意志心理方面，墨家提出了意志的志行说、志功说和志敢说。

学习心理思想摘录资料9条，从"染于苍则苍，染于黄则黄"的人性素丝说出发，认为学习对人的心理发展有重要的意义。另外，还强调了学习的条件问题。

社会心理摘录资料22条，反映了墨家丰富的社会心理思想，主要体现在相爱则治，相恶则乱；所染不当，国危身辱；赏贤罚暴，明察审信；先治其身，方能治国；爱民谨忠，利民谨厚的观点上。

3.老子：老子是先秦时期道家学派的主要创始人之一，其主要观点反映在《老子》一书中。老子的心理学思想主要有："道"生万物，人为至灵、与天地并立的人贵论；天人不二的天人论；"载营魄抱一"的形神观；积常德复归于朴的人性论；观、明、玄览组成的知虑论；以"寡欲"为基础的情欲观和"无为而治"的社会心理思想等。共摘录资料51条，分别对以上的心理思想进行了论述。

本篇共摘录资料51条，均选自任继愈著的《老子新译》（修订本）（上海古籍出版社1984年版）。

4.孟子：本篇共摘录资料122条，对孟子的性善论、智能论、情意论、教育论、社会论的心理思想作了介绍。

孟子在与告子唯物的人性论的辩论中，提出了先验的性善论。在智能心理思想方面，提出了"良知良能"观点，探讨了智或不智的根本原因。在情意心理思想方面，不仅阐明了情欲与意志的性质及其关系，同时还提出了一些有独到见解的培养和锻炼方法。孟子的教育心理思想也很丰富，涉及差异心理、学习心理、德育心理、教师心理等多个方面，但在差异心理和教师心理方面要比孔子的思想贫乏得多。另外，他还论及了社会心理的问题。

本篇资料122条，均选自杨伯峻著的《孟子译注》（中华书局1960年版）。

5. 庄子：此篇收入79条资料，集中反映了庄子心理学思想的基本观点和他的人性论、知虑心理学思想、情欲心理学思想，以及教育和社会心理学思想。

庄子是战国时期道家学派的主要代表。其流传下来的著作是《庄子》一书。庄子在其基本世界观的引导下，论述了不少心理学思想方面的问题，主要有"形体保神"的形神观、心与物接的心物观，"与天为一"的天人论，自然纯朴的人性论，以及知虑、情欲、教育心理和社会心理等。

基本观点部分摘录资料21条，反映了庄子的形神观、心物观和天人论思想。形神观方面，提出了形体保神、形全者神全的精神依赖形体的命题，并认为心理随着形体的变化而变化；但他追求的是精神越出形体，进入无限自由的逍遥状态。心物观方面，有与物"接而生于心"的决定论思想；天人论方面，认为"天与人不相胜"，要保持人的自然纯朴，以达到"与天为一"的境界。

人性论部分摘录资料10条，体现了庄子保持人性的自然纯朴的人性论思想。庄子反对仁义、性伪之性，认为人应该保持恬淡、寂寞、虚无、无为的状态，这样，就可保持住人的自然本性了。这是对老子人性复归于"朴"的思想的继承和发展。

情欲思想部分摘录13条资料，概述了庄子对欲望的分类，以及对欲望持否定态度的情欲心理思想。庄子主张去情灭欲。

教育、社会心理思想部分共摘录资料20条，反映了他在学习心理、智能方面和差异心理方面的观点，以及无为而治的社会心理思想。

本篇共摘录资料79条，均选自郭庆藩辑《庄子集释》著的（中华书局1982年印刷版）。

6. 荀子：荀子具有朴素唯物主义的哲学思想。他以唯物主义哲学思想为基础，建立了自己的心理学思想体系。他提出了"形具神生"和"精合感应"的形神观和心物观。在人性论方面，其基本观点是："性伪之合"与"化性起伪"。他论述了知虑、情欲、志意、智能等一系列心理学问题，提出了不少独到的见解。荀子的教育心理学思想也相当丰富，涉及到学习心理、德育心理、差异心理、教师心理等各个方面；其中学习心理思想尤有建树。在社会心理思想方面，荀子提出的"名分使群"、"平政爱民"、"节情导欲"、"赏善罚恶"、"上行下效"等都具有较大的社会心理学意义。

此篇共摘录资料203条。均选自梁启雄的《荀子简释》（中华书局1983年版）。

7.鬼谷子：系战国时期的纵横家，因隐于鬼谷而得名。其真实姓名不详。属纵横家派别。在介绍他的心理学思想的本篇中，着重介绍了他的"心者神之主"、"耳目者心之佐助也，所以窥见奸邪"的关于形神和心物的基本观点，以及"听贵聪、智贵明"的知虑论，还有他的情二端说和"志者欲之使"的志意论。他还提出了不少探测人的心理活动的方法以及调控人际关系的社会心理思想。

本篇共摘录资料43条，均选自南朝陶弘景注的《鬼谷子》三卷（《四部备要子部》中华书局秦氏校刊本）。

8.韩非：韩非是法家代表，他对心理学的许多问题均有涉猎，提出了以"好利恶害"的人性论为中心的心理思想。在认识心理方面，他分析了感知、思维的器官及其关系，研究了想象、言语等心理现象；在情意心理方面，他不仅论述了认识、情感和意志的内在关系，还指出了情感的转化与两极性特点；在教育心理、军事心理、犯罪心理，尤其是社会心理思想方面，他更有大量独到而精辟的论述；其中自然也少不了糟粕的东西。

本篇共摘录资料88条，均选自陈奇猷的《韩非子集释》（上海人民出版社1974年版）。

9.《尚书》：本篇摘录《尚书》中含心理学思想的资料36条，均选自王世舜的《尚书译注》（四川人民出版社1982年版）。

尚书是中国最古老的一部历史文献，其中保存了若干殷周时代的历史文件和原始材料，是研究春秋以前的历史、文学、法律、哲学所不可缺少的重要资料。同时，尚书还是儒家的经典著作之一，对于整个封建社会的政治生活和精神生活产生了深远影响。

尚书的内容主要是古代帝王向臣民发表的训令和向军队宣布的誓师词，以及一些远古历史的传说。其中也包括了一些颇有价值的心理学思想，这些心理学思想包括认识心理思想：对貌、言、视、听、思进行区分和论述。个性心理思想：重视个性鉴定、知人善任，并认为只有聪明睿智的人才能了解别人，才能用人得当。《尚书》还把人的美好德行分为九类，即所谓"九德"。司法心理：这一部分心理学思想尤为丰富，主要表现在提出了"神灵天罚"的思想；指出了司法人员必须具备的心理品质；区分了故意和无意过失、一贯与偶然犯罪；主张不追究没有犯罪动机的行为人的刑事责任；分析了审讯过程中的一些心理因素。

10.《管子》：《管子》的心理学思想比较丰富，散见于现存的七十六篇文章中。较重要的有《水地》、《法法》、《内业》、《心术上》、《心术下》、《白心》等。本篇摘录资料60条，选自《诸子集成》（五）戴望著《管子校正》（中华书局出版）。

《管子》的心理学思想主要包括以下几个方面：在基本观点上，持二元论的形神观，既提出"天出其精，地出其形"的"精形合人"的主张，又赞成道德本体的观点。《管子》中还勾画了胎儿的发展过程，肯定先有形体，后有"目视耳听心虑"。在知虑心理思想方面，论述了知虑器官以及意、言、形、思的关系和虚、壹、静的问题。在情欲心理思想方面，则主张寡情去欲，提出了"四情"、"四欲"的情欲分类方法。在社会心理思想方面，重视赏罚和权威对人的心理作用，提出了一系列有价值的实施法治的方法。

11.《礼记》：《礼记》是儒家经典之一，系秦汉以前各种礼仪论著的选集。本篇所取的心理学思想资料，不包括《礼记》的全部内容，主要选自《大学》、《中庸》、《学记》、《乐记》四篇。其心理学思想主要包括：儿童心理、教育心理和音乐心理等方面。本篇共摘录资料67条，其中《大学》、《中庸》均选自《四书章句集注》；《学记》篇选自高时良的《学记评注》（人民教育出版社1982年版)；《乐记》、《内则》两篇，均选自《十三经注疏》（中华书局影印本）。

本篇主要论述三个方面的问题，首先是儿童心理与早期教育思想：据《内则》篇记载，远在先秦时，王侯就开始注重根据儿童年龄和性别特点进行不同的教育，这表明我国是世界上最早注重儿童心理和教育的国家之一。

其次是教育心理思想：在德育心理思想方面，《大学》提出了"明明德"、"亲民"、"止于至善"的德育三大纲领，以及格物、致知、诚意、正心、修身、齐家、治国、平天下的八个程序。在学习心理方面，《中庸》归纳出了博学、审问、慎思、明辨、笃行等五个阶段的学习过程。《学记》则提出要根据学生不同年龄和心理发展水平安排学习内容。在教师心理方面，要教师在教学中能"博喻"，即善于对学生启发诱导，善于掌握提问和答疑的技巧，具有独立思维的能力和广博的知识。提出"记问之学，不足以为人师"。

再次是音乐心理思想：《乐记》基本思想是论述音乐的产生和作用，其开宗明义就阐述了音乐的产生同人的心理的关系，继之又论及音乐于人的情感、意志和性格的关系。其中美育心理思想更为丰富。

12.四部兵书：四部兵书是指《孙子兵法》、《吴子兵法》、《孙膑兵法》和《尉缭子》。四部兵书除具有军事学的价值以外，在哲学、文学乃至管理、科技等领域都有广泛影响。从心理学的角度来看，它们又具有相当丰富的军事心理思想。如《孙子兵法》中揭示的"知己知彼、百战不殆"的战争规律；《吴子兵法》提出的"总文武、兼刚柔"的将领心理品质；《尉缭子》总结的恩威并重、"赏如山，罚如溪"的治军原则；《孙膑兵法》对于激励士气、鼓舞斗志的论述，以及这四部兵书中都涉及的攻其不备、出其不意、兵不厌诈、兵无常势等战术的心理问题，都具有很高的军事心理学价值。

本篇共摘录资料86条，分别选自《孙子兵法新注》、《孙膑兵法校理》和《尉缭子注释》（中华书局1981年、1984年、1979年版)《吴子浅说》（解放军出版社1986年版），论述了"知己知彼、百战不殆"、将领的心理品质、治军的心理问题、战术的心理因素四个部分的问题。

13.《黄帝内经》：是我国现存最早、最系统的一部古典医籍。集春秋战国至秦汉时期医学之大成，奠定了中医学的理论基础。

《黄帝内经》具有比较系统的心理学思想体系。在基本观点方面，提出了形神观、天人论和人贵论。其中对形神观尤有建树。认为：形与神俱，乃成为人；形与神离，则形骸独居而终。普通心理学方面，关于魂、魄、意、思、虑、智、情、志等观点与现代心理学的心理过程十分接近。另外，关于阴阳五态之人、五形之人的个性论述堪称独树一帜。医学心理学思想方面，生理心理以五脏藏五神生五志为理论核心；病理心理着重阐发了情志致病的发病机理；诊断心理提出了"得神者昌、失神者亡"和"顺志"的观点；治疗心理尤以"标本相得"而卓著，心理卫生的要旨是"治未病"。此外在释梦等方面也都有一些独特的见解。

《黄帝内经》包括素问和灵枢两部分，各9卷81篇，约20万字。本篇共摘录资料132条，均选自《黄帝内经》素问和灵枢经（人民卫生出版社1963年版）。分基本观点、普通心理学思想、生理心理学思想、病理心理学思想、诊断心理、治疗心理、卫生心理、释梦七个部分论述。

三、第二卷

第二卷编选的是汉代至唐朝时期重要思想家和重要著作关于心理学思想的言论。由18篇材料组成。除了单独介绍个人或著作的篇章，还有把人和著作放在一起介绍的篇章，如范缜与《神灭论》、刘勰与《文心雕龙》等。全文细分有人物15人、著作7部。

1.《吕氏春秋》：又名《吕览》，是我国先秦时期的一部重要典籍。其中有关心理学思想的论述颇为丰富，不仅涉及形神观、心物观以及知虑、情欲等普通心理思想方面的问题，在应用心理思想领域也有重要阐述。如在教育心理思想方面，认为人才的成长必须依靠良好的教育条件、学生的素质和主观努力；在军事方面，则非常重视战略战术的心理因素；

社会心理思想方面提出了群聚相利，民本德治的主张；在管理心理方面论述了欲与用的关系。

本篇共摘录资料174条，均选自陈奇猷的《吕氏春秋校注》（学林出版社1984年版）。

2.《淮南子》又名《淮南鸿烈》，其基本思想以道家、阴阳家思想的结合为主，同时也吸取了儒、道、墨、法等各家思想之所长，并反映了当时某些自然科学的成就。本篇共摘录资料115条，以刘文典的《淮南鸿烈集解》为主要依据。

《淮南子》从"气一元论"出发，对人的心理作了具有唯物倾向的考查与论述。提出了形、气、神一组范畴，并阐述了形神关系和心物关系。把认识过程分为感知与思虑两个阶段，并对它们的阐述、作用以及规律作了考察和论述。在人性论与情欲心理思想方面，认为人性本是纯朴无邪的，由于外物蒙蔽和嗜欲的侵害，使人的本性流于忘本失真。把情绪看作是活动过程，从欲与情、性的关系出发，探讨了欲的性质和作用以及对待情欲的态度问题。在教育心理思想方面，分析了人性、品德、才智与教育的关系，并提出了一些颇有价值的学习方法。

3. 董仲舒

董仲舒是汉代儒学大师，提出了一套较为完整的的天人感应学说。在人性论思想方面，首次明确提出了"性三品"论，也肯定先天的性必须与后天的教相结合。肯定了感知是感官与外物相接的结果，并对智力、注意提出了较好的见解。还探讨了情欲的性质与作用，并主张对人的情欲必须加以节制。另外，也论及了意志的性质问题。

本篇共摘录资料50条，均选自"四部备要"本《春秋繁露》（中华书局据抱经堂本校刊）。

4. 王充

王充是中国古代思想史上罕见的一位"唯实事，重效验"的哲学家，具有鲜明的唯物主义观点和无神论思想。其"唯实唯验"的哲学思想，影响了其心理学思想，使之提出了"形朽神亡"的著名论断，并把形神观与人贵论、气禀论熔为一炉，进一步探讨了形、气、神三者的相互关系。同时，他在知虑、情意、智能、学习、社会心理思想方面都有论述，尤以其对感知规律的探讨、对错觉的研究和实验，最为突出地体现了王充学术思想的特征。

本篇共摘录资料22条，均选自《诸子集成》七（上海书店1986年影印版）。

5.刘劭与《人物志》

刘劭的《人物志》中蕴涵着十分丰富的心理学思想，是我国古代一部重要的心理学思想专著。在基本观点方面，提出"物生有形，形有神精"的形神论；在才性实质方面，分析了人的各种才能、性格的类型及其特征；在才性鉴定方面，阐述了才性鉴定的可能性与重要性，并提出了"八观"、"五视"等颇有价值的才性鉴定方法。同时，在管理心理、社会心理和辩论心理等方面也有不少精辟见解。

本篇共摘录资料49条，均选自新兴书局有限公司编撰的《笔记小说大观》第三篇。

6.诸葛亮

诸葛亮的心理学思想具有朴素的唯物论倾向。主要包括三个方面：（1）普通心理学思想。基本观点是："身之有心，若国之有君，以内和外，万物昭然。"并论述了"视听"、"察疑"的感知心理，且提出"知人之性"的心理观察方法。（2）军事心理思想。具体可包括将领心理品质方面、军事心理方面和战术心理方面以及一些具体的心理战术方法。（3）社会心理思想。强调"齐其心"与"人和"的重要性，提出处理各种人事关系要"正上"、"正己"和赏罚公平的原则。

本篇共摘录资料60条，选自根据清代张澍编的《诸葛忠武侯文集》整理点校的《诸葛亮集》（中华书局，1974年版）。

7.魏晋玄学家

魏晋玄学代表人物主要包括：王弼、阮籍、嵇康、郭象、张湛等，他们的思想中蕴涵着丰富的心理学思想，在基本观点、知虑心理、情意心理、才性心理、养生心理、教育心理和社会心理等方面均提出了一些颇有价值的论点。并且他们在一些心理学问题上还形成了各具特色的不同流派，如知虑心理中的言意问题，形成了"言尽意论"和"言不尽意论"两大对立的派别；才性关系的讨论则有同、异、合、离四派；在养生问题上的基本观点是"任自然"，但也有不同的阐释。

本篇共摘录资料102条，分别选自中华书局、上海古籍、人民文学出版社出版的相关专著。

8. 葛洪

葛洪的著述很多，其主要思想集中在其代表作《抱朴子》中，该书的心理学思想比较广泛，基本观点是：气生万物，"有欲之性，萌于受气之初"。在感知心理方面，论及感知器官、感知的局限性、感知对比、感知与注意的关系等问题。在情感心理方面，承认"情感物而外起"，并指出情感具有主观性和历史性。在学习心理方面，认为学非生知，必须勤求积累；强调学习"不倦在于固志"；在学习方法上，主张由易及难和审慎择友。在社会心理思想方面，认为"衣食并足，而民知荣辱"，"情不可极，欲不可满"；主张"明赏以存在，必罚以闲邪"等。在心理卫生方面，提倡摄生养气的养生之道，主张淡泊恬愉、节制情欲。

本篇共摘录资料79条。参考中华书局1985年版《新编诸子集成（第一辑）》的《抱朴子内篇校释》和《诸子集成》（八）的《外篇》。

9. 范缜与《神灭论》

范缜对心理学思想发展的最大贡献是在理论上解决了心理与生理的关系问题，提出了"形神相即"、"形质神用"等命题，并进一步提出了"形存则神存，形谢则神灭"的中心思想。在知虑心理思想方面，认为知虑有别，但又有联系；且知虑各有所本，知、虑、情、性不能随便寄居于人体的不同部位，各人的心理活动也不能互相寄托。

本篇共摘录资料31条，参考《弘明集》本和《梁书》。

10. 刘勰与《文心雕龙》

刘勰所著《文心雕龙》不仅是一部杰出的文学理论著作，也是一篇蕴涵丰富文艺心理思想的著作，尤其是如《神思》、《情采》等篇堪称文艺心理思想的专论。

本篇共摘录资料27条，均选自郭晋稀的《文心雕龙注释》（甘肃人民出版社1982年3月版），主要反映了其中的四个方面的心理学思想：想象与文学创作构思的关系；情感及其在创作过程中的作用；个性及其对创作风格的影响；心理因素在文艺鉴赏和批评中的作用。

11. 巢元方　孙思邈

巢元方、孙思邈分别是隋、唐时期的著名医学家，在他们的医学理论体系中，都发展了丰富的心理学思想，如他们都对病理心理、治疗心理、养生心理、发展心理作了精辟的论述；此外，巢元方还对脏腑病理心理思想、气机病理心理思想作了重要阐述。

孙思邈的心理学思想中，主要涉及了人贵论、形神论、心物观的内容，进一步阐发了变蒸学说，提出了实施胎教和幼教的一些基本法则；强调心理因素致病是"造化必然之理"；提出的"七气"等观点，深刻地阐述了临床病理心理的机制；重视医生心理素质，提出了"上医医国、中医医人、下医医病"的治疗心理总纲；同时，还提出了静心、寡欲、食疗、微劳等养生心理法则。

巢元方的医学心理思想内容很丰富，他认为情志与脏腑、情志与气机是互为影响、互为因果的。还提出，精神异常在临床上既是病理变化的因，又可是病理变化的"候"。其中以情志的异常表现推测疾病的虚实，堪称独树一帜。对于养生之术，提出了意气并用、气随意行的方法，有很大的临床实用价值。

两篇各摘录资料63条和88条，分别选自《备急千金药方》（人民卫生出版社1955年影印版）和《诸病源候论校释》（人民卫生出版社1985年版）。

在第二卷中，还介绍了一些思想家和一些著作中的心理思想，如杨雄、桓谭、王符、荀悦、仲长统、韩愈、李翱、柳宗元。另外，还介绍了《刘子新论》、《李卫公问对》这两部著作中的心理学思想。《刘子新论》中包

括了形、心、神、情欲性、智能、学习、社会心理思想;而《李卫公问对》
则论述了军事心理思想，包括士气的心理分析、战术的心理因素、治军
的心理问题。

四、第三卷

第三卷的内容主要是介绍宋、元、明、清时期的著名人物和著作的
心理学思想。以介绍人物为主，穿插两部著作，共24篇材料，摘录资料
1420条，根据先人物、后著作的原则，结合历史顺序编排。

由于人物众多，本文只介绍那些历史上较有影响的人物和著作的心
理思想，其他略过。

1.张载

张载为宋明理学的创始人之一，是关学的代表人物。他从唯物的气
一元论出发，在心理学思想方面提出了自己的看法：人性论方面，首次
提出了性二元论，把人性划分为气质之性和天地之性；认识心理方面，
提出把"知"分为见闻之知和德性之知；学习心理方面从人性论的角度
阐明了学习对心理发展的意义，提出了一些新颖独到的看法。另外，他
对心理思想的一些基本观点主要反映在心身观、心物观和差异观上。

本篇摘录资料84条，选自1978年中华书局出版的《张载集》。

2.程颢　程颐

二程在心理学思想的基本观点上，提出了"有是理,故实有是物"、"心
是理,理是心"和"有是心,斯具是形以生"的唯心主义心物观和形神观。
人物人性是由理而来的天命之性和禀气而来的气质之性的结合体，"天命
之性"无不善，"气质之性"有善与不善。在知虑心理方面，吸取了张载
的"闻见之知"与"德性之知"的划分，认为"闻见之知是物交物而知"，
而"德性之知"不假于见闻；主张"存天理，灭人欲"，肯定情是感物而
动的一种心理波动状态；指出志是"心"所主，意是"心"所发。在教
育心理方面，提出幼学、深思、自得等。

本篇共摘录资料98条，均选自《二程集》(中华书局1981年版)。

3.朱熹

朱熹在其以"理"为核心的客观唯心主义的哲学基础上，比较全面系统地研究了人的心理。基本观点方面，提出了形神二元论，认为精神可离开形体而独立存在，并提出了"人心如镜"的心物观。人性论方面，认为性是心理的未动状态，包括天命之性和气质之性，并强调教育在改造和完善人性中的作用。知虑心理方面，把有无血气和头的长相作为判断有知无知和知之高低的生理因素，并分析了知与虑、记忆与思维的辩证关系。情欲心理方面，认为情欲是心理的已动状态，并提出了灭情灭欲的思想。志意心理方面，认为志是"心之所之"，意是心之所发，从志意到行动要经过志、意、行的过程。才能心理方面，认为才包括材质和才能两方面，并分析了志、才、术的关系。

本篇共摘录资料214条，主要选自《四书章句集注》（中华书局1983年版）、《朱子语类》（中华书局1986年版）和《晦庵先生朱文公文集》（上海中华书局据明刻本校刊）。

4.陆九渊

陆九渊的心理学思想基本反映在心物观和人贵论上。他明确提出了"宇宙便是吾心，吾心便是宇宙"以及"心即理"的命题。人贵论方面，提出了人之所以为贵的三个根据：得七纯于庶类而为贵；具有仁义道德；人和天地皆同此理，可以和天地并立为三极。提出了心之官能思，对感官有制约功能，否定感知接物的思想；提出"存心寡欲"的观点。教育心理思想方面，提出了正心、立志、从师、凝思辨、虚心涵泳等学习方法和原则。

本篇共摘录资料93条，均选自《陆九渊集》（中华书局1980年版）。

5.王廷相

王廷相是明代哲学家和心理学思想家，其心理学思想比较系统，提出了"神籍形气"、"缘外而起"的形神观和心物观。在人性问题上，认为人皆有性的善与不善：认知心理思想方面，主张"内外相须"的认知论，将"知"分为天性之知和人道之知，并将其过程划分为见闻和思虑两阶段，并提出知行兼举。情欲心理思想方面,将欲分类,并主张节制情欲,使之"各中其节",智能心理方面,提出了才、智、学、识等概念,强调"不患其无才,患其无学"。此外,还论及了释梦和动物心理等问题。

本篇共摘录资料63条,选自木刻版《王氏家藏集》、《内台集》等书。

6. 王夫之

王夫之的心理学思想实际上是一个心论体系,人性论是其整个心理学思想的核心,"性自是心之主"。知虑心理思想方面,揭示了认识从客感到知见的过程;情欲心理思想方面,注意到了具体的心理体验,肯定了情欲的合理性;志意心理方面,推崇必然性、恒久性较强的"志",重视外在活动特性的"能";教育心理思想方面,继承了学习是一个过程的思想,主张学以兼行,强调学以致用,对于学习的五个环节孰重孰轻要结合具体的人来讨论。

本篇共摘录资料192条,选自王夫之的多部著作。

在第三卷中,还介绍了很多思想家的心理学思想,有金元四大家的心理学思想的基本观点和他们的发展、病理、治疗、养生心理思想。

陈亮的情欲、军事、社会心理思想。

叶适的心理学思想的基本观点和知虑、情欲、学习心理思想。

陈淳《北溪字义》的论心与性、论情与才、论志与意。

吴澄的认识和教育心理思想以及他的心理学思想的基本观点。

陈献章的心理学基本观点和他的知虑、情欲、教育心理思想。

罗钦顺的基本观点和人性论思想、知虑、情欲心理思想。

王守仁的基本观点、德育、学习心理思想。

吴廷翰的基本观点、人性论、知虑、情欲、心理思想。

戚继光的军队管理的心理问题,军事技能训练与心理训练、战术心理思想、士气的心理分析和将领的心理品质。

陈确的基本观点和人性论、情欲、教育心理思想。

方以智的脑髓说、心理观、人性论、认识、情欲心理思想和他的心理学基本观点。

颜元、李翱的性情才心理思想和教育心理思想以及其基本观点。

刘智的人性论、情欲心理思想和关于大脑的研究。

戴震的人性论、知虑、情欲心理思想和基本观点。

王清任的对于主心论的批评及其脑髓说。

《关尹子》的论心、性、情、意、识、思和论梦及其基本观点。

五、第四卷

第四卷属于近现代部分，选择了一些重要的思想家和心理学家的论著68篇，根据各学者的生年先后予以编排。其内容包含普通心理学思想和应用心理学思想两个方面的资料。

同样由于篇幅所限，这里只选择几位比较重要的心理学家予以介绍，其他简述。

1. 蔡元培

蔡元培是我国著名的教育家，在心理学上的贡献主要有积极倡导和传播西方心理学，1917年在北京大学设立了心理学实验室，1926年设立了心理系；非常重视心理学的科学实验和理论研究并大力提倡把心理学的实验法应用于教育学。

本篇选录蔡元培资料2篇，一是关于心理研究所的工作计划，二是《以美育代宗教说》，均选自《蔡元培全集》。

2. 朱光潜

朱光潜是中国现代文艺心理学的奠基人，代表著作有《悲剧心理学》、《文艺心理学》、《变态心理学》。本篇选录其资料2篇，皆为书中自序，可以阐明其某些学术观点。

3. 陈大齐

陈大齐是我国现代心理学的创始人之一，1917年，他在北京大学创设我国第一个心理学实验室，1918年，他著的《心理学大纲》在商务印书馆出版，这是我国大学丛书中最早的心理学著作。此外，他还在我国开创心理学的调查研究。他的很多论述对于当时传播心理科学、破除迷信产生了很大的影响。

本篇选录其资料1篇,为《心理学之意义及研究方法》。

4.陈鹤琴

陈鹤琴是中国现代儿童心理学家、儿童教育家。毕生致力于儿童心理学和儿童教育的研究,是中国儿童心理学的开拓者,其《儿童心理之研究》在中国儿童心理学史上有重要意义。其次,陈鹤琴将儿童心理的研究与教育实际紧密结合起来,重视家庭教育,把家庭教育作为全部教育的基础。

本篇选录其资料3篇,分别为《感官之发展》、《学习之性质与原则》、《发展幼儿教育的几点建议》。

5.陆志韦

陆志韦是中国心理学的奠基人之一。前期致力于实验心理学、教育心理学、社会心理学以及心理测验等方面的研究。其博士论文《记忆保存的条件》曾改进艾宾浩斯遗忘曲线,受到美国心理学界的重视。20世纪20年代,首先在国内介绍巴甫洛夫学说,1924年,他修订的《订正比纳西蒙智力测验说明书》出版发行,最早将这个测验应用到中国。同年,编撰的《社会心理学新论》问世,是中国学者评介社会心理学的第一部著作。

本篇选录陆志韦资料3篇,为《社会性的习惯》、《何谓社会心理学》、《订正比纳西蒙智力测验说明书》(节录)。

6.高觉敷

高觉敷是中国现代心理学家、心理学史专家。主要致力于中外心理学史特别是西方现代心理学流派的研究。其主要贡献是大力传播西方心理学,翻译了大量的西方心理学著作。对西方心理学史作了较系统的研究,认为心理学史为我们提供了自古至今的心理科学知识发展的全部事实,对我们掌握科学心理学发展规律有重要作用。主编了我国第一部系统的《中国心理学史》,填补了世界心理学史的一项重要空白。

选录资料3篇,为《心理学的历史经验教训》《弗洛伊德的学术观点》、

《编写中国心理学史应如何贯彻辩证唯物主义、历史唯物主义》。

7.潘菽

潘菽是中国现代心理学奠基人之一,对中国现代心理学的建立作出了杰出的贡献。在学术组织工作方面,提出了建立有中国特色的心理学的基本主张。另外,他对理论心理学、教育心理学和中国心理学史也作出了巨大的贡献:确认心理学是介于自然科学和社会科学之间的一门独立的基础学科,阐述了心理学的方法论问题,强调心身问题的唯物一元论,倡导心理活动二分法;认为教育的主要科学基础是心理学,强调教育心理学是一种技术学或应用科学;和高觉敷等一起开拓了中国心理学史学科,将古代心理学思想概括为人贵论、形神论、性习论、知行论,情二端论、唯物认识论。

本篇选录潘菽资料3篇,为《把应用心理学应用于中国》、《论心理学基本理论问题的研究》、《建立有中国特色的心理学》。

8.陈立

中国现代心理学家,专长工业心理学。他在心理学方面的主要贡献有:开创了工业心理学的实验研究,其代表作《工业心理概观》是我国最早的工业心理学专著。其博士论文《感觉阈限和智力活动的起伏》是我国最早采用分析方法来研究心理活动的文章,受到国际心理学界的重视和好评。他在美《发展心理学报》上发表的《一套智力测验在不同教育水平的因素研究》,推翻了其业师斯皮尔曼的G因素不变的理论,被认为是G因素发展研究的转折点。

本篇选录陈立资料3篇,为《工业心理学概观绪论》、《对心理学实验法的估价问题》、《对行为强化理论提些异议》。

第四卷中,还介绍了其他一些近现代心理学家的思想,他们有:王筠、龚自珍、梁启超、王国维、孙本文、唐钺、艾伟、廖世承、汪敬熙、张耀翔、郭一岑、萧孝嵘、郭任远、孙国华、黄翼、周先庚、阮镜清、朱智贤、丁瓒、曹日昌。

六、关于资料选编的一些问题探讨

1.选编形式的产生源流及其作用

《中国心理学史资料选编》的体系近似于古代的类书，又兼备注疏的特征，也参照了当代哲学史资料和教育史资料的形式。资料呈现清晰明朗，也比较齐全，应该说对研究中国心理学史是有很大帮助的。而且，它是从浩瀚的古代典籍中筛选出来的心理学思想，对于后学者来说，就免去了寻找典籍的烦琐步骤，容易入门，但真正要深入研究心理学史的话，还必须读原著，因为资料中都是选取一段或几句话来反映各位思想家或其著作的思想的，尤其是在古代心理学史资料中，这样，不可避免地会有断章取义的现象。在近现代心理学史部分，也只是选取每位心理学家的一到几篇（最多四篇）文章，这样，其实很难反映他们的全部心理学思想。因此，对于真正研究心理学史来说，资料选编的作用应该只是具有引导入门的功能。

2.选编的内容

《中国心理学史资料选编》的内容古代三卷以儒家典籍为主体，反映儒家思想的篇章较多，但道家材料较少。佛教中的文献没有，实际上，佛经中也有丰富的心理学思想，没有反映出来，是一个缺憾。因为这样就不能充分体现诸子尤其是儒道佛思想融合的历史现象。全书55篇材料中，反映儒家思想的有35篇、道家思想的5篇、墨家1篇、法家2篇、杂家1篇、纵横家1篇、兵家4篇、医家5篇。……整书取材经子为主，第二流思想家或杂记、笔记等取材不够，其实，在他们的著作中，有的心理学思想并不亚于第一流思想家。这是进一步要做的工作。若不然的话，会给人尤其是初学者造成中国古代心理学思想仅有这些的印象，并且，既成事实的资料也容易使后学者放弃挖掘、整理新资料的工作。

第四卷近现代部分，所选心理学家的著作比较偏向于理论思想方面，实证研究的部分没有反映出来，怎样做进一步的介绍工作，值得研究，因为必须体现前三卷为古代心理学思想史,而近现代为心理科学史。另外，

第四卷中，每篇材料前对资料作者的基本介绍脱离了前三卷主要介绍作者基本心理学思想的体例，而更多的是介绍作者的一些生平事迹和贡献，这和心理学史资料选编的宗旨有所违背，因此，这一部分，可做进一步的改善工作。

3.选编的形式

《中国心理学史资料选编》在以后的发展中，可进一步制作古典文献光盘，供检索和阅读研究。这项工作可分两步：首先，可出版全部《中国心理学史资料选编》的光盘；接下来，还可以把书中每段资料的全文和集注本选出出版，这样，整个《中国心理学史资料选编》就完整了，研究者可以根据自己的需要查阅取舍这些资料，而不会因为资料的限制而产生研究中的障碍。当然，这项工作有赖于其他一些工作的支持和配合，比如十三经、诸子集成等典籍光盘的出版的配合。

第三节 《中国心理科学》[1]

由王甦、林仲贤、荆其诚主编，吉林教育出版社出版的《中国心理科学》，总结了我国建国40年以来心理学的研究成果，是一部内容丰富、涉及的分支学科齐全、收录文献广泛的有重要价值的大型心理学专著兼文献工具书，不仅广泛地反映了我国心理科学40年来的发展情况与战果，而且有深度地对其进行了分析和综合，应该说是中国心理学发展史上的丰碑之作。

从心理学史研究的角度来看，《中国心理科学》是一部很好的心理学史方面的著作，是一部反映1949年以来中国心理学发展史的著作。首先，从文献学来看，该书每个专题后所附的参考文献的整理与归类，都具备

---

[1] 本节参考由王甦、林仲贤、荆其诚主编的《中国心理科学》，吉林教育出版社1997年版。

典型的文献学意义;从专题上来说,它包括了有关分支学科的心理学研究,也包括了有关专题、学者的心理学研究;从系统学来说,它包括了按时间顺序并对各个时期或阶段有关课题的系统研究,也包括了按专题、分支学科作总体考察的系统研究。因此,在目前很少有关于中国当代心理学史方面研究成果的前提下,《中国心理科学》在一段时间内可以发挥其他著作所难以发挥的作用。[1]

涉及中国心理学史的内容有两个部分,一是赵莉如、许其端所著的中国近现代心理学史研究;二是燕国材所著的中国古代心理学思想史研究。下面,我们按照时间顺序予以简要介绍。

一、中国古代心理学思想史研究

介绍中国古代心理学思想这部分,是采取专题研究的方式来撰写的,一共分了九个专题,包括基本理论问题研究、普通心理思想研究、教育心理思想研究、医学心理思想研究、军事心理思想研究、文艺心理思想研究、社会心理思想研究、儿童心理思想研究、梦的心理思想研究。主要是介绍国内1949年以来对这九个专题的研究状况和进展情况。

在概述部分,首先把杨鑫辉和燕国材关于中国古代心理学思想史研究的历史和现状的概括和分析作了介绍,内容大致如下:

他们把整个研究分为两个阶段:

第一阶段,从1921年到1949年,这一阶段只有少数几位学者和研究者自发地分散地做了一点关于中国古代心理学思想史的研究。据不完全统计,这一阶段所发表的有关文章只有20篇左右,其内容也仅涉及孔子、墨子、孟子等十余位思想家以及佛教的心理学思想。在这一个阶段,对研究中国古代心理学思想史作出较大贡献者,只有张耀翔、余家菊等几位心理学家。较有影响的研究成果为:张耀翔《中国心理学的发展史略》(1940年),余家菊《中国心理学思想》(1926年),梁启超《佛教心理学

---

[1] 杨鑫辉、赵凯:《中国心理学发展史上的丰碑之作》,《心理学报》1998年第3期。

浅测》（1922年）等。

第二阶段，从1949年到1990年，这个阶段又可分为两个小阶段，前一个小阶段从1949年到1978年；第二个小阶段从1979年到1990年。

在第一个小阶段中，心理学界对整理和研究祖国心理学思想遗产的工作尚未给予应有的重视，其研究处于自发的、零散的工作状态。据不完全统计，报刊上发表和会议交流的论文也只有20篇左右。较重要的文章有：高觉敷《王夫之之论人性》、陈仲庚《左传中的病理心理学思想》（1963年）等。这期间，潘菽和高觉敷在其研究和教学中，对挖掘和整理我国古代心理学思想遗产做了大量的工作，为以后中国心理学史的研究开拓了道路，打下了基础。

第二个小阶段中，自发的研究转到了有目的有计划的研究；分散的研究也转到了有领导有组织的研究；研究的队伍逐渐形成，研究的成果也日益增多。据不完全统计，这期间发表论文350篇左右。其中杨永明等的《应当重视中国古代心理学遗产的研究》（1979年）和燕国材的《关于"中国古代心理思想史"研究的几个问题》（1979年）两文，对中国古代心理思想史的研究起到了号角的作用。这个阶段研究的最大收获是出版了几本重要的专著，如高觉敷主编的《中国心理学史》（1986年）;燕国材的《先秦心理思想研究》（1981年）等系列研究和他主编的《中国心理学史资料选编》（四卷本,1988年至1990年）;杨鑫辉的《中国心理学史研究》（1990年）等。此外，潘菽、高觉敷还主编了一本文集:《中国古代心理学思想研究》（1983年）。

这部分的内容分为九个专题:

1.基本理论问题研究，主要介绍了对象问题、范畴问题、方法问题、形神关系问题、心物关系问题和意识问题研究的情况。

2.普通心理学思想研究，主要的问题是知虑心理思想、情欲心理思想、志意心理思想、智能心理思想、性习心理思想、个性心理思想研究的状况和进展。

3.教育心理思想研究，包括学习、品德、差异、教师、心理测验思想研究和中国古代教育心理思想的特点和主要成就的研究。

4.医学心理思想研究，有心理生理思想、心理病因、心理诊断、心理治疗、心理卫生思想研究的情况。

5.军事心理思想研究，包括将领心理品质、治军心理问题、士气心理分析、战术心理因素研究的一些情况。

6.文艺心理思想研究，分别介绍了艺术思维论研究、艺术情感论、艺术个性论、文艺鉴赏心理思想研究、音乐心理思想研究、绘画心理思想研究、书法心理思想研究的状况。

7.社会心理思想研究，包括政治、赏罚、人际关系、个体社会化、管理心理和犯罪心理思想研究。

8.儿童心理思想研究，这一部分主要介绍了武杰、蔡鼎文的研究和朱智贤、林崇德的研究。

9.梦的心理思想研究，介绍了刘文英分别在1983年、1985年和1989年的研究以及周冠生的研究。

二、中国近现代心理学史研究

这一部分是由赵莉如、许其端编写的，与古代心理学史的撰写不同，没有按照专题的形式，而是分领域写的。第一部分介绍中国近代思想家的心理学思想；第二部分介绍外国心理学的传入和传播；第三部分介绍中国现代心理学的建立和发展的研究。

引言部分则对整个中国近现代心理学的形成和发展作了一个概要的介绍。中国近现代心理学是西方心理学传入后，逐步形成和发展起来的。对于其历史的研究，至今也不多。最早，张耀翔发表《中国心理学的发展史略》一文（1941年），论述了从中国古代到1940年间的心理学发展历史，其中提及了西方心理学的传入和发展以及20世纪20年代和30年代我国心理学的情况。建国后，潘菽发表了《中国心理学的现状和发展趋向》（1958年），对心理学的传入至20世纪50年代心理学的发展，作了概括的介绍。1979年，他又发表文章《论心理学基本理论问题的研究》，联系心理学的基本理论问题，回顾了我国心理学发展的经过。

　　对中国近现代心理学史进行系统研究始于1981年设立"中国心理学史研究组"和1982年为统编高等学校《中国心理学史》教材（第四篇为《中国近现代心理学》）。1981年，南京师范学院在高觉敷主持下成立了我国第一个心理学史研究室，中国现代心理学史是研究的一个重要方面。1982年中国科学院心理所在潘菽指导下开展"中国现代心理学的起源和发展"专题研究。此外，这方面还有一些其他的研究。20世纪80年代初至90年代近十年间，相继出版了高觉敷主编的《中国大百科全书·心理学》的《心理学史》分卷（1985年）、《中国心理学史》（1986年）；赵莉如等编的《心理学史》（1989年）；杨鑫辉著的《中国心理学史研究》（1990年）等，其中都有专门篇章论述中国近现代心理学史。同时，还发表了一定数量的论文。

　　文章主要结构为三部分：第一部分是"中国近代思想家的心理学思想研究"，分别介绍了龚自珍、谭嗣同、梁启超、孙中山、蔡元培的心理学思想研究情况，还介绍了王筠的语文教学心理学思想研究情况。

　　第二部分是"外国心理学的传入与传播的研究"，分别介绍了早期心理学译、著的调查研究状况；"第一部汉译心理学书"的问题；"第一部汉文写的西洋心理学书"的问题：日本对西方心理学传入中国起的桥梁作用的研究；汉译"心理学"名称的演变及最早使用的研究；王国维及其心理学译书的研究；早期苏联心理学的介绍与传播的研究：西方心理学史和心理学派别的介绍与影响的研究等八个方面的研究状况与进展情况。

　　第三部分是"中国现代心理学的建立与发展的研究"，共分六个小部分：我国第一个心理学实验室和第一本大学心理学教本问题；我国第一个心理学系和主要高等学校的心理学系；我国第一个心理学研究所和心理学研究机构；最早的中华心理学会和抗日战争前与新中国成立后的中国心理学会；我国最早的心理学杂志和各时期的心理学刊物；新中国建立前我国一些心理学家的研究工作。

　　《中国心理科学》是一部权威性、系统性，概括性和实用性很强的著作，其中的中国心理学史部分对中国心理学史的研究来说，也同样具有这些特点。对于研究中国心理学史来说，它是一部极具文献参考价值的著作。

第八章　中国心理学史的学史论

1.何谓中国心理学史的学史论?

2.中国心理学史的形成与发展阶段怎样?

3.中国心理学史的研究现状如何?

学史论是指历史学中史学史分支。它研究和阐述史学本身发生、发展、演变过程的问题。中国心理学史的学史论,则研究和阐述中国心理学史学科的发生、发展和演变的历史,总结其研究成果,指明本学科的发展趋势。它对中国心理学史的研究有其不可缺少的意义和作用。

有关中国心理学史的学史论问题的研究,在学科建立之初就引起了注意。现已有一些成果,主要发表了下述文章,它们是:杨鑫辉的《中国心理学史研究简介》(《中国哲学年鉴》1984年)、《中国心理学史研究的历史和现状》(《心理科学通讯》1984年第4期)、《中国心理学史研究的新进展》(《心理学报》1988年第1期)、《学史、现状与前瞻》(《中国心理学思想史》第7章,江西教育出版社,1994年版)、《中国古代心理学思想史的研究史》(《中国古代心理学思想史》第13章,台湾远流出版事业股份有限公司,1999年版)。还有燕国材的《中国古代心理思想的成就和研究现状》(《上海师范大学学报》1987年第4期)、朱永新的《十年来中国心理学史研究的进展与反思》(《心灵的轨迹》,对外贸易教育出版社,1993年版)等。这里还要特别提出,赵璧如研究员从1984年起,在《中国哲学年鉴》上每年都特约编辑了中国心理学史研究进展的条目，为学史论的深入研究作出了积极的贡献。

为了保证中国心理学史的史学史的科学性，在进行有关研究工作中，必须遵循如下一些基本原则：首先，要遵循客观真实的原则，即必须以客观事实为依据，完全真实地反映研究史发展的实际情况。其次是掌握第一手资料的原则，即必须充分地占有原始资料，以事实资料为依据论述问题。这也是论从史出、史论结合的史学原则所要求的。再次，公正评价的原则，即必须用历史唯物论的观点，公正秉笔评价人物及其心理学思想、观点和理论，不能有门户之见。最后是揭示规律性原则，即不应只是罗列材料，更应探索学科史研究中发现的规律，掌握学科发展趋势，避免走弯路，以有利于学科的进一步发展。

第一节　中国心理学史的研究简史

中国心理学史包括古代心理学思想史和近现代心理科学史，从时间的跨度和内容的丰富性看，这里主要集中在中国古代心理学思想史的研究史方面问题的回顾与讨论。心理学是19世纪80年代才从哲学母体中分化独立为一门科学的，中外古代都没有心理科学而只有心理学思想。中国心理学思想原先是一块未被开垦的处女地。对它的零星探索研究可追溯到20世纪20年代，但建立成为心理学史的分支独立学科是在20世纪80年代中期。这是几代学者努力的结果。

近百年来，中国古代心理学思想史研究经历了一个从自发到自觉、从分散到有组织、从零星探讨到系统研究的发展过程。大致可分为三个阶段，每个阶段在指导思想、工作方式和科研成果等方面都具有不同的特点。

一、第一阶段（20世纪初—40年代）：学科准备时期

由于心理学作为一门独立的科学是19世纪末从西方介绍到中国来的，所以中国心理学会于1921年成立以后，心理学界的主要精力在于介绍西方心理学。少数学者和研究者已初步认识到我国古代也有丰富的心理学思想，然而对中国古代心理学思想是肯定得不够的。比如说："中国之心理发展史与西欧情形略同，百家而后汉晋无心理可言，唐虽有研究心理者，然多带宗教色彩，直至宋儒出，心理学始成问题，自宋迄今，无大进步，仅王学及'儒而逃禅'者偶一论之为要为无系统之学。"[1]这个阶段的研究工作不可能明确地用辩证唯物主义和历史唯物主义作指导，完全是个人分散地进行某些研究。据现有资料，从1921年至1949年的28年里，各种报刊只发表18篇中国心理学史方面的文章，主要刊于中华心理学会1922年创办的《心理》杂志、上海《时事新报》副刊《学灯》以及大学学报、教育杂志上面。

从上面已收集的18篇文章看，其研究内容涉及的古代思想家有孔子、墨子、孟子、荀子、贾谊、董仲舒、关尹子、朱熹、王守仁、戴震等10人。18篇文章的作者计12人，其中余家菊在《心理》杂志上发表《中国心理学思想》等三篇；汪震在有关书刊上发表《中国心理学史上的戴震》等三篇，他们两人为数量最多者。就其他独特性而言，张耀翔发表在《学林》上的《中国心理学的发展史略》是最早较全面论述中国心理学史的文章；徐谥荣在《学灯》上发表的《中国古代心理学》，包括五篇：导言、孔子心理学、墨辨与心理学、大学中庸与心理学、孟子心理学，都是先秦时期的。属于心理技术方面的有：程俊英发表在《心理》杂志上的《魏晋时代之心理测验》；卢可封发表在《东方杂志》上的《中国的催眠术》。梁启超发表的《佛教心理学浅测》则开了研究佛教心理学的先河。下面单独简介一下梁启超和张耀翔的文章，以便较具体地了解当时研究心理

---

[1] 陆志韦、吴定良：《心理学史》，《心理学杂志选存》，中华书局1934年2月再版，第339页。

学史的一个侧面。梁、张二人是最早探讨中国心理学史思想的先驱代表。

《佛教心理学浅测》是梁启超1923年6月3日为中华心理学会所作的讲演。他在讲演中明确表示："我确信：研究佛学，应该从经典中所说心理学入手，我确信：研究心理学，应该以佛教教理为重要研究品。"[1]该文分为六个部分：第一部分论述佛学研究与心理学的关系；第二部分、第三部分将现代欧美心理与佛教的心识之相，以及小乘俱舍家说的七十五法、大乘瑜伽说的百法进行比较，并且指出佛教的四圣谛八正道等修养功夫，与心理学的见解是相通的；第四、五、六部分具体分析了五蕴的心理学内涵。文章最后指出，佛教这种高深精密心理学，便是最妙法门，教人摆脱人身的苦恼，而进入清寂安谧的理想境界。梁启超对佛教心理学思想的发掘是以现代心理学概念为基本框架的，这对后来的研究有启示作用。例如对五蕴心理学内涵的研究，五蕴是指色、受、想、行、识。用现代心理学概念表示它们则是，色等于有客观性的事物；受等于感觉；想等于记忆；行等于作意及行为；识等于心理活动之统一状态。

张耀翔的《中国心理学的发展史略》一文，1940年发表于《学林》第二辑。这是一篇稍具系统的中国心理学史的开山之作，它既追溯古代，考察现代，又展望了未来。该文从我国"心理"二字的出现，谈到西方心理学的传入，对中国古代心理学思想涉及较广。文中指出："中国古代心理学研究，几乎全由哲学家及伦理学家兼任。最著者周有老聃、墨翟、杨朱、荀卿、孟轲、庄周、尹喜、韩非、管仲；汉有董仲舒、王充；唐有韩愈、杜牧；宋有朱熹、陆九渊、杨慈湖、程颢、程颐、王安石；明有王守仁；清有戴震、颜元诸子。"[2]又指出："中国古代心理研究不仅限于纯粹学理方面，对于应用也有特殊贡献。"[3]例如心理卫生方面的养生养气、治气养心；心理测验方面的品性测验、"左手画圆，右手画方"测验；中国古代催眠术等。文章最后提出了发展中国心理学的九条建议，如最

---

[1] 梁启超：《佛教心理学浅测》，载《心理杂志选存》，中华书局1934年再版。

[2] 张耀翔著：《心理学文集》，上海人民出版社1983年版，第203页。

[3] 张耀翔著：《心理学文集》，上海人民出版社1983年版，第210页。

后一条说："竭力提倡应用心理学，尤指工业心理、商业心理、医药心理、法律心理及艺术心理，以应各方之急需。"[1]当然从现在的观点看，文中将古代心理学思想家称为古代心理学家是欠精确的。有关近代心理学的最早译著和教科书的判断也不确切，近年来发现了更早的版本。但在学科尚未草创之前不应苛求。

二、第二阶段（20世纪50—70年代中期）：学科奠基时期

由于新中国建立初期重点抓心理学的改造和学习苏联心理学，特别是"十年内乱"时期心理学受到"左"的思想的干扰和冲击，心理学界对挖掘、整理和研究祖国心理学遗产的工作，尚未引起应有的重视。一般人的指导思想也不很明确，"文革"时期的几篇文章就是证明。心理学工作者基本上仍处于分散工作的状态，并且深感此项工作的浩繁。在这26年内，报刊发表或会议交流的论文约20篇，刊于《心理学报》的则只有一篇。这个时期研究的主要内容以研究孔子心理学思想的占第一位，其他有《左传》、先秦儒家、孟子、荀子、王安石、朱熹、王夫之、戴震、王筠等。这里要特别提到的是潘菽教授和高觉敷教授有关中国心理学史的研究。潘、高二老以辩证唯物论与历史唯物论为指导所做的研究工作，为创建中国心理学史奠定了基础，开拓了道路。

高觉敷教授毕生致力于心理学史的研究，建国后以辩证唯物论为指导思想编著《心理学史讲义》授课，突破了过去只讲西方心理学史的偏向，包括了中国、西方和苏联三个方面的内容。其中列有《我国自春秋战国至清初哲学中的心理学说》的专章，分五节讲述了荀况、王充、范缜、王安石、王夫之等五位唯物主义思想家的心理学思想。这为以后分别编写中国心理学史、西方心理学史和苏联心理学史开拓了道路，打下了基础。至于这份讲义中只讲几位唯物主义思想家的心理学思想，是与当时社会上和学术界思潮有关的，所以未能包括唯心论思想家的心理学思想。

---

[1] 张耀翔著：《心理学文集》，上海人民出版社1983年版，第224页。

潘菽教授在"文化大革命"期间心理学受到严厉批判的困难情况下，仍然坚持心理学研究。他坚持辩证唯物论和历史唯物论，写出了《心理学简札》一书。虽然正式出版是1984年，但书稿是1964年至1976年陆续写成的，所以列入本阶段。他在该书的自序中写道："在后期的前阶段中写的札记大都是在频繁的'批斗'和'交代'情况的空隙之间或劳动之余写的。有时刚被'批斗'回来就写。"[1] 这就是写作环境的严峻和成书时限的佐证。该书分为上下两册，五百多条札记，归纳起来包括三个方面的内容：（1）关于心理学的基本理论；（2）对传统心理学的评论；（3）对中国古代心理学思想的评论。最后一个方面就是中国心理学史，共五十条，归纳起来又可以分为三个方面的内容：一是关于研究中国古代心理学思想的必要性、指导思想、步骤和方法；二是所研究的古代心理学思想家有孔子、荀况、韩非、公孙龙、王充、范缜、贾谊、刘禹锡、柳宗元、李翱、王安石、欧阳修、李贽等；三是关于中国古代心理学思想的主要范畴的研究，含人贵论、形神论、人性论、性习论、知行论等。以上为建立中国心理学史奠定了基础，开拓了道路。

三、第三阶段（20世纪70年代末—20世纪末）：学科创建时期

这个时期，学术研究和其他各项事业一样得到复苏和蓬勃发展。中国心理学从遭到严重摧残破坏，到复苏，到迅速发展为一个典型学科。我国心理学遗产的挖掘、整理和研究工作，引起了心理学界前所未有的重视，在老一辈著名心理学家潘菽学部委员和高觉敷教授的带领下，一批中青年心理学者积极参加了此项开拓性的学术研究工作。大家取得了共识：中国古代心理学思想的挖掘和整理，是建立我国心理学体系的一项必要的研究工作，同时也是一项发扬民族优秀文化传统的爱国主义事业。要做好此项工作，必须以辩证唯物论与历史唯物论为方法论指导，必须鉴古观今，古为今用，必须开展全国大协作，有组织地进行研究。

---

[1]潘菽：《心理学简札》（上册），人民教育出版社1984年版，第6页。

经过老中青三辈人的共同努力，到1988年，中国心理学史学科已经得到国内外心理学界的公认，以其一系列科研成果、设置课程、培养研究生等客观事实宣告了它的成立。我们在第一章总论中曾说，如果细分一下，这个阶段从1995年以后也可划作第四阶段，即前阶段为中国心理学史创建阶段，后阶段为中国心理学史深化阶段。为叙述方便起见，现仍总括为一个大的阶段。有关本阶段的具体情况，下一节中国心理学史研究的现状将进行论述。

第二节　中国心理学史的发展现状

中国心理学史研究的现状总括地说就是：作为心理学史的一个分支学科已经宣告建立，对国内外学术界产生了一定的影响，其研究有新的进展，正朝着纵深方向发展，前景光明。它是一门填补了世界心理学史的新开拓新分支学科，其研究的新进展主要表现为：研究对象和方法论思想更加明确，划清了一些基本的界限；基本范畴与术语的研究更加深入，整理出了一套中国古代心理学思想的范畴体系，开展了中西比较研究，更有说服力地确立了中国古代心理学思想的历史地位；建立和发展了国际学术联系，扩大了中国心理学史的影响。

一、"中国心理学史"学科的建立

任何一门新的学科或学科分支的建立，不是由科学研究工作者主观愿望的宣布来决定的，它必须以其科学研究的客观成果及有关的一系统活动为标志。早在20世纪20年代，我国已有少数学者认识到我国古代有丰富的心理学思想，并且自发地、分散地进行过某些零星的研究和探讨。但是所研究的面很窄，更谈不到深入和系统。最近十二三年，才在全国范围内有组织有计划地开展了研究工作和教材编写工作，并且正式建立起心理学史的新分支——中国心理学史。

那么，这门分支学科已经宣告建立的客观标志是什么呢？我以为主要有三个方面：

（一）中国心理学史已有一系列研究论文、教材、专著、资料选编及工具书相继问世。20世纪70年代末至20世纪末，是中国心理学史学科正式创立并得到发展的时期。这一时期明确并贯彻了以辩证唯物论与历史唯物论为指导思想，开展了全国大协作，有组织地进行了研究。中国心理学史已有20多部专著、教材、资料选编及有关工具书和一系列研究论文问世。至于公开发表和在全国性学术会议上交流的中国心理学史论文，据不全统计：建国前只有十八篇；1949—1982年一百余篇，至1989年约五百篇，主要发表在《心理学报》《心理科学通讯》（后改名《心理科学》）、《心理学探新》以及各大学的学报上。汪青还为联合国教科文组织编辑的《亚太地区心理学》撰文评介了中国古代心理学思想。

本学科建立的最主要的标志是，1986年人民教育出版社出版了教育部组织的大学统编教材《中国心理学史》，主编高觉敷，顾问潘菽，副主编燕国材、杨鑫辉，他们是这门学科的主要创建者。参加编写的还有刘兆吉、刘恩久、马文驹、杨永明、李国榕、彭飞、赵莉如、陈大柔、高汉生、许其端、邹大炎、朱永新、曾立格、韦茂荣等。它是我国该学科第一部较全面系统的大学教材和学术专著。其时限上起先秦下迄近现代，熔古代心理思想史和近现代心理学史于一炉，分时期按心理学思想家人头或专篇编排，工作浩繁并具开创性。在此之前的著作有：燕国材的《先秦心理思想研究》（1981年）和《汉魏六朝心理思想研究》（1984年）；潘菽、高觉敷主编，由杨鑫辉倡导并具体组织出版的《中国古代心理学思想研究》（1983年）；杨鑫辉撰写的国家教委教材《心理学简史》第一编中国心理学史（1985年）。1986年以后最重要的工具书有：燕国材主编，杨鑫辉、朱永新副主编的四卷本《中国心理学史资料选编》（1989年—1992年）和《心理学大辞典》中国心理学史分卷（1989年），其中四卷本的资料选编，系统地挖掘整理了重要的史料，为进一步研究提供了帮助。中国心理学史的专著也逐步增多,如朱永新的《心灵的轨迹——中国本土心理学论稿》(1993年);燕良轼的《中国古代心理学思想概论》(1999年);在《中国心理科学》一书中赵莉如、许其端撰稿的《中国近现代心理学史研究》;燕国材撰稿的《中国古代心理学思想史研究》(1997年)等。这个阶段的学术思想日趋成熟,主要代表人物是燕国材和杨鑫辉。重要的工作体会是:必须坚持而不能动摇建立以辩证唯物论与历史唯物论为指导的有中国特色的心理学理论体系的信念。

在这个发展时期,燕国材著有《唐宋心理思想研究》(1987年)、《明清心理思想研究》(1988年)、《中国心理学史》(1996年);编写《中国心理科学·中国古代心理学思想史研究》(1997年);主编《中国古代心理学思想史》(1999年)。其丰富的著作表明他对中国古代心理学思想有系统而较全面的研究,尤其《先秦心理思想研究》,为学科的建立、发展提供了一个范本。他提出要划分心理思想与哲学思想、社会政治思想、伦理思想、逻辑思想、教育思想的界限,主张"按照现代心理学体系去分析、整理中国古代的零碎不全的心理思想"。后来还表示他所说的"心理思想"与公认的"心理学思想"是同义的。他1996年的《中国心理学史》一书的绪论,进一步总结和提升了他的方法学思想,1984年提出八对范畴:形与神、心与物、知与虑、藏与壹、情与欲、志与意、智与能、质与性。现在去掉藏与壹、质与性,增加性与习,为七对范畴。从《周易》《尚书》、《左传》《国语》等文献探讨中国古代心理学思想的起源,提出了天人观、阴阳观、五行观等基本观点。认为中国心理学史研究的指导原则是:实事求是、古为今用、材料与观点统一。研究的具体方法则为资料整理法、纵横法解剖法和系统比较法。在古代心理学思想资料选编方面,构建了总说明、专题说明、原始材料摘要与注释的体例。

杨鑫辉在这个发展时期著有:《中国心理学史研究》(1990年)、《中国心理学思想史》(1994年)、《中国心理学史论》(2000年),主编了五卷本《心理学通史》(2000年),其中第一卷为《中国古代心理学思想史》,第二卷由《中国近代心理学》和《中国现代心理学》两部分组成。他自始至终重视中国心理学思想史的基本理论建设，在研究的方法学、学科体系建构和学科史等方面提出了自己较系统的观点，促进了学科的发展。从1980年提出《研究中国心理学史刍议》起，到1994年的《中国心理学思想史》和现在的《中国古代心理学思想史》著作中，其思想得到了提升和发展。1981年提出古代心理学思想理论有先秦的人性说、汉晋的形神说、唐代的佛性说、宋明的性理说、清代的脑髓说。1983年概括古代哲学心理学思想的范畴为人贵论、形神论、性习论、知行论和情欲论。1994年后提出并不断完善"一导三维多元"的方法学，"一导"即坚持辩证唯物论与历史唯物论的指导思想；"三维"指对象维度以心理实质为主线原则，框架维度以现代心理学概念体系为参照原则，评价维度坚持科学历史主义和古为今用的原则；"多元"是指具体研究方法多样化，包括归类排比法、史料考证法、义理诠释法、纵横比较法、实证检验法、系统分析法等。1996年提出"中国心理学史论"，并为博士生开设该课程，其体系内容包括中国心理学思想史的方法论、范畴论、专题论、体系论、文献论和学史论。在编纂方法上首先采用横向的范畴专题与纵向的历史分期相结合的体例。此外，还很早就注意研究中国心理学史学科本身的发展史。

（二）国家教委已将中国心理学史列入高等学校有关系科专业的教学计划，并已招收中国心理学史的研究生。有些学校的心理系、教育系已正式讲授中国心理学史课程，更多的学校在讲授心理学史课程时设有中国心理学史专编或专章，改变了过去讲授心理学史言必称西方、言必称希腊的状况，从而发扬了我国优秀文化传统中宝贵的心理学思想。为了培养中国心理学史的专门研究人才和加强学科建设，从1986年起，上海师范大学、江西师范大学和河北师范大学先后招收和培养了中国心理学史方面的研究生。1996年起杨鑫辉在南京师范大学招收培养中国心理学史博士生。

（三）中国心理学史早已有了学术团体、研究机构和教材编写组三个方面的组织保证。学术团体方面，1980年在中国心理学会基本理论专业委员会内，成立了以潘菽教授任会长的中国心理学史研究会，后改为研究组。这样便结束了过去只是分散工作的状态，开拓了有组织的学术研究。研究机构方面，1981年南京师范大学建立了我国第一个心理学史研究室，随后上海师范大学和江西师范大学也相继成立了心理学史研究室。1992年笔者创建的江西师范大学心理技术应用研究所内，设立了中国心理学史和心理学本土化研究室。这样，中国心理学史便有了几个专门的经常研究单位。教材编写组织方面，1982年春，原教育部就正式下发文件，成立了《中国心理学史》编写组，1986年完成，1988—1992年又出版了四卷本《中国心理学史资料选编》。1996年南京师范大学成立心理学史研究中心，开展中、西、俄各方面的心理学史研究。

二、研究对象和方法论思想更加明确

我们在第一章已开宗明义指出，中国心理学史是研究中国心理学产生、形成和发展历史的一门心理学史分支学科。对于这个定义虽然无人表示异议，但是在实际研究过程中，却表现出一些混淆不清的问题。对于近现代心理科学史较易取得一致意见，在研究中国古代心理学思想史方面易于出现界限不清的问题。通过十多年的研究工作，大家一致认为应抓住中国心理学史的特定的质作为自己的研究对象。在将古代心理学思想史与近现代心理学科学史冶于一炉的情况下，对于散见在哲学、教育、医学、军事等典籍中的古代心理学思想史的研究，都注意了划清心理学与心理学思想的界限，心理学思想与哲学思想、教育思想、伦理思想等的界限。这样，对中国心理学史的研究对象就有了明晰的认识，保证了它作为一门相对独立的心理学分支学科的科学性。

对于研究这门学科的方法论思想方面的问题，研究者们的认识水平也在不断提高和深化。坚持辩证唯物论与历史唯物论的方法论，并不是只研究唯物论学者的心理学思想，而不能研究唯心论学者的心理学思想。应当实事求是和历史地考察古代思想家的心理学思想的科学性，不能简单地、表面地以其哲学思想的分野来取舍、评价历史上的各种心理学思想。

而整理和研究古代心理学思想的理论框架和操作方法，是该学科建立之初碰到的一个最大难题，没有理论框架就无法发掘出浩瀚古籍中的心理学思想。研究者们在实践中赞成了这样的观点：以现代心理学概念、体系为框架，去对照整理心理学遗产。它既不是牵强附会的硬套，更不排斥使用我国古代仍富科学性的概念，相反地要特别重视体现我国古代心理学思想特征的概念、术语和理论思想。现在已经问世的中国心理学史著作，包括教材、专著、论文集、资料选编以及辞典等，都是以此理论框架进行研究和著述的。

三、基本范畴与术语的研究更加深入

每门科学都有自己一系列范畴，并且形成一套范畴体系。中国古代心理学思想有哪些范畴呢？这在一门学科建立之初也是一个颇费思索的大问题。开始只有少数研究者在探索，这在第一章里已经提到：1981年笔者提出五个范畴，1982年潘菽教授提出八个范畴，1982年以后高觉敷教授提出五个范畴，1984年燕国材教授提出八对范畴。这些范畴的提出，对于研究中国古代心理学思想起到了提纲挈领的作用，帮助研究者掌握了古代心理学思想这张网上的纽结。

从已发表的论文和出版的著作看，不仅几种不同范畴的提出者，各自在著述中体现了这些思想，而且所有研究者都在相互采用有关范畴进行研究，发挥了互补作用。杨鑫辉在《中国心理学思想史》第三章"心理实质探索"中，就是以他提出的五个范畴为纽结进行探讨的，即先秦的人性说，汉晋的形神说，隋唐的佛性说，宋明的性理说，清代的脑髓说。就全书讲，同时也采用了人贵、天人、性习、知行、知虑、志意、情欲、智能等范畴进行论述。有关范畴问题的新进展，参阅本书附录《中国心理学史论研究》一文。

与此相关，在编写中国心理学史时，还要尽量统一古代心理学思想的主要术语，并要明确与现代心理学术语的对应关系或相近含义。为了让国外同行了解中国古代心理学思想，在编纂《心理学大辞典》中国心理学史分卷时，我们制订了一个中国心理学史条目中英对照表。至于中国和西方的现代心理学术语则基本上是相同的，这是因为现代心理科学是清末时从西方传播到中国来的。这方面的工作，对正确理解古代心理学思想和开展中国心理学史的对外交流，都发挥了积极的作用。

四、开展了中国心理学史的中西比较研究

有比较才有鉴别。采用中西比较的研究方法，有助于我们对某个心理学思想家或某种心理学思想给予恰当的评价。不少中国心理学史研究工作者，已经重视并开展了中西方的比较研究。这种研究使我们挖掘和整理古代心理学思想遗产的工作更深化了。比如亚里士多德的"灵魂阶梯"与荀子的"心理阶梯"比较，更见荀子思想的全面性；冯特的"情感三维度说"与中国古代"情二端论"的比较，情二端论不仅包括了情感的两极性，而且指明了"好"、"恶"两种欲望是产生喜、怒、哀、乐情感的基础；王充太阳错觉与许尔月亮错觉的比较，实际上都是谈一种错觉，且王充在一千八百多年前就进行过研究；王清任的"脑髓说"与谢切诺夫的"脑的反射的比较"，更能认识"脑髓说"是"中国医界之极大胆的革命论"。又如中国古代"渐染"说与现代的个体心理社会化理论的比较；《管子》的欲求理论与马斯洛需要理论的比较，等等。总之，中西比较已经普遍采用，事例不胜枚举。

笔者1982年在教育部主办全国统编教材《中国心理学史》编写讨论会上的报告中指出："心理学思想史的比较研究法，既包括国内外前后心理学思想家的纵的比较，也包括国内外同时期人物（或问题）的横的比较。这是一种纵横交错的比较法。在应用中要注意防止简单化和牵强附会，也不应把它看成唯一的研究方法。"[1] 燕国材教授在其所著《汉魏六朝心理思想研究》中也说："所谓系统比较研究法，从研究中国古代心理思想史的角度来看，就是古今中外联系对比的研究方法。它又可以分为如下

---

[1] 杨鑫辉：《研究中国心理学史刍议》，载《心理学报》1983年第3期。

几种情况：一是中国的古同国外的古相比较。……二是中国的古同国外的今相比较。……三是中国的古同中国的古相比较。……四是中国的古同中国的今相比较。"[1]

还值得指出的是，赵莉如在其所汇编的心理学函授大学教材《心理学史》里，将西方心理学史和中国心理学史的分期对应起来，教材内容采取中西同时并行混合编排，并且编制了中国和西方并行比较的心理学史年表。这不能不说是进行中西比较研究的一种新的尝试。

五、建立和发展了中国心理学史的国际学术联系

中国古代心理学思想早已引起国际心理学界的注意。例如，日本学者黑田亮博士出版了《中国心理思想史》（1984年），分3篇28章论述从孔子到颜元的心理学思想；清水洁撰写了长文《刘劭〈人物志〉的人物认识理论》（1967年），列述十个方面的问题。美国的心理学史家墨菲等在其所著《近代心理学历史导引》（1972年）里指出，中国古代是世界心理学思想重要策源地之一。苏联心理学史家雅罗舍夫斯基等在《国外心理学的发展与现状》中，对中国古代心理学思想也作了一些论述。这些著述无疑对中国心理学史的国际交流起了积极作用。但是他们缺乏系统的研究，显得浮光掠影、零细甚至有偏颇。

最近十多年来，由于中国心理学史研究成果的日益增多，这门学科已经建成，不仅使得国内学术交流非常活跃，而且引起国际心理学界的瞩目和更加重视，国际学术交流和跟港台地区的学术联系也加强了。例如，美国著名心理学史家布罗莱克教授，与高觉敷教授领导的南京师范大学心理学史研究室有经常的学术联系，在我国有组织地开展中国心理学史研究才几年后，就高度评价《中国心理学史》一书"在世界文献中还没有先例"，并且希望翻译成英文问世。1987年4月杨鑫辉作为第一个出访讲学中国心理学史的专家，应邀赴加拿大西安大略大学较系统地讲

---

[1] 燕国材著：《汉魏六朝心理思想研究》，湖南人民出版社1984年版，第21—22页。

授了中国心理学史，听讲的教授们信服中国古代是世界心理学思想最重要的一个策源地。他还顺访了美国和加拿大的多伦多大学、西安大略研究生院等，所到之处的心理学教授对中国心理学史都表现出浓厚的兴趣。1988年12月燕国材教授应邀赴香港参加《认同与肯定：迈向本土心理学研究的新纪元》的国际研讨会，在会上作了《中国古代心理学思想的主要成就与贡献》的专题报告，受到欢迎和重视。

这里还要特别提到，中国科学院心理研究所与日本大学在中国心理学史方面的学术联系，资深的赵莉如研究员与儿玉其二教授，就颜永京译《海文著心灵学》作了有成效的探讨。在1992年第二届亚非心理学大会上，多篇关于中国心理学史的论文在会上报告或交流。1992年4月在台北举行了"中国人的心理与行为科学学术研究会"，多名大陆学者的中国心理学史论文收入论文集交流。此外，东西方各国来华访问的许多心理学家及台湾、香港地区的心理学者，也曾将中国心理学史的论著带到国外和港台地区交流传播。

中国心理学思想的发掘、整理与研究，已为国内和国际心理学界所公认。其作用和意义表现为：对建立有中国特色的心理学体系具有本土化意义，并且是它的重要有机组成部分；对丰富世界心理学思想宝库，具有填补重要空白的国际性意义；对弘扬民族优秀文化传统，具有爱国主义的教育性意义。因此，在发展我国现代心理学科学的时候，应当光大祖国的心理学思想遗产。

第九章　余论

1. 中国心理学史学科的发展趋势怎样？
2. 当代中国心理学的基本发展趋势如何？

前面我们系统地阐述了中国心理学史的总论、价值论、方法论、范畴论、专题论、体系论、文献论、学史论，对中国心理学史论有了较全面的认识。那么这门分支学科今后的发展走势怎样？这是本书余论的一个方面的内容。我们学习、研究中国心理学史的任务在于"古为今用，昭示明天"，因而我们在总结中国心理学发展历史的基础上，还应该分析当代中国心理学的基本发展趋势，于是它构成了本书余论的另一个方面的内容。

第一节　中国心理学史的学科发展趋势

近十几年来才正式创建的中国心理学史，既是一个古老的课题，又是一门新开拓的学科。回顾它产生形成的历史，考察其迅速发展的现状，中国心理学史今后的研究任重道远，前途光明。它的发展趋势总的说是向纵深方向发展的，既促进了中国本土心理学的形成与发展，又丰富了世界心理学史的宝库。

一、将在中国本土心理学的形成发展中发挥重要作用

社会科学、人文科学，包括介于自然科学和社会科学之间的心理学，其本土化的理论思潮已在世界范围内兴起，影响将日益扩大。在这些学科的研究中，不管你是公开承认或否认，但其实际研究工作及其成果，都将反映不同国家、不同民族、不同文化背景的特点。人类的心理活动有其共同的规律，但不同国家、不同民族、不同文化背景的人心理活动也有各自的特征，这就是本土心理学要研究的问题。各国的心理学史、各种民族心理学，各国之间、各民族之间的心理学比较研究等，特别是以本国、本民族的人作为被试和调查研究对象的现实研究，都属本土心理学的范畴。

心理学不可能完全像自然科学一样，成为只有某一种"范式"（paradigm）的科学，每个国家的心理学都有各自的本土化问题。我国心理学的"本土化"就是"中国化"，就是指"具有中国特色"。我们讲的心理学本土化是与国际化（或世界性）联系起来的，不仅不排斥，而且完全应汲取国外心理学界一切先进的东西。要广泛地学习，博采众长，有鉴别地吸收，但不能是照搬、照抄。我国心理学发展的历史证明，凡是照搬的东西，不适应我们国家和社会的实际，皆没有发展的生命力。我们要建立有中国特色的心理学体系的这种本土化，是植根于我国社会文化的土壤上，并与心理科学的世界性相辩证统一的本土化。很显然，中国心理学史的研究，是中国本土心理学一个不可缺少的重要组成部分。我们过去、现在和将来研究中国心理学史，都应站在为发展中国心理科学的高度认识其重要意义。

二、将对现实的心理学研究与教学工作发挥借鉴作用

观今宜鉴古，任何一门科学史或科学思想史，对该门科学的发展都有一定的价值。它的仍富科学意义的部分可以吸收到现在科学体系中来，

它在发展中的经验教训，可作为现在研究工作的借鉴而避免走弯路。中国心理学史对于现在现实的心理学研究和教学工作，其借鉴作用也是显而易见的。

已经问世的中国心理学史著作，大都是以普通心理学的理论框架来建构的，无疑对现在普通心理学、理论心理学的研究与教学工作有所帮助。但是对于更广泛的各分支，特别是应用方面的研究与教学，所提供的借鉴与帮助作用则显得不够。中国心理学史研究的发展趋势之一，就是进行心理学分支与应用的研究，以便既从横的方面拓广又从纵的方向加深。可以预见，今后中国心理学史的研究，将进一步贯彻古为今用的原则，跟现实生活有所贴近。

三、将进一步拓宽研究思路，丰富研究内容

中国心理学史的研究思路与方法，是经过一段探索才取得共识的。这就是：以现代心理学理论体系为框架和参照系，抓住心理实质的主线，联系历史条件研究和评价心理学思想，采用古今比较和中西比较的方法判断心理学思想的价值。但是在实际研究工作中有的还贯彻不够，例如联系历史条件进行研究方面尚缺乏有机的深刻分析等。今后还应朝多思路多方法的方向发展。首先，内外逻辑将有机结合发展，对古代心理学思想的理解将从表层逐步到达深层。其次，应将心理学思想既区别于别的思想，又纳入各种文化思想的总体系中去考察。最后，既可从古至今进行系统研究，也不可忽视由今溯古的探讨。

研究的文献资料不能局限于经典文献，不能忽视流传久广的家训家规、笔记杂说中的心理学思想，现有研究的空缺领域和薄弱环节将补上和加强。就时期说，唐代和元代研究得很少、不深入；就诸家学说而言，道家需要加强研究，佛教心理学思想研究更是贫乏。上述内容将引起研究者的更大的兴趣，进而投入更多的精力。

四、将有更多的实际工作扩大其学术影响

随着中国心理学史研究的深入、成果的增多、研究生队伍的扩大，

可以预见中国心理学史的研究工作将进一步发展，在国内外心理学界和其他学界的影响也将进一步扩大。有些大学的心理学系、教育系早已将中国心理学史列入必修课程，上海师范大学、江西师范大学、河北师范大学等高校从20世纪80年代中期起一直在招收培养这方面的研究生，南京师范大学从1996年起招收培养中国心理学史博士生。这些学校都设立了心理学史研究室，中国心理学会理论心理学与心理学史专业委员会，从1980年起就建立了中国心理学史研究会（后称学组），有的省市心理学会也有相应的学组。

除心理学专业刊物外，其他学术刊物也时有中国传统心理学思想的研究论文问世。这方面的成果已经并必将更多地进入到国际性心理学学术会议以及有关社会科学、人文科学本土化的国际性学术会议。国外心理学同行企盼将中国传统心理学思想的论著翻译成英文问世，有关学者的互访也在逐步增多。总之，中国心理学史学科将进一步走向世界。

"嘤其鸣兮，求其友声"，希冀志同道合的心理学界同仁，将中国传统心理学思想的精华融入到现代心理科学中去，使之发扬光大。

第二节　当代中国心理学的发展趋势

在预测了中国心理学史的学科走势以后，作为余论，我们再拓展、延伸与探讨一下当代中国心理学的发展趋势问题。

任何事物都是运动变化的，每一种科学或学科的发展也是一种事物的运动变化，都有其变化的规律，这就存在发展趋势问题。为了发展和繁荣心理学事业，把握当代心理学的发展趋势是非常重要的。随着当今世界政治、经济、文化的发展，心理学出现了怎样的主要发展趋势呢？对这个问题的回答有不同的视角和层面。赵莉如研究员从历史的视角认为："在解放前这30年来我国现代心理学发展过程中，出现了不少具有历史意义和现实意义的倾向，现略举数点：1.要求心理学中国化……2.注重心理学的实际应用和理论研究……3.没有正确的思想指导，难于获得科学成果……"[1]从现实与未来的视角考察，有的认为心理学的发展趋势是高新科技化，是认知神经科学时代；有的预言心理学将是21世纪的带头学科；英国的保罗·凯林则认为"所有的心理学方法都必须根据人性的标准进行判断"，"心理学将保持一种准科学的形式"[2]。我国著名心理学家陈立教授纵观世界心理学的现状，曾撰写专文《平话心理科学向何处去》，[3]在学术界引起极大的反响。究竟哪一种说法是正确的呢？我以为不应作出简单的判断，因为考察问题的视角和层面不同，有总体的趋势，有某个方面的趋势等等。如果从基本理论的视角看心理学总体层面的发展趋势，至少可以概括为四点，即心理学科技化的发展趋势；心理学综合化的发展趋势；心理学本土化的发展趋势；心理学实用化的发展趋势。[4]

一、心理学的科技化（高新科技化）

心理学学科性质具有二重性，即自然科学性质与人文社会科学性质的二重性。它是研究人的科学，但不只是哲学范畴上的人的科学，也是研究自然科学范畴上的人的科学。国内外许多心理学家都主张心理学应当研究整体的人和人性，一方面强调人文的研究，另一方面又强调科学的研究，这种矛盾的相互作用，推动了心理学的发展。但从当前的主流看，心理学研究却呈现科技化的发展趋势，或称高新科技化。

心理学的科技化是随着整个科技发展而推进的，高新科技为心理学提供了更为现代化的手段。这已不是一般的实验室研究，已不是一般的高级神经活动的实验与解释，也不是一般的实验技术手段，它集中地反

---

[1] 赵莉如：《中国现代心理学的起源和发展》，《心理学动态》1992年专集，第103—104页。

[2]（英）保罗·凯林著、郑伟健译：《心理学大曝光——皇帝的新装》，中国人民大学出版社1992年版，第161页。

[3] 陈立：《平话心理科学向何处去》，《心理科学》1997年第5期。

[4] 参见杨鑫辉：《把握当代心理学的发展趋势》，《心理学探新》1999年第1期。

映了认知科学和认知心理学的崛起。所以西方心理学界认为，21世纪是认知神经科学时代；日本人提出要知脑、保脑、创脑；中国的脑科学计划也提到了议事日程，认知心理的脑科学研究，已被列入"973"项目的50个课题之一，利用电脑研究脑神经网络已是一个热点和主攻方向。而对心理器官的脑揭示得愈深，对心理活动规律也就掌握得愈多，其对社会实践领域的作用也就愈大。

但是心理学的高新科技化，并非完全把心理学当作一门纯粹的自然科学来研究。我们利用高科技手段还是研究人的心理过程与心理内容，这就涉及人性和社会性的问题，因而与心理学发展的综合化又是相联系的。

二、心理学的综合化

由综合走向分化又上升到一种新的综合，这是科学发展的总趋势，心理学作为科学的一门当然也是如此。世界心理学在20世纪初是学派林立相互对立的，三四十年代后不断发生变化，现在心理学各流派的尖锐对立早已消除，相互吸取、融合发展已占主导地位。所以，美国心理学史家舒尔茨指出："今天的心理学家已不再集结于格式塔心理学、行为主义或机能主义的旗帜之下。就理论、方法和概念来说，已有走向折中主义的一个较强大的趋势了。"[1]在此情势下，国内外都有学者企望探索一种较统一的大心理观理论。[2]有的认为要建立统一范式与理论的心理学是一种幻想；有的认为在大心理观下就可以统一。尽管这方面发展的前景尚难完全肯定，但它与综合化的趋势在总体上是一致的。

我国心理学发展的综合化趋势，除了学派之间的互相吸收与融合外，还具体表现在如下方面：首先，在研究方法方面，出现了"一导多元"

---

[1]（美）舒尔茨：《现代心理学史》，1975年英文版，第313页。

[2]参见葛鲁嘉：《心理文化论要——中西心理学传统跨文化解析》，辽宁师范大学出版社1995年版。

的方法学趋势，即在坚持辩证唯物论的思想指导下，多种多样的自然科学方法与社会科学方法的结合。实验、实证的方法与理论思辨分析的方法都已广泛运用并受到广泛重视，各执一端的取向态度在逐步改转之中。多维度多方法研究人的心理问题，更能全面揭示心理的实质与规律，这已经成为更多心理学研究者的共识。应当看到，方法上的综合趋势，将是整个心理学综合化趋势的推动力。其次，是科学主义与人文精神的结合。随着现代科学技术的迅猛发展，不仅自然现象而且社会现象以至于最复杂的心理现象，都置于科学主义的审视下进行研究，依赖实验与数据作出结论。当它被推至极端时，必然陷于不可解脱的困境，于是被逐渐忽视的人文精神又重新为人们所看重，描述与解释的方法又得到肯定并呈现上升趋势。人的心理是人的自然性与社会性相结合的独特现象，心理学不仅要研究各种心理过程，而且要研究整体的人性，这就决定了科学主义的研究取向必须与人文精神的研究取向相结合。当前，信息加工认知心理学有了长足发展，前景很好，学者们还是呼吁科学主义与人文精神的结合，并重视人性的整体研究。再次，为了发展我国的心理学事业，也出现了综合吸取外国心理学的认识与态度。在综合化的趋势下，要综合学习和借鉴各国心理学的优胜之处，而不是偏于某一个国家或某一个方面。学习和借鉴外国心理学成果，不能左右摇摆，而应立足本国实际博采众长。面对当前偏重西方心理学的倾向，应当加强苏俄心理学的研究与学习。

心理学的综合化并非统一化或一致化。"吴伟士和舍汉指出，学派虽已解体了，如果问一个心理学家，'你对精神分析有什么意见呢？'或'你是一个行为主义者吗？'他的答复表明他对学派不是完全漠不关心的。学派的分歧是依旧存在的。"[1]对于我国心理学来说，心理学的综合化应当包融各种方法取得的心理学研究成果，而不能局限于以某种某类研究方法为标准。对于存在的分歧意见，应当按照"百家争鸣"原则开展学

[1] 参见高觉敷主编：《西方近代心理学史》，人民教育出版社1982年版，第10页。

术讨论与交流，以取得更多的共识。

三、心理学的本土化（或称中国化）

我国和世界各国心理学发展的历史告诉我们，人具有既是自然实体又是社会实体的二重性，决定了研究人的心理现象的心理学也具有自然科学性质和社会人文科学性质的二重性。不同的国家、民族有其不同的文化形态、文化背景，这就决定了全世界不可能有完全按一种范式建立起来的"统一的"心理学，而产生了心理学的本土化和本土心理学的问题。东西方及各国心理学同中有异，异中有同，同的方面就是心理学的世界性、国际化的问题，异的方面就是心理学的本土化问题。在当前西方心理学占据世界心理学主流的情势下，心理学的本土化主要是社会文化取向问题，每个国家的心理学所采用的概念、理论及方法要能切实反映本国民众的心理与行为，所以这个原则适合于每个国家的心理学。就以西方心理学本身而论，当德国冯特的构造主义心理学经过铁钦纳的完善传播到美国以后，虽然促进了美国心理学的发展，但最终还是美国本土发展起来的机能主义心理学取胜了，这不也是一种广义的本土化吗？

我国心理学的本土化就是中国化。潘菽教授早在1939年就发表了《学术中国化问题刍议》，当然这也是包括心理学中国化在内的。20世纪80年代初他又提出建立有中国特色心理学的问题，认为这是我国心理学发展的必然趋势。我们认为，我国心理学的本土化或中国化，就是要抵制全盘西化（当然过去也有全盘苏化的教训），就是要建立有中国特色的心理学理论体系。中国近现代心理学发展的历史告诉我们，不将心理学植根于中国人的文化土壤之中，我国心理学事业就得不到真正的发展。心理学的中国化，要求我们以辩证唯物论作为心理学的方法论的理论基础，要求我们进行中国人的心理实验研究，要求有符合中国国情的心理量表和研究方法，要求继承和发扬祖国心理学的优秀遗产，也要求我们学习和借鉴欧美苏俄等外国心理学中一切有益的东西。心理学不中国化就不可能使心理学成为中国文化的有机组成部分，更不可能满足社会对心理学的切实需要。佛教从印度传入，不是通过中国本土化的禅宗才真正在中国得以发展的吗？意大利的利玛窦在中国明代传教时著有《西国记法》，这是一本介绍西方记忆心理学问题的书，不也是专列"立象篇"来论述中国文字的"六书"用形象帮助记忆吗？我们必须把握心理学本土化这个趋势，建立好中国的本土心理学，也就是要建立好有中国特色的心理学理论体系。

心理学的本土化或中国化，与心理学的世界性、国际化并不是互相对立、互不相容的，而是相辅相成、互相密切结合的。我们既重视社会文化取向的本土化，也承认进化遗传取向的世界性、普遍性；既探求本国人的心理行为特点，又探求人类共同的心理规律。所以，在认识和把握心理学本土化或中国化发展趋势时，不是与心理学的世界性割裂开来，而只是要突现出来。正如我在1992年所指出的："我们现在提出搞中国本土化心理学研究，不仅不排斥，而且完全应当吸取外国心理学界一切先进的东西。要广泛地学习，博采众长，有鉴别地吸收，但不是照搬，更不是全盘西化。我国心理学发展的历史证明，凡是照搬的东西，不适应我们国家和社会的实际，就没有发展的生命力。我们要建立本土化之中国人的社会心理与行为科学，以至要有中国特色的心理学体系的这种本土化，是植根于我国社会文化的土壤上，并与心理科学的世界性相辩证统一的本土化。"[1]

四、心理学的实用化

中外心理学的历史与现实告诉我们，心理学应当面向社会生活，基础研究的成果要应用到社会实践领域中去，心理学的应用与普及是心理学发展的生命力。在西方心理学史上，强调实用的机能主义战胜了主张纯科学的构造主义，昭示了心理学只有在社会生活中应用才能有新的发

---

[1] 杨鑫辉：《关于个体社会化的几个问题》，《江西师范大学学报》（哲学社会科学版）1992年第3期。

展。从现实看，世界各国尤其是心理学发达的西方国家，心理学应用分支研究及其机构都占主要地位，心理学渗透到了社会生活的各个层面。我国近现代心理学发展的情况也证明了这一点，正如著名心理学家潘菽教授早在50年前指出的："从历史发展过程看来，理论都是以应用为基础，理论是由应用发展而来（因为应用上有许多问题要更进一层的解决）。故研究理论科学者把这根植在应用上……在中国研究心理学的人尤应注意理论和应用携手……我们应该用心理学的研究来促进社会的发展。因此，我们应该把所研究的知识应用到社会上去，一方面帮助社会的进步，同时也帮助自己科学的发展。"[1]

要搞好心理学的应用就必须发展心理技术学。心理技术学的名称出现于20世纪初，建立该学科的标志性著作是闵斯特伯格1914年出版的《心理技术学原理》。一个世纪以来，心理技术学的逐步发展推动了心理学更广泛的应用，但是离社会的需要仍然显得不足。所以，美国著名心理学家斯金纳去世前仍在有关文章中呼吁要形成强有力的心理技术学。美国等西方发达国家，各个实际领域与工作部门都有专门的心理学工作者开展有关的心理学应用工作，大学里攻读心理学专业并获得博士、硕士学位的人数，在各种专业中的位次也是很靠前的。近几年来，俄罗斯在高度重视维果茨基心理学理论的同时，要求心理学工作者"到社会的大课堂中去"的呼声越来越高。本人在20世纪80年代也提出重建心理技术学新体系的构想，以适应我国现代化建设对心理学应用的广泛而迫切的需要。它由四个主要方面建构成一个整体，即人员心理素质测评技术、社会心理测查技术、心理咨询与治疗技术和经济心理技术。[2]前几年，国家教育部在心理学专业调整中，已将应用心理学列为心理学三个二级学科之一。我们必须正视和把握心理学发展的这个方面的趋势，加大心理学应用的力度，使其在社会实际生活中发挥更大的作用。

---

[1]《潘菽心理学文选》，江苏教育出版社1987年版，第91—92页。

[2]参见杨鑫辉：《心理科学应当面向社会生活》，《心理学探新》1990年第1期。

　　心理学的实用化并非心理学的理论不重要了，因为应用呼唤理论，理论要植根于应用，心理学理论与应用的关系是辩证统一的。我们决不能忽视心理学基础理论的研究，因为"没有事实基础的理论是沙堆上的建筑物，而没有理论的事实则是一堆杂乱无章的资料，不能用于建设井然有序的科学大厦。因此，当代心理学和当代一般科学都是一种事实与理论的混合物"[1]。应用是生命力，理论是指南针，两者相辅相成而缺一不可，我们强调实用化是因为理论最终还是为了应用。

---

　　[1]（美）查普林、克拉威克著，林方译：《心理学的体系和理论》，商务印书馆1983年版，第17页。

[附录1]

我和中国心理学史

摘要 研究祖国心理学思想，是建立有中国特色心理学理论体系的必要组成部分：中国心理学史学科的建立，填补了世界心理学史的重要空白。从学术思想、学科建设、人才培养看，我治中国心理学史经历了三个阶段：奠基阶段（1979—1985），发起和组织出版我国第一部《中国古代心理学思想研究》论集，担任教育部组织的第一部《中国心理学史》的副主编和大纲起草人；发展阶段（1986—1994），出版个人专著《中国心理学史研究》和《中国心理学思想史》，担任《中国心理学史资料选编》的副主编，建立我国以中国心理学史为主攻方向的硕士点；提高阶段（1995年至今），提出《中国心理学史论》体系，主编《心理学通史》，率先招收中国心理学史博士生。这些可作为窥见中国心理学史建立过程的一个窗口和缩影。我在共同创建中国心理学史学科的20多年中的体会是：治史之意不在古，论古之旨却在今，通古变今，昭示明天。

一、走自己的路

中国心理学史原先是一片尚待开垦的处女地，我是如何走向开拓这片处女地之路的呢？这有其内外部原因和主客观条件。50年代念大学时，我国老一辈心理学家朱希亮教授给我们开设了多门心理学课程，引导我走上从事心理学专业的道路。当时学习的内容尽是外国心理学，特别是苏联心理学。难道中国就没有自己的心理学吗？在读中国的教育史和思

※原载《心理学探新论丛》，南京师范大学出版社2001年版。

想史有关书籍时，又依稀发觉其中有些心理学思想，这在我心里埋下了后来研究中国心理学思想的种子。60年代虽然收集和手抄过一点资料，但从来不敢想自己后来可以写这方面的论著。70年代初读过英国学者李约瑟所著《中国科技史》一书，后来我曾暗自诘问：难道第一部系统的中国心理学史不能由中国人自己写吗？所以，70年代末著名心理学家潘菽教授号召，挖掘祖国心理学思想遗产，并把它作为建设有中国特色心理学理论体系的必要部分，我便以废寝忘食的精神积极地投入到此项工作之中。正是这种内外因的结合，使我走上了潜心研究中国心理学史的道路。研究古代心理学思想，不仅要有心理学理论知识，而且还需要一定的古汉语和古文献的基础。我出身于中医药世家，学生阶段对古文献就有些兴趣，"文化大革命"时期被迫改行到中学教语文，又参加江西省中学语文教材和教学参考资料的编写工作，这都对我有些工具性的帮助。尤其在开展中国心理学史的研究中，有老一辈著名心理学家潘菽学部委员和高觉敷教授领头，他们大力支持和热情指导我的研究工作，这种主客观条件增强了我的勇气和信心。

潘菽先生说过："能探新才能创新。能创新才能有所发现，有所发明，有所前进——也才能出现同我们所最希望的有所突破。"80年代初期我首先在大学开设中国心理学史课程，有人担心并怀疑地反问：北京大学开了这门课吗？我没有动摇，并且暗自回答说："走自己的路。"我治中国心理学史20余年，经历了奠基、发展和提高三个阶段。"也许可以作为窥见中国心理学史建立过程的一个窗口，从一个侧面看它的缩影。"

二、奠基阶段（1979—1985）

1980年10月在重庆召开的中国心理学会基本理论专业委员会学术年会，为中国心理学史的建立和发展奠立了基石。会议收到多篇有关中国心理学史的论文，引起了大家的重视，还召开了专门的座谈会。尤为重要的是成立了以潘菽教授为会长的中国心理学史研究会（筹），我也有幸忝列为委员。我提交的《"学记"心理学思想初探》随即被发表在刚创刊的《心理学探新》1981年第1期上。座谈会上我作了《中国心理学史研究刍议》的发言，倡议将全国范围内已发表的中国心理学史论文汇成专集出版。此事得到了潘菽、高觉敷二老的赞同和高度重视。1981年12月在北京举行中国心理学会成立60周年学术会议期间，潘老就此事召集了一个小型会议，叫我作了筹划出版专集的发言，二老应允担任主编，确定由我和马文驹具体操办。第二年春，刘兆吉（召集人）、杨永明、燕国材、马文驹和我在上海开编写会，并于1983年2月正式出版了《中国古代心理学思想研究》，教育部将它列为暂用高校教材。这是我国第一本关于此领域的论集，为后来共同建立本学科做了前期准备，也促进了这一批老中青心理学者后来长期的深厚友谊。

1982年春国家教育部发文，成立我国第一部《中国心理学史》教材编写组，对这门学科的建设起了重大的推动作用。这部由潘菽任顾问、高觉敷为主编、燕国材和杨鑫辉为副主编的学术专著（1985），被公认是中国心理学史学科创立的最主要标志，该书获得国家图书奖提名奖。1982年12月在教育部主办的全国统编教材《中国心理学史》编写会上，潘、高二老安排我作了题为《研究中国心理学史刍议》的专门报告。我在强调问题的紧迫性后，着重讲述了研究的基本原则，即抓住心理的实质这条主线，以现代心理学概念体系为框架，联系历史条件研究心理学思想，采用比较法历史地进行评价，并且就加快工作提出了四点意见和建议。该文被推荐发表在《心理学报》上，获江西省政府社科类科研成果一等奖。1983年上学期我被借调到南京师范学院，在高老的指导下负责草拟《中国心理学史》的编写大纲，吸取多方意见，协力确定了总体框架：即以古代为主，近现代为辅；以唯物论思想家的心理学思想为主，同时兼顾唯心论思想家的心理学思想。同年暑假在庐山承办了编写大纲讨论会，并且落实了执笔任务。

还必须提到两件事。一是我撰写了《心理学简史》的第一编《中国心理学史》（1983），出版时被国家教委选定为高等学校文科教材，这是国家教材中首次写入中国心理学史的编章。二是《中国大百科全书》心理学卷列入了39个中国心理学史的条目，我撰写了多条，并参加了中外心理学史分卷释文审、定稿会议。虽然有同志告诉说在分卷编委成员中遗漏了我的名字，但我为中国心理学史条目能进入大型辞书而感到高兴。

三、发展阶段（1986—1994）

为了检视自己十年来的研究情况，我于1990年出版了《中国心理学史研究》论集。该书收集了自己的24篇论文，分为五个部分，即总论、学史研究；范畴、专题研究；古代人物研究；古代专著研究和现代心理学家研究。这几个部分构成为一个有机的整体，反映着作为在这块处女地上拓荒、播种、耕耘的一名耕夫所洒下的一些汗珠。刘兆吉教授在序言中说："《中国心理学史研究》是我国近十年来研究中国心理学史成果中另一本具有特色、富有开拓性的学术著作。"朱智贤教授1991年3月4日逝世前数小时给我的信中写道："您在中国心理学史方面，做了开创性的工作是非常可贵的。您和其他同志一起为建立中国心理学史，筚路蓝缕，锐意开拓，对你们已获得的成就，谨表示衷心的敬佩。"

为了配合《中国心理学史》的教学以及对它作进一步的研究，我参与撰写了四卷本的《中国心理学史资料选编》。这是国家教委委托编写的高校教学参考资料，由燕国材任主编，我和朱永新为副主编，于1988年至1990年先后出版。

在撰写著作问题上，我总是优先完成集体合作项目，后安排个人专著的写作时间。1981年曾草拟按范畴、专题撰写一部中国心理学史的提纲，1986年、1987年两次向潘菽老征求意见。他回信勉励说："你想从另一个角度写一本中国心理学史，这是一种雄心壮志，可敬可佩。所寄来的纲要也大体可以……约计完成你这项写作研究计划，要花四五年的时间。但写出来了，也就是一项大的学术成就。祝你成功！"实际上我花了六七年时间，直到1994年《中国心理学思想史》这部专著才问世。该书包括7章，即对象、意义与方法论；心理学思想发展脉络；心理实质探索；心理实验与测验追源；普通心理学思想；应用心理学思想；学史、现状与前瞻。出版后同行表示了广泛的称赞。刘兆吉先生在《序》中说："这是一本独出心裁的心理学史专著。……是当前中国心理学史著作中又一颗璀璨明珠。"许其端、邹大炎等教授先后在《新闻出版报》、《江西日报》、《博览群书》、《江西师大学报》、《心理学探新》、《大众心理学》、《教师博览》等报刊上，发表评论文章，给予高度评价。马文驹教授写道："此书对后学继承前人优秀遗产大有裨益。这是中国心理学思想史研究的新里程碑。"《中国心理学思想史》曾获第九届中国图书奖、华东地区教育图书一等奖、江苏省政府哲学社科二等奖、教育部第二届人文社科三等奖。

鉴于加速中国心理学史的学科建设和培养后继者的考虑，1985年至1986年间，潘、高两位老先生曾主动写信给国务院学位办，推荐我招收中国心理学史研究生。我于1987年开始招收研究生，后即建立了以中国心理学史为主攻方向的普通心理学硕士点。还要提到的是1986年我在江西师范大学教育科学研究所和古籍研究所内，成立了中国心理学史研究室。

另外值得提出的事情是，1987年4月我应邀赴加拿大西安大略大学讲学三周，以客座教授的身份主要作了几个中国心理学史的学术报告，受到热烈欢迎与赞扬。这是中国心理学史学科第一次走出国门。深感遗憾的是至今没有一本中国心理学史著作被翻译成英文，影响了广泛深入的对外学术交流。

四、提高阶段（1995年至今）

高觉敷先生在20世纪80年代前、后期，两次商调我去南京师范大学工作，因为江西师范大学离不开而未成。1993年高老以97岁高龄病逝。为了保住和巩固发展高老建立的全国唯一以心理学史为主攻方向的心理学博士点，经过两校的共同努力，我先是以客座教授身份，而后于1995年春正式调入南京师大。从1996年起在全国率先招收中国心理学史博士生，开设了"中国心理学史论"、"中国心理学史文献学"、"中国心理学史专题研究"等课程。这使本学科的人才培养上了一个新台阶。培养人才的层次在提高，导师的学术研究水平更必须提高。遗憾的是尚未在心理系或教育系普遍开设中国心理学史课程。

学科的理论建设对学科发展至关重要。在长期酝酿以后，我于1996年正式提出了中国心理学史学科的内容体系，由六个部分组成：（1）方法学，包括方法论、具体研究方法和编纂学；（2）范畴学，包括基本范畴、术语及特有范畴；（3）专题学，包括单个人物、著作、专题、分支学科研究；（4）系统学（或称体系学），包括按历史顺序写人头，将范畴、专题、分支作总体考察等系统研究；（5）文献学，包括专篇、专著和散见思想的挖掘、考证、注释、整理汇编等；（6）学史学（或称史学史），即对这门学科发展的历史进行研究。

我在最近五六年中最大的科研项目是，主编我国第一部大型《心理学通史》。这部五卷本230万字的著作，是全国教育科学"九五"规划重点课题的成果，2000年10月已由山东教育出版社出版。它是一部通古今贯中外的心理学通史，因而在国内和国际上都有填补空白的重要意义。第一、二两卷属中国心理学史，第一卷由我主编，第二卷由我和赵莉如共同主编。在第一卷绪论里我明确提出了中国心理学史"一导三维多元"的方法学。

还值得特别提起的是，1993年冬，中国心理学会委托我接手主编《心理学探新》，直到1998年底，在江西师大支持下克服了无经费无人员并失去正式刊号的困难。在南京师范大学的支持下，1998年起我又创办主编了《心理学探新论丛》年刊，每年出书一本，以使我国理论心理学与心理学史有一个持续的学术园地。现已出3辑，而且每辑至少刊登10篇以上中国心理学史研究论文。

五、研究的真谛

我们研究心理学史决不是钻心理学的故纸堆，而是站在今天研究过去，展现未来，古为今用，洋为中用。我在共同创建中国心理学史学科的20余年来的体会是：治史之意不在古，论古之旨却在今，通古变今，昭示明天。学习和运用心理学史决不只是心理学史工作者的事，而是跟所有心理学工作者密切相关。

基于以上观点，我主张心理学要跨学科交叉，要面向社会生活，重视应用。所以，我在主攻中国心理学史的同时，也研究现代心理技术学体系的重建，并在1991年创办了国内首家心理技术应用研究所。还提出现代大教育观理论构建，主编了由多学科专家撰写的《现代大教育观》。在指导、培养的近50名硕士、博士、博士后中，近半数为中国心理学史研究方向，其他包括心理技术学、思维科学、西方心理学史和苏俄心理学研究方向。

最后，还是回到我的中心兴趣：光大祖国的心理学思想遗产，将它有机地纳入建立有中国特色的心理学理论体系之中。

参考文献

1.刘兆吉.学古不泥古，古为今用——《中国心理学思想史》序.心理学探新，1994（1）.

2.杨鑫辉.研究中国心理学史刍议.心理学报，1983（3）.

3.杨鑫辉.中国古代心理学思想百年研究史略.心理科学，2000（6）.

4.杨鑫辉.中国心理学思想史.南昌：江西教育出版社，1994.

5.杨鑫辉.心理学通史（第1卷）.济南：山东教育出版社，2000.

6.杨鑫辉.中国心理学史研究.南昌：江西高校出版社，1990.

7.杨鑫辉.关于中国传统心理学思想研究的几个问题.心理学探新，1996（3）.

8.杨鑫辉.心理学探新论丛（第1辑）.南京：南京师范大学出版社，1998.

9.杨鑫辉.略论现代心理技术学的体系建构.心理科学，1999（5）.

10.杨鑫辉.现代大教育观.南昌：江西教育出版社，1990.

11.潘菽.心理学探新的三大前提.潘菽心理学文选.南京：江苏教育出版社，1987.

I and the Chinese History of Psychology

Yang Xinhui

Nanjing Normal University, Nanjing,210097

Abstract: Reviewed from my academic thoughts on the research of the Chinese history of psychology and the supervise of the students, I have experienced three stages: (1) the fundamental stage (1979—1985), I proposed and organized the selected papers "Researches on the Chinese Ancient Psychological Thoughts", acted as the vice-editor in chief and the writer of the outline of the book "History of Chinese Psychology" which was organized by the State Education Ministry; (2) the developmental stage (1986— 1994), I published my personal works "Researches on the History of Chinese Psychology" and "The Chinese History of Psychological Thoughts" ,and acted as the vice-editor in chief of "The Selected References of the Chinese Psychological History", and I also formed the Master Program of the Chinese History of Psychology; (3) enhancing stage,I proposed the system of "The Theories on the History of the Chinese Psychology, acted as the editor in chief of" "The General History of Psychology", and become the first supervisor of the Doctorate students on Chinese history of psychology.My experience during the past 20 years of researches on the subject is that, the intention of researching history is not on the past, but on the present, the purpose of understanding the ancient is to know the present and presuppose the future.

Key words: The Chinese History of Psychology; Fundament;Development; Enhancement

［附录2］

中国心理学史论研究

　　摘要　中国心理学史论是中国心理学史研究的理论层面，它对于认识学科意义、掌握学科体系、建立思想观点和解决研究方法具有重要意义。中国心理学史论的内容体系包括七个组成部分，即中国心理学史的价值论、方法论、范畴论、专题论、体系论、文献论和学史论。

　　从有系列研究成果、研究机构和正式列入国家教育部教学计划诸方面综合考察，中国心理学史是20世纪80年代中期才成为心理学史的一门新的分支学科的。1986年教育部组织编写出版的大学统编教材《中国心理学史》，是这门学科建立的最重要标志。这部书由潘菽任顾问，高觉敷任主编，燕国材、杨鑫辉任副主编。随着研究的不断深入和材料的更加丰富，去年人民教育出版社已提出修订的要求。由于潘、高二老已经去世，便委托杨、燕二人主持修订工作。以这部著作的参著者为主要力量，在其研究工作中都不得不考虑中国心理学史学科的基本理论问题，例如它的研究意义、对象、方法论、范畴和编纂体例等。作为一个新开拓的领域，其认识是需要不断深化的。就笔者而言，在1982年教育部主办全国统编教材《中国心理学史》编写讨论会上，由潘、高二老安排作的《研究中国心理学史刍议》专题报告，强调了开展此领域研究的紧迫性，构建了研究的基本原则与方法，提出了加快工作的建议。该文的观点受到

※原载《江西师范大学学报》2001年第4期。

了与会领导和该书撰稿人的重视和赞同。但是当时我还未上升为"史论"来探讨。1996年上半年读到高觉敷主编的《西方心理学史论》，而且自己也在这个领域担当第一次招收中国心理学史博士生的任务，于是便明确提出了中国心理学史论的建构与课程开设问题。

何谓中国心理学史论？它是中国心理学这门学科的发展历史的总论或基本理论，是怎样研究中国心理学史的理论层面的论述。正如史学界区分史学理论与历史理论一样，我们也应当区分心理学思想理论史学的理论与心理学思想理论的历史。说得更简捷一些，中国心理学的发展历史是一种客观存在，中国心理学史论则更注重中国心理学史研究者主体的观点，持不同的观点与方法，将对中国心理学的发展得出不同的结论与评价。很显然，中国心理学史论对研究中国心理学史具有指针性作用。首先，史论将帮助研究与学习者，进一步认识中国心理学史学科的意义。它是建立有中国特色的心理学体系的必要组成部分，是弘扬民族优秀文化传统的体现，也是为了学术之传承。无论是治科技史或思想史，皆为学术之传统，开拓者不易，张扬者亦难得。其次，史论将帮助研究与学习者把握中国心理学史的学科整体，不仅了解每个组成部分的问题，而且要认识各个部分的相互联系与关系。再次，史论将帮助研究与学习者，建立自己有关中国心理学史研究的学术思想观点，做一个有头脑、有灵魂的学者。最后，史论将帮助研究与学习者，寻求研究中国心理学史的恰当方法与编纂方式。从某种意义上说，学科的突破往往首先是研究方法的突破。

就一般的历史学来说，历史学概论，史料史和史学史可以归之为"史论"的范围之内。高觉敷生前主编的《西方心理学史论》，包括方法论、编纂学和专题研究三个部分，那么，中国心理学史论的内容体系又应当是怎样的呢？我从长期研究中国心理学史基本理论问题的实际出发，同时参照上述两种界定意见，明确提出："中国心理学史论（或中国心理学思想史论）的内容体系值得进一步探讨。我的设想应当由下述六个部分组成：①中国心理学史的方法学，包括方法论、具体研究方法和编纂学。

②中国心理学史的范畴学，包括中国心理学史的基本范畴、术语以及中国传统心理学思想里特有的范畴。③中国心理学史的专题学，包括单个人物、著作、专题、分支学科的心理学思想研究。④中国心理学史的系统学（后改为体系学），包括按历史顺序对各个时期主要心理学思想家的系统研究和按范畴、专题、分支作总体考察的系统研究。⑤中国心理学史的文献学，包括专篇、专著和散见思想的挖掘、考证、注释、整理汇编等。⑥中国心理学史的历史学（或称史学史），即建设这门学科的发展历史研究。"后来在给几届中国心理学史博士生授课中又作了一点补充修改。其一是将方法学、范畴学等中的"学"字改为"论"字，使之更能紧扣"史论"。其二是采纳博士生汪凤炎的建议，补充"价值论"以便更加强调研究中国心理学史的意义与作用。这样，中国心理学史的内容体系由价值论、方法论、范畴论、专题论、体系论、文献论和学史论七个有机部分组成。

限于篇幅，这里只能选取三个方面的研究简介如下：

关于中国心理学史的方法论问题，潘菽、高觉敷两位前辈心理学家都非常强调以辩证唯物论与历史唯物论作为根本指导思想，但不是简单地给古人贴上唯物或唯心的标签。他们指出："心理学思想发展史既要看到社会历史条件的影响，又要看到它的发展的内在逻辑，二者不可偏废；或者可以说，心理学史对心理学思想发展的内在逻辑和外部的社会历史条件要内外兼顾。"燕国材教授则提出实事求是、古为今用、材料与观点统一的三个研究原则，并且认为中国心理学史研究的具体方法有：资料整理法、纵横解剖法和系统比较法。

笔者对中国心理学史的方法论问题的研究，除前面提到的《研究中国心理学史刍议》外，后来在《中国心理学思想史》一书中进一步概括为：坚持以辩证唯物论与历史唯物论为总的指导思想，贯彻以心理实质为主线、古今参照古为今用和科学历史主义三条原则，采用归类排比法、史料考证法、纵横比较法、系统分析法四种具体研究方法。人的心理是极其复杂的，各个历史时期学者们在这个方面的思想理论的系统记载，便是心理学思想史或心理科学史。人们采取了哲学的、心理学的、文化学的、人学的等多种视角来探讨人的心理问题。因而，我对中国心理学史方法论的认识也是不断拓宽和深化的。1997年概括为"一导多维"（后称"一导三维多元"）的方法论。

所谓"一导多维"的方法论，是指坚持一个指导思想，遵循多维研究原则，采用多种具体研究方法。坚持一个指导思想，就是用唯物的、辩证的、历史的观点作指导来考察历史上的心理学思想。但是不能停止地、僵化地看待过去的某个观点，要看到学者学术成就与世界观的联系与区别，要采取面面观的慎重态度全面看问题。我们认为历史（包括中国心理学思想史）是复杂的，只有多维度地考虑问题，才能全面地认识和解决问题。因而提出中国心理学思想史的基本研究原则，可以通过三个维度去建构，即对象维度——以心理实质为主线的原则；框架维度——以现代心理学概念和体系为参照的原则；评价维度——科学历史主义的原则。具体研究方法方面过去被人们所忽视，很少有人提到从理论层面来探讨。我们原先只提出归类排比、史料考证、纵横比较和系统分析四种方法。随着研究工作的深入，又增加了实证检验法、义理诠释法、计量研究法等。

实证检验法是采用现代实验、实证来验证古代心理学思想的科学性的方法，近些年来在中医心理学思想研究中常被使用。例如，用动物做实验，检验《黄帝内经》提出的"怒伤肝"、"喜伤心"、"思伤脾"、"忧伤肺"、"恐伤肾"的说法。又如用西方人格量表法检验中国古代"阴阳五行"个性说等等。义理诠释是整理、研究古籍文献的重要传统方法。现代释义学在哲学、社会科学和历史学中也广泛使用。从现代心理学来说，法国拉康主义精神分析学采用的就是解释学方法论，他对弗洛伊精神分析学说的解释，不是简单的回归性解读，而是一种新的发展。四卷本《中国心理学史资料选编》对有关资料的注释，各种中国心理学思想史论著对某种心理学思想的阐发，也都是义理诠释，以阐发古代心理学思想之精微。

　　为了掌握中国心理学史思想各种理论观点之间的"纽结"，有少数研究者很早就在探讨中国古代心理学思想的范畴问题，主要有下列几种看法，兹按时间顺序列举如下：1981年笔者从心理实质的角度并按历史时期为主导地位提出了五个范畴，即先秦的人性说、汉晋的形神说、唐代的佛性说、宋明的性理说、清代的脑髓说。1982年潘菽提出我国古代心理学思想有八种基本理论，也就是八种范畴，即人贵论、天人论、形神论、性习论、知行论、情二端论、节欲论、唯物论的认识论传统。笔者认为唯物的认识论不是心理学思想的范畴，另外有的范畴可以合并，因而于1983年概括为下面五种范畴，即人贵论（含人性论和天人论）、形神论、性习论、情欲性（含情二端论和节欲论）、知行论。1984年燕国材又细化为八对范畴，即形与神、心与物、知与虑、藏与壹、情与欲、志与意、智与能、质与性。1985年高觉敷则提出天人、人禽、形神、性习和知行五对范畴。以上范畴的提出是学者们对心理问题探索的思维轨迹与结晶，它能帮助人们较全面地认识和把握中国古代的心理学思想，并使之系统化、理论化。

　　我的几位博士生彭彦琴等在学习中国心理学史论课程后，提出要建立中国心理学史的范畴体系。遴选范畴的理论依据为：①规范性原则，即中国心理学史范畴应以现代心理学理论框架为参照。②延续性原则，即这些范畴在中国心理学史的每一个主要发展阶段上有相应的论述。③系统性原则，即中国心理学史的范畴与范畴之间可相互沟通形成一个系统。④独特性原则，即中国心理学史范畴要与相邻学科范畴相区别，它跟西方心理学范畴既有其对应性又有其独特性。⑤现实性原则，即中国心理学史范畴对当今心理学理论建设和现实人生具有启发和指导意义。

　　依据上述原则，可将已整理研究出的中国心理学史的范畴建构为一个体系，如下表：

```
        ┌ 天道 ┌ 形与神（脑髓法）
        │      │ 心与物（精合感应说等）
        │      └ 性与习（习与性成说等）
        │                                    ┌ 知（见闻之知、德性之知等）
        │        ┌ 知与虑（知与行）————────│
        │        │                          └ 虑（识、思、虑等）
        │        │                ┌ 情（情二端论，七情，六情论，情波论等）
        ┤        │ 情与欲————──────│
          人性（人贵论）           └ 欲（节欲论、导欲论等）
                 │ 志与意————（志功说、志行说等）
                 │ 质与性（阴阳五行说、物情不齐说、性品等级说等）
                 │ 才（才与性、才与智等）
                 └ 智与能（知与智、智与德、才与能等）
```

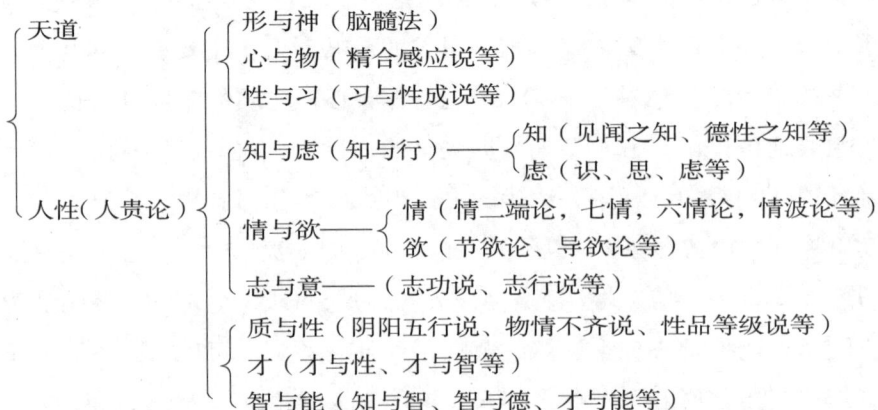

    从上表可以看出，中国古代心理学思想史以人性为元范畴，作为其范畴体系的逻辑起点；人性与天道并列，体现了中国传统思想理论的天人观特色。在元范畴下有三组亚范畴，第一组是关于心理实质的三对范畴，即形与神、心与物、性与习。第二组是关于心理活动过程的三对范畴，包括知与虑、情与欲、志与意，这跟现代心理学心理过程的知、情、意三分法相一致。第三组是关于个性心理的范畴，即质与性、智与能，并都跟才关联。中国心理学史的这三组亚范畴，跟现代普通心理学的范畴体系基本相对应，这说明中国和西方国家揭示的心理规律有共通之处。从所列的三组范畴来看，更有其中的差异和中国心理学思想的独特性。

    编纂的体例或内容体系的建构也是中国心理学史论的重要组成部分。从西方心理学史著作来看，它们的体例和线索头绪纷纭。有的以事件为纲；有的以国别为纲；有的则是编年、纪事、纪传和国别等相混。我国学者对中国心理学史的体系或编纂体例也进行了多种方式的探索，以求更恰当地组织和表述其思想知识。

    考察已出版的中国心理学史著作，大致可以划分为下面五种体例类型：①按历史时期分人头编写的体例。例如，1986年高觉敷主编出版的《中国心理学史》、燕国材在80年代内所著出版的四卷本中国古代各时期的心理思想史以及他1996年所著的《中国心理学史》。这几部著作都是按照从古至今的历史顺序、选择各个历史时期的重要思想家和著作的心理学思想进行挖掘整理的。中国哲学史和文学史等一般也是采此体例的。②范畴、专题、分支结合又按历史顺序论述的体例。1994年杨鑫辉所著《中国心理学思想史》，首先构建此体例。③专题、人物、著作综合的体例。如1990年杨鑫辉所著的《中国心理学史研究》。④系统专题研究的体例，如燕国材、赵莉如等编写的《中国心理科学》里"中国古代心理学思想史研究"和"中国近现代心理学史研究"等。⑤按历史时期分专题分支的通史体例。为吸取以上体例之所长，由杨鑫辉主编出版的《心理学通史》第一、二卷就是按此体例编著的。

追溯中国古代心理学思想史研究的近百年历史，它经历了一个从自发到自觉、从分散到有组织、从零星探索到系统研究的发展过程。20世纪初至40年代是初步探索阶段；50至70年代是基本停滞阶段；70年末至今是发展提高阶段。我治心理学史20余年的体会是：治史之意不在古，论古之旨却在今，通古变今，昭示明天。学习和运用心理学史不只是心理学史工作者的事，而是跟所有心理学工作者密切相关。

参考文献

1.杨鑫辉.中国心理学史研究新进展.心理学报,1988（1）.

2.杨鑫辉.研究中国心理学史刍议.心理学报, 1983（3）.

3.刘兆吉.中国心理学史研究·序.南昌：江西高校出版社, 1990.

4.高觉敷.西方心理学史论.合肥：安徽教育出版社, 1995.

5.杨鑫辉.关于中国传统心理学思想研究的几个问题.心理学探新, 1996（3）.

6.杨鑫辉.中国心理学思想史.南昌：江西教育出版社, 1994.

7.高觉敷，潘菽等.中国心理学史.北京：人民教育出版社, 1986.

8.燕国材.中国心理学史.（台）东华书局, 1996.

9.杨鑫辉.心理学通史（第一卷）绪论.济南：山东教育出版社, 2000.

10.许其端.钩玄提要，纲举目张——评《中国心理学思想史》.江西师范大学学报, 1996（1）.

11.杨鑫辉.中国古代心理学思想史百年研究史略.心理科学,2000（6）.

On Historiography of Chinese Psychology

Yang Xinhui

(**Nanjing Normal University, Nanjing, 210097**)

Abstract: The quality of historiography of Chinese psychology is theoretic research of history of chinese psychology, so it is very importance to recognize significance of subject, to grasp system of subject, to establish opinion, and to resolve a problem of method. There are seven seminar of the contents of historiography of Chinese psychology: axiology, methodology, category, monography, system, literature and history.

后　记

　　中国心理学史作为一门新创建的学科，一些基本问题都需要不断探索、不断总结、不断提高。摆在读者面前的这本《中国心理学史论》，正是这种不断探索、总结、提高的一种成果。1986年，潘菽学部委员（现称院士）和高觉敷教授主动致信国务院学位委员会，认为新开拓的中国心理学史学科需要培养新生力量，推荐我招收这方面的研究生。在这种形势的推动下，我于1987年开始招收中国心理学史方向的硕士研究生。我认为不仅要让研究生学习和掌握中国心理学思想史的知识体系，而且要懂得研究的意义、原则和方法。于是我开设的第一门课程便是《中国心理学史概论》。共计五章：①中国心理学史研究的对象、意义和方法论；②中国古代哲学心理学思想的主要理论；③中国古代生理和心理实验、测验的萌芽；④中国近代心理学思想和现代心理学的建立；⑤中国心理学史研究的历史、现状与前瞻。回溯起来，它是后来"史论"的雏形。第一章包含了价值论（意义）和方法论；第二章是范畴论的问题；第五章是学史论，只是还没有纳入专题论、体系论和文献论的内容。虽然正式提出"中国心理学史论"的体系内容并开讲博士生课程是1996年，然而酝酿名称和规划课程则是1995年春我被调入南京师范大学之时的事。这是由于需要在全国首次招收中国心理学史博士生，同时得益于高觉敷教授主编的《西方心理学史论》书名的启发。现在看来，中、西心理学史论应当是姊妹篇了。《中国心理学史论》的产生和问世的发展过程，也说明它是教学与科研相互促进的结果。《史论》是学习和研究心理学史必须掌握的一把钥匙。

我指导培养硕士生和博士生的原则是"三式一化",即引导式,研究式,互补式和品格化。简单地说就是导师指引研究生进行创造性的学习与研究,师生教学相长,学生之间也互补学习,把研究生培养成为既有学问又品德、人格高尚的人。我在撰著《中国心理学史论》时吸收博士生参加一些执笔工作就体现了这个精神。全书以我给他们讲授该课的体系框架和主要内容为基础,但不拘泥于我的讲授,而是多所补充和发挥的创造性执笔。接受汪凤炎的建议,增加"价值论"一章就是一个典型事例。全书各章执笔情况是:本人单独执笔的是第一章总论、第三章方法论、第八章学史论、第九章余论和附录1、附录2。帮助我执笔的人及章节依次是:汪凤炎博士的第二章价值论、第五章专题论、第六章体系论;彭彦琴博士的第四章范畴论;曾红博士的第七章文献论。赵凯博士参加了该书前期工作的讨论。全书最后由我统稿定稿,大家事先约定以我个人专著问世,我认为它凝聚了我们师生的智慧和情谊,这里要特别感谢我的这三位学生的辛勤劳动和真诚协助。

为撰写本书所作的研究工作,得到了江苏省教委高校人文社会科学研究基金的资助,并被列入南京师范大学"211工程"标志性成果之一。在此,对江苏省教委和南京师大领导以及关心支持本书的所有同志谨致谢忱。还要特别感谢安徽教育出版社给予的大力支持与帮助。

杨鑫辉2000年2月3日
于南京师范大学寓所古今斋

［补记］由于种种原因，本书推迟了一年多时间出版，为保持原状未作什么大的修改，但却有机会把去年写的两篇相关文章列为本书的附录，并选取最近的学术活动照片影印于书前，以飨读者。

愿心理学界特别是心理学史的同仁，更多地关注史论的研究，以促进中国心理学史学科的进一步发展，为建设有中国特色的心理学论体系增砖添瓦。

杨鑫辉2001年仲夏补述